一本书讲透Java线程

原理与实践

A Comprehensive Guide to Java Threads
Theory and Practice

储诚益 ◎ 著

图书在版编目（CIP）数据

一本书讲透Java线程：原理与实践 / 储诚益著. —北京：机械工业出版社，2023.11

（Java核心技术系列）

ISBN 978-7-111-73726-1

Ⅰ.①一… Ⅱ.①储… Ⅲ.① JAVA语言－程序设计 Ⅳ.① TP312.8

中国国家版本馆CIP数据核字（2023）第159052号

机械工业出版社（北京市百万庄大街22号 邮政编码100037）

策划编辑：杨福川 责任编辑：杨福川 孙海亮

责任校对：龚思文 张 薇 责任印制：张 博

保定市中画美凯印刷有限公司印刷

2023年11月第1版第1次印刷

186mm×240mm·22.5印张·487千字

标准书号：ISBN 978-7-111-73726-1

定价：109.00元

电话服务

客服电话：010-88361066

010-88379833

010-68326294

网络服务

机 工 官 网：www.cmpbook.com

机 工 官 博：weibo.com/cmp1952

金 书 网：www.golden-book.com

机工教育服务网：www.cmpedu.com

Preface 前　言

为什么要写这本书

2002年的秋天，一个偶然的机会我接触到了计算机编程。我编写的第一个程序成功运行所带来的新奇与成就感，让我对计算机充满了热爱。在高考填报志愿时，我毫不犹豫地选择了计算机，憧憬着未来成为一名出色的工程师。

2021年我36岁生日那天，在与家人聊天的时候，我发现自己在不知不觉中已经与Java“共事”近10年了。在十多年的技术求索之路上，王国维先生的三重人生境界不断激励着我前行：

> 古今之成大事业、大学问者，必经过三种之境界：“昨夜西风凋碧树，独上高楼，望尽天涯路。”此第一境也。“衣带渐宽终不悔，为伊消得人憔悴。”此第二境也。“众里寻他千百度，蓦然回首，那人却在，灯火阑珊处。”此第三境也。

一个技术人员要想成为一名真正的工匠，就必须耐得住寂寞，经得起时间的考验，并且始终保持内心深处的热爱。

回顾过去十多年的技术之路，我得到了很多师长的提携与指点，受到100多本技术书籍的“滋养”。正所谓“前人栽树，后人乘凉”，我也想为Java社区略尽微薄之力。

十多年来，我一直深耕互联网领域的系统研发，在Java多线程编程方面积累了一定的经验。在工作之余，我也会和技术社区中的朋友交流Java多线程技术，发现很多朋友在技术细节上存在诸多困惑。而目前大部分书籍和资料多以功能介绍为主，很少有剖析Java线程的设计原理的。所以，我决定写一本书，旨在从Linux、JVM、Java多个方面来详细阐述Java线程的技术原理与实现细节。

本书将为读者提供一个全新的视角，秉承“大道至简”的主导思想，只介绍Java多线程开发中最值得关注的内容，致力于底层实现原理的分析，而非API的使用。

本书特色

随着互联网的发展，会有越来越多的公司进行数字化转型。在数字化转型的过程中，高并发、高性能是衡量系统性能的核心指标，越来越多的公司对从业人员的多线程编程能力提出了更高的要求。本书将打通 Java、JVM、Linux 的全链路技术栈，剖析 Java 多线程的实现原理，以便读者厘清现象与本质。同时，本书结合实际业务场景沉淀出多线程编程模型，以便读者快速获得多线程编程能力。

本书中的一些实操例子，开发工程师可直接应用于实际业务场景中；设计原理和深入分析的内容，可帮助架构师拓展解决问题的思路；工具和问题分析的内容，可帮助技术人员诊断线上环境中的系统问题。

读者对象

- Java 开发工程师
- 系统架构师
- 运维工程师
- 并发编程爱好者以及其他对 Java 技术感兴趣的人员

如何阅读本书

本书从 Java 多线程基础知识、进阶功能、实际应用三个维度展开讨论，分为三篇，共 11 章内容。

基础篇（第 1～5 章），**着重讲解 Java 线程的基础知识、设计原理与具体实现。**

第 1 章　从 Linux 线程基础出发，详细讲解 Linux 系统的进程、线程、任务调度等概念，并详细阐述 Linux 线程库 Pthread 的使用。

第 2 章　详细讲解 JVM 的逻辑架构，涵盖 JVM 的线程模型、JNI 访问等组成部件。

第 3 章　详细讲解 Java 线程的基本概念、多线程带来的问题、Java 内存模型，以及 JVM 内存屏障的实现、JVM 线程的底层实现与生命周期等。

第 4 章　详细讲解 Java 线程的睡眠、等待、中断等线程通信机制的设计原理与 JVM 实现。

第 5 章　详细讲解 Java 的 synchronized、volatile、CAS 等同步控制机制的设计原理与 JVM 实现。

进阶篇（第 6～9 章），**着重讲解 Java 多线程的高阶功能的实现原理。**

第 6 章　详细讲解锁的演进过程、Java 的 AQS 设计原理以及常见锁机制的具体实现。

第 7 章　详细讲解 Java 的各种原子操作类的设计原理与具体实现。

第 8 章 详细讲解 Java 的 List、Map、Queue 等线程安全的并发容器的设计原理与具体实现。

第 9 章 详细讲解 Java 中常见的线程池的设计原理与具体实现。

应用篇（第 10、11 章），**着重讲解 Java 多线程的常见模型与编程技巧。**

第 10 章 总结 Java 线程池的几种常见使用模型，以及在业务场景中的实现案例。

第 11 章 总结多线程编程中的常见问题，并给出应对这些问题的编程技巧。

其中，第 3～8 章为本书的重点章，如果你没有充足的时间完成全书的阅读，可以选择阅读这些重点章。如果你是一名初学者，请在开始本书阅读之前，先学习一些 Java 多线程的基础理论知识。

勘误和支持

由于写作水平有限，编写时间仓促，书中难免会出现一些错误或者不准确的地方，恳请读者批评指正。如果你有更多的宝贵意见，可以通过微信 sky_ccy 与我沟通。同时，你也可以通过邮箱 easyjavathread@gmail.com 与我联系。期待得到你的真挚反馈，让我们在技术之路上互勉共进。

致谢

感谢知名操作系统专家彭东，他帮忙审校了第 1 章，并对该章内容提出了一些非常中肯的建议。

特别感谢我的太太林燕女士、女儿可歆和儿子乔治，我为写作这本书牺牲了很多陪伴他们的时间，但也正因为有了他们的付出与支持，我才能坚持写下去。

同时，感谢在我成长路上帮助过我的领导、师长、朋友，是他们的指导让我成了更好的自己。

谨以此书献给我最亲爱的家人，以及众多热爱 Java 技术的朋友们！

储诚益

目　录 *Contents*

进阶篇

应用篇

基础篇

Chapter 1 第 1 章

Linux 线程基础

1.1 Linux 进程

进程是操作系统的基本概念之一，它是操作系统分配资源的基本单位，也是程序执行过程的实体。程序是代码和数据的集合，本身是一个静态的概念，而进程是程序的一次执行的实体，是一个动态的概念。

1.1.1 深入理解进程

上面讲解的进程的概念是 Linux 体系的概念，非常抽象且难以理解。我们可以把整个操作系统比喻成一家软件公司，内存就是产品设计人员，CPU 就是研发人员。公司每年都会接很多项目，每个项目的开展都离不开产品设计人员和研发人员。每个项目对公司来说都是一个进程，都需要产品设计人员与技术人员的参与，项目有开始，也有结束。

从进程视角来看，每个进程都有独立的内存地址空间。这个地址空间至少包括两部分内容：一部分是内核，另一部分是用户的应用程序。图 1-1 所示为进程结构示意图，图中有 8 个进程，每个进程拥有内存的整个虚拟地址空间。这个虚拟地址空间被分成了两部分：上半部分是所有进程都共享的内核资源，里面放着一份内核代码和数据；下半部分是应用程序，它们相互独立、互不干扰。

从内存视角来看，系统物理内存的大小是固定的，例如常见的 4 核 8GB 内存的服务器，其物理内存始终是 8GB。有一部分物理内存是长期分配给系统内核使用的，有一部分是分配给进程间通信使用的，其他部分通过虚拟内存技术分配给每个进程使用，如图 1-2 所示。

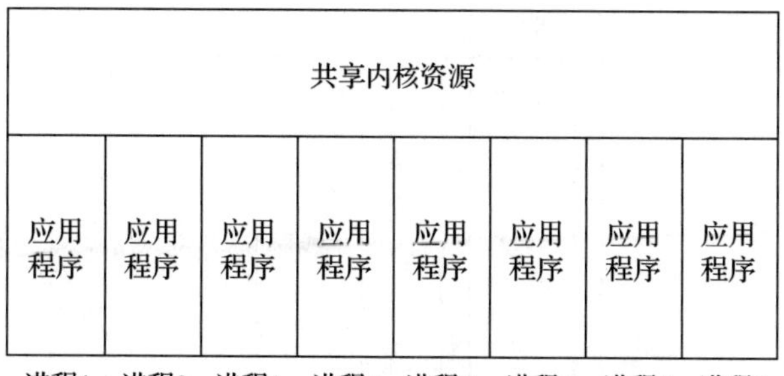

图 1-1　进程结构示意图

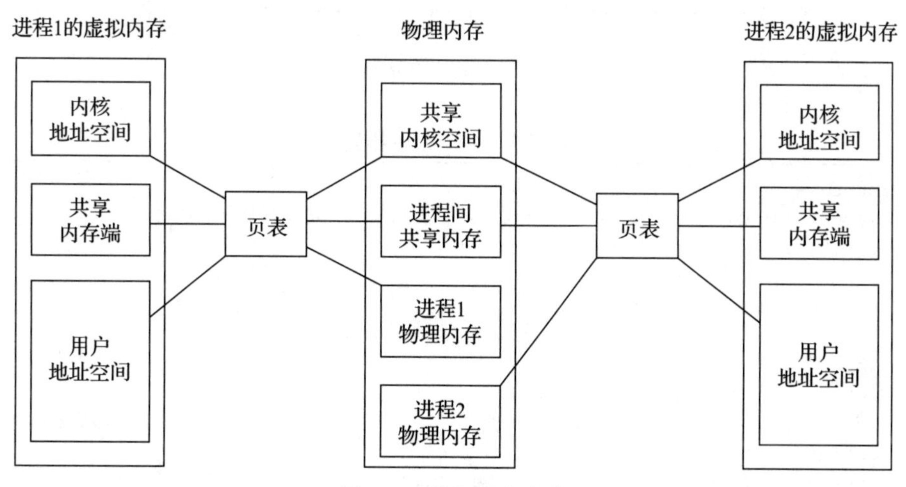

图 1-2　进程共享内存

内核使用的空间是共享的，各个进程可以通过系统内核来操作这部分内存空间。进程通信空间是给多个进程或者多个线程间通信用的。每个进程可以在执行数据写入时申请自己独立的内存物理空间。

从 CPU 视角来看，所有的进程与线程都是需要执行的任务。Linux 会将需要执行的任务放进 CPU 的任务队列，任务队列按照优先级进行调度。在同一个时刻一个 CPU 只能执行一个进程或线程的任务。当执行中的任务需要等待其他资源时，就会将任务从 CPU 任务队列中移除，任务会进入等待状态。CPU 任务调度如图 1-3 所示。

1.1.2　进程描述符

为了更好地管理进程，Linux 制定了进程描述符（Process Descriptor）来详细地描述进程的状态和资源以及所做的事情。Linux 的进程描述符是 task_struct 类型的数据结构，它详细描述了进程的所有信息。进程描述符的实现如代码清单 1-1 所示。

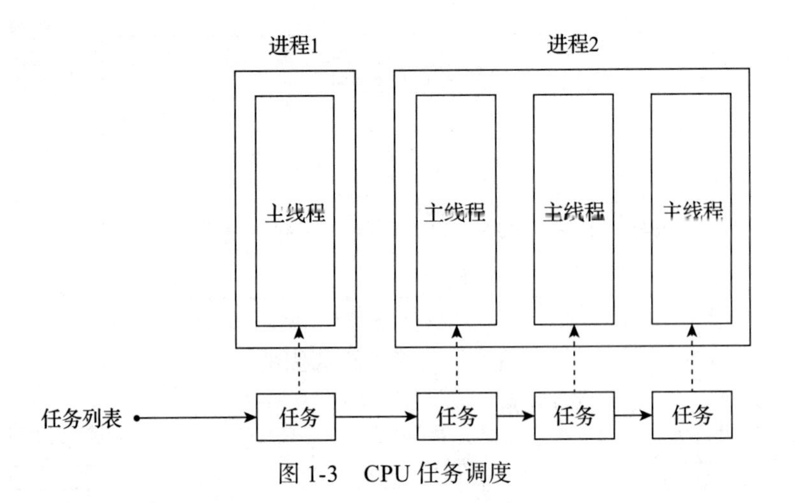

图1-3 CPU任务调度

代码清单1-1 进程描述符

```
struct task_struct {
    struct thread_info thread_info;                 // 处理器特有数据
    volatile long   state;                          // 进程状态
    void            *stack;                         // 进程内核栈地址
    refcount_t      usage;                          // 进程使用计数
    int             on_rq;                          // 进程是否在运行队列上
    int             prio;                           // 动态优先级
    int             static_prio;                    // 静态优先级
    int             normal_prio;                    // 取决于静态优先级和调度策略
    unsigned int    rt_priority;                    // 实时优先级
    const struct sched_class    *sched_class;       // 指向其所在的调度类
    struct sched_entity         se;                 // 普通进程的调度实体
    struct sched_rt_entity      rt;                 // 实时进程的调度实体
    struct sched_dl_entity      dl;                 // 采用 EDF 算法调度实时进程的调度实体
    struct sched_info       sched_info;             // 用于调度器统计进程的运行信息
    struct list_head        tasks;                  // 所有进程的链表
    struct mm_struct        *mm;                    // 指向进程内存结构
    struct mm_struct        *active_mm;
    pid_t               pid;                        // 进程 ID
    struct task_struct __rcu    *parent;            // 指向其父进程
    struct list_head        children;               // 链表中的所有元素都是它的子进程
    struct list_head        sibling;                // 用于把当前进程插入兄弟链表中
    struct task_struct      *group_leader;          // 指向其所在进程组的领头进程
    u64             utime;                          // 用于记录进程在用户态下所经过的节拍数
    u64             stime;                          // 用于记录进程在内核态下所经过的节拍数
    u64             gtime;                          // 用于记录作为虚拟机进程所经过的节拍数
    unsigned long           min_flt;                // 缺页统计
    unsigned long           maj_flt;
    struct fs_struct        *fs;                    // 进程相关的文件系统信息
    struct files_struct     *files;                 // 进程打开的所有文件
    struct vm_struct        *stack_vm_area;         // 内核栈的内存区
};
```

在上述代码中，state 字段描述了当前进程或线程的状态信息，字段值描述了进程当前所处的状态。在当前的 Linux 系统中进程有如下状态：可运行状态、可中断的等待状态、不可中断的等待状态、暂停状态、僵死状态。详细进程状态描述如表 1-1 所示。

表 1-1　进程状态描述

状态名称	状态值	状态描述
可运行状态	TASK_RUNNING	进程正在 CPU 上执行或者已经准备执行（在 CPU 的运行队列中）的状态
可中断的等待状态	TASK_INTERRUPTIBLE	进程被挂起的状态。当外部中断信号或等待条件满足时，会让进程的状态回到运行状态 TASK_ RUNNING。触发条件包括：中断、其他线程释放进程正在等待的系统资源、传递信号等
不可中断的等待状态	TASK_UNINTERRUPTIBLE	进程不会被外部干扰的状态，外部的中断信号对进程没有影响。这种状态不是很常见，只有在特定的场景中才会发生。例如，当进程与外部设备进行连接，调用其相应的设备驱动程序开始探测相应的硬件设备时会用到这种状态。在驱动探测完成以前，设备驱动程序不能被中断，否则硬件设备会处于不可预知的状态
暂停状态	TASK_STOPPED	进程被暂停或者停止的状态。当进程接收到 SIGSTOP、SIGTSTP、SIGTTIN 或 SIGTTOU 信号后，会进入暂停状态。当用 kill 命令来停止进程的时候会出现这种状态
僵死状态	TASK_ZOMBIE	进程的执行被终止的状态

进程状态变迁如图 1-4 所示。

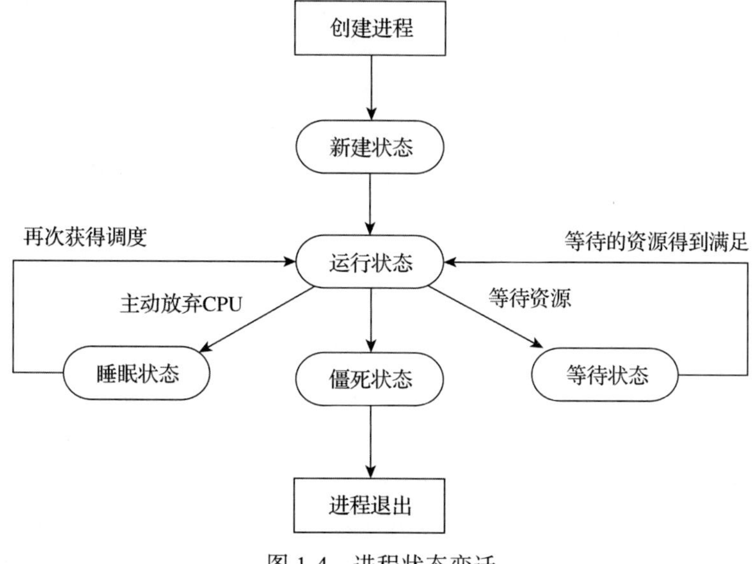

图 1-4　进程状态变迁

Linux为每个进程都分配了一个唯一的数字标识，这个标识称为PID（ProcessID，进程标识符）。PID是32位的无符号整数，存放在进程描述符的pid字段中。Linux允许的最大PID为32767。

task_struct中定义了4个字段来表示进程之间的关联关系，详细信息如表1-2所示。

表1-2 进程关联关系

成员	描述
parent	指向当前进程的父进程，在当前进程终止时，需要向它发送wait4()的信号
children	位于链表的头部，链表的所有元素都是children的子进程
sibling	链表的所有元素都是兄弟进程
group_leader	指向进程组的领头进程

task_struct中有4个字段prio、static_prio、normal_prio、rt_priority来表示进程的优先级，详细信息如表1-3所示。

表1-3 进程优先级

字段	描述
static_prio	用来保存静态优先级，取值范围为100～139
rt_priority	用来保存实时优先级，取值范围为0～99
prio	用来保存动态优先级
normal_prio	它的值取决于静态优先级和调度策略

static_prio是普通进程的静态优先级，值越小表示优先级越高。rt_priority是实时进程的优先级，值越大表示优先级越高。由于static_prio与rt_priority的单位不同，一个是值越小优先级越高，另一个是值越大优先级越高，所以normal_prio统一成值越小优先级越高。prio是动态优先级，在系统进行任务调度的时候，调度器会根据prio来进行任务调度。对于实时进程，prio就等于normal_prio，对于普通进程，可以临时调整prio来提高优先级。

1.1.3 进程创建

Linux创建一个进程大致需要经历初始化进程描述符、申请内存空间、设置进程初始状态、将进程加入调度队列等过程。为了完整地描述一个进程，操作系统设计了非常复杂的数据结构。在进程创建的时候需要申请大量的内存空间，同时需要复制大量父进程的资源，整个过程的效率非常低下。为了提升进程创建效率，Linux构造了写时复制技术。当子进程被创建的时候，Linux内核并不会立即将父进程的所有内容复制给子进程，而是只复制一些基础信息。当父进程空间的内容发生变化时，会通过写时复制技术同步给子进程。写时复制技术允许父、子进程读取相同的物理页，只要两者有一个试图更改页的内容，内核就会把这个页的内容复制到新的物理页上，并把这个页分给正在写的进程。

Linux 提供了 3 种创建进程的函数，分别是 clone、fork、vfork。clone 函数是最基础的创建进程的系统调用，可以通过各种 flag 标识指明子进程的基础属性、堆栈等。fork 函数是通过 clone 函数来实现的，可以通过一系列的参数标志来指明父、子进程需要的共享资源。fork 函数创建的子进程需要完全复制父进程的内存空间，但是得益于写时复制技术，进程创建的过程加快。vfork 函数也是基于 clone 函数实现的，是对 fork 函数的优化。因为 fork 函数需要复制父进程的内存空间，虽然 fork 函数采用写时复制技术提升了性能，但是这种不必要的复制的代价是比较高昂的，所以 vfork 函数可以指定 flag 告诉 clone 函数是否共享父进程的虚拟内存空间，以加快进程的创建过程。

1.1.4　上下文切换

进程创建好之后，内核必须有能力挂起正在 CPU 运行的进程，并切换其他进程到 CPU 上执行，这个过程被称为上下文切换。上下文切换的过程包含硬件上下文切换和软件上下文切换。

虽然每个进程都可以有自己的物理内存地址空间，但所有进程共用 CPU 寄存器，因此上下文切换的时候需要首先保证能进行硬件上下文切换。硬件上下文切换主要是通过汇编指令，保存当前进程的 CPU 的一些寄存器数据，然后恢复下一个进程的 CPU 的一些寄存器数据。当进程被切换出去时，Linux 进程描述符中的 thread 字段就会保存该进程的硬件上下文。thread 数据结构包含了大部分 CPU 寄存器数据。

进程地址空间指的是进程所拥有的虚拟地址空间，是 Linux 内核通过数据结构描述出来的，是虚拟的内存地址空间。而 CPU 访问的指令和数据需要落实到实际的物理地址。软件上下文切换主要完成从进程的虚拟地址空间切换到物理空间。如果即将执行的进程是内核进程，则不需要进行内存空间切换，因为所有的内核进程共用相同的物理空间。

1.2　Linux 进程间通信

每个进程都有各自独立的用户地址空间。每一个进程的数据对另一个进程是不可见的，所以进程之间不能进行相互访问。进程间要交换数据必须通过系统内核，也就是在内核中开辟一块缓冲区，通过缓冲区来进行进程间通信。例如，A 进程把数据从用户空间复制到内核缓冲区，B 进程再从内核缓冲区把数据读走，内核提供的这种机制称为进程间通信（Inter Process Communication，IPC）。Linux 进程间的通信机制可以分为 6 种：信号、管道、共享内存、FIFO（先进先出）队列、消息队列、Socket（套接字）。如图 1-5 所示。

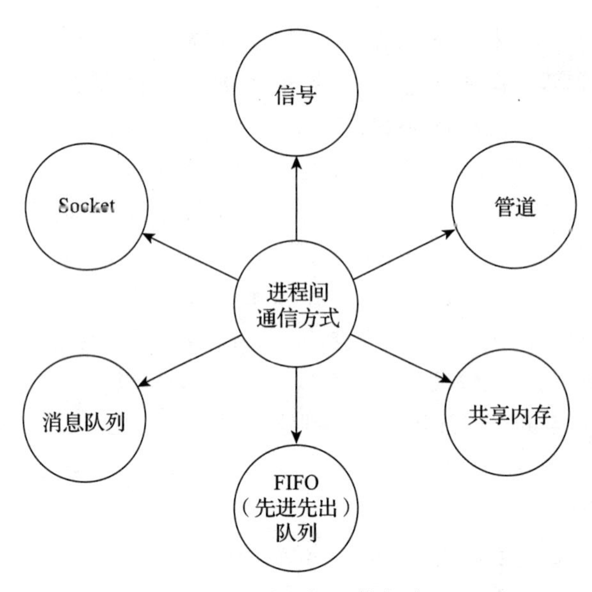

图 1-5　进程间通信方式

1.2.1　信号

信号（Singal）是UNIX系统最先开始使用的进程间通信机制，因为Linux继承自UNIX，所以Linux也支持信号机制。通过向一个或多个进程发送异步事件信号来实现通信，例如在终端上可以通过shell将任务发送给子进程。在命令控制台上输入kill-l可以查看系统支持的信号，如图1-6所示。

```
chuchengyideMacBook-Pro:~ chuchengyi$ kill -l
 1) SIGHUP       2) SIGINT       3) SIGQUIT      4) SIGILL
 5) SIGTRAP      6) SIGABRT      7) SIGEMT       8) SIGFPE
 9) SIGKILL     10) SIGBUS      11) SIGSEGV     12) SIGSYS
13) SIGPIPE     14) SIGALRM     15) SIGTERM     16) SIGURG
17) SIGSTOP     18) SIGTSTP     19) SIGCONT     20) SIGCHLD
21) SIGTTIN     22) SIGTTOU     23) SIGIO       24) SIGXCPU
25) SIGXFSZ     26) SIGVTALRM   27) SIGPROF     28) SIGWINCH
29) SIGINFO     30) SIGUSR1     31) SIGUSR2
```

图 1-6　系统支持的信号

一个进程收到其他进程发来的信号后可以选择处理，也可以选择忽略，但是SIGSTOP和SIGKILL这两个信号是不允许忽略的。SIGSTOP信号会通知当前正在运行的进程执行关闭操作，SIGKILL信号会通知杀死当前进程。除此之外的其他信号，进程可以按照业务场景自主选择。如果选择交给内核进行处理，那么就执行默认处理。操作系统会中断目标程序的进程来向其发送信号。在任何非原子指令中，执行都可以中断，如果进程已经注册了信号处理程序，那么就执行对应的程序，如果没有注册，将采用系统默认的处理方式。常见信号如表1-4所示。

表 1-4　常见信号列表

信号	信号描述
SIGABRT、SIGIO	SIGABRT 和 SIGIO 信号是告诉进程应该终止执行，它们通常在调用 C 标准库的 abort() 函数时由进程本身启动
SIGALRM、SIGVTALRM、SIGPROF	当设置的时钟功能超时时会将 SIGALRM、SIGVTALRM、SIGPROF 发送给进程。当实际时间或时钟时间超时的时候，发送 SIGALRM 信号。当进程使用的 CPU 时间超时时发送 SIGVTALRM 信号。当进程使用的 CPU 时间超时时，发送 SIGPROF 信号
SIGCHLD	在一个进程终止或者停止时，将 SIGCHLD 信号发送给其父进程，系统将默认忽略此信号，如果父进程希望被告知其子进程的这种状态，则应捕捉此信号
SIGCONT	SIGCONT 信号指示操作系统继续执行先前由 SIGSTOP 或 SIGTSTP 信号暂停的进程。该信号的一个重要用途是在 Unix shell 中进行作业控制
SIGFPE	在进程执行错误的算术运算（例如除以零）时，SIGFPE 信号将被发送到进程
SIGHUP	当 SIGHUP 信号控制的终端关闭时，会发送给进程。许多守护程序将重新加载配置文件并重新打开日志文件，而不是在收到此信号时退出
SIGINT	当用户希望中断进程时，操作系统会向进程发送 SIGINT 信号。用户输入 ctrl - c 就是希望中断进程
SIGKILL	进程接收到 SIGKILL 信号会马上结束运行。与 SIGTERM 和 SIGINT 信号相比，这个信号无法捕获和忽略，会强制触发进程结束

1.2.2　管道

多个进程之间也可以通过建立管道（Pipe）来通信。在两个进程之间建立一个数据管道，一个进程向这个管道写入字节流，另一个进程从这个管道读取字节流。当进程尝试从空管道读取数据时，如果管道没有数据，则该进程会被阻塞，直到有可用数据为止。shell 中的管线（pipeline）就是用管道实现的。在 shell 中按照指定内容读取文件就是通过管道完成的，例如 cat xxx.txt |grep "1024" 中的“|”就是管道连接符，两个应用程序不知道有管道的存在，一切都是由 shell 管理和控制。

1.2.3　共享内存

两个进程之间也可以通过共享同一块内存来进行进程间通信，其中两个或者多个进程可以访问公共内存空间，共享内存通信过程如图 1-7 所示。当两个进程通过共享内存（Shared Memory）进行通信的时候，其中一个进程修改共享内存的数据，另一个进程立即可以读取到修改的数据。

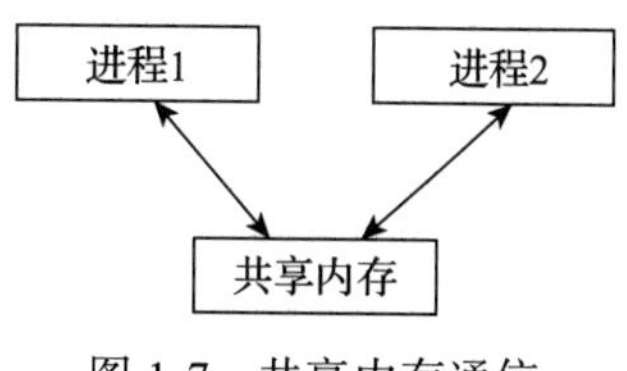

图 1-7　共享内存通信

1.2.4　FIFO 队列

FIFO 队列通常也被称为命名管道（Named Pipe）。命名管道在工作方式上与普通管道是一样的。普通管道在进程退出或终止后，缓冲区将被回收，传输的数据会丢失。命名管道的数据保存在文件系统中，进程退出后数据不会丢失。进程间通信过程如图 1-8 所示。

图 1-8 进程间通信过程

1.2.5 消息队列

消息队列（Message Queue）是一系列保存在内核中的消息链接列表。用户进程可以向消息队列添加消息，也可以从消息队列读取消息。与管道通信相比，消息队列的优势是为每个消息指定特定的消息类型，接收的时候不需要按照队列次序，而是可以根据自定义条件接收特定类型的消息。消息队列有两种模式：一种是按照 FIFO 顺序接收与发送，另一种是支持无序的消息消费。

1.2.6 Socket

还有一种管理两个进程间通信的方法是使用 Socket，Socket 提供端到端的双向通信。一个 Socket 可以与一个或多个进程关联。Socket 需要 TCP 或 UDP 等基础协议的支持。

1.3 CPU 任务调度

进程可以有一个或多个线程，它们都需要由内核分配 CPU 来执行任务，可是 CPU 总共就这么几个，系统应该如何调度呢？本节来详细讲解一下 CPU 任务调度的原理。无论是进程还是线程，在系统内核里统一称为任务（Task），任务是采用 task_struct 结构进行描述的。从 CPU 角度来看，所有的进程与线程都是待执行的任务，如图 1-9 所示。

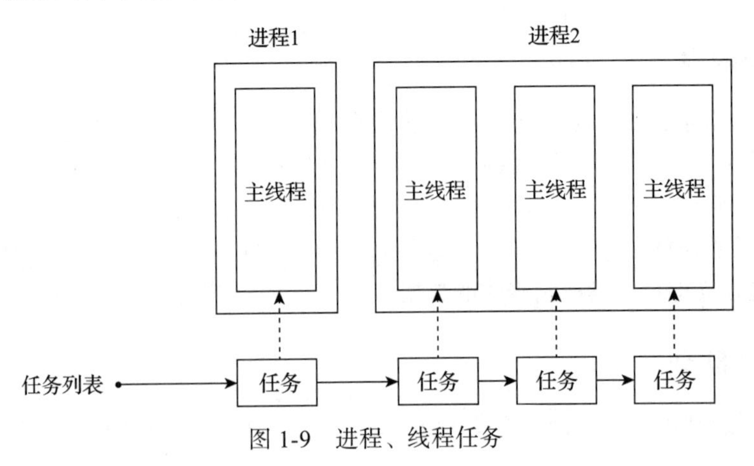

图 1-9 进程、线程任务

每一个任务都应该有一个ID，作为这个任务的唯一标识，后面介绍的任务挂起、唤醒等调度都是通过这个ID来进行管理的。

1.3.1　实时进程与普通进程

在Linux操作系统里有两种进程：一种称为实时进程，另一种称为普通进程。实时进程需要尽快执行并返回结果。通俗地讲，实时进程就好比公司的VIP客户，每次提的需求都特别着急，那公司给的优先级就会比较高。普通进程对执行时效的要求没那么高，只要能完成就行，大部分进程其实都是这种。

1.3.2　实时调度策略

实时进程的调度策略通常有3种：SCHED_FIFO、SCHED_RR与SCHED_DEADLINE。SCHED_FIFO是早期的调度策略，按照FIFO的原则进行任务调度，即只有前面的任务结束了后面任务才会被执行。被调度器调度运行后的进程，其运行时长不受限制，只有运行结束或者主动挂起才会退出CPU的运行。SCHED_RR是轮流调度策略，每个任务都有时间片，也就是任务执行的配额，当前进程的时间片用完后会交给其他线程执行，同时会把当前线程重新加入调度队列的尾部。与SCHED_FIFO不同，在SCHED_RR下，高优先级任务可以抢占低优先级任务的执行顺序。SCHED_DEADLINE是一种新的策略，它会给每个任务设置一个到期时间。任务在到期时间到期之前必须完成运行。当需要进行任务调度的时候，DL调度器总是选择离到期时间最近的任务来调度执行。

1.3.3　普通调度策略

普通进程也有3种调度策略：SCHED_NORMAL、SCHED_BATCH与SCHED_IDLE。普通的任务都没有那么紧急，所以通常按照公平、公正的流程来进行调度。SCHED_NORMAL是普通进程调度策略，采用CFS调度器来进行调度。SCHED_BATCH是管理后台进程的调度策略，也是采用CFS调度器进行调度的。后台进程任务可以默默执行，不影响需要交互的进程，可以降低它的优先级。SCHED_IDLE是特别空闲的时候才会执行的进程调度策略，就是在没有任何任务执行的时候才会运行空闲线程。

1.3.4　CFS调度算法

Linux实现了一种完全公平的普通任务的调度策略CFS（Completely Fair Scheduling）。CFS是通过计算进程消耗的CPU时间（标准化以后的虚拟CPU时间）来确定谁来运行，从而达到调度的公平性。CFS通过引入vruntime（虚拟运行时间）的概念来表示进程运行时间与期望运行时间的比率。vruntime越小，说明期望没有满足，需要优先调度,vruntime越大，说明已经基本满足要求了，可以晚点调度。

提示 vruntime = 实际运行时间 × 1024 / 进程权重时间

在上述公式中，实际运行时间就是当前任务已经完成的时间，进程权重时间就是根据进程设置的权重比换算出来的权重时间。普通进程是通过权重值来调整优先级的，优先级的大小范围是 -20～19，数值越小优先级越大，意味着权重值越大。CFS 就是通过 prio_to_weight 数组来设置权重值获取权重时间的。权重值对应的权重时间如代码清单 1-2 所示。

代码清单 1-2　权重值对应的权重时间

```
static const int prio_to_weight[40] = {
    /* -20 */ 88761, 71755, 56483, 46273, 36291,
    /* -15 */ 29154, 23254, 18705, 14949, 11916,
    /* -10 */ 9548, 7620, 6100, 4904, 3906,
    /* -5 */ 3121, 2501, 1991, 1586, 1277,
    /* 0 */ 1024, 820, 655, 526, 423,
    /* 5 */ 335, 272, 215, 172, 137,
    /* 10 */ 110, 87, 70, 56, 45,
    /* 15 */ 36, 29, 23, 18, 15,
};
```

如果把一个进入任务的优先级设置成 0，那么 vruntime 的计算公式就变成：

vruntime = 实际运行时间 × 1024 / 1024

vruntime 相当于实际运行时间。在算法实现上，CFS 采用了红黑树来存储调度的任务节点，红黑树的结构如图 1-10 所示。树的左边节点的 vruntime 值小于右边节点的 vruntime 值。在任务调度的时候，取下最左边的节点来运行就可以了。

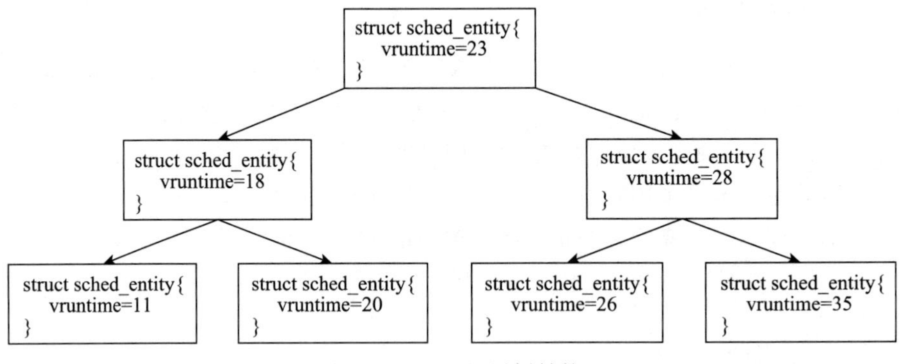

图 1-10　CFS 红黑树结构

例如在图 1-10 中，CFS 会调度 vruntime 为 11 的节点优先运行，之后会调度 vruntime 为 18 的节点。

1.3.5　整体任务调度

接下来详细地讲解一下任务的整体调度策略。CPU 的任务队列结构如图 1-11 所示。

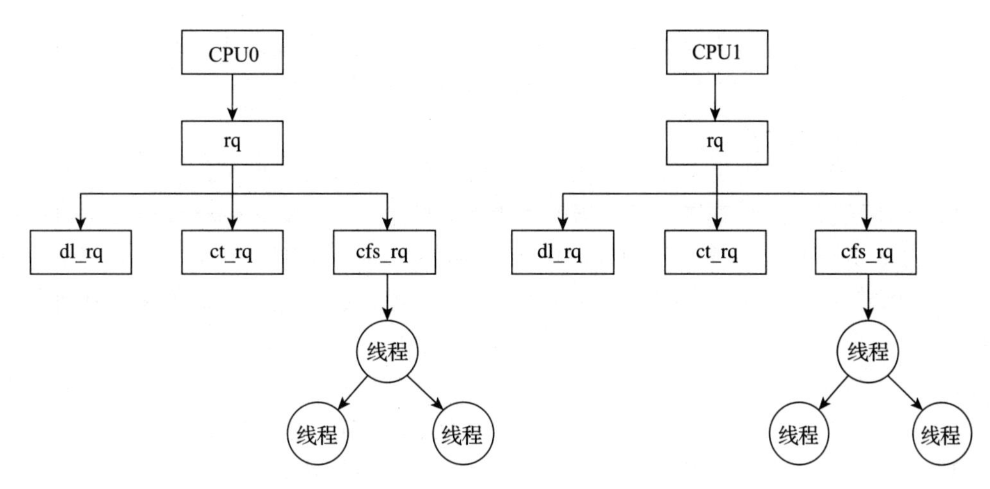

图 1-11　CPU 任务队列结构

每个 CPU 都有自己的任务运行队列（runqueue）。任务调度就是将需要执行的任务加入 runqueue 中。runqueue 中所有任务的状态都是 TASK__RUNNING。同时在 runqueue 的前面设计了 3 种任务队列：dl_rq、rt_rq、cfs_rq。dl_rq 是 SCHED_DEADLINE 调度策略的任务队列，rt_rq 是实时任务的调度队列，cfs_rq 是普通任务的公平调度队列。Linux 内核为每个具体的任务队列设置了不同的调度类（Scheduling Class）。CPU 调度顺序的详细信息如表 1-5 所示。

表 1-5　CPU 调度顺序

调度顺序	调度类	调度器	调度策略	运行队列
1	Deadline	DL 调度器	SCHED_DEADLINE	dl_rq
2	Realtime	RT 调度器	SCHED_FIFO SCHED_RR	rt_rq
3	Fair	CFS 调度器	SCHED_NORMAL SCHED_BATCH	cfs_rq
4	Idle	空任务调度	SCHED_IDLE	—

每次任务调度的时候，Linux 都会从 Deadline 开始调度，按照调度器优先级（Deadline > Realtime > Fair）运行任务调度器，完成对应的任务调度。也就是先从 dl_rq 中选择任务去执行，如果 dl_rq 没有任务，才会从 rt_rq 里选择任务执行，所以实时任务总是会比普通任务先得到执行。

1.4　Linux 线程

线程与进程类似，线程能够让应用程序更好地并发执行多个任务，也是 Linux 最小的任务执行单位。程序中的所有线程均可以独立执行，多个线程直接共享同一个全局内存区域，其中包括初始化数据段（Initialized Data）、未初始化数据段（Uninitialized Data），以及堆内存段（Heap Segment）。

线程之间能够方便快速地共享信息。一个线程只需将数据复制到共享（全局内存或堆）变量中，其他线程就能够直接访问到当前线程存储的信息。同时，创建线程要比创建进程快很多，甚至要快10倍以上。线程的创建之所以较快，是因为调用fork函数创建子进程时所需复制的诸多属性，在线程间的内存中本来就是共享的，所以无须采用写时复制来同步父进程的相关信息。

线程之间共享同一个进程的相关数据，从而能更好地让其他线程感知到公共资源的变化。具体包括以下数据：进程ID（process ID）、父进程ID、进程组ID、信号（signal）通知、控制终端、文件描述符等。同时每个线程都拥有一些特殊信息，方便进程对线程的管理，例如线程ID、信号掩码、线程特有数据、线程的实时调度策略（real-time scheduling policy）等。

1.4.1 Pthread简介

POSIX（Portable Operating System Interface，可移植操作系统接口）是IEEE为了在各种UNIX类系统上更好地运行软件而定义的一系列API标准的总称。Pthread是POSIX在线程领域的标准实现，定义了一整套线程创建与管理的API函数。UNIX、Linux、Mac OS X等都使用Pthread作为操作系统的线程。Windows系统也有其移植版pthreads-win32。

1. 数据类型

Pthread数据类型的说明如表1-6所示。

表1-6　Pthread数据类型

数据类型	类型描述
pthread_t	线程ID
pthread_attr_t	线程的属性对象
pthread_mutex_t	互斥锁对象
pthread_mutexattr_t	互斥锁的属性对象
pthread_cond_t	条件变量
pthread_condattr_t	条件变量的属性对象
pthread_key_t	线程特有数据的键

2. 线程操作函数

Pthread线程操作函数的说明如表1-7所示。

表 1-7 Pthread 线程操作函数

函数名称	函数描述
pthread_create()	创建一个新的线程
pthread_attr_init()	初始化线程的属性
pthread_attr_destroy()	删除线程的属性
pthread_exit()	终止当前的线程
pthread_cancel()	中断另外一个线程的运行
pthread_join()	阻塞当前的线程，直到另外一个线程运行结束
pthread_kill()	向线程发送具体信号

3. 线程同步函数

Pthread 提供了基于 mutex 互斥锁、信号量通信、超时等待等线程同步控制的能力。Pthread 线程同步函数的说明如表 1-8 所示。

表 1-8 Pthread 线程同步函数

函数名称	函数描述
pthread_mutex_init()	初始化一个互斥锁的对象
pthread_mutex_lock()	互斥锁加锁函数，如果已被其他线程加锁，则进入等待
pthread_mutex_trylock()	试图占有互斥锁（不阻塞操作）。当互斥锁空闲时，将占有该锁；如果获取不到则立即返回
pthread_mutex_unlock()	释放已经获取的互斥锁，如果有其他线程在等待，会让其他线程获取锁
pthread_mutex_destroy()	删除互斥锁对象
pthread_con_init()	初始化一个条件变量
pthread_cond_wait()	等待触发条件变量的特殊条件发生
pthread_cond_timedwait()	设定等待时间的条件变量，如果时间到了可以自己唤醒自己
pthread_cond_signal()	唤醒一个正在 pthread_cond_wait 状态的线程
pthread_cond_destroy()	销毁一个条件变量

4. 线程标识函数

Pthread 提供了获取线程自身标识的函数，其说明如表 1-9 所示。

表 1-9 Pthread 线程标识函数

函数名称	函数描述
pthread_self()	查询线程自身的线程标识号

1.4.2 线程创建

pthread_create是POSIX提供的线程创建函数，如代码清单1-3所示。它通过调用Linux系统底层的do_fork函数来快速创建一个线程。

代码清单 1-3 pthread_create 函数

```
#include <pthread.h>
extern int pthread_create (pthread_t *__restrict __newthread,
                           const pthread_attr_t *__restrict __attr,
                           void *(*__start_routine) (void *),
                           void *__restrict __arg)
```

pthread_create函数有4个参数，详细信息如表1-10所示。

表 1-10 pthread_create 函数参数

参数名称	参数描述
pthread_t	指向线程标识符的指针，在线程创建后获取线程ID
pthread_attr_t	用来设置线程属性，可以用于设置线程的相关信息（见后续讲解）
__start_routine	线程运行函数的地址，即线程需要运行的功能
__arg	运行函数的参数

如果pthread_create线程创建成功则返回的是0，如果值不为0说明创建失败。

pthread_attr_t是线程的属性定义，主要定义了线程的分离状态、线程栈大小、线程的调度策略等信息。pthread_attr_t的数据结构如代码清单1-4所示。在定义好线程属性对象后，可以调用pthread_attr_init函数来初始化线程属性。在线程创建结束后，可以调用pthread_attr_destroy函数来销毁线程属性对象，以防止内存泄漏。

代码清单 1-4 pthread_attr_t 数据结构

```
typedef struct{
        int                 detachstate;     // 线程的分离状态
        int                 schedpolicy;     // 线程调度策略
        struct sched_param schedparam;      // 线程的调度参数
        int                 inheritsched;    // 线程的继承性
        int                 scope;           // 线程的作用域
        size_t              guardsize;       // 线程栈末尾的警戒缓冲区大小
        int                 stackaddr_set;   // 线程的栈设置
        void*               stackaddr;       // 线程栈的位置（最低地址）
        size_t              stacksize;       // 线程栈的大小
        } pthread_attr_t;
```

在上述代码中，detachstate字段用来表示线程分离状态，线程分离状态决定主线程以什么样的方式来终止自己。在默认情况下，线程是非分离状态的，主线程等待新创建的线程运行结束。而设置成分离线程状态，主线程则不会等待新创建的线程运行，它会运行结束就终止，并立即释放系统资源。可以根据业务的需要选择适当的分离状态，如将 JVM 的线程设置成线程分离的状态。用户可以通过 pthread_attr_setdetachstate 函数来动态设置线程的分离状态。

detachstae 字段的值：PTHREAD_CREATE_DETACHED 表示线程分离；PTHREAD_CREATE_JOINABLE 表示非线程分离；stacksize 表示线程的栈大小。

当系统中有很多线程时，需要减小每个线程栈的默认大小，以防止进程的地址空间不够用。同样，当线程中调用的函数调用链路很深或分配很多局部变量时，需要增大线程栈的大小，以防止栈内存溢出。在 JVM 里面专门定义了启动参数 -Xss 来设定线程栈的大小，也可以通过 pthread_attr_setstacksize 函数来动态设置线程的栈大小。

代码清单 1-5 是一个通过 pthread_create 创建线程的示例。该示例首先定义了 task 函数来打印 3 行简单的字符串信息，在 main 函数内定义了线程的栈大小、线程的分离状态等线程属性信息。然后调用 pthread_create 来创建一个线程，并把线程绑定上 task 函数执行。

代码清单 1-5 创建线程示例

```
#include <stdio.h>
#include <pthread.h>
void *task(void *ptr)
{
    int i;
    for(i=0;i<3;i++)
    {
        printf("the pthread running ,count: %d\n",i);
    }
}
int main(void)
{
    int ret;
    pthread_t pthread;                                    // 定义线程 ID 对象
    pthread_attr_t thread_attr;                           // 定义线程属性对象
    pthread_attr_init(&thread_attr);                      // 初始化线程属性
    pthread_attr_setstacksize(&thread_attr,256*1024);    // 设置线程栈大小为 256K
    pthread_attr_setdetachstate(&thread_attr,PTHREAD_CREATE_JOINABLE);
    ret = pthread_create(&pthread,&thread_attr,task,NULL); // 创建子线程
    if(ret != 0)
    {
        printf("create pthread error!\n");
    }
    else{
        printf("create pthread ok!\n");
        printf("thread_id is : %d\n",pthread);
    }
    return 0;
}
```

线程的执行结果如下：

```
create pthread ok!
thread_id is : 136351744
the pthread running ,count: 0
the pthread running ,count: 1
the pthread running ,count: 2
```

1.4.3 线程终止

Linux 提供了 3 种终止线程的方式：第一种是在任务的 start 函数里执行 return 语句并返回指定值；第二种是在子线程里调用 pthread_exit 函数，主动退出；第三种是在主线程里调用 pthread_cancel 函数来结束子线程。

pthread_exit 函数如代码清单 1-6 所示。

代码清单 1-6 pthread_exit 函数

```
void pthread_exit(void *retval);
```

参数 retval 是 void* 类型的指针，可以指向任何类型的数据，它指向的数据将作为线程退出的返回值，一般用 retval 来表示线程异常退出的原因。如果线程不需要返回任何数据，可以将 retval 参数设置为 NULL。

代码清单 1-7 是一个等待线程结束（线程主动退出）的简单示例。exitTask 线程函数先打印了一行线程运行状态，然后调用 pthread_exit 函数来主动退出当前线程，并标明退出的原因是 pthread_exit。接下来在 main 函数中通过 pthread_create 函数来创建子线程，然后通过 pthread_join 函数来等待子线程结束。

代码清单 1-7 等待线程结束示例

```
#include <stdio.h>
#include <pthread.h>
void *exitTask(void *ptr)
{
    printf("the pthread running ! \n");
    pthread_exit((void *) "pthread_exit");
}
int main(void)
{
    int ret;
    pthread_t pthread;    //定义线程 ID 对象
    ret = pthread_create(&pthread,NULL,exitTask,NULL);  //创建子线程
    if(ret == 0)
    {
        printf("create pthread ok!\n");
    }
    void * thread_result; //用来存储子线程退出原因
    //等待子线程执行完成
    ret = pthread_join(pthread, &thread_result);
    if (ret != 0) {
```

```
        printf("thread join fail");
    }
    printf("thread exit reason: %s", (char*)thread_result);
    return 0;
}
```

然后通过 thread_result 来接收并打印子线程的退出原因。pthread_join 执行结果如代码清单 1-8 所示。

代码清单 1-8　pthread_join 执行结果

```
create pthread ok!
the pthread running !
thread exit reason: pthread_exit
```

调用 pthread_cancel 函数后并不会让子线程立即终止，只是提出线程取消的请求，pthread_cancel 函数定义如代码清单 1-9 所示。子线程在取消请求（pthread_cancel）发出后会继续运行，直到到达某个取消点（Cancellation Point）。取消点是检查线程是否被取消并按照请求进行动作的位置。

代码清单 1-9　pthread_cancel 函数定义

```
int pthread_cancel(pthread_t thread)
```

pthread_cancel 函数会向目标线程发送 Cancel 信号，但具体如何处理 Cancel 信号则由目标线程自己决定，目标线程可以选择忽略、立即终止，或者继续运行至取消点。默认情况下，Cancel 信号是继续运行至取消点才会退出。

代码清单 1-10 是一个取消线程的简单示例。cancelTask 线程函数先打印了一行线程运行状态，然后调用 sleep 函数来创造一个线程取消点。在 main 函数中通过 pthread_create 创建了子线程，然后通过 pthread_cancel 函数向子线程发送退出信号。

代码清单 1-10　取消线程示例

```
#include <stdio.h>
#include <pthread.h>
#include <libc.h>
void *cancelTask(void *ptr)
{
    while (true){
        printf("the pthread running ! \n");
        sleep(1);
    }
    return 0;
}
int main(void)
{
    int ret;
    pthread_t pthread;    // 定义线程 ID 对象
```

```
    ret = pthread_create(&pthread,NULL,cancelTask,NULL);  //创建线程
    if(ret == 0)
    {
        printf("create pthread ok!\n");
    }
    ret= pthread_cancel(pthread);    //取消线程
    if (ret == 0) {
        printf("thread cancel  ok");
    }
    return 0;
}
```

子线程收到取消信号后，在下一个线程取消点上退出。代码运行结果如代码清单1-11所示。

代码清单 1-11　线程取消结果

```
create pthread ok!
the pthread running !
thread cancel  ok
```

1.5　线程同步：互斥量

线程的主要优势在于能够通过全局变量来共享信息。不过这也带来一个问题：多个线程如何安全地修改同一变量？代码清单1-12是一个线程不安全的例子：先定义了countTask函数，函数的基本功能就是完成全局变量total的100万次自增。在main函数中创建了两个线程，同时完成对total的自增计算。

代码清单 1-12　线程不安全例子

```
#include <stdio.h>
#include <pthread.h>
int total=0;
void *countTask(void *ptr)
{
    for(int i=0;i<1000000;i++){
        total=total+1;
    }
    return 0;
}
int main(void)
{
    int ret;
    pthread_t pthread; //定义线程ID对象
    pthread_t pthread2;
    ret = pthread_create(&pthread,NULL,countTask,NULL);  //创建线程
    ret = pthread_create(&pthread2,NULL,countTask,NULL); //创建线程
```

```
    ret= pthread_join(pthread, NULL);     //等待线程执行完成
    ret= pthread_join(pthread2, NULL);
    printf("total = %d\n",total);         //打印信息
    return 0;
}
```

程序期望的执行结果应该是 200 万，而实际运行的结果大相径庭，而且每次运行的结果都不一致。运行结果如下：

```
total = 1029398
```

数据不一致的原因是多线程同时操作 total+1。为避免多线程在更新共享变量时出现不一致，Linux 提供了互斥量 mutex。mutex 确保在同一时刻仅有一个线程可以访问某共享资源，从而保证对共享资源的原子性访问。互斥量有两种状态：已锁定状态（locked）和未锁定状态（unlocked）。在任何时刻都只有一个线程可以锁定互斥量，一旦线程锁定互斥量，随即成为该互斥量的所有者，其他想获取整个信号量的线程都要进入等待状态。

1.5.1　创建互斥量

互斥量有两种创建方式：由静态变量分配与调用函数动态地创建。静态方式是 POSIX 定义了一个宏 PTHREAD_MUTEX_INITIALIZER 来静态初始化互斥锁；动态方式是采用 pthread_mutex_init 函数来初始化互斥锁。创建互斥量的方法如代码清单 1-13 所示。

代码清单 1-13　创建互斥量

```
pthread_mutex_t mutex=PTHREAD_MUTEX_INITIALIZER;
int pthread_mutex_init(pthread_mutex_t *mutex, const pthread_mutexattr_t
    *mutexattr)
```

mutex 为互斥量对象，mutexattr 用于指定互斥锁属性，如果为 NULL 则使用默认属性。互斥锁的属性在创建锁的时候指定，在 LinuxThreads 实现中仅有一个锁类型属性，不同类型的锁在试图对已被锁定的互斥锁加锁时的表现不同。锁有 4 种类型，具体如表 1-11 所示。

表 1-11　mutex 锁类型

锁类型	锁机制
PTHREAD_MUTEX_TIMED_NP	这是默认值，也就是普通锁。当一个线程加锁以后，其余请求锁的线程将形成一个等待队列，并在解锁后按优先级获得锁
PTHREAD_MUTEX_RECURSIVE_NP	支持可重入锁的属性，允许同一个线程对同一个锁多次成功加锁，并通过多次 unlock 操作解锁。如果是不同线程的请求，则在加锁线程解锁时重新竞争
PTHREAD_MUTEX_ERRORCHECK_NP	互斥量的操作都会进行错锁检查，如果是同一个线程多次请求同一个锁，则返回 EDEADLK，否则与 PTHREAD_MUTEX_TIMED_NP 行为相同
PTHREAD_MUTEX_ADAPTIVE_NP	适应锁，这是动作最简单的锁类型，仅等待解锁后重新竞争

用PTHREAD_MUTEX_INITIALIZER创建的互斥量由系统自动回收，用pthread_mutex_init函数动态创建的互斥量需要手动调用pthread_mutex_destroy(pthread_mutex_t *mutex)函数来动态回收。

初始化互斥量之后，可以调用pthread_ mutex_ lock函数来获取互斥量锁，将互斥量设置为锁定状态。pthread_ mutex_lock函数定义如代码清单1-14所示。

代码清单1-14　pthread_ mutex_ lock函数定义

```
int pthread_mutex_lock(pthread_mutex_t *mutex);
```

如果互斥量当前处于未锁定状态，则调用pthread_mutex_lock函数会锁定互斥量并立即返回。如果其他线程已经锁定了当前互斥量，那么pthread_mutex_ lock函数调用会一直被阻塞，直至该互斥量被其他线程解锁，才能锁定互斥量并返回。pthread_mutex_lock返回0表示锁定成功，其他的值都表示失败。

1.5.2　互斥量解锁

通过pthread_mutex_lock函数拿到互斥量的锁之后，可以进行业务逻辑处理。在做完业务逻辑处理后，需要调用pthread_mutex_unlock函数来释放互斥量的锁。如果锁释放成功则返回0，如果是其他的值都表示失败。pthread_mutex_unlock函数定义如代码清单1-15所示。

代码清单1-15　pthread_mutex_unlock函数定义

```
int pthread_mutex_unlock(pthread_mutex_t *mutex);
```

1.5.3　mutex示例

接下来对本章开头的用例稍微进行改造，改造结果如代码清单1-16所示。代码开头采用静态赋值的方式定义了mutex互斥变量。在对total值修改之前调用pthread_mutex_lock函数来获取锁，然后进行total值的修改，之后调用pthread_mutex_unlock函数来释放锁对象。

代码清单1-16　mutex示例改造结果

```
#include <stdio.h>
#include <pthread.h>
int total=0;
pthread_mutex_t mutex = PTHREAD_MUTEX_INITIALIZER;       //定义全局互斥量
void *countTask(void *ptr)
{
    for(int i=0;i<10000000;i++){
        pthread_mutex_lock(&mutex);       //操作之前加锁
        total=total+1;
        pthread_mutex_unlock(&mutex);     //操作之后解锁
    }
```

```
    return 0;
}
int main(void)
{
    int ret;
    pthread_t pthread;                    // 定义线程 ID 对象
    pthread_t pthread2;
    ret = pthread_create(&pthread,NULL,countTask,NULL);     // 创建子线程
    if(ret == 0)
    {
        printf("create pthread ok!\n");
    }
    ret = pthread_create(&pthread2,NULL,countTask,NULL);
    if(ret == 0)
    {
        printf("create pthread2 ok!\n");
    }
    ret= pthread_join(pthread, NULL);     // 等待线程执行完成
    ret= pthread_join(pthread2, NULL);
    printf("total = %d\n",total);
    return 0;
}
```

上述代码通过加锁、数据修改、释放锁的逻辑实现了线程同步，确保在任意时刻只有一个线程能对 total 变量进行修改，代码运行的结果是 2000000，符合程序预期。

1.6 线程同步：条件变量

如果一个线程的某个共享变量的状态发生变化，条件变量会通知其他线程，并让其他线程等待。

1.6.1 创建条件变量

条件变量的数据类型是 pthread_cond_t，使用条件变量前必须对其进行初始化。如同互斥量一样，条件变量的创建方式也有两种：静态分配、动态创建。将经由静态分配的条件变量赋值为 PTHREAD_COND_INITIALIZER 就完成了初始化操作。我们也可以使用 pthread_cond_init 函数动态初始化条件变量。条件变量初始化函数如代码清单 1-17 所示。

代码清单 1-17 条件变量初始化函数

```
pthread_cond_t cond = PTHREAD_COND_INITIALIZER;
int pthread_cond_init(pthread_cond_t *cond, pthread_condattr_t *cond_attr)
```

cond 参数表示将要初始化的条件变量对象。尽管 POSIX 标准中为条件变量定义了属性，但在 LinuxThreads 中没有实现 cond_attr 所指向的 pthread_condattr_t 类型对象，因此 cond_attr 的值通常为 NULL。

1.6.2 条件变量等待

pthread_cond_wait函数用于阻塞当前线程，等待其他的线程调用pthread_cond_signal函数或pthread_cond_broadcast函数来唤醒它。pthread_cond_wait函数必须与pthread_mutex配套使用，在调用pthread_cond_wait函数之前必须先通过pthread_mutex_lock函数拿到互斥量的锁对象。pthread_cond_wait函数一进入wait状态就会自动释放mutex。当其他线程通过通知将该线程唤醒时，pthread_cond_wait函数又自动获得互斥量的锁对象。条件变量等待函数如代码清单1-18所示。

代码清单1-18 条件变量等待函数

```
int pthread_cond_wait(pthread_cond_t *cond, pthread_mutex_t *mutex);
int pthread_cond_timedwait(pthread_cond_t *cond, pthread_mutex_t *mutex, const
    structtimespec * abstime);
```

pthread_cond_timedwait函数可以设定等待时间abstime，系统会按照abstime来设置一个高精度的定时器，时间到了定时器会自动触发通知，唤醒等待的线程。

1.6.3 条件变量通知

pthread_cond_signal函数的作用是发送一个信号给另外一个正处于阻塞状态的线程，使其从阻塞状态中醒过来继续执行，条件变量通知函数如代码清单1-19所示。如果没有线程处于阻塞等待状态，则pthread_cond_signal也会成功返回。

代码清单1-19 条件变量通知函数

```
int pthread_cond_signal(pthread_cond_t *cond);
int pthread_cond_broadcast(pthread_cond_t *cond);
```

pthread_cond_signal函数只会给一个线程发送信号，如果有多个线程正在阻塞等待同一个条件变量，会优先通知高优先级的线程执行。如果各等待线程优先级相同，则根据等待时间的长短来确定由哪个线程执行。pthread_cond_broadcast函数会唤醒等待在同一条件变量上的所有线程，但由于唤醒后最终只有一个线程能获取到锁，所以最终仍只有一个线程能立即执行。pthread_cond_signal函数相当于Java的Object.notifyAll()功能。

1.6.4 条件变量使用示例

代码清单1-20是一个条件变量使用的简单示例。该示例首先定义了一个数据减小的函数decrement，decrement在count的值没有到达5之前，会一直调用pthread_cond_wait函数，让当前线程处于阻塞状态。接着定义了数据增加函数increment，通过for循环将count的值增加到5。增加到5以后会调用pthread_cond_signal函数发送通知给decrement。decrement收到通知后会从等待中醒来，接着让数据循环相减。这样就实现了数据从0～5增加，以及从5～0减少的过程。

代码清单 1-20　条件变量使用示例

```
#include<stdio.h>
#include<pthread.h>
pthread_mutex_t mutex = PTHREAD_MUTEX_INITIALIZER;
pthread_cond_t  cond  = PTHREAD_COND_INITIALIZER;
int count = 0;
void *decrement(void *arg) {
    pthread_mutex_lock(&mutex);    // 获取锁
    while (count!=5){
        pthread_cond_wait(&cond, &mutex);        // 等待条件变量
    }
    for(int i=0;i<5;i++){
       count--;
    }
    printf("decrement 5 size count= %d \n", count);
    pthread_mutex_unlock(&mutex);
    return 0;
}
void *increment(void *arg) {
    pthread_mutex_lock(&mutex);                         // 获取锁
    for(int i=0;i<5;i++){
        count++;
    }
    printf("increment 5 size count=%d \n", count);
    if (count = 5){                                     // 到 5 发送通知，并唤醒线程
        pthread_cond_signal(&cond);
    }
    pthread_mutex_unlock(&mutex);                       // 解锁
    return 0;
}
int main(int argc, char *argv[]) {
    printf("thread start count=%d \n", count);
    pthread_t wait, notify;                                 // 定义等待，并通知两个线程对象
    pthread_create(&wait, NULL, decrement, NULL);          // 创建等待线程
    pthread_create(&notify, NULL, increment, NULL);        // 创建通知线程
    pthread_join(notify, NULL);
    pthread_join(wait, NULL);
    pthread_mutex_destroy(&mutex);                          // 释放锁信息
    pthread_cond_destroy(&cond);
    return 0;
}
```

在调用条件信号操作（pthread_cond_wait()、pthread_cond_signal()）之前都必须调用 pthread_mutex_lock 进行加锁，并在调用结束后调用 pthread_mutex_unlock 进行解锁。

1.7　线程同步：信号量

本节详细讲解另一种 POSIX 线程信号量，它允许进程和线程同步对共享资源进行访

问。POSIX信号量分为两种：**命名信号量**与**未命名信号量**。命名信号量是全局命名的信号量，主要用在进程间通信上，不同的进程可以通过名字来访问同一个信号量，可通过sem_open函数来创建。未命名信号量是指没有名字的信号量，它存在于内存中预定的位置（全局变量、静态变量等），未命名信号量主要在线程间共享。

1.7.1 初始化未命名信号量

sem_init函数可对未命名信号量进行初始化，sem是未命名信号的对象，value是默认初始化值，其定义如下所示。

```
int sem_init(sem_t *sem, int pshared, unsigned int value);
```

pshared参数表示这个信号量的共享范围，0表示是在线程间共享，不等于0表示在进程间共享。在线程间共享时，sem通常被指定为一个全局变量的地址或分配在堆内存上的一个变量地址。线程共享的信号量是依托进程而存在的，主进程终止时信号量会被一同销毁。

1.7.2 等待一个信号量

sem_wait函数会将sem引用的信号量的值减去1。如果信号量的当前值大于0，那么sem_wait函数会减1并立即返回。如果信号量的当前值等于0，则sem_wait函数会将当前的线程阻塞，即当前线程会被挂起。当信号量值再次大于0时，会将处于等待状态的线程唤醒，并将信号量值减1。sem_wait函数的定义如下。

```
int sem_wait(sem_t *sem)
```

1.7.3 发布一个信号量

sem_post函数会把sem引用的信号量的值加1，函数定义如下所示。当有一个线程阻塞在这个信号量上时，sem_post函数会把处于阻塞状态的线程唤醒。

```
int sem_post(sem_t *sem);
```

如果多个线程都阻塞在当前信号量上，则具体唤醒哪个线程由调度策略决定。

代码清单1-21是一个关于信号量使用的简单例子，首先定义了全局信号量countSem，用来进行并发线程的控制。然后定义了数据自增的函数increment，执行自增之前要获取countSem信号量，自增结束之后释放countSem信号量。

代码清单1-21 信号量示例

```
#include<stdio.h>
#include<stdlib.h>
#include<pthread.h>
#include<semaphore.h>
#include<unistd.h>
```

```
sem_t countSem;    //定义信号量
void *increment(void *arg) {
    int id= *((int *)arg);
    int count = 0;
    sem_wait(&countSem);
    for(int i=0;i<5;i++){
        count++;
        printf("thread %d  decrement  size count= %d \n", id,count);
    }
    sem_post(&countSem);
    return 0;
}
int main(int argc, char *argv[]) {
    sem_init(&countSem, 0, 2);    //初始化信号量
    pthread_t pthread_1,pthread_2,pthread_3;    //定义线程对象
    int thread_1=1;
    int thread_2=2;
    int thread_3=3;
    //创建等待线程，并设定increment为执行函数
    pthread_create(&pthread_1, NULL, increment, &thread_1);
    pthread_create(&pthread_2, NULL, increment, &thread_2);
    pthread_create(&pthread_3, NULL, increment, &thread_3);
    pthread_join(pthread_1,NULL);
    pthread_join(pthread_2,NULL);
    pthread_join(pthread_3,NULL);
    return 0;
}
```

在main函数中对信号量countSem进行初始化，将其设置成线程间共享，且初始化的值为2。接着定义了3个线程来执行任务，每个线程在执行具体任务前都需要获取countSem信号量。这样我们就能通过countSem信号量来实现线程同步了，如在任何一个时刻只有两个线程能同时执行。

POSIX信号量和互斥量都可以用来完成线程间的同步操作，并且两者的性能也是相近的。通常互斥量是首选方法，因为互斥量具有排他性，能够更好地进行并发控制。但如果只允许有限的线程来访问同一个资源，POSIX信号量则非常合适。例如在上面的例子中，我们就可以通过信号量来控制，因为在任何时候只有两个线程能同时执行。

1.8　小结

本章详细讲解了Linux操作系统中进程与线程的概念，并详细讲解了POSIX线程库。希望本章的讲解能让读者了解Linux线程的相关知识。

Chapter 2 第2章

JVM 基础知识

JVM 是 Java 程序运行的容器。本章将从 JVM 的基本概念、跨平台实现、逻辑架构以及线程模型等领域详细讲解 JVM 的相关原理。

2.1 Java、JDK、JRE 与 JVM

Java 最早是在 C++ 语言基础上建立起来的一门面向对象的编程语言，充分吸收了 C++ 语言的各种优点，同时舍弃了 C++ 里面难以理解的多继承、指针等概念。Java 语言具有功能强大和简单易用两个特征。经过几十年的发展，Java 已经变成一个由一系列计算机软件和规范组成的庞大的技术体系。Java 不仅提供了完整的用于软件开发和跨平台部署的运行环境，并广泛应用于企业服务器、嵌入式系统、移动终端等多种应用场景。时至今日，Java 已经是主要的编程语言，Java 技术体系已经吸引了 700 多万软件开发者，也是全球最大的软件开发队伍。Java 整个技术体系包含 Java 语言规范、JDK（Java 语言的软件开发工具）、JRE（Java 运行环境）及 JVM（Java 虚拟机）等部分。

JDK（Java Development Kit）是 Java 语言的软件开发工具包，主要用于服务器、移动设备、嵌入式设备上的 Java 应用程序开发。JDK 是整个 Java 开发的核心，它包含了 JRE 和 Java 开发工具。

JRE 是支持 Java 程序运行的标准环境，它包含了 JVM（Java Virtual Machine）、运行时类库和 Java 应用启动器。通过 JRE，Java 的开发者才得以将自己开发的程序运行起来。所以，JRE=JVM+Java 基础类库和核心类库。

JVM 是 Java 代码的运行时环境，它会将 Java 的字节码转换为机器语言，然后运行。

2.2　Java 跨平台原理

Java 是一种面向对象的通用编程语言，提供了很好的平台独立性，能够实现“一次编译，到处运行”。

用 C 语言开发程序时，C 语言的编译器只为特定机器生成本机可执行代码，编译过程如图 2-1 所示。当一个程序用 C/C++ 语言编写和编译时，代码可直接转换成机器可执行的文件。例如在 Windows 操作系统上，代码会生成为 .exe 文件，并且生成的 .exe 文件只能在 Windows 操作系统中运行，而不能在 Linux 操作系统中运行。

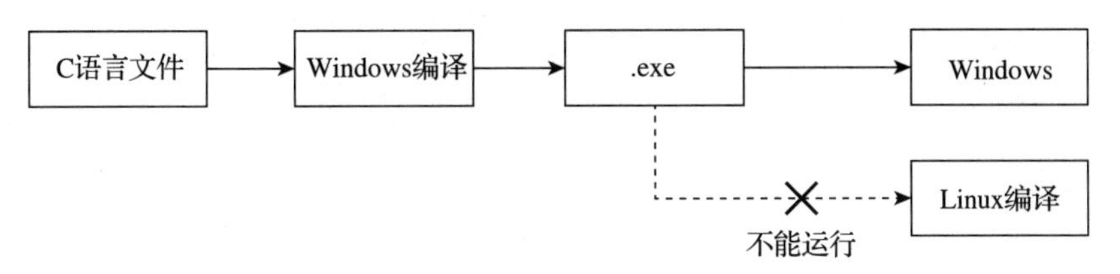

图 2-1　C 语言编译过程

Java 语言与 C/C++ 语言相比，程序的编译和运行是完全不同的，Java 编译器会将 Java 源文件编译成字节码文件（.class 文件），编译过程如图 2-2 所示。而生成的字节码不能直接运行，必须通过 JVM 翻译成机器码才能运行。不同平台下编译生成的字节码是一样的，与生成它们的平台无关，例如同一个 Java 源文件在 Windows 中生成的字节码与在 Linux 中生成的字节码是完全一致的。

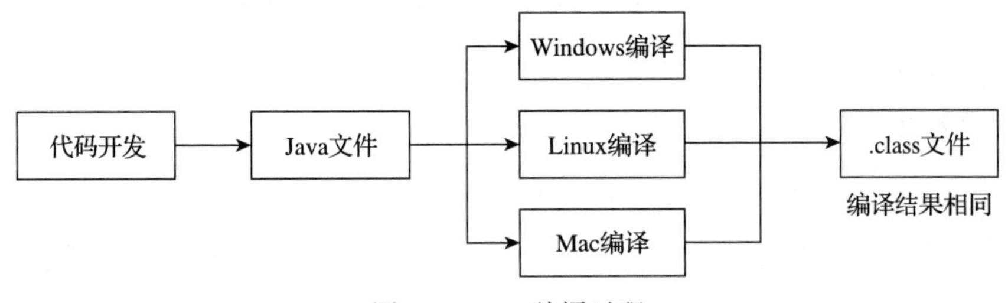

图 2-2　Java 编译过程

字节码文件只有在 JVM 中才能运行。JVM 是用 C/C++ 语言开发的，编译后得到机器执行的文件，JVM 本身是不能跨平台的，不同平台下需要安装不同版本的 JVM，如图 2-3 所示。例如，在 Windows 平台上有 .exe 文件，在 Linux 平台上有 .rpm 文件，在 Mac 平台上有 .dmg 文件。

虽然不同平台上有不同的 JVM 版本，但是 Java 语言委员会对 JVM 做了统一规范，详细规定了 .class 文件结构、数据类型、方法与属性定义、线程执行过程、编译过程，确保同一个 class 文件在不同操作系统的 JVM 中的执行结果是一致的，如图 2-4 所示。

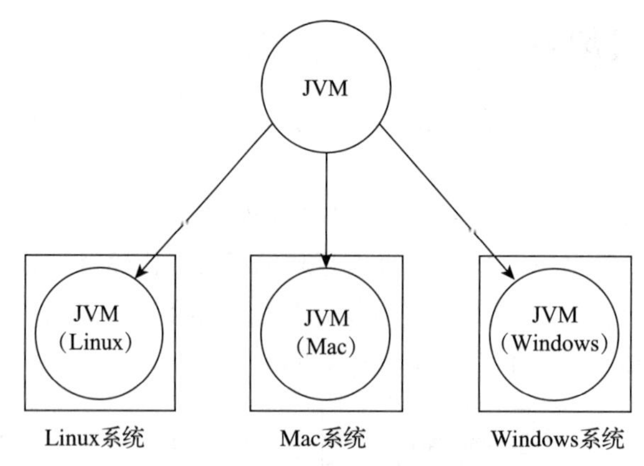

图 2-3　JVM 操作系统版本

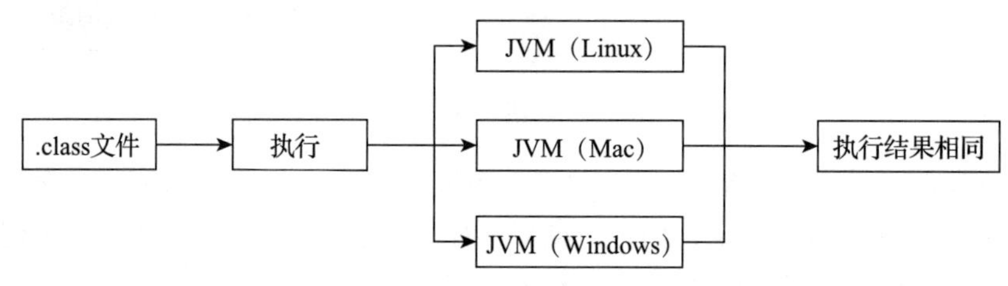

图 2-4　字节码文件跨平台执行

同一个 Java 文件在不同平台编译会生产同样的字节码文件，同一个字节码文件在不同的 JVM 中执行会得到相同的结果，这样就很好地保证了 Java 的跨平台特性。

2.3　JVM 系统架构

在 Java 虚拟机规范中，虚拟机实例的行为是根据子系统、内存区域、数据类型和指令来描述的，即定义了 JVM 实现所需的行为。这些组件描述了抽象 Java 虚拟机的内部架构。

JVM 逻辑架构总共可以分为四大子模块，分别是类加载子系统、运行时数据区、执行引擎、本地方法接口。类加载子系统用于将 class 文件加载到 JVM 中。运行时数据区用来存储程序运行过程中产生的数据。执行引擎主要用来翻译与执行字节码。本地方法接口是将 JVM 与本地方法库连接起来，以执行本地方法的接口。例如，在 Linux 上运行 Java 程序来读取文件，JVM 会调用 Linux 文件读写方法库来实现文件读写。

2.3.1　类加载子系统

类加载子系统主要包含类加载器、链接、初始化 3 个子模块，如图 2-5 所示。类加载是查找并获取具有特定名称的类或接口类型的 class 文件的过程。链接是指将创建成的类合并至 JVM，使之能够执行的过程。初始化主要是完成类和接口的初始化。

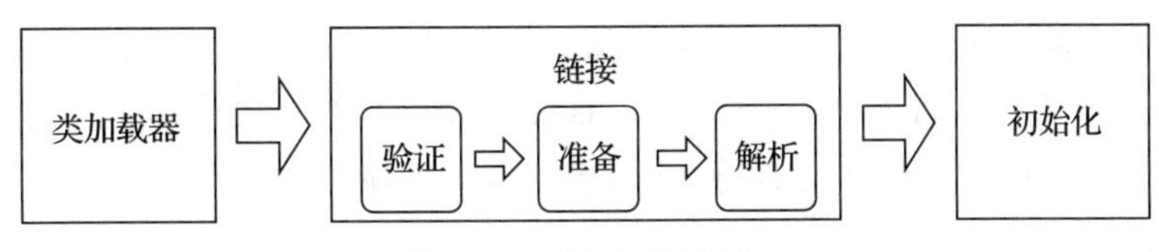

图 2-5　类加载子系统

类加载的整个过程如下：首先根据类的全名（路径 + 文件名）来读取此 class 文件，然后将 class 文件中的字节码数据结构转化为运行时数据结构，最后在内存中生成这个类的 java.lang.Class 对象。

1. 类加载器

JVM 定义了 3 种类型的类加载器，如图 2-6 所示，分别是启动类加载器（Bootstrap ClassLoader）、扩展类加载器（Extension ClassLoader）和应用程序类加载器（Application ClassLoader）。在实际开发场景中，如果有必要也可以加入自定义的类加载器。

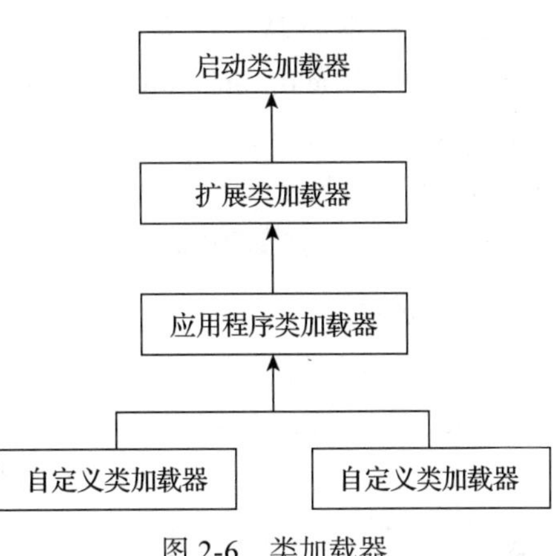

图 2-6　类加载器

启动类加载器负责加载存放在 <JAVA_HOME>\lib 目录中的 .jar 文件，例如 rt.jar、tools.jar，名字不符合的类库即使放在 lib 目录中也不会被加载。启动类加载器是用 C++ 语言实现的。

扩展类加载器的实现类是 sun.misc.Launcher 中静态内部类 ExtClassLoader，它是用 Java 语言实现的。它负责加载 <JAVA_HOME>\lib\ext 目录中，或者加载由系统变量 java.ext.dirs 指定路径中的所有类库。

应用程序类加载器的实现类是 sun.misc.Launcher 中的静态内部类 AppClassLoader，是用 Java 语言实现的。因为应用程序类加载器是 ClassLoader 类中的 getSystemClassLoader() 方法的返回值，所以有些场合中也称为“系统类加载器”。AppClassLoader 负责加载用户类路径（ClassPath）上的所有类库，开发者同样可以直接在代码中使用这个类加载器。在应用程序没有自定义过自己的类加载器情况下，AppClassLoader 就是程序默认的类加载器。

在 Java 的应用程序开发过程中，类的加载几乎都是由以上 3 种类加载器相互配合来完成的。在一些特定场景中，开发人员也可以用自定义的类加载器来进行扩展，例如增加除了磁盘位置之外的 class 文件来源，从而实现用网络加载器来加载远程资源。

2. 链接

第二阶段是链接，即把原始的类定义信息平滑地转化成 JVM 运行时状态以便执行的过程。链接分为 3 个阶段：验证、准备、解析。

验证阶段是验证 class 文件的正确性，确保 class 文件内容符合 Java 虚拟机的规范。核心验证的内容包含版本号、类型验证（类、接口、方法、常见的类型与完整性）、继承关系验证、系统指令验证、执行方法路径验证、抽象方法与本地方法验证、普通方法验证等相关内容。如果验证失败会抛出 VerifyError 的异常，这样能够防止恶意或者不合规的代码危害 JVM 的运行。

准备阶段是为类中定义的变量分配内存空间，创建类或接口中的静态变量，并初始化静态变量的初始值。但这里的初始化和后面的初始化阶段是有明显区别的，准备阶段初始化侧重于分配所需要的内存空间，不会去执行进一步的 JVM 指令。

解析阶段会将常量池中的符号引用（Symbolic Reference）替换为直接引用。直接引用是指向对象的指针或者内存相对偏移量。因为直接引用受 JVM 内存设计布局的影响，所以不同版本的 JVM 上解析出来的直接引用是不同的。Java 虚拟机指令（anewarray、checkcast、getfield、getstatic、instanceof、invokedynamic、invokeinterface、invokespecial、invokestatic、invokevirtual、ldc、ldc_w、ldc2_w、multianewarray、new、putfield 和 putstatic）的参数是常量池中的符号引用。执行这些指令时都需要将符号引用解析成直接引用，获取到每个参数的内存地址。

3. 初始化

初始化是类加载的最后一个步骤，负责类或接口的默认属性或方法的初始化。主要完成 static 字段、final 字段、静态方法、接口的默认方法的初始化。在 Java 代码中，如果要初始化静态字段，可以在声明时直接赋值，也可以在静态代码块中对其赋值。如果字段被 final 修饰，并且它的类型是基本类型或字符串时，那么该字段便会被 Java 编译器标记成常量值，会在这个阶段进行全局的初始化。如果类与接口含有静态方法，则会完成整类的解析与初始化。如果一个接口有默认实现的方法，则需要优先初始化默认方法。直接赋值操作以及所有静态代码块中的代码会被 Java 编译器置于同一方法中，并将其命名为 clinit。初始化阶段最重要的步骤就是执行 clinit 方法。

每个类或接口都有一个初始化锁，在开始进行初始化之前会对其进行加锁，在初始化结束后会释放锁。JVM 通过初始化锁的机制来防止多个线程同时初始化一个类或接口。

4. 双亲委派模型

JVM 在类加载的策略上采用的是双亲委派模型，如图 2-7 所示。双亲委派模型是指当类加载器接收到一个类的加载请求时，自己并不会去加载这个类，而是委托给自己的父类加载器进行加载。如果父类加载器仍然存在父类加载器，则依次向上递归传递，直至传递给顶层的启动类加载器为止。如果父类加载器成功加载该类则成功返回。如果父类加载器无法加载该类，则依次递归向下，尝试由子类进行加载。

双亲委派模型有 3 个特征：可见性、单一性与唯一性。**可见性**是指子类加载器可以访问父类加载器加载的内容，但父类加载器无法访问子类加载器的内容。这样设计能够很好地实现“向上可见、向下隔离”的逻辑，能够很好地保护 JDK 核心代码的安全。**单一性**是指由于父类加载器对子类加载器是可见的，所以父类加载器中加载过的类就不会在子类加载器中重复加载。如果有两个同一层级的类加载器可以对同一类实现多次加载，那么它们相互不可见。**唯一性**是类在系统中的标识，是由加载器 + 类的全路径名称来共同决定的。如果一个类被用户自定义的两个加载器加载了，那么在 JVM 中这是两个类。

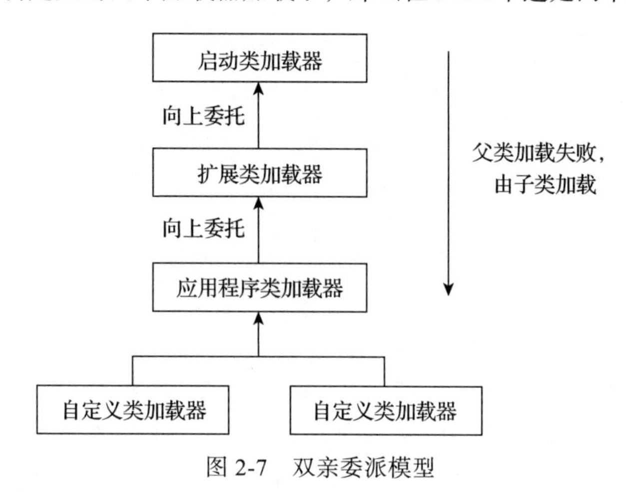

图 2-7　双亲委派模型

2.3.2　运行时数据区

JVM 定义了在程序执行期间使用的各种运行时数据区。有一些数据区是在 JVM 启动时创建的，只有在 JVM 退出时才会被销毁。有一些数据区是线程创建的。每个线程的数据区在创建线程时创建，并在线程退出时销毁。

1. 方法区

方法区主要是用来存储类型（class、interface、enum、annotation）、字段（Field）、方法（Method）的完整信息。方法区是线程共享的，线程执行的时候会从方法区读取代码相关信息进行执行。方法区会存储每个加载类型的以下信息：类型完整名称（包名、类名）、类型直接父类的完整名称（interface 与 java.lang.Object 没有父类）、类型的修饰符（public、abstract 和 final）、类型实现接口的有序列表。方法区会存储 Field 成员变量的变量名称、变量类型、变量修饰符，以及方法的名称、返回类型（或 void）、参数的数量和类型（按顺序）、修饰符、方法的字节码、操作数栈、局部变量表及大小（abstract 和 native 方法除外）、异常表（abstract 和 native 方法除外）等信息。

2. 常量池

运行时常量池是方法区的一部分。常量池表是 class 文件的一部分，用于存放编译阶段产生的各种字面量和符号引用，在类加载完成之后，就会将这部分内容存放到方法区的运行时常量池中。JVM 会为每个加载的类型（class、interface、enum、annotation）分配一个常量池，池中的数据项像数组一样，可以通过索引快速访问。

3. 堆内存

JVM 有一个在所有线程之间共享的内存区域称之为堆。堆是为所有类实例和数组分配内存的运行时数据区。堆是在虚拟机启动时创建的，用来存放对象实例。堆又分为年轻代（Young Generation）、老年代（Old Generation）、永久代（Perm），逻辑结构如图 2-8 所示。

<table>
<tr><td colspan="6">堆内存</td></tr>
<tr><td colspan="3">年轻代</td><td>老年代</td><td>永久代</td></tr>
<tr><td>Eden</td><td>From Survivor</td><td>To Survivor</td><td>老年代</td><td>永久代</td></tr>
</table>

图 2-8 堆内存逻辑结构

年轻代又可分为 Eden、From Survivor、To Survivor 这 3 个区域，默认按照 80%、10%、10% 的大小来分布。Eden 区是用来存放刚创建好的对象实例的。当 Eden 区满了，新创建的对象会被放在 Survivor 区中。在垃圾回收时，会将活跃对象在 From Survivor 与 To Survivor 两者之间腾挪。同时每次垃圾回收时，都会将对象的年龄加 1，当对象年龄达到一定阈值时就会被移到老年代。老年代是存放生命周期较长的对象的，而永久代在 JDK 8 之后已被元空间替代。元空间使用本地内存，永久代使用 JVM 内存，所以使用元空间的好处是，程序的内存不再受限于 JVM 的内存，本地内存剩余多少空间，元空间就可以有多大，解决了空间不足的问题。

4. PC 寄存器

JVM 可以支持多个线程同时执行，每个 JVM 线程都有自己的 PC（程序计数器）寄存器。在任何时候，每个 JVM 线程都在执行单个方法的代码。如果该方法不是本地方法，则 PC 寄存器包含当前正在执行的 JVM 指令的地址；如果当前线程正在执行的方法是本地方法，则 JVM 的 PC 寄存器的值是未定义的。JVM 的 PC 寄存器的宽度足以容纳各种平台上的本地指针或原生指针。

5. 线程栈

每个 JVM 线程都有一个私有的 JVM 线程栈，与线程同时创建，并在线程结束的时候销毁。JVM 线程栈类似于 C 语言的堆栈，用来保存方法的局部变量、部分结果，并参与方法的调用和返回。JVM 对线程栈的操作只有两个：对栈帧的压栈和出栈，遵循“后进先出”原则。线程在任何一个时刻只会操作一个栈帧，即当前执行的方法的栈帧（栈顶栈帧），这个栈帧被称为当前栈帧，与当前栈帧对应的方法就是当前方法。线程栈逻辑结构如图 2-9 所示。

执行引擎只针对当前栈帧的字节指令进行操作，当执行调用新方法时会创建出新的栈帧并放在栈的顶端。如果当前栈帧的方法执行结束，会将当前方法执行的结果返回给前一个栈帧，JVM 会丢弃当前栈帧，释放内存资源。

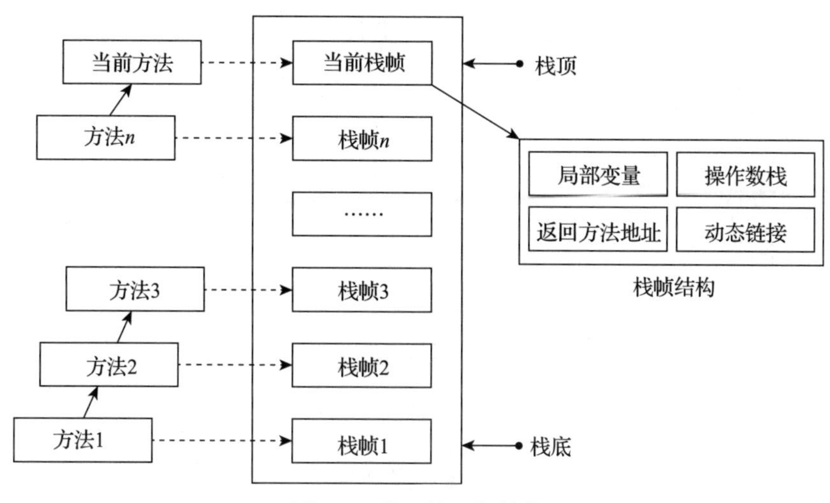

图 2-9　线程栈逻辑结构

线程栈的内存可以是固定大小、不连续的存储空间。JVM 在创建线程时可以指定线程栈的大小，如果没有指定，则采用 -Xss 指定的默认大小。

本地方法栈与 Java 栈的作用和原理基本相同，都是用来执行方法。不同点在于 Java 栈执行的是 Java 方法，本地方法栈执行的是本地方法（C 语言方法）。本地方法栈有固定大小，可以在创建线程的时候设定本地方法栈大小。

2.3.3　执行引擎

执行引擎包含解释器、JIT（即时）编译器和垃圾收集器三个部分。

1. 解释器

解释器主要承担的是翻译者的角色，相当于国际会议中的同声翻译，将字节码文件中的内容翻译为 JVM 的本地机器码指令。当一条字节码指令被解释、执行后，接着对 PC 寄存器中记录的下一条需要被执行的字节码指令进行解释执行操作。JVM 解释器有两种类型：字节码解释器、模板解释器。字节码解释器是 JVM 早期设计的，年代比较久远，在执行过程中会一行行地解析字节码指令，然后调用对应的 C/C++ 函数进行处理，执行的效率非常低。而模板解释器将每一条字节码和一个模板函数相关联，模板函数中将直接产生这条字节码要执行的机器码，从而很大程度上提高了解释器的性能。

2. JIT 编译器

JIT 编译器在运行时将字节码编译为机器码，以提高 Java 应用程序的性能。JIT 编译确实需要消耗大量的 CPU 与内存资源。JVM 会维护每个方法的调用计数，每次调用该方法时，该计数都会递增。当调用计数超过 JIT 编译阈值时，会直接异步提交 JIT 编译请求。JIT 编译器会启动线程对字节码进行编译，并将编译的机器码放入到 Code Cache（机器码缓存）

中。下次方法执行的时候会直接从 Code Cache 中获取对应的机器码来执行，这样能够极大地提高执行的效率。

JIT 动态编译流程如图 2-10 所示。

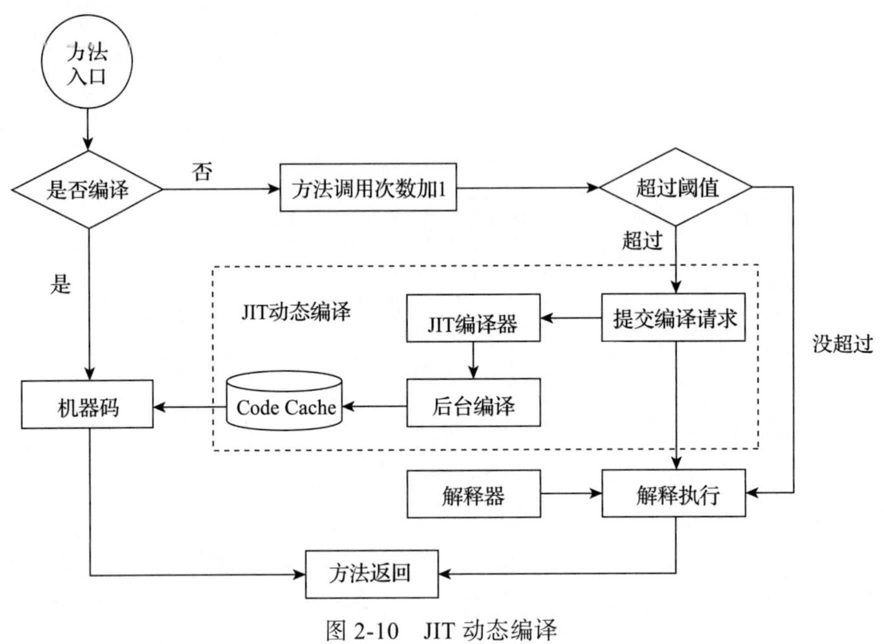

图 2-10 JIT 动态编译

3. 垃圾收集器

JVM 的垃圾收集器负责从堆中清除对象（未使用的对象），以回收堆空间。像 CMS、G1 这些垃圾回收的调度算法，我们都非常熟悉了，本章不做过多的讲解。

2.4 JVM 与操作系统的线程模型

JVM 的线程是建立在操作系统基础上的，要了解 JVM 的线程模型要先了解操作系统的线程模型。

2.4.1 操作系统的线程模型

前面讲解过，线程是比进程更轻量级的调度执行单位。线程可以把一个进程的资源分配和执行分开，各个线程间既可以共享进程资源（内存地址、文件 I/O 等），也可以独立调度执行。

主流的操作系统都提供了线程实现，各个操作系统的实现方式各有不同，但在实现模式上主要有 3 种方式：内核线程实现（1 ∶ 1 实现）、用户线程实现（1 ∶ *N* 实现）、混合实现（*N* ∶ *M* 实现）。

1. 内核线程实现

内核线程（Kernel-Level Thread，KLT）完全由操作系统内核来完成线程调度。内核通过系统任务调度器（Scheduler）对各个内核线程进行统一调度，并负责将线程的任务映射到各个 CPU 处理器上。每个内核线程可以视为内核的一个分身，这样操作系统就有同时处理多个任务的能力。支持多线程的内核就称为多线程内核（Multi-Threads Kernel）。应用程序一般无法直接使用内核线程来处理任务，而是使用内核线程的接口、轻量级进程（Light Weight Process，LWP）来处理任务，通常把这种轻量级进程称为线程。

由于每个轻量级进程都需要一个内核线程的支持，因此操作系统只有先支持内核线程，才能实现轻量级进程。轻量级进程与内核线程之间是 1∶1 的对应关系。内核线程模式也称为一对一的线程模型，如图 2-11 所示。

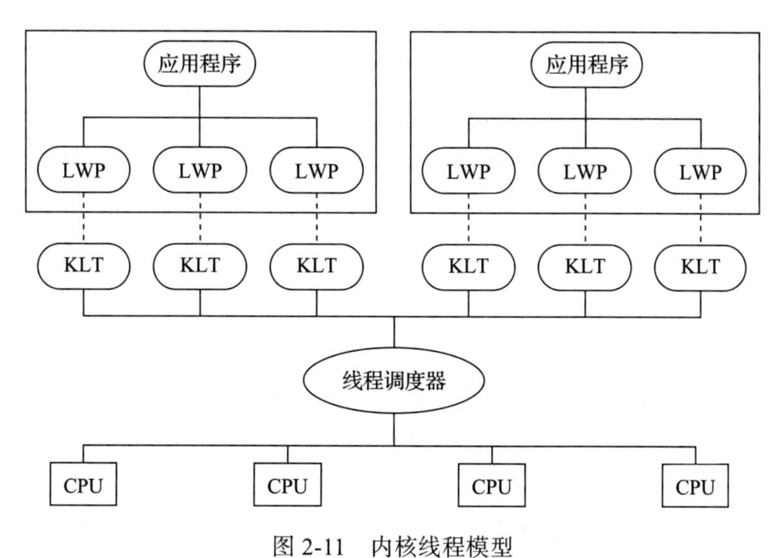

图 2-11　内核线程模型

模式优点：利用系统内存线程，应用程序可以同时实现多个任务的调度，能够极大地提高程序的并发度与执行效率。线程的调度完全由系统内核来完成，并且操作系统提供了丰富的线程接口。应用程序层只用调用线程的线程操作接口，不用关注底层的实现就能完成线程的执行。

模式缺陷：因为是基于内核线程实现的，所以线程的各种操作，例如创建、执行及同步都需要进行系统内核调用。而系统内核调用需要在用户态和内核态中来回切换，运行的代价较高。每个线程都需要有一个内核线程的支持，因此线程要消耗一定的内核资源。

2. 用户线程实现

从系统角度上来看，线程只有两种分类：内核线程（Kernel-Level Thread，KLT）与用户线程（User-Level Thread，ULT）。用户线程是指不需要内核支持而在用户程序中实现的线程，线程的实现不依赖于操作系统核心的支持。应用程序使用用户线程库提供的函数来创建、同步、调度和管理用户线程，并且不需要内核的支持。应用程序需要实现多个线程之间的调度与同步，同时需要实现软件上下文与硬件上下文的切换。这种进程与用户线程之间 1∶N 的关系称为一对多的线程模型，如图 2-12 所示。

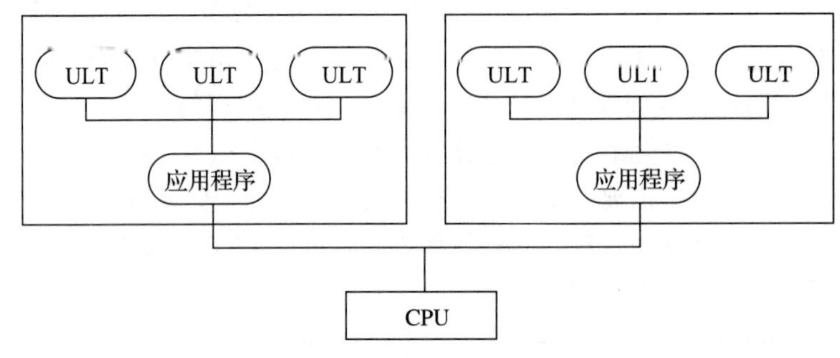

图 2-12 用户线程模型

模式优点：线程调度与执行不需要从用户态切换到内核态，因此调度非常快速并且性能消耗非常低。同时，因为不需要内核的支持，所以应用程序也能够创建更多的线程。

模式缺陷：所有的线程操作都需要由用户程序自己去处理，导致整个线程的实现非常复杂，实现的难度也非常大。除非在特定场景下有明确需求，一般应用程序都不会使用用户线程。

3. 混合实现

混合实现是将内核线程与用户线程一起使用的实现方式，也被称为 N∶M 实现模型，如图 2-13 所示。在混合模式下，应用层的任务调度通过用户线程实现，底层任务的执行采用轻量级进程实现。用户线程还是完全建立在用户空间中，因此用户线程的创建、切换、销毁等操作非常高效，并且可以支持大规模的用户并发线程。而轻量级进程作为用户线程和内核线程之间衔接的桥梁，这样可以使用内核提供的线程调度及处理器映射功能，并且用户线程的系统调用要通过轻量级进程来完成，这样大大降低了整个进程被完全阻塞的风险。在这种混合模式下，用户线程与轻量级进程的数量比是不确定的，是 N∶M 的关系。

模式优点：混合模式结合了内核模式与用户模式的优点，相同的内核资源能够支持更多的并发线程，在调度管理上减少了一部分任务调度带来的负载。

模式缺陷：因为整个混合模式的设计与实现涉及应用程序层与内核层的协调和调度，所以整个模式的实现会比较复杂。

2.4.2 JVM 的线程模型

由于早期的操作系统无法提供很好的内核线程支持，因此 JVM 基于“绿色线程”（Green Thread）概念实现了用户线程。现在，JVM 的线程普遍都是采用内核线程来实现，也就是上面说的 1∶1 的线程模型。

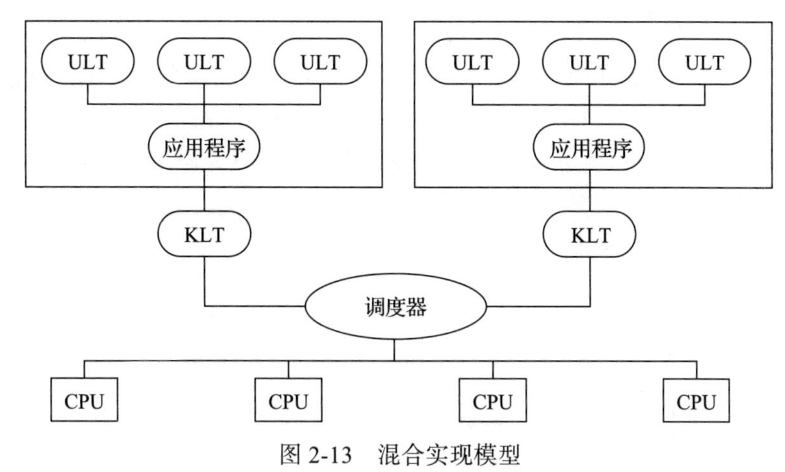

图 2-13　混合实现模型

以 HotSpot 为例，线程是通过操作系统原生线程来实现的，所以线程的调度会全权交给底层的操作系统去处理，HotSpot 无法干涉线程调度（可以在创建时设置线程优先级，给操作系统提供调度建议）。何时冻结或唤醒线程，该给线程分配多少处理器执行时间，该把线程安排给哪个处理器核心去执行等，都是由系统内核决定的。

在 Linux 系统上，内核线程是通过 Phtread 线程库来实现的。Phtread 提供了线程创建、同步、取消、销毁等详细的内核线程操作方法，以及丰富的互斥量、条件变量、信号量等系统内核线程调度管理功能。所以，Linux 操作系统上的 JVM 是完全依赖 Phtread 线程库的函数功能来实现的，线程模型如图 2-14 所示。例如，线程的创建依赖 pthread_create 函数实现的，线程的等待由 pthread_cond_wait 和 pthread_cond_timedwait 函数来实现。

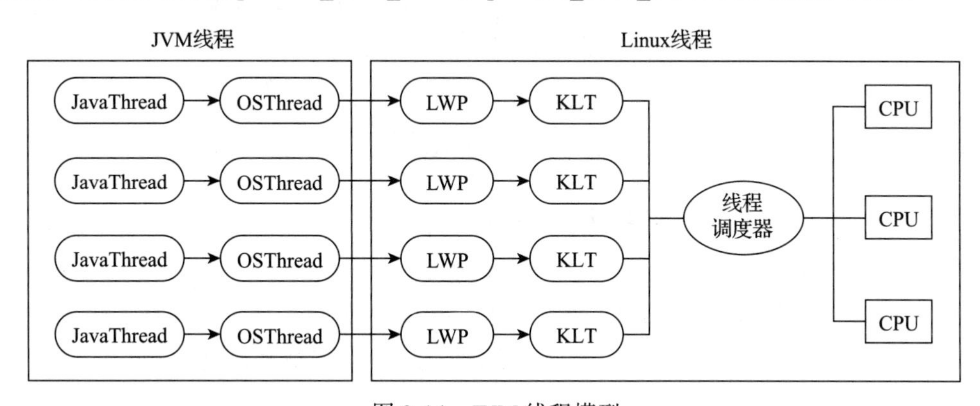

图 2-14　JVM 线程模型

2.5　JNI 机制

JNI（Java Native Interface）是一种外部函数接口编程框架，让开发人员能够编写本地方法（C/C++ 函数）来处理无法完全用 Java 编写应用程序的情况。例如，当标准 Java 类库不支持特定于平台的特性或程序库时，可以用 JNI 的方式来调用自定义函数进行处理。JDK 中的很多系统方法都是采用 JNI 实现的，例如 System.out.print 方法。JNI 一开始是为了 C 和 C++ 而设计的，但是它并不妨碍你使用其他编程语言，只要调用约定的函数库就可以了。JNI 机制如图 2-15 所示。

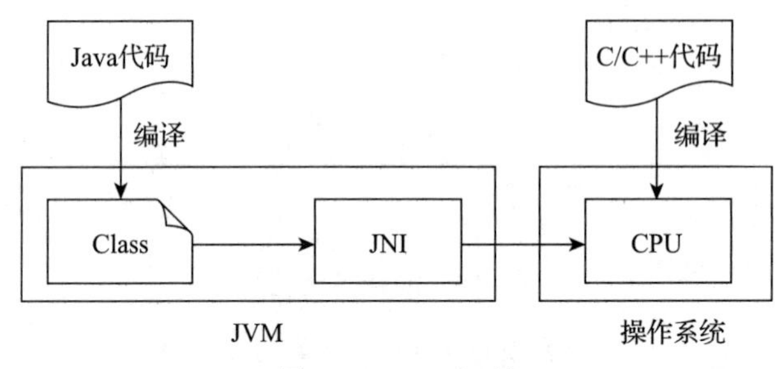

图 2-15　JNI 机制

本地代码（C/C++ 函数）与 JVM 之间是通过 JNI 接口实现交互的。JNI 函数通过接口指针来获得本地方法，本地方法将 JNI 接口指针当作参数来接收。JVM 保证在从相同的 Java 线程中对本地方法进行多次调用时，传递给本地方法的接口指针是相同的，本地方法被不同的 Java 线程调用时，也可使用不同的 JNI 接口指针。JNI 与操作系统本地编译的动态链接库进行的这种交互，会严重影响 Java 平台的可移植性。这种兼容性问题可以通过在不同的操作系统上提供不同的动态链接库来解决，如图 2-16 所示。

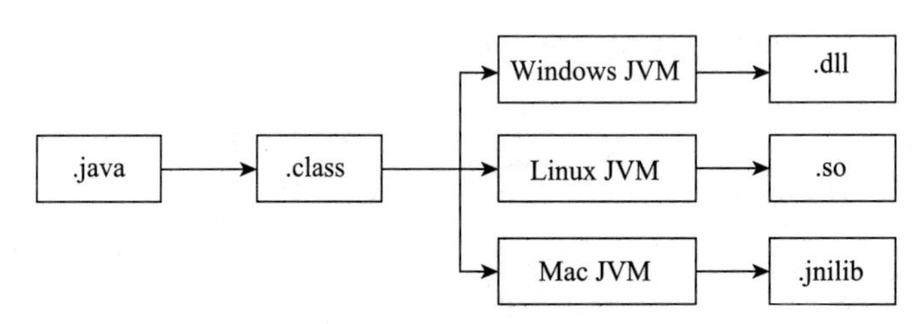

图 2-16　JNI 编译动态链接库

例如：在 Windows 平台下，本地方法会编译为 .dll 文件；在 Linux 平台下，本地方法会编译为 .so 文件；在 Mac 下，本地方法会编译为 .jnilib 文件。而不同平台下的 JVM 会按照约定加载固定类型的动态链接库文件，使得 JNI 的功能可以被正常地调用。

2.5.1　JNI 开发流程

JNI 的开发流程如图 2-17 所示。

1）需要在 Java 代码中声明一个本地方法，这个方法不用进行具体的实现，然后用 javac 编译器将 Java 代码编译成 .class 文件。

2）用 javah -jni 来生成对应的 C 语言的头文件，头文件中有本地方法的声明。

3）根据头文件来实现 C 语言的逻辑，并编译成动态链接库。

4）在本地方法运行的时候，先完成动态链接库的代码加载，然后就可以调用对应方法来访问 C 语言的实现了。

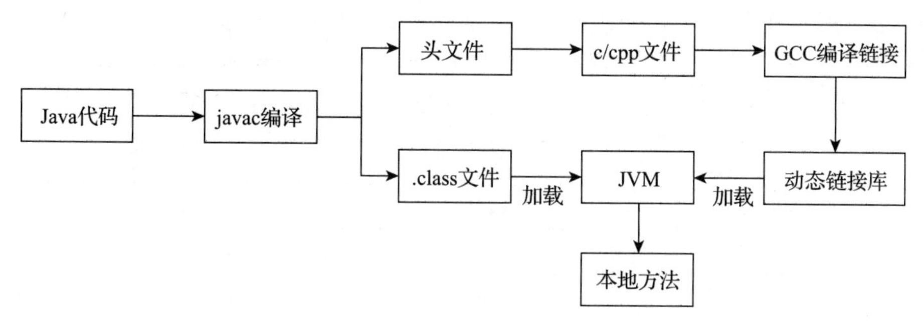

图 2-17　JNI 开发流程

2.5.2　JNI 数据类型转换

众所周知，Java 的数据类型是与 C/C++ 的数据类型是完全不一样的，而 JNI 是处于 Java 和本地库（C/C++ 语言实现）的中间层，JNI 对两种不同的数据类型之间必须进行适配转换，所以在 JNI 与 Java 之间就会有数据类型的对应关系。

1. 基本数据类型的转换

JNI 首先定义基础数据类型的关系，每种数据类型都有一个独立的 JNI 字符签名来表示。例如 Java 语言的 int 类型，JNI 中对应的类型是 jint，C++ 语言中对应的类型是 int 或 long。从转换表中可以看出，int 的签名是 I。大多字符都符合常规的认知，但 boolean 对应的签名是 Z，long 对应的签名是 J，这个需要特别注意。JNI 基础数据类型的详细信息如图 2-18 所示。

Java 类型	JNI 类型	C++ 类型	关系描述	签名	占内存大小 /B
boolean	jboolean	unsigned char 或 unit8_t	布尔类型	Z	1
int	jint	int 或 long	整型	I	4
float	jfloat	float	单精度类型	F	4
double	jdouble	double	双精度类型	D	8
long	jlong	long	长整型	J	8
short	jshort	short	短整型	S	2
char	jchar	unsigned short	字符	C	2
byte	jbyte	signed char	字节类型	B	1
void	void	void	空类型	V	0

图 2-18　JNI 基础数据类型映射

2. 引用类型的转换

对引用类型的数据对象，JNI 也实现了数据类型映射。首先是对 String 与 Throwable 进行了单独的类型签名，String 对应的是“Ljava/lang/String”；标识。因为 String 使用频率较高，所以在 JNI 中单独创建了一个 jstring 类型。除了 Class、String、Throwable 和基本数据类型的数组外，其余所有 Java 对象的数据类型在 JNI 中都用 jobject 表示。所有数组的表示都是以“[”开头，后面加上对应的数据类型。JNI 引用数据类型的详细信息如图 2-19 所示。

Java 数据类型	本地方法	签名（以；结尾）
所有对象	jobject	L+classname +;
Class	jclass	Ljava/lang/Class;
String	jstring	Ljava/lang/String;
Throwable	jthrowable	Ljava/lang/Throwable;
Object[]	jobjectArray	[L+classname +;
byte[]	jbyteArray	[B
char[]	jcharArray	[C
double[]	jdoubleArray	[D
float[]	jfloatArray	[F
int[]	jintArray	[I
short[]	jshortArray	[S
long[]	jlongArray	[J
boolean[]	jbooleanArray	[Z

图 2-19 JNI 引用数据类型映射

3. 方法签名

JVM 需要通过 JNI 的描述来找到对应的 C++ 的实现函数，理论上仅通过方法名称就可以实现。但是因为 Java 类的方法是可以重载的，重载的方法名虽相同，但参数是不一样的，所以 JNI 无法仅通过方法名确定对应的是 Java 里面的哪个方法，必须结合参数签名一起来完成方法的定位。JNI 定义了本地方法的签名规则，如代码清单 2-1 所示。

代码清单 2-1 方法签名

```
(类型签名1  类型签名2...)返回值类型签名
```

每个参数用数据类型标识，多个参数之间是没有分隔符号的，这个和我们的常识有点差别，需要特别注意。所有的参数都在小括号里面。参数后面就是返回类型，参数和返回类型是没有空格的。

2.5.3 实现案例

System 类是 Java 最常用的类，其中 currentTimeMillis 方法与 nanoTime 方法是我们经常获取时间的两种方法。arraycopy 方法是用来进行数组内容复制的。下面是 System 类的 Java 源代码，可以清楚地看到，三个方法都被 native 关键字标识为本地方法，System 类的 native 方法描述如代码清单 2-2 所示。

代码清单 2-2　System 类 native 方法描述

```
public static native long currentTimeMillis();
public static native long nanoTime();
public static native void arraycopy(Object src,  int  srcPos,
                                    Object dest, int destPos,int length);
```

在 JVM 的 System.c 文件里面声明了 System 类对应的 JNI 方法映射关系，如代码清单 2-3 所示。

代码清单 2-3　JNI 方法映射关系

```
static JNINativeMethod methods[] = {
    {"currentTimeMillis", "()J",              (void *)&JVM_CurrentTimeMillis},
    {"nanoTime",                "()J",              (void *)&JVM_NanoTime},
    {"arraycopy",   "(" OBJ "I" OBJ "II)V",  (void *)&JVM_ArrayCopy},
};
```

第 1 列表示的是 Java 的方法名称，第 2 列是方法的描述符，第 3 列对应的是 C 语言函数的实现。从 currentTimeMillis 的描述符可以清晰地看到，方法没有入参，返回的类型是 long。从 arraycopy 的方法描述符可以看出，方法有 5 个输入参数：第 1 个是 Object 对象，第 2 个是 int 类型参数，第 3 个是 Object 对象，第 4 个与第 5 个都是 int 类型参数。

2.6 小结

本章介绍了 JVM 的整体架构以及主要组成。希望读者在阅读本章之后，对 JVM 架构有一个深入的理解，同时希望本章的内容有助于读者更好地理解 Java 的线程实现原理。

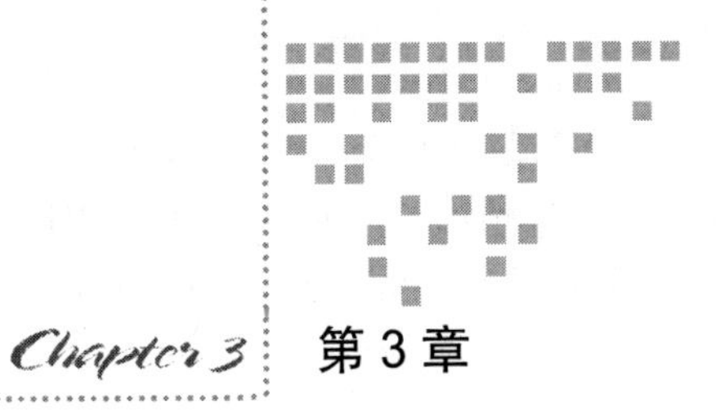

Chapter 3　第 3 章

JVM 线程

多线程是 Java 程序有效运行的基础。本章将从线程出现的背景出发，详细阐述线程的优势与安全性问题。接着会从 Java 内存模型、内存一致性协议、系统内存屏障等多个维度详细阐述如何解决线程安全问题。最后会详细讲解 Java 线程的创建过程、执行过程与生命周期。

3.1　为什么需要多线程

Linux 内核的逻辑架构如图 3-1 所示。内存管理系统负责引导 CPU 完成内存数据的读写，虚拟文件系统负责引导 CPU 完成文件的读写，网络通信系统负责完成数据网络通信。

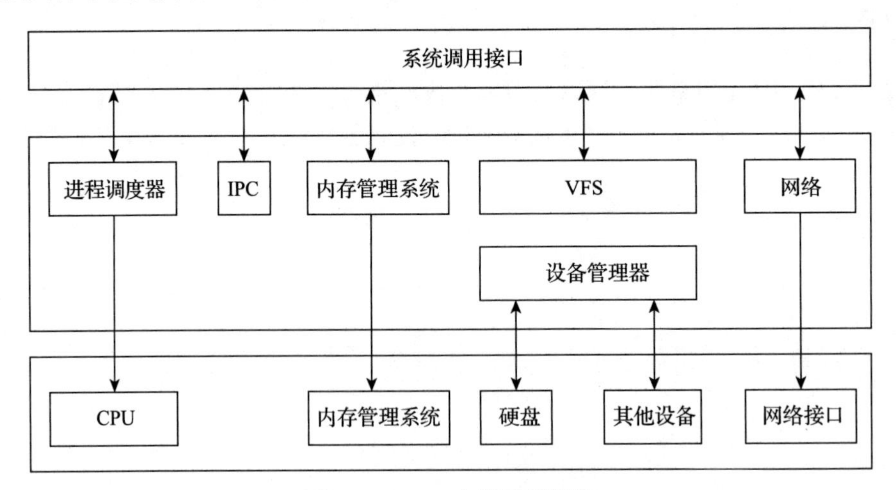

图 3-1　Linux 内核逻辑架构

3.1.1　CPU 访问各组件周期

由于 CPU 制造技术越来越先进，其集成度越来越高，运行速度也越来越快，通常指令周期都能达到 ns 级别。最近 20 年，相比存储、网络等相关硬件设施在性能上的提升，CPU 性能提升非常慢。另外，CPU 在访问各个相关设备的时候有很大的差异。CPU 访问各硬件的时间如表 3-1 所示。

表 3-1　CPU 访问硬件时间

组件分类	组件名	CPU 周期	耗时
CPU 内部	CPU 一级缓存	4	2ns
	CPU 二级缓存	10	5ns
	CPU 三级缓存	40	20ns
内存	本地内存	120	60ns
	远程内存	200	100ns
存储	固态硬盘	6 万～60 万	30～300μs
	机械硬盘	2600 万	13ms
网络	本地回环端口	2000 万	10ms
	同机房网络访问	3000 万	15ms
	跨地域机房访问	6000 万	30ms

3.1.2　多线程的出现

CPU 执行指令与访问内存都比较快，一般耗时在 ns 级别，但访问的存储与网络设备都非常慢，耗时达到了 ms 级别。而在应用程序运行时，CPU 除了进行运算与内存访问之外，更多是执行磁盘读写、网络访问等 I/O 操作，如果通过串行化执行应用程序会非常慢。例如，有个进程 A 需要完成 4 个任务：任务 1 是读写文件配置、任务 2 是打印日志，任务 3 是网络访问，任务 4 是显示当前进度。任务 1、任务 2、任务 3 都需要 300ms，任务 4 需要 200ms。如图 3-2 所示，如果采用单线程处理，整个任务运行的时长是 300 × 3+200=1100ms，如果采用多线程处理，可以同时处理任务 1、任务 2、任务 3，执行时长是 300+200=500ms。

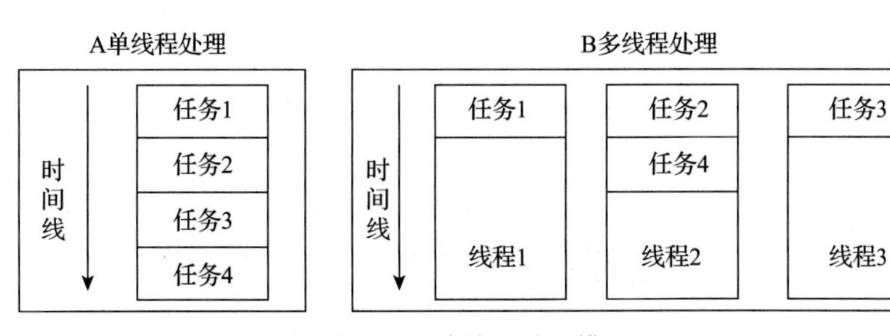

图 3-2　多线程处理模型

从程序的角度来看，采用多线程明显提升了应用程序的执行效率。从 CPU 的角度来看，在相同的时间内完成了更多任务，提高了 CPU 的使用效率。

那么是否多线程的速度就一定比单线程快呢？未必。Redis 就是单线程的，它的性能非常好。因为 Redis 大量的数据读取与写入都是在内存中完成的，一般操作都会在 60ns 内完成，所以执行的效率非常高。

3.2 多线程带来的问题

多线程虽然通过并行处理提高了程序的执行效率，但也带来了数据不一致性、修改非原子性、执行乱序等问题。

3.2.1 CPU 缓存导致的可见性问题

如图 3-3 所示，线程 A 运行在 CPU1 上，而线程 B 运行在 CPU2 上。假设内存中的变量 V 的初始状态为 0，线程 A 将 V 修改为 1，因为 CPU 缓存的关系，整个修改数据只存储在 CPU1 的缓存里。此时线程 2 读取变量 V 仍然是 0，它看不到线程 1 的修改。这个时候线程 B 读取到的数据就不是最新的数据了。

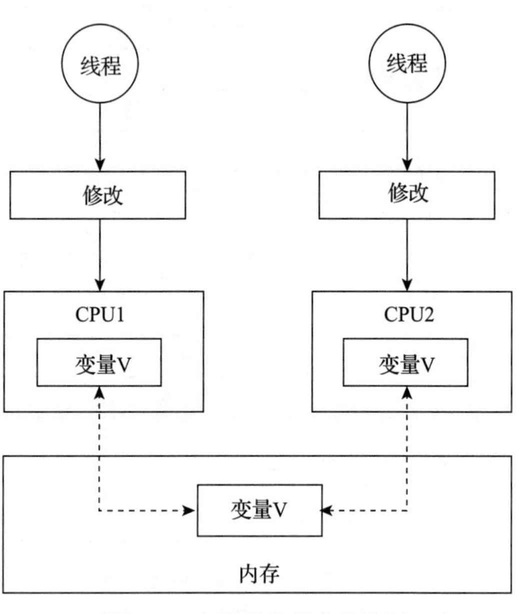

图 3-3 多线程共享变量访问

代码清单 3-1 是一个简单示例，用来演示多线程带来的数据修改一致性问题。ThreadTest 内部定义了 count 变量，然后创建了两个线程，每个线程对 count 进行 100 000 次加 1 操作。整个代码执行了 200 000 次的自增操作，count 的期望值是 200 000。

代码清单 3-1 数据一致性问题示例

```
public class ThreadTest {
    private int count;
    public void add() {
        for (int i = 0; i < 100000; i++) {
            count++;
        }
    }
    public static void main(String[] args) throws InterruptedException {
        ThreadTest test = new ThreadTest();
        Thread a = new Thread(() -> {
            test.add();
        });
```

```
        Thread b = new Thread(() -> {
            test.add();
        });
        a.start();
        b.start();
        a.join();
        b.join();
        System.out.println("count="+test.count);
    }
}
```

但是，实际执行的结果是一个100 000～200 000之间的随机数。因为线程A与线程B在不同的CPU上执行，count++的结果都是存储在CPU的缓存中的，CPU缓存的数据修改对其他CPU中的线程是不可见的。

3.2.2 线程上下文切换带来的原子性问题

在1.3节提到过，为了确保多个线程对CPU资源的合理使用，任务调度器会给每个线程分配一个执行时间，但执行时间到期后，会让当前线程结束执行，让出CPU资源供其他线程使用，这个过程称为被动线程上下文切换。例如，线程任务调度器给线程A分配了80ms的执行时间，过了80ms，操作系统就会重新选择一个线程B来执行。被动线程上下文切换的过程如图3-4所示。

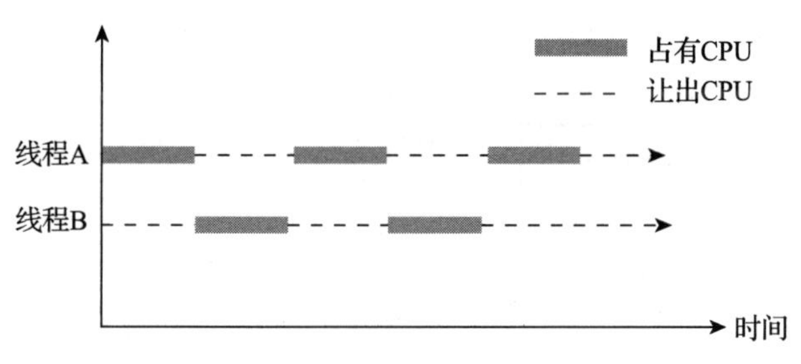

图3-4 线程上下文切换

在执行时，线程还会主动放弃CPU的调度，即采用主动线程上下文切换。在Java线程中，诸如sleep、wait等方法以及I/O操作都会触发主动上下文切换。例如读取文件操作，线程发送完读取命令后可以把自己标记为等待状态，并出让CPU的使用权，待磁盘把文件读进内存，操作系统会把线程唤醒，唤醒后的线程就可以继续读取数据，这种模式能极大地提高CPU的利用率。

无论是主动线程上下文切换还是被动线程上下文切换都会带来操作的原子性问题。应用在执行时会把程序指令解释成多个CPU指令来执行。例如上面例子中的count++操作，至少需要3条CPU指令，如表3-2所示。

表 3-2 count++ 指令分解

指令	指令描述
指令 1	把 count 的值从内存中读取到 CPU 的数据寄存器
指令 2	在寄存器中执行加 1 操作
指令 3	将结果写入到 CPU 缓存，CPU 缓存会最终同步到内存

线程的上下文切换可能发生在任何一条 CPU 指令执行完之后。对于 count++ 操作，假设 count 的值为 0。线程 A 在指令 1 执行完成后，如果系统在进行线程上下文切换，则唤醒线程 B 执行。线程 B 从内存中读取到 count 值为 0，然后对 count 进行加 1 操作，最终 count 值为 1。线程 B 执行完成后，线程 A 被唤醒，CPU 接着从寄存器中读取到 count 值为 0，然后进行加 1 操作，最终写入到内存的 count 值为 1。虽然两个线程都执行了 count+=1 的操作，但是得到的结果不是 2，而是 1。图 3-5 详细阐述了线程上下文切换破坏复合操作的原子性的过程。

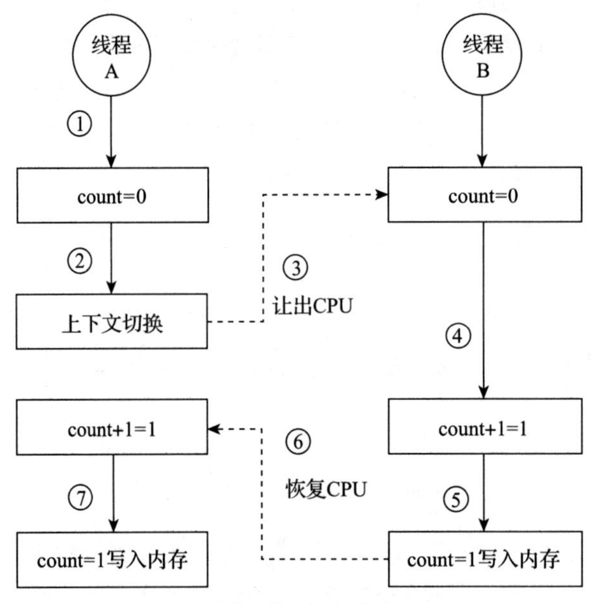

图 3-5 上下文切换破坏操作原子性

在工程师的心目中，count++ 操作是一个不可分割的整体，操作具备原子性。但在 CPU 的世界中，只有单条 CPU 指令才是原子的。而线程的上下文切换可以发生在任何两个 CPU 指令之间，会破坏高级语言层面操作的原子性。

3.2.3 优化带来的乱序问题

前面讲解了多线程内存可见性与操作原子性问题，接下来详细讲解一下线程执行的有序性问题。有序性是指程序按照代码编写的先后顺序执行。例如，在代码清单3-2中，先后对变量a、b进行赋值。

代码清单3-2 代码顺序

```
a=1;
b=0;
```

程序期望最终执行的顺序和代码编写的顺序是一致的。编译器为了提升程序的执行性能，有时候会改变程序中语句执行的先后顺序，优化后的结果如代码清单3-3所示。

代码清单3-3 编译器优化后的顺序

```
b=0;
a=1;
```

这种优化在单线程的环境下不会造成问题，但在多线程的情况下会导致意想不到的数据一致性问题。代码清单3-4是一个线程乱序执行的示例，首先定义了x、y、tempX、tempY这4个变量，然后创建了两个线程：线程A与线程B。线程A先将x赋值为1，再将y的值赋给tempY。线程B先将y赋值为1，再将x的值赋给tempX。

代码清单3-4 线程乱序执行的示例

```
public class ThreadDisOrder {
    int x = 0, y = 0, tempY = 0, tempX = 0;
    public static void main(String[] args) throws InterruptedException {
        //需要多次执行才能发现乱序
        for (int i = 0; ; i++) {
            //定义测试对象
            ThreadDisOrder t = new ThreadDisOrder();
            Thread a = new Thread(() -> {
                t.x = 1;
                t.tempY = t.y;
            });
            Thread b = new Thread(() -> {
                t.y = 1;
                t.tempX = t.x;
            });
            a.start();
            b.start();
            a.join();
            b.join();
            if (t.tempX == 0 && t.tempY == 0) {
                System.out.println("execute =" + i + " x=" + t.x + " y=" + t.y);
                break;
            }
        }
    }
}
```

代码在正常顺序执行的情况下，不管线程 A 和线程 B 是怎么执行的，tempX、tempY 的结果应该只有如图 3-6 所示的 3 种情况：1，0；0，1；1，1。

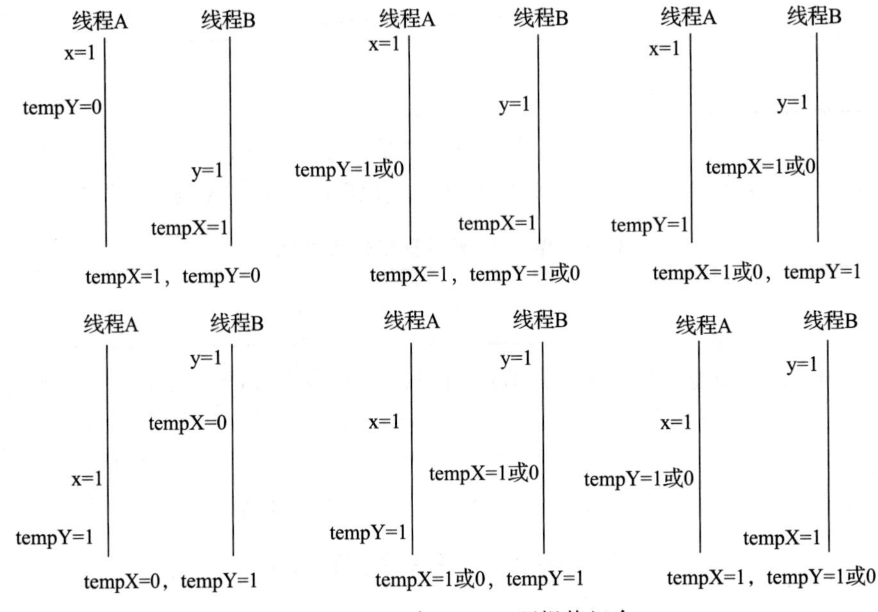

图 3-6　tempX 与 tempY 逻辑值组合

但实际执行结果出现了第 4 种情况，即 tempX=0、tempY=0，如图 3-7 所示，说明线程 A 与线程 B 的执行过程中发生了乱序的情况。

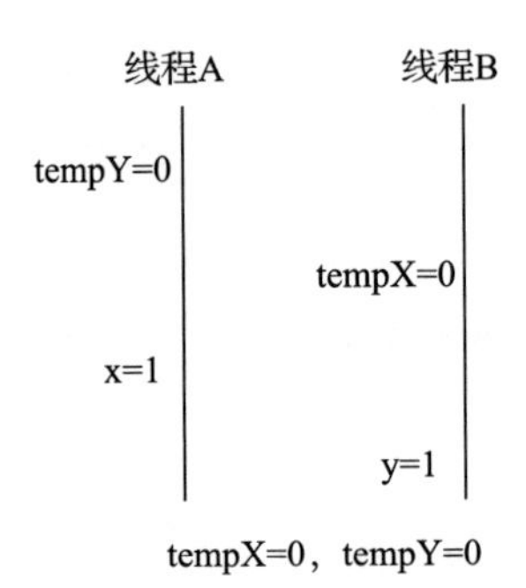

图 3-7　编译器优化导致数据不一致

从上面例子中可以看到，编译器代码优化改变了线程的执行顺序，导致了程序数据不一致的情况。

3.3　Java 内存模型与线程规范

为了规避多线程的问题，Java 制定了一套内存模型与线程规范。Java 内存模型描述了线程之间是如何通过内存进行交互的。开发人员可以按照这个规范开发出符合线程安全的程序，JVM 需要严格按照这个规范来执行 Java 程序。这个规范是对开发者的一个使用承诺，也是对 JVM 的一个硬性要求。JSR-133: Java Memory Model and Thread Specification 中详细描述了多线程下的内存规范，定义了线程间共享内存的可见性。

3.3.1 变量共享

JVM 的运行时内存布局，总体上可以分为堆内存与线程栈内存（参见 2.3 节）。堆内存存储全局对象数据以实现多线程共享，栈内存存储线程执行的相关信息，栈内存无法共享，如图 3-8 所示。

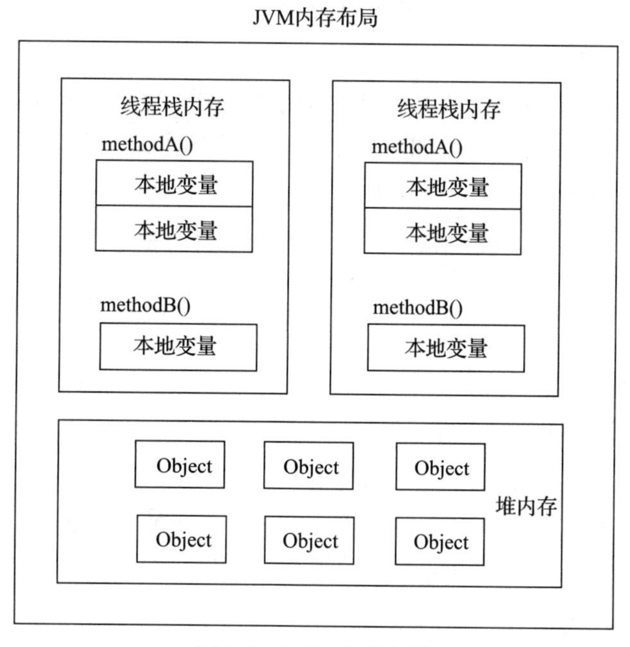

图 3-8 JVM 内存布局

所有对象实例、static 字段、数组元素都存储在堆内存中，能够实现线程共享。基本数据类型的本地变量都完全存储在线程堆栈中，无法实现线程共享。方法的输入参数以及异常信息无法在多线程之间共享。一个线程可以将基本数据类型的变量作为入口参数传递给另一个线程，但是它不能共享局部变量本身。异常信息属于线程私有信息，无法跨线程传递。

3.3.2 变量共享的内存可见性

JMM 对共享变量的可见性做了如下描述。当多个线程共享同一个变量，一个线程对普通变量做出修改，其他线程也可以感知到，但不是实时感知的，同步时间依赖于程序的调度与 CPU 缓存自身的同步机制。被 volatile 关键字修饰的变量在修改时能够实现线程间的实时可见。对象加锁和解锁操作是实时可见的，一个线程对一个对象加锁，另外一个线程能够实时感知。一个线程的启动与停止对另一个线程是实时可见的，一个线程能实时感知到另一个线程启动与结束的状态。

3.3.3 Happens-Before 规则

从中文字面意思上来说，Happens-Before 很容易理解成一个操作发生在后续操作的前面，这是文化差异造成的误解。实际上，Happens-Before 是指多线程共享一个变量时，前面线程对变量的修改对后面的线程可见。Happens-Before 规则就是要保证线程之间的共享变量可见性。JVM 的编译器在对代码进行编译时需要遵循 Happens-Before 原则，确保编译器优化后程序的执行结果也遵守 Happens-Before 原则。

1. 程序的顺序性规则

这条规则是指在一个线程内部，线程执行的顺序需要按照程序语义顺序，前面操作产生的结果必须对后面操作可见。例如对一个变量 V 的操作，写操作要出现在读操作后面。代码清单 3-5 是一个程序顺序执行的示例。

代码清单 3-5　程序顺序性执行的示例

```
public int add(int x, int y) {
    x = x * 100;
    y = y * 2;
    int result;
    result = x + y;
    return result;
}
```

编译器在执行时可以对第 2～4 行的代码的执行顺序随便优化，但是不能调整第 5 行 result = x + y; 的顺序，如果调整了，执行结果就不对了。

2. volatile 变量规则

这条规则用于对 volatile 关键字行为进行约束。一个 volatile 变量的写操作对后续该变量的读操作遵循 Happens-Before 原则。即一个线程对 volatile 变量的修改对另外一个线程实时可见。

3. 传递原则

这条规则是简单的逻辑推导原则。如果 A 操作的结果对 B 操作可见，且 B 操作的结果对 C 操作可见，那么 A 操作的结果一定对 C 可见。这个原则光从理论上难以直观解释，代码清单 3-6 是简单的传递原则的示例。

代码清单 3-6　传递原则的示例

```
public class LogicRule {
    private int size = 0;
```

```
    private volatile boolean start = false;
    public static void main(String[] args) throws InterruptedException {
        LogicRule test = new LogicRule();
        Thread threadA = new Thread(() -> {
            try {
                test.size = 100;
                test.start = true;
                Thread.sleep(2000L);
            } catch (Exception e) {
                e.printStackTrace();
            }
        });
        Thread threadB = new Thread(() -> {
            try {
                if (test.start) {
                    int temp = test.size;
                    System.out.println("start=" + temp);
                }
            } catch (Exception e) {
                e.printStackTrace();
            }
        });
        // 调用 start 方法启动线程
        threadA.start();
        Thread.sleep(1000L);
        threadB.start();
    }
}
```

LogicRule 中定义了 size 与 start 两个变量，其中 start 变量是用 volatile 修饰的，具备实时可见性。同时启动的两个线程：线程 A 与线程 B，线程 A 开始对 size 的值进行修改，然后对 start 值进行修改。线程 B 则是先读取 start 的值，然后读取 size 的值。线程值传递的逻辑如图 3-9 所示。

在线程 A 中 size=100 与写变量 start=true 遵循 Happens-Before 原则，同时 start 变量是用 volatile 修饰的，所以线程 B 可以看到 start 与 size 的修改。

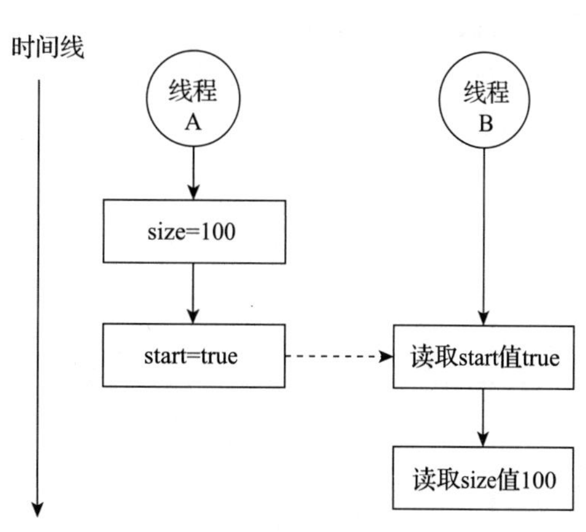

图 3-9 线程值传递

4. 锁的规则

这条规则是指锁状态的变更在线程间是实时可见的，一个线程释放了锁，等待获取锁的线程能够实时获取这个锁。在 Java 中，这个锁大多数时候通过 synchronized 来实现。如果有多个线程通过 synchronized 来实现线程同步，永远只会有一个线程可以拿到锁对象。当其中一个线程执行数据修改完成后会释放锁对象，另一个线程会拿到锁对象，拿到锁对象的线程就可以看到前面线程对数据的修改结果了。代码清单3-7是一个用synchronized实现线程加锁同步的示例。

代码清单3-7 锁规则示例

```
public class LockRule {
    private int start = 0;
    public static void main(String[] args) throws InterruptedException {
        LockRule test = new LockRule();
        Thread threadA = new Thread(() -> {
            synchronized (test) {
                try {
                    Thread.sleep(2000L);
                    test.start = 100;
                } catch (Exception e) {
                    e.printStackTrace();
                }
            }
        });
        Thread threadB = new Thread(() -> {
            synchronized (test) {
                int temp = test.start;
                System.out.println("start=" + temp);
            }
        });
        //调用start方法
        threadA.start();
        Thread.sleep(500L);
        threadB.start();
    }
}
```

LockRule类里面定义了start变量，然后定义了A和B两个线程。线程A先执行、线程B后执行。A与B两个线程都会通过synchronized来获取同一个锁对象，线程A执行完start=100才会释放锁对象。当线程B获取到锁对象后，会看到线程A对start的修改，打印出start=100的结果。

5. start规则

这个规则是用来确保在调用start方法启动线程之前，父线程已经对变量做出的修改在子线程中是实时可见的。代码清单3-8是一个start规则的示例。

代码清单3-8 start规则示例

```
public class StartRule {
    private int start = 0;
    public static void main(String[] args) {
        StartRule test = new StartRule();
```

```
        Thread thread = new Thread(() -> {
            int tmp = test.start;
            System.out.println("start=" + tmp);
        });
        test.start = 100;  //修改 start 的值
        thread.start();    //调用 start 方法启动线程
    }
}
```

StartRule定义了start变量，然后定义了线程来打印start变量。第11行将start赋值为100，在代码执行的过程中，我们可以清晰地看到结果是：start=100。

6. join规则

这条原则是针对线程间同步等待的，当一个线程A等待另一个线程B运行结束，当线程B运行结束后，线程A要能看到线程B对共享变量的修改。例如，主线程通过join方法来等待子线程结束，当子线程执行结束后，主线程能够看到子线程对共享变量的修改。代码清单3-9是join规则的示例。

代码清单3-9 join规则示例

```
public class JoinRule {
    private int start = 0;
    public static void main(String[] args) throws InterruptedException {
        JoinRule test = new JoinRule();
        Thread thread = new Thread(() -> {
            test.start=100;
        });
        //调用 start 方法启动线程
        thread.start();
        thread.join();
        System.out.println("start="+test.start);
    }
}
```

JoinRule定义了start变量，然后定义了线程来修改start的值。主线程通过join方法来同步等待子线程执行结束，然后打印start变量。我们可以清晰地看到start的值为100。

7. final字段的特殊性

final修饰的字段无论在单线程还是多线程里都是线程安全的不可变对象。当一个对象的构造函数执行完成时，可以认为该构造函数进行了完全的初始化。只有在对象完全初始化后才能被对象的引用线程看到。在构造函数为final字段赋值和在另一个线程中读取对象的值这两个动作之间，有一个Happens-Before的机制。在构造函数执行完成之前，所有对于final字段的写操作都会被冻结，只有构造函数完成之后才能进行字段读取。

3.4 内存一致性协议

在过去的 30 年间，CPU 的发展非常快，运行的速度呈指数级提升。而 DRAM 的发展速度缓慢，内存的读取速度一直处于缓慢提升的状态，如图 3-10 所示。

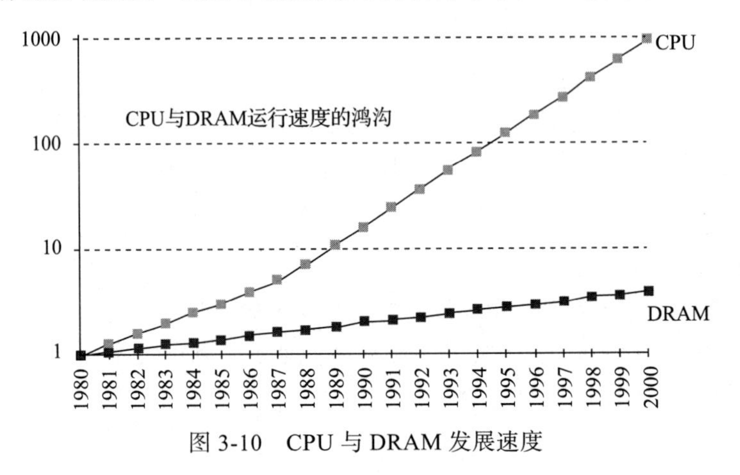

图 3-10 CPU 与 DRAM 发展速度

CPU 与 DRAM 的运行速度之间出现了非常大的鸿沟，为了弥补两者之间的性能差异，让 CPU 的性能能够充分发挥出来，硬件工程师们在 CPU 中引入了高速缓存。

在现代化设计的 CPU 上，高速缓存存储器分为三个部分：一级缓存（L1 Cache）、二级缓存（L2 Cache）和 3 级缓存（L3 Cache），每个 CPU 都有一个独立一级缓存和二级缓存。三级缓存是由所有 CPU 内核共用的。CPU 缓存的逻辑架构如图 3-11 所示。

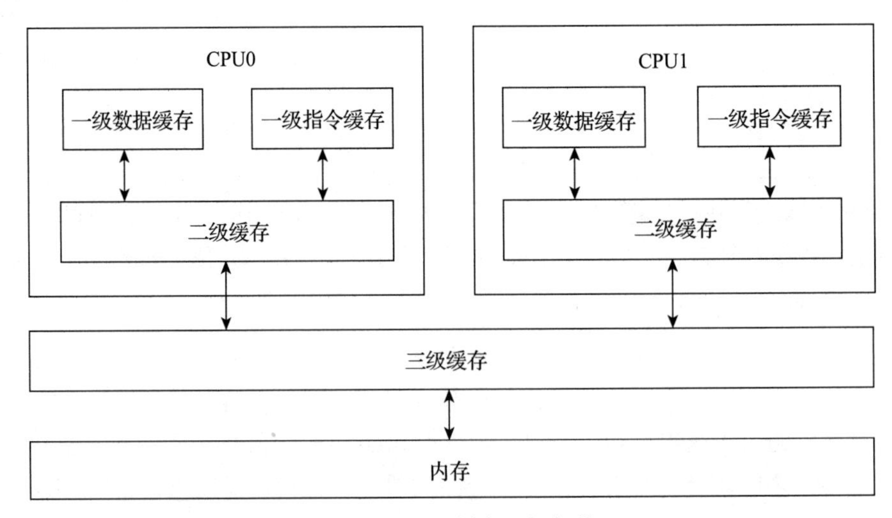

图 3-11 CPU 缓存逻辑架构

一级缓存可以分为一级指令缓存（L1i）和一级数据缓存（L1d），分别用来存储指令和数据。一级缓存是与 CPU 结合最为紧密的 CPU 缓存，也是历史上最早出现的 CPU 缓存。

由于一级缓存的技术难度和制造成本都非常高，提高容量所带来的技术难度和成本都非常大，所有一级缓存的容量一般都比较小、通常在32～512KB。

二级缓存是CPU的二级缓存，介于一级缓存与三级缓存之间。二级缓存的容量也会影响CPU的性能，理论上是越大越好，但受制于技术与成本的压力一般也不会特别大，通常在2～16MB之间。

三级缓存是为读取二级缓存后未命中的数据设计的一种缓存，在拥有三级缓存的CPU中，只有约5%的数据需要从内存中调用，这进一步提高了CPU的效率。三级缓存的容量一般都比较大，可以达到几十MB。

3.4.1 CPU缓存读取策略

当CPU试图读取数据的时候，首先从一级缓存中查询是否命中，如果命中则把数据返回给CPU。如果一级缓存数据缺失，则继续从二级缓存中查找。如果二级缓存数据缺失，则继续从三级缓存中查找。如果三级缓存数据缺失，则从主内存中查找。

在查找数据的时候，数据该存储在哪个级别的缓存是由缓存策略决定的。缓存策略总体上有两种：Inclusive Policy Cache（较高级别的缓存包含较低级别的缓存），以及Exclusive Policy Cache（较高级别的缓存不包含较低级别的缓存）。

1. Inclusive Policy Cache

为了方便演示，图3-12是以两级CPU缓存结构为例来演示数据读取的策略，其中L2（二级缓存）和L1（一级缓存）是包含关系。

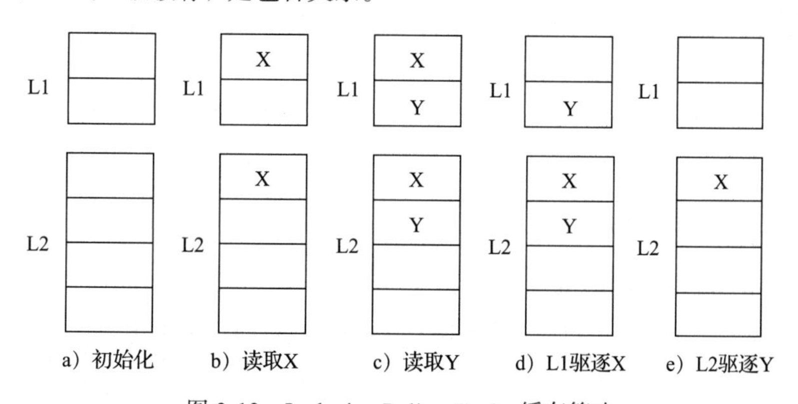

图3-12 Inclusive Policy Cache缓存策略

如图3-12所示，最初L1和L2都是空的。

步骤1：处理器发送一个读取X的请求。一开始L1和L2都没有数据的，因此从主存加载数据填充到L1和L2，如图3-12b所示。

步骤2：处理器发送读取Y的请求，该请求在L1和L2都没有数据 。因此从主存加载数Y，Y被填充到L1和L2中，如图3-12c所示。

步骤 3：把 X 从 L1 中移除，那么它只会从 L1 中移除，如图 3-12d 所示。

步骤 4：接着把 Y 从 L2 中移除，它会向 L1 发送 invalidation 请求，L1 也会把 Y 移除，如图 3-12e 所示。

2. Exclusive Policy Cache

为了方便，图 3-13 是以两级 CPU 缓存结构为例来演示 Exclusive Policy Cache 策略，其中 L2 和 L1 是不包含关系。

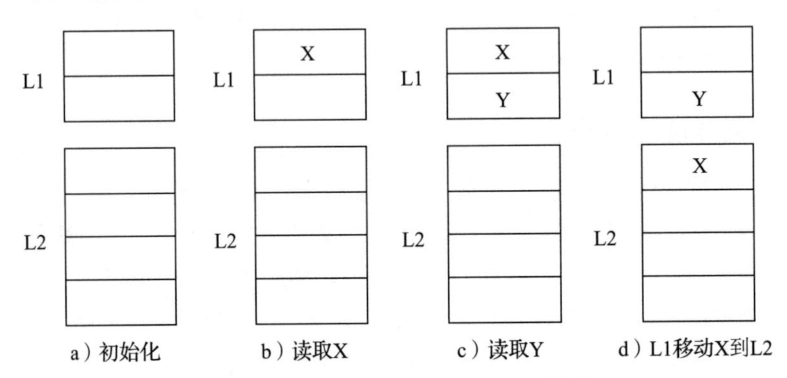

图 3-13　Exclusive Policy Cache 策略

如图 3-13 所示，最初 L1 和 L2 都是空的，如图 3-12a 所示。

步骤 1：处理器发送一个读取 X 的请求。发现在 L1 和 L2 中都没有数据，因此需要从主存获取并填充到 L1，如图 3-12b 所示。

步骤 2：处理器再次发出读取 Y 的请求，该请求在 L1 和 L2 中都没有数据。因此需要从主存获取并填充到 L1 中，如图 3-12c 所示。

步骤 3：如果 X 必须从 L1 中逐出，那么它会从 L1 中移除，填充到 L2 中，如图 3-12d 所示。

3.4.2　CPU 缓存写入策略

当 CPU 要修改缓存中的数据，CPU 的缓存又是如何与主内存进行同步的呢？接下来讲解 CPU 缓存的两种写策略：写直达（Write Through）和写回（Write Back）。

当 CPU 执行 store 指令并在缓存命中时，缓存与主存中的数据会被更新。缓存和主存的数据始终保持一致。写直达策略在对 L1 Cache 数据进行修改的时候会同时修改 L2 Cache。当 CPU 执行 store 指令并在缓存命中时，只更新缓存中的数据。另外，每个缓存行中会有一个位（bit）记录数据是否被修改过，称之为 dirty bit。当数据更新时会将 dirty bit 设置为 1。在采用写回策略时，CPU 在对 L1 Cache 数据进行修改时不会修改 L2 Cache 中的数据。主存中的数据只会在缓存行被替换或者显式的 clean 操作时更新。因此主存中的数据可能不是最新的数据，L1 Cache、L2 Cache 和主存的数据可能不一致。

写直达能够保证实时的一致性，但每次数据的修改需要同步到 CPU 缓存与主内存，整个运行的效率比较慢。写回（Write Back）虽然在数据一致性上有一些延迟，但整个运行效率得到极大提升。

3.4.3 MESI 协议

MESI 协议是基于 Invalidate 的高速缓存一致性协议，并且是支持写回缓存数据更新策略的最常用协议之一。MESI 是 Midified（已修改）、Exclusive（独占）、Shared（共享）、Invalidated（已失效）的缩写，对应缓存行的 4 种状态。

1）**修改**：高速缓存行仅存在于当前高速缓存中，并且是刚修改过的，也就是“脏”的，它需要把修改的数据从 CPU 缓存中同步到主内存。在允许其他 CPU 对整个数据读取之前，需要把高速缓存的数据写回内存。回写将该行更改为共享状态（S）。

2）**独占**：缓存行只仅存在于当前 CPU 缓存中，表示数据被当前 CPU 独占（E）。如果其他 CPU 缓存也存储了该数据，就会将其更改为共享状态。如果当前 CPU 对数据进行修改，就会将其变为修改状态。

3）**共享**：表示此数据在多个 CPU 缓存中，数据被多个 CPU 所共享，并且没有任何一个 CPU 对这个数据进行修改。

4）**无效**：表示此缓存行为无效。当块标记为 M（已修改）时，其他高速缓存中块的副本将标记为 I（无效）。

图 3-14 是一个简单的例子，用来阐述数据在 CPU 缓存中的状态变迁过程。

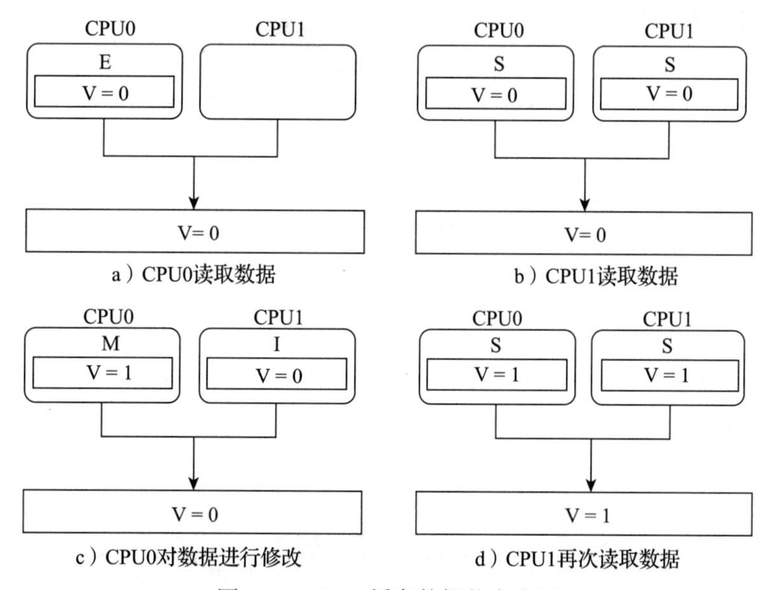

图 3-14 CPU 缓存数据状态变迁

步骤 1：内存中有个变量 V，储值为 0，然后 CPU0 读取变量 V，V 只在 CPU0 的缓存中，相当于被 CPU0 独占了，所以状态是 E。

步骤2： CPU1也读取了变量V，这个时候变量V会存储在两个CPU缓存中，就相当于处于共享状态S。

步骤3： CPU0对本地缓存变量V进行了修改，将其修改成了1，并将数据的状态改成M，之后广播一条数据已经被修改的消息。CPU1收到消息，将本地缓存中的V修改成失效状态I。

步骤4： CUP1再次读取变量V，CPU缓存中的数据已经失效，需要重新从内存中读取数据。而这个时候数据总线发现这个变量在CPU0里面是M的状态，会先把数据从CPU0缓存同步到内存中，这个时候内存中数据V的值是1。然后把V读取到CPU1中，并把CPU0、CPU1中的数据状态都改成S。

CPU缓存处于CPU与内存之间，一方面需要响应本CPU的读、写请求，另一方面需要响应缓存总线发送过来的其他CPU的数据读写请求。本CPU请求主要分为读请求与写请求，详细说明如表3-3所示。

表3-3 缓存读/写请求

请求名称	请求描述
PrRd	处理器请求读一个缓存块
PrWr	处理器请求写一个缓存块

缓存总线不仅会转发其他CPU的数据读写要求，还包括需要当前缓存与主内容同步的请求，详细信息如表3-4所示。

表3-4 缓存请求指令

请求名称	请求描述
BusRd	总线侦听到一个来自另一个CPU的读出缓存请求
BusRdX	总线侦听到来自另一个未取得该缓存块所有权的CPU读独占缓存的请求
BusUpgr	总线侦听到一个其他CPU要写入数据到本地缓存块上的请求
Flush	总线侦听到一个缓存块被另一个CPU更新数据到主存的请求
FlushOpt	侦听到一个缓存块被放置在总线以提供给另一个CPU的请求，与Flush类似，但只不过是从缓存到缓存的传输请求

Cache在面对CPU读写操作的请求会做出响应，详细信息如表3-5所示。

表3-5 缓存对CPU操作的响应

状态	操作	处理逻辑
I	PrRd	给缓存总线发送BusRd信号请求读写数据。当其他CPU收到BusRd检查本地是否有缓存：如果有，则缓存会将数据的状态变成S；如果其他CPU缓存上没有数据，则当前CPU上缓存数据的状态就是E
	PrWr	给缓存总线发出BusRdX请求，将本地缓存上的数据状态变成M。其他CPU收到BusRdX请求后，如果有缓存数据，会把数据设置为无效状态

（续）

状态	操作	处理逻辑
E	PrRd	因为数据已经在CPU的缓存中了，并且只在当前的CPU中，所以什么都不用做
	PrWr	因为数据已经在CPU的缓存中了，并且只在当前的CPU中，只用把数据的状态改成M
S	PrRd	因为数据已经在CPU的缓存中了，虽然是多个CPU共享状态，但是多次读取不影响数据，所以什么都不用做
	PrWr	先向缓存总线发送修改请求BusUpgr，然后修改本地数据的状态为M。其他CPU收到BusUpgr请求后，会将本地缓存的数据设置为失效状态
M	PrRd	因为数据已经在CPU的缓存中了，并且已经被当前CPU修改过了，所以再次读取什么都不用做
	PrWr	因为数据已经在CPU的缓存中了，并且已经被当前CPU修改过了，所以再次修改什么都不用做

缓存在面对内存总线操作请求时会做出响应，详细信息如表3-6所示。

表3-6 缓存对总线操作的响应

状态	操作	处理逻辑
I	BusRd	由于CPU本地缓存的数据已经失效了，远程的读对CPU本地缓存没影响，忽略信号
	BusRdx	由于CPU本地缓存的数据已经失效了，远程的写对CPU本地缓存没影响，忽略信号
	BusUpgr	由于CPU本地缓存的数据已经失效了，远程的写对CPU本地缓存没影响，忽略信号
E	BusRd	因为数据已经在CPU的缓存中了，并且其他的CPU也要缓存数据，需要将当前CPU缓存的数据修改成共享状态（S）
	BusRdx	说明其他CPU要修改数据了，只用把数据的状态改成无效状态（I）
S	BusRd	因为数据已经在CPU的缓存中了，虽然是多个CPU共享状态，但是多次读取不影响数据，所以什么不用做
	BusRdx	说明其他的CPU要修改数据，会把本地CPU缓存的数据设置成无效状态（I）
M	BusRd	发出FlushOpt信号，强制同步本地CPU缓存中的数据到主内存。这样其他的CPU可以读取到最新的数据，然后把本地数据修改成共享状态（S）
	BusRdx	发出FlushOpt信号，强制同步本地CPU缓存中的数据到主内存中。然后把本地缓存里面的数据设置为无效状态（I）

3.5 内存屏障

一个CPU对本地缓存中的数据进行修改的时候，会先把本地数据的状态改成M，接着向其他的CPU发送Invalidate消息，收到其他CPU的Acknowledge应答才完成数据修改，整体流程如图3-15所示。

MESI协议虽然实现了CPU缓存之间的数据强一致协议，但也带来了重大的性能问题。如果严格遵循MESI协议，那么一个CPU修改数据时，其他CPU必须停下当前任务去处理缓存消息，这会大大降低CPU的运作效率。因此，在实际硬件实现上，工程师采用了弱一致性的方案，引入了异步处理的机制。在数据修改的时候采用存储缓冲（Store Buffer）机制，在数据失效时采用失效队列（Invalidate Queue）机制，如图3-16所示。

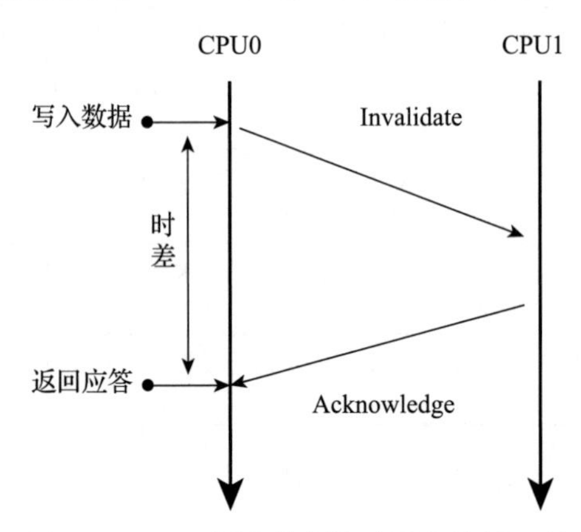

图3-15 CPU缓存数据修改消息传播机制

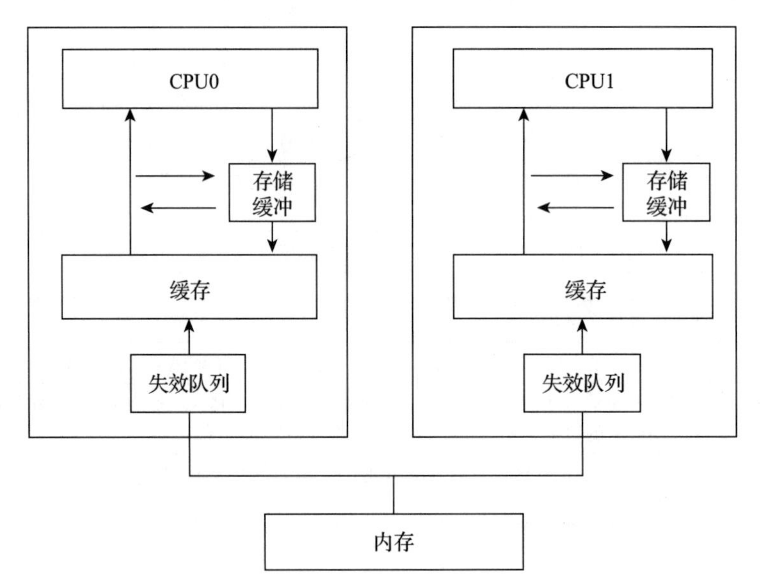

图3-16 存储缓冲与失效队列

在对数据修改时，CPU先会把修改的数据写入存储缓冲中，然后发送数据失效消息。在收到其他CPU的响应消息之后，再把存储缓冲里面的数据写入缓存里。在读数据时，CPU会优先从存储缓冲中读取数据（这个机制叫作存储转发），如果存储缓冲中不存在，才从缓存读取。这样一来，CPU在修改数据时就不用等待其他CPU的响应了，同时可以确保CPU内的数据一致性。但是如果CPU修改多个数据时，会破坏多个数据修改的时序性。

失效队列是用来存放缓存总线发送过来数据失效的消息的。CPU在收到数据失效消息后，先将消息放入到失效队列中，立即返回应答消息。在发送完应答消息后，CPU 会检查失效队列中有无该缓存行的失效消息，如果有的话这个时候才处理失效消息。失效队列机制虽然能加快失效消息的响应速度，但是也带来了全局顺序性问题，这与存储缓冲带来的全局一致性问题类似。

代码清单 3-10 是一个简单的例子，用来演示存储缓冲与失效队列带来的数据一致性问题。

代码清单 3-10 CPU 缓存带来的数据一致性问题

```
void udpate() {              // CPU0 执行
    a = 1;
    b = 1;
}
void read() {                // CPU1 执行
    while(b == 0) {
        continue;
    }
    assert(a == 1);
}
```

CPU0 执行 update 方法，CPU1 执行 read 方法，如果在执行之前 CPU 缓存中已经存在了部分数据，例如 CPU0 缓存了 b，因为是独占的，所以 b 的状态是 E，CPU1 缓存了 a，因为是独占的，所以 a 的状态也是 E，如图 3-17 所示。

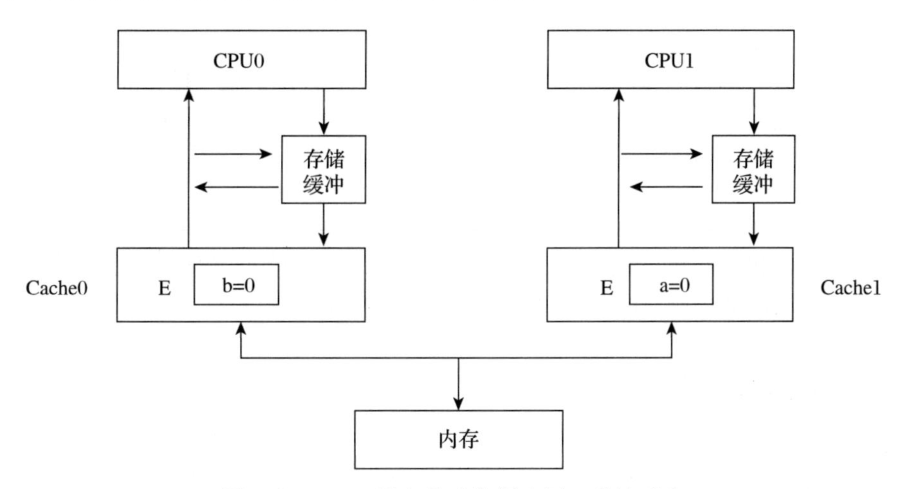

图 3-17 CPU 缓存导致数据全局一致性丢失

CPU0 执行 a=1，因为 a 不在 CPU0 的缓存中，直接将 a=1 写到存储缓冲，同时发送一个失效消息，通知 CPU1 来更新数据。CPU1 执行 while(b==1)，因为 b 不在缓存中，所以 CPU1 发送一个数据读取请求。CPU0 收到 CPU1 读取 b 的消息后，会将对应缓存行的状态改成 S。CPU1 因为主动发起读取 b 的请求，所以先知道 b 变成 1，于是将 b=1 放到缓存中，同时结束 while 循环。因为 a 修改的消息还在 CPU1 的失效队列中没来得及处理，所以 CPU1 看到的 a 还是 0，导致 assert(a==1) 抛出异常。从业务逻辑上来说，a 的修改先于 b 的修改，但在CPU1是先感知到了b的修改，没有看到a的修改。

为了修复存储缓冲与失效队列造成数据修改的全局一致性问题，硬件工程师引入了内存屏障的机制。

3.5.1 内存读写屏障

内存屏障分为写屏障（Store Barrier）与读屏障（Load Barrier）。写屏障会强制刷新存储缓存，会将存储缓存中的数据同步到其他CPU缓存中。读屏障会强制CPU立刻处理失效队列中的所有消息，消息队列中所有要失效的数据会被依次失效。

首先，我们对代码清单3-10例子中的代码稍作调整，如代码清单3-11所示。在a、b两行代码之间，增加一行内存写屏障的代码，确保CPU0的存储缓存中的消息能够及时传递到其他CPU。同时读取a之前也会加上一个内存读屏障，确保CPU1的失效队列中的消息能够被及时处理。

代码清单3-11 CPU内存读写屏障

```
void udpate() {    // CPU0 执行
    a = 1;
    smp_wmb();     // 写屏障
    b = 1;
}
void read() {      // CPU1 执行
    while(b == 0) {
        continue;
    }
    smp_rmb();     // 读屏障
    assert(a == 1);
}
```

这个时候在CPU1里面a的状态是I，再读取a的时候能够及时从主内存进行数据同步。通过写屏障与读屏障的保障机制确保a、b修改的全局一致性。

3.5.2 内存屏障的实现

内存屏障需要和CPU缓存直接打交道，需要硬件CPU指令支持。不同的CPU处理器对内存屏障的支持指令也不相同。下面以Intel系列CPU来详细讲解内存屏障的实现方式。Intel处理器提供了4种内存屏障指令，详细信息如表3-7所示。

表3-7 4种内存屏障指令

指令名称	指令描述
sfence	写屏障会将写中缓存的修改刷入L1 Cache中，使得其他CPU可以观察到这些修改，而且sfence之后的写操作不会被调度到sfence之前，即sfence之前的写操作一定在sfence之前完成，并且全局可见

（续）

指令名称	指令描述
lfence	读屏障会将失效队列失效，并强制读入 L1 Cache，而且 lfence 之后的读操作不会被调度到 lfence 之前，即 lfence 之前的读操作一定在 lfence 之前完成（并未规定全局可见性）
mfence	实现全屏障（Full Barrior），同时刷新存储缓冲和失效队列，保证 mfence 前后的读写操作顺序，同时要求 mfence 之后的写操作结果全局可见，mfence 之前的写操作结果全局可见
lock 指令	实现内存加锁，用来保证被锁定的内存只能由当前 CPU 使用

Linux 基于汇编宏命令构建了 3 种基础的内存屏障，如代码清单 3-12 所示。

代码清单 3-12　Linux 内存屏障指令

```
#define lfence() __asm__ __volatile__("lfence": : :"memory")
#define sfence() __asm__ __volatile__("sfence": : :"memory")
#define mfence() __asm__ __volatile__("mfence": : :"memory")
```

3.5.3　JVM 内存屏障指令实现

从 CPU 的角度来说，一般就是数据读指令与数据写指令，两条指令总共会出现以下 4 种组合场景，如表 3-8 所示。

表 3-8　读写指令组合场景

第一条指令	第二条指令	场景描述
读指令	读指令	Load-Load
读指令	写指令	Load-Store
写指令	读指令	Store-Load
写指令	写指令	Store-Store

在 JVM 的源码中，OrderAccess 类定义了内存屏障功能，具体实现如代码清单 3-13 所示。

代码清单 3-13　JVM 内存屏障实现

```
class OrderAccess : public AllStatic {
public:
    static void acquire();          // 读屏障
    static void release();          // 写屏障
    static void fence();            // 实现读 / 写屏障
    static void loadload();         // 连续读内存屏障的实现
    static void storestore();       // 连续写的内存屏障实现
    static void loadstore();        // 先读后写的内存屏障实现
    static void storeload();        // 先写后读的内存屏障实现
}
```

内存屏障在不同的操作系统与处理器上有不同的实现，以 Linux x86 处理器为例，具体实现如代码清单 3-14 所示。

代码清单 3-14 JVM 的 Linux x86 内存屏障实现

```
//创建编译器级别的内存屏障，强制优化器不对跨屏障的内存访问、重新排序
static inline void compiler_barrier() {
    __asm__ volatile ("" : : : "memory");
}
inline void OrderAccess::loadload()    { compiler_barrier(); }
inline void OrderAccess::storestore()  { compiler_barrier(); }
inline void OrderAccess::loadstore()   { compiler_barrier(); }
inline void OrderAccess::storeload()   { fence();            }
inline void OrderAccess::acquire()     { compiler_barrier(); }
inline void OrderAccess::release()     { compiler_barrier(); }
inline void OrderAccess::fence() {
#ifdef AMD64
    __asm__ volatile ("lock; addl $0,0(%%rsp)" : : : "cc", "memory");
#else
    __asm__ volatile ("lock; addl $0,0(%%esp)" : : : "cc", "memory");
#endif
    compiler_barrier();
}
```

从上面代码可以发现，loadload、storestore、loadstore、acquire、release 等函数都是调用 compiler_barrier 函数来实现的。compiler_barrier 函数主要有两个功能：一是静止编译器对代码进行编译重排，二是强制使 CPU 本地缓存失效。fence 函数首先是将当前 CPU 对应缓存的内容刷新到内存，并使其他 CPU 对应的缓存失效。另外提供了有序的指令，让操作范围无法越过这个内存屏障。接着把 CPU 本地的缓存直接失效，强制去主内存中读取数据。

3.6 JVM 的线程

根据执行任务的不同，JVM 中的线程可以分为两大类：一类是执行 Java 任务的，称为 JavaThread；另一类是执行 JVM 自身任务的，称为 NonJavaThread。

JVM 里面定义了 Thread、JavaThread、NonJavaThread、NamedThread 等线程基类来描述线程信息，详细说明如表 3-9 所示。

表 3-9 JVM 线程基类

对象名称	对象描述
Thread	是线程基类，定义所有线程都具有的基础功能，例如线程的类型，线程类型名称、线程执行的入口函数、JVM 线程绑定的系统线程等信息
JavaThread	是所有 Java 线程的基类，用来表示执行 Java 代码的线程对象。JavaThread 里面主要定义了线程的栈大小、线程的内存相关信息、线程所持有的监视器对象的相关信息，以及对线程 run、exit、interrupt 等方法的默认实现
NonJavaThread	是所有非 Java 执行的线程基类，NonJavaThread 用链表来存储 JVM 里所有的内部线程，并提供了迭代器方便快速迭代。NonJavaThread 相对于 JavaThread 简单得多，因为没有 Java 线程执行的内存、线程栈、对象监视器相关的信息

（续）

对象名称	对象描述
NamedThread	NamedThread是NonJavaThread子类，在NonJavaThread的基础上只增加了线程命名的能力。继承了这个类的好处是，同一类任务的多个线程可以有自己独立的名称

VMThread是JVM自身的一个线程，它主要用来协调其他线程到达安全点（Safe Point）进行垃圾回收的。

WatcherThread是周期性任务的调度器，用来触发周期性任务的执行，JVM里面有很多周期性任务用来进行内存管理、数据清理、错误信息收集等。

垃圾回收主要有两个线程：ConcurrentGCThread，负责垃圾收集器的调度；WorkerThread，负责垃圾回收算法执行，详细说明如表3-10所示。

表3-10 JVM垃圾回收线程

线程名称	线程描述
ConcurrentGCThread	是并发垃圾回收算法的基础线程，定义线程启动、线程停止等基础行为，子线程只用按照任务去扩展要实现的功能即可。G1垃圾回收算法的G1ConcurrentMarkThread（并发标记线程）、G1ConcurrentRefineThread、G1ServiceThread都继承了ConcurrentGCThread
WorkerThread	是执行垃圾回收算法的线程，负责内存中的垃圾回收与清理工作。我们常见的CMS垃圾回收的各种并发标记，并发清理都是通过这个线程来实现的

代码编译主要有两个线程：CompilerThread负责代码编译与优化，ServiceThread负责编译过程中产生的垃圾数据清理，详细说明如表3-11所示。

表3-11 JVM编译线程

线程名称	线程描述
CompilerThread	CompilerThread是JIT编译器的线程，负责代码的分层编译优化，以提升代码的执行性能。CompilerThread会维护一个所有需要优化代码的任务队列，JIT的编译器从任务队列中获取需要优化的内容来进行编译。按照编译功能侧重点不同，CompilerThread可以分为C1 CompilerThread（客户端的编译器）和C2 CompilerThread（服务端的编译器）。编译线程数的总数默认是根据CPU数量来设置，也可以通过JVM的参数 -XX:CICompilerCount=n 来进行设定
ServiceThread	ServiceThread是JVM内部线程，继承自JavaThread，用来清理JVMTI编译方法带来的垃圾信息，以及清理字符串、符号、保护域和解析的方法表

JVM在运行过程中还会接受外部的命令，例如在开发过程中的调试命令，所以JVM设计了JvmtiAgentThread线程来接收并处理外部命令，详细说明如表3-12所示。

表3-12 JVMTI线程

线程名称	线程描述
JvmtiAgentThread	JVMTI处于整个JPDA体系的最底层，所有调试功能本质上都需要通过JVMTI来实现。从功能上来讲，JVMTI提供了用于调试和优化的接口。同时虚拟机接口也增加了监听、线程分析以及覆盖率分析等功能。JvmtiAgentThread线程负责监控虚拟机中的线程、内存、堆、栈、类、方法、变量、事件、定时器等的运行情况

3.7 Java线程创建过程

如图3-18所示，在Java层面，其实线程只能算是一个任务，这个任务需要单独启动一个线程去执行。JVM接收到线程任务以后会向操作系统请求创建一个内核线程，操作系统接收到请求以后会在内核中创建一个线程返回给JVM，内核线程需要执行Thread类的run方法。

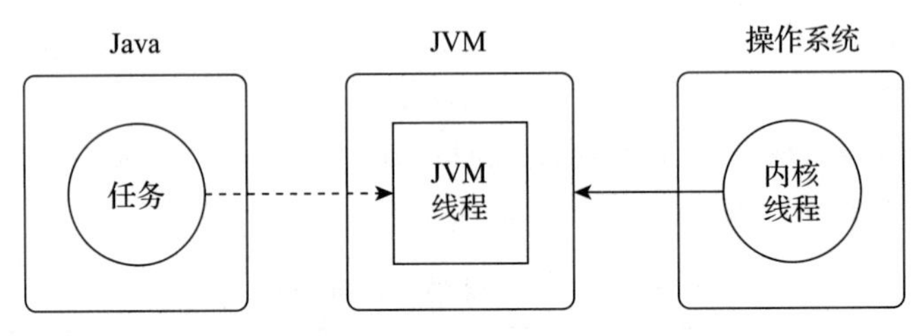

图3-18 Java线程映射

JVM接收到线程创建成功消息之后会等待操作系统调度、激活线程执行任务。线程创建的详细流程如图3-19所示。

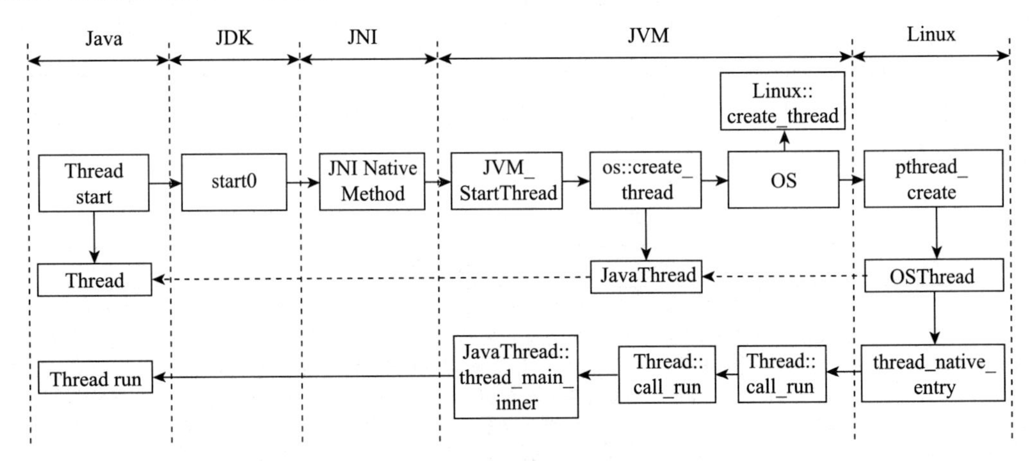

图3-19 Java线程创建与执行过程

通常，Java中的线程任务首先要实现Runnable接口。并通过Runnable的实例来构造Thread对象，并调用Thread的start方法来启动线程。Thread的start方法最终会调用本地方法start0来启动线程。start0方法的对应JNI函数是JVM_StartThread。

收到线程创建请求后，JVM_StartThread函数会创建一个JavaThread对象。JavaThread构造函数会调用os::create_thread函数来创建系统内核线程。os::create_thread函数在不同的操作系统上有不同的实现，在UNIX、Linux、Mac OS操作系统上都是用pthread_create函数来创建线程。

创建线程后需要有线程的执行函数：thread_native_entry。thread_native_entry会调用

Thread::call_run 函数，最终会调用 Thread::run 方法，即 Runnable 接口中的 run 方法。

3.7.1 线程创建

接下来用 Java 线程的例子为起点，一层层深入分析线程创建的核心链路。BasicTask 是一个简单的线程示例，如代码清单 3-15 所示。BasicTask 实现了 Runnable 接口，它的 run 方法实现了简单的两个整数相加计算，并在 main 函数里启动了线程来执行 run 方法。

代码清单 3-15 BasicTask 线程示例

```
public class BasicTask implements Runnable{
    public void run() {
        int a=1;
        int b=2;
        int c=a+b;
        System.out.println("c="+c);
    }
     public static void main(String[] args) {
        BasicTask task = new BasicTask();
        new Thread((task)).start();
    }
}
```

Thread 类的构造函数的核心是调用了 init 方法，如代码清单 3-16 所示。init 方法主要是设置了线程名称、线程的父线程、线程组、线程栈大小等信息。

代码清单 3-16 Thread 类 init 方法

```
private void init(ThreadGroup g, Runnable target, String name,
                  long stackSize, AccessControlContext acc,
                  boolean inheritThreadLocals) {
    this.name = name;                               // 线程名称
    Thread parent = currentThread();                // 父线程
    SecurityManager security = System.getSecurityManager();   // 线程安全管理器
    if (g == null) {     // 线程组
        if (security != null) {
            g = security.getThreadGroup();
        }
        if (g == null) {
            g = parent.getThreadGroup();
        }
    }
    g.checkAccess();                                // 判断线程组是否可访问
    if (security != null) {                         // 是否有创建系统的权限
        if (isCCLOverridden(getClass())) {
            security.checkPermission(SUBCLASS_IMPLEMENTATION_PERMISSION);
        }
    }
    g.addUnstarted();
    this.group = g;
```

```
        this.daemon = parent.isDaemon();
        this.priority = parent.getPriority();
        // 去掉了类加载器的代码
        this.target = target;
        setPriority(priority);
        // 去掉了 ThreadLocal 的兼容代码
        this.stackSize = stackSize;     // 设置线程栈大小
        tid = nextThreadID();            // 生成一个线程 ID
    }
```

nextThreadID方法是用来生成一个线程ID，线程的ID是全局自增的long值，每次调用都会创建一个线程ID。

通常在创建Thread对象后，需要调用start方法来正式启动一个线程，如代码清单3-17所示。start方法会判断当前线程是否已经启动过了，如果是重复启动则会直接抛出异常。

代码清单 3-17 start 方法

```
public synchronized void start() {
    if (threadStatus != 0){                  // 线程不能重复启动，如果重复启动，则抛出异常
        throw new IllegalThreadStateException();
    }
    group.add(this);                         // 将线程加入线程组中
    boolean started = false;                 // 定义线程启动标记
    try {
        start0();                            // 真正开始执行启动
        started = true;
    } finally {
          // 去掉了异常处理代码
    }
}
```

如果线程以前没有启动过，会调用start0方法来启动线程，如代码清单3-18所示。

代码清单 3-18 调用 start0 本地方法

```
private native void start0();
```

JVM的Thread.c里存储了Thread类的所有本地方法对应的JNI处理函数，如代码清单3-19所示。start0方法对应的JNI函数是JVM_StartThread，stop0方法对应的JNI函数是JVM_StopThread，isAlive方法对应的JNI函数是JVM_IsThreadAlive。

代码清单 3-19 Thread 类对应的 JNI 处理函数

```
static JNINativeMethod methods[] = {
    {"start0",          "()V",          (void *)&JVM_StartThread},
    {"stop0",           "(" OBJ ")V",   (void *)&JVM_StopThread},
    {"isAlive",         "()Z",          (void *)&JVM_IsThreadAlive},
    {"suspend0",        "()V",          (void *)&JVM_SuspendThread},
    {"resume0",         "()V",          (void *)&JVM_ResumeThread},
    {"setPriority0",    "(I)V",         (void *)&JVM_SetThreadPriority},
```

```
    {"yield",            "()V",          (void *)&JVM_Yield},
    {"sleep",            "(J)V",         (void *)&JVM_Sleep},
    {"currentThread",    "()" THD,       (void *)&JVM_CurrentThread},
    {"interrupt0",       "()V",          (void *)&JVM_Interrupt},
    {"holdsLock",        "(" OBJ ")Z",   (void *)&JVM_HoldsLock},
    {"getThreads",        "()[" THD,     (void *)&JVM_GetAllThreads},
    {"dumpThreads",      "([" THD ")[[" STE, (void *)&JVM_DumpThreads},
    {"setNativeName",    "(" STR ")V",   (void *)&JVM_SetNativeThreadName},
};
```

JVM_StartThread 函数负责线程的创建与启动，首先会设置线程栈的大小，然后构建一个 JavaThread 对象。代码清单 3-20 是 JVM_StartThread 函数的源代码。

代码清单 3-20 JVM_StartThread 函数

```
JVM_ENTRY(void, JVM_StartThread(JNIEnv* env, jobject jthread)){
    JavaThread *native_thread = NULL;
    bool throw_illegal_thread_state = false;
    MutexLocker mu(Threads_lock);    //加上全局线程锁，特别重要
    //检查是否重复启动
    if (java_lang_Thread::thread(JNIHandles::resolve_non_null(jthread))
        != NULL) {
            throw_illegal_thread_state = true;
    } else {
            jlong size = java_lang_Thread::stackSize(JNIHandles::
        resolve_non_null(jthread));
            NOT_LP64(if (size > SIZE_MAX) size = SIZE_MAX;)
            size_t sz = size > 0 ? (size_t) size : 0;
            //整段代码的重点是构造一个本地线程
            native_thread = new JavaThread(&thread_entry, sz);
            if (native_thread->osthread() != NULL) {
                native_thread->prepare(jthread);
            }
        }
    }
    //当线程已经启动，则直接报错
    if (throw_illegal_thread_state) {
        THROW(vmSymbols::java_lang_IllegalThreadStateException());
    }
    //启动线程
    Thread::start(native_thread);
JVM_END
```

JVM_StartThread 核心流程如下：首先获取 MutexLocker 全局互斥锁，以确保同一时刻只能创建一个线程，确保线程创建的安全性。接着判断当前线程是否已经启动，如果已经启动了就报错，一个线程不能重复创建。接着设置线程栈的大小，一般都是采用 JDK 默认的 -Xss 参数来设置的。然后创建一个 JavaThread 对象，JavaThread 对象的构造函数会创建系统内核线程。如果线程创建失败就进行系统报错。如果创建成功了，则调用 Thread 类的 start 函数来启动一个线程。

JavaThread构造函数的主要功能是调用os::create_thread来完成内核线程的创建，如代码清单3-21所示。

代码清单3-21 JavaThread对象的构造函数

```
JavaThread::JavaThread(ThreadFunction entry_point, size_t stack_sz) : JavaThread() {
    _jni_attach_state = _not_attaching_via_jni;
    set_entry_point(entry_point);
    os::ThreadType thr_type = os::java_thread;  //设置线程类型
    //获取线程类型
    thr_type = entry_point == &CompilerThread::thread_entry ?
    os::compiler_thread : os::java_thread;
    //创建内核线程
    os::create_thread(this, thr_type, stack_sz);
}
```

os::create_thread在Linux操作系统上是通过pthread_create来创建的，如代码清单3-22所示。os::create_thread函数首先会创建一个OSThread（系统线程）对象，并设置好线程类型、状态、线程栈大小等信息，最后把JavaThread对象与OSThread进行关联。设置pthread_create需要的线程属性pthread_attr_t，主要是设置初始状态、线程栈大小等信息。调用pthread_create函数在操作系统创建核心线程，如果失败，最多重试创建3次。如果最终创建失败就直接抛出错误。如果创建成功，则把线程ID赋值给OSThread。然后等待线程的对象变为ALLOCATED初始化的状态，说明线程初始化结束。

代码清单3-22 Linux系统os::create_thread函数

```
bool os::create_thread(Thread* thread, ThreadType thr_type,
                       size_t req_stack_size) {
    // 设置线程对象
    OSThread* osthread = new OSThread();
    //设置线程的类型
    osthread->set_thread_type(thr_type);
    //设置线程的状态
    osthread->set_state(ALLOCATED);
    //设置一个操作系统线程对象
    thread->set_osthread(osthread);
    //构造pthread的属性
    pthread_attr_t attr;
    pthread_attr_init(&attr);
    pthread_attr_setdetachstate(&attr, PTHREAD_CREATE_DETACHED);
    // 设置线程栈的大小
    size_t stack_size = os::Posix::get_initial_stack_size(thr_type,    req_stack_
        size);
    size_t guard_size = os::Linux::default_guard_size(thr_type);
    //设置线程属性
    pthread_attr_setguardsize(&attr, guard_size);
    size_t stack_adjust_size = 0;
    if (AdjustStackSizeForTLS) {
```

```
        stack_adjust_size += get_static_tls_area_size(&attr);
    } else {
        stack_adjust_size += guard_size;
    }
    stack_adjust_size = align_up(stack_adjust_size, os::vm_page_size());
    if (stack_size <= SIZE_MAX - stack_adjust_size) {
        stack_size += stack_adjust_size;
    //设置线程栈大小
    int status = pthread_attr_setstacksize(&attr, stack_size);
    //失败就报错返回
    if (status != 0) {
        thread->set_osthread(NULL);
        delete osthread;
        return false;
    }
    ThreadState state;
    {
        ResourceMark rm;
        pthread_t tid;
        int ret = 0;
        int limit = 3;
        //调用pthread_create函数创建线程
        do {
            ret = pthread_create(&tid, &attr,
            (void* (*)(void*)) thread_native_entry, thread);
        } while (ret == EAGAIN && limit-- > 0);
        char buf[64];
        pthread_attr_destroy(&attr);              //销毁线程对象属性
        if (ret != 0) {                           //当不为0时报错
            thread->set_osthread(NULL);
            delete osthread;
            return false;
        }
        osthread->set_pthread_id(tid);            //设置权限ID
        //循环等待linux操作系统的调度反馈
        {
            Monitor* sync_with_child = osthread->startThread_lock();
            MutexLocker ml(sync_with_child, Mutex::_no_safepoint_check_flag);
            while ((state = osthread->get_state()) == ALLOCATED) {
                sync_with_child->wait_without_safepoint_check();
            }
        }
    }
    return true;
}
```

3.7.2 线程执行

通过代码清单3-22可以发现，在创建内核线程的时候传入的函数是thread_native_

entry。在内核线程创建完成后，系统会自动调用thread_native_entry函数来执行线程任务。代码清单3-23是JVM线程执行入口函数thread_native_entry的具体实现。

代码清单3-23 JVM线程执行入口函数

```
static void *thread_native_entry(Thread *thread) {
    thread->record_stack_base_and_size();          // 设置线程栈的开始地址与线程栈大小
    thread->initialize_thread_current();           // 初始化当前线程
    OSThread* osthread = thread->osthread();
    Monitor* sync = osthread->startThread_lock();
    osthread->set_thread_id(os::current_thread_id());
    // 初始化线程掩码，这样就能通过信号进行线程通信
    PosixSignals::hotspot_sigmask(thread);
    os::Linux::init_thread_fpu_state();            // 初始化CPU的浮点寄存器
    {
        MutexLocker ml(sync, Mutex::_no_safepoint_check_flag);
        osthread->set_state(INITIALIZED);          // 通知父线程子线程已经启动
        sync->notify_all();
        while (osthread->get_state() == INITIALIZED) {
            sync->wait_without_safepoint_check();
        }
    }
    thread->call_run();    // 调用Thread基类的call_run来执行线程任务
    thread = NULL;         // 执行完成了手动释放对象加快内存回收
    return 0;
}
```

thread_native_entry函数的执行流程如下：首先设置线程的栈地址信息、初始化线程的当前状态、线程的通信掩码与线程的浮点寄存器信息，接着设置线程的状态为INITIALIZED的状态，最后调用Thread的call_run函数来执行线程任务。

call_run函数功能非常简单，设置好线程栈结束的地址，调用pre_run方法来实现线程执行前的预处理，然后调用run方法来执行任务，最后调用post_run来做线程执行完成的善后处理工作。这个就相当于我们熟悉的动态代理功能，在线程执行前、后各增加一个处理器。pre_run函数是空实现，没有任何意义。post_run函数主要用来释放线程相关的资源信息。代码清单3-24是call_run函数的具体实现。

代码清单3-24 Thread的call_run函数

```
void Thread::call_run() {
    register_thread_stack_with_NMT();      // 设置线程栈的结束位置
    this->pre_run();                       // 调用pre_run方法进行线程的前置处理
    this->run();                           // 调用run方法
    this->post_run();                      // 调用post_run方法进行线程的后置处理
}
```

JavaThread的run函数主要负责线程任务的执行，具体实现如代码清单3-25所示。首先初始化全局的线程变量，然后创建线程的保护页，设置线程的状态为_thread_in_vm，接

着刷新缓存，最后调用 thread_main_inner 函数执行任务。

代码清单 3-25 JavaThread 的 run 函数

```
void JavaThread::run() {
    initialize_tlab();                          // 初始化线程本地变量
    _stack_overflow_state.create_stack_guard_pages();
    cache_global_variables();                   // 缓存全局变量
    set_thread_state(_thread_in_vm);            // 设置成线程在 JVM 里执行的状态
    // 线程开始前需刷新 CPU 缓存，确保当前线程能够看见父线程对数据的修改
    OrderAccess::cross_modify_fence();
    thread_main_inner();                        // 调用 thread_main_inner 方法来真正执行任务
}
```

3.3 节提到，在子线程启动前，父线程对数据的修改要对子线程可见。这个功能就是通过调用 OrderAccess 的 cross_modify_fence 方法来实现的。cross_modify_fence 函数会刷新 CPU 本地缓存，并通知其他 CPU 数据已经更改，从而线程能够读取到父线程修改的数据。

thread_main_inner 函数主要申请线程栈资源，调用 entry_point 函数来执行具体的任务，实现如代码清单 3-26 所示。entry_point 是个 ThreadFunction 线程函数对象，是 Java 里 Thread 类的 run 方法编译后的函数。

代码清单 3-26 JavaThread 的 thread_main_inner 函数

```
void JavaThread::thread_main_inner() {
    // 执行线程任务，除非线程发生了挂起或者被停止了
    if(!this->has_pending_exception()
        &&!java_lang_Thread::is_stillborn(this->threadObj())) {
        {
            ResourceMark rm(this);
            this->set_native_thread_name(this->name()); // 设置本地线程名称
        }
        HandleMark hm(this);
        this->entry_point()(this, this); // 执行线程任务，也就是运行 run 方法
    }
}
```

3.8 Java 线程生命周期

3.8.1 Java 线程生命周期模型

Java 线程生命周期模型是在通用的线程生命周期的基础上做了补充与调整。首先把可运行状态与运行状态合并成运行状态，因为可运行状态是个非常短暂的中间状态，然后将睡眠的状态按照等待的原因拆分成 3 种状态：BLOCKED、WAITING 和 TIMED_WAITING。Java 线程的生命周期总共有 6 种状态，如表 3-13 所示。

表 3-13 Java 线程状态

状态值	状态描述
NEW	初始化状态，是指构建了线程任务对象，还没有向系统申请到线程
RUNNABLE	运行状态，线程任务已经执行或任务已经进入 CPU 任务队列
BLOCKED	阻塞状态，线程因为锁机制进入阻塞状态
WAITING	无时限等待，线程进入条件等待状态，只有触发条件唤醒，才会结束等待
TIMED_WAITING	有时限等待，线程进入指定时间的等待，时间到了之后自动恢复
TERMINATED	终止状态，已经执行了整个线程任务的状态

Java 线程的状态变迁如图 3-20 所示。

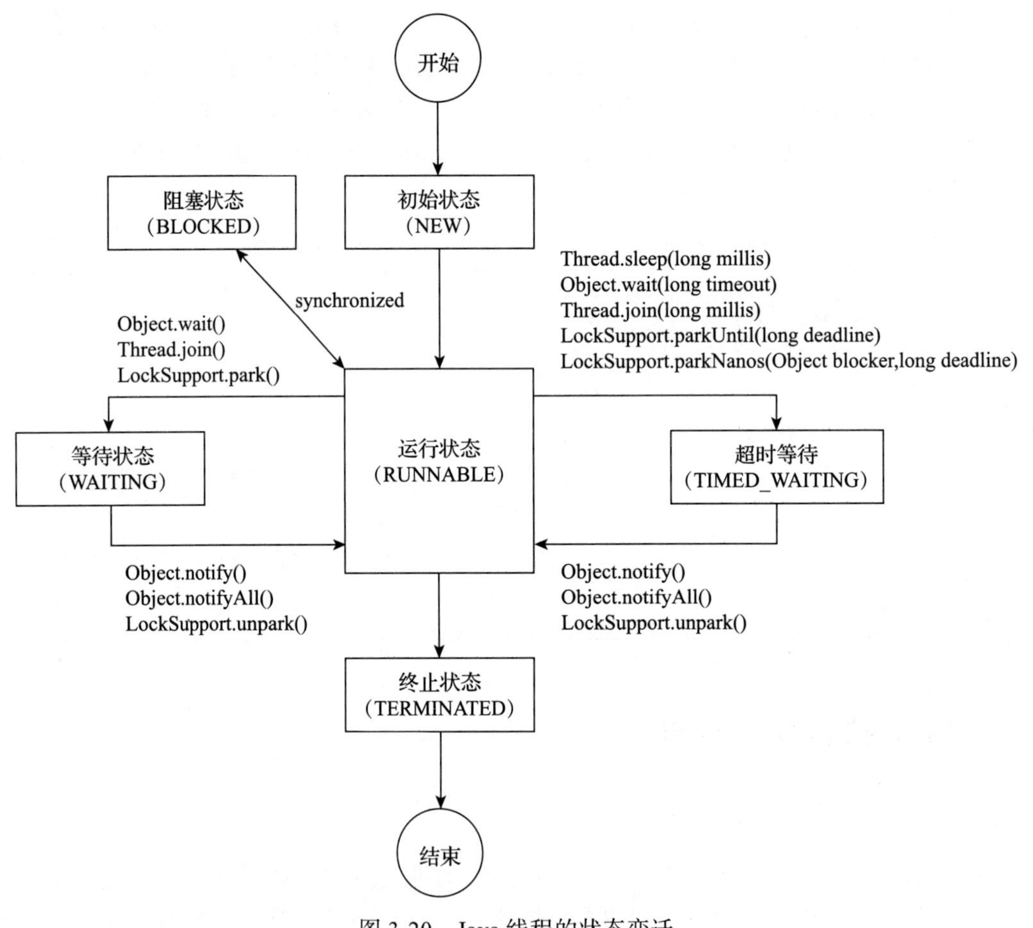

图 3-20 Java 线程的状态变迁

1. RUNNABLE 到 BLOCKED

线程从 RUNNABLE 进入 BLOCKED 状态只有一种方式，就是通过 synchronized 关键字进行加锁。synchronized修饰的方法、代码块同一时刻只允许一个线程执行，其他线程只能等待，进入等待线程的状态就会从RUNNABLE转换为BLOCKED状态。而当等待的线程获得synchronized锁时会继续执行，线程的状态又会从BLOCKED状态转换为RUNNABLE状态。

2. 从RUNNABLE到WAITING

线程从RUNNABLE状态转换为WAITING状态有3种场景。

场景1：调用Object.wait()方法主动让当前线程进入等待状态。使用该方法，首先需要通过synchronized拿到对象锁。

场景2：调用Thread.join()方法，主线程主动等待子线程执行完成。例如有一个线程A，在线程A里创建了线程B。当调用B.join()的时候，线程A会等待线程B执行完成，A线程的状态从RUNNABLE状态转换为WAITING状态。当线程B执行完毕，原来等待它的线程A又会从WAITING状态转换为RUNNABLE状态。

场景3：调用LockSupport.park()方法，主动让当前线程进入条件等待状态。LockSupport类是Java并发包中的锁功能实现的基础。调用LockSupport.park()方法，当前线程会阻塞，线程会从RUNNABLE状态转换为WAITING状态。

3. 从WAITING到RUNNABLE

线程从WAITING状态转换到RUNNABLE状态，表示线程从等待状态进入到执行状态。有3种方式可以实现状态转换。

场景1：调用Object.notify()或Object.notifyAll()方法，当一个线程调用notify或者notifyAll方法，另一个线程处于WAITING状态以获取通知，当线程被通知已获取到对象锁（即拿到执行权限），这个线程就会从WAITING状态调整到RUNNABLE状态。

场景2：调用Thread.join()方法，主线程等到子线程执行结束。例如有一个主线程A正在通过调用B.join()等待子线程B的执行完成，当B执行完成，主线程A就会从WAITING状态转换为RUNNABLE状态。

场景3：调用LockSupport.unpark()方法来唤醒某个具体的线程，被唤醒的线程会从WAITING状态转换为RUNNABLE状态，然后开始执行。

4. RUNNABLE到TIMED_WAITING

线程从RUNNABLE状态转换为IMED_WAITING状态，表示线程从执行状态进入到超时等待状态。这其实也是一种等待状态，只不过有等待时间，当时间到了之后会自动唤醒进入运行状态。有5种场景会触发这种转换。

场景1：调用Thread.sleep(long millis)方法，线程会从执行状态变为等待状态，等待时间到了会自动进入执行状态。

场景2：调用Object.wait(long timeout)方法，线程会从执行状态变为等待状态，等待时间到了会自动进入执行状态。

场景 3：调用 Thread.join(long millis) 方法，主线程会等待子线程执行完成，当等待时间到期，主线程会直接进入执行状态。

场景 4：调用 LockSupport.parkUntil(long deadline) 方法，主动将当前线程停顿到指定的时间点，时间到了，线程自动恢复到运行状态继续执行。

场景 5：调用 LockSupport.parkNanos(Object blocker, long deadline) 方法，blocker 是等待的锁对象，deadline 是等待的结束时间。调用了这个方法之后，当前线程会进入等待状态，当等待时间到了之后，当前线程会自动进入执行状态。

3.8.2 查看线程的状态

在实际工作中，如何查看线程的状态呢？可以采用阿里巴巴的开源工具 Arthas 的 thread 命令来查看。thread 命令参数如表 3-14 所示。

表 3-14 thread 命令参数列表

参数名称	参数说明
id	线程 ID
[n:]	指定最忙的前 *N* 个线程并打印堆栈信息
[b]	找出当前阻塞其他线程的线程
[i <value>]	指定 CPU 使用率统计的采样间隔，单位为 ms，默认值为 200
[--all]	显示所有匹配的线程

可以通过 thread 命令直接查看系统中的所有线程状态，如图 3-21 所示。整个默认排序是按照 CPU 使用比例排序的。第 1 列显示的是线程的 ID，第 2 列显示的是系统性能名称，第 3 列是线程所处的 group，第 4 列是线程的优先级，第 5 列显示的是线程的状态，第 6 列显示的是线程的 CPU 使用率。

```
[arthas@8]$ thread
Threads Total: 545, NEW: 0, RUNNABLE: 48, BLOCKED: 0, WAITING: 394, TIMED_WAITING: 91, TERMINATED: 0, Internal threads: 12
ID    NAME                                   GROUP    PRIORITY  STATE          %CPU   DELTA_TIME  TIME       INTERRUPTED  DAEMON
242   http-nio-8080-exec-41                  main     5         RUNNABLE       13.0   0.026       2:5.065    false        true
208   http-nio-8080-exec-7                   main     5         RUNNABLE       5.75   0.011       2:7.006    false        true
34    AsyncAppender-Worker-ROLLING_FILE_ASYNC main    5         WAITING        5.56   0.011       54:28.250  false        true
258   http-nio-8080-exec-57                  main     5         WAITING        5.46   0.011       2:6.913    false        true
290   http-nio-8080-exec-89                  main     5         RUNNABLE       4.9    0.010       2:7.486    false        true
246   http-nio-8080-exec-45                  main     5         WAITING        4.71   0.009       2:8.668    false        true
247   http-nio-8080-exec-46                  main     5         WAITING        3.6    0.007       2:5.488    false        true
4529  arthas-command-execute                 system   5         RUNNABLE       3.35   0.006       0:0.015    false        true
262   http-nio-8080-exec-61                  main     5         RUNNABLE       3.24   0.006       2:4.231    false        true
215   http-nio-8080-exec-14                  main     5         WAITING        2.92   0.006       2:5.805    false        true
276   http-nio-8080-exec-75                  main     5         RUNNABLE       2.51   0.005       2:4.991    false        true
205   http-nio-8080-exec-4                   main     5         WAITING        2.38   0.004       2:7.699    false        true
301   http-nio-8080-exec-100                 main     5         WAITING        1.81   0.003       2:5.617    false        true
254   http-nio-8080-exec-53                  main     5         WAITING        1.68   0.003       2:6.729    false        true
-1    VM Thread                              -        -1        -              1.64   0.003       1:25.312   false        true
-1    C1 CompilerThread2                     -        -1        -              1.6    0.003       1:40.797   false        true
291   http-nio-8080-exec-90                  main     5         RUNNABLE       1.08   0.002       2:5.857    false        true
303   http-nio-8080-Acceptor                 main     5         RUNNABLE       0.86   0.001       2:58.949   false        true
287   http-nio-8080-exec-86                  main     5         WAITING        0.78   0.001       2:5.506    false        true
302   http-nio-8080-ClientPoller             main     5         RUNNABLE       0.76   0.001       2:35.697   false        true
201   http-nio-8080-BlockPoller              main     5         RUNNABLE       0.75   0.001       1:59.633   false        true
279   http-nio-8080-exec-78                  main     5         WAITING        0.68   0.001       2:7.125    false        true
236   http-nio-8080-exec-35                  main     5         WAITING        0.65   0.001       2:6.491    false        true
259   http-nio-8080-exec-58                  main     5         WAITING        0.64   0.001       2:5.257    false        true
266   http-nio-8080-exec-65                  main     5         WAITING        0.6    0.001       2:4.710    false        true
210   http-nio-8080-exec-9                   main     5         WAITING        0.59   0.001       2:7.664    false        true
277   http-nio-8080-exec-76                  main     5         WAITING        0.58   0.001       2:7.785    false        true
294   http-nio-8080-exec-93                  main     5         WAITING        0.54   0.001       2:7.702    false        true
222   http-nio-8080-exec-21                  main     5         WAITING        0.54   0.001       2:5.314    false        true
283   http-nio-8080-exec-82                  main     5         WAITING        0.54   0.001       2:6.932    false        true
211   http-nio-8080-exec-10                  main     5         WAITING        0.53   0.001       2:6.763    false        true
245   http-nio-8080-exec-44                  main     5         WAITING        0.49   0.001       2:5.580    false        true
238   http-nio-8080-exec-37                  main     5         WAITING        0.45   0.000       2:7.492    false        true
284   http-nio-8080-exec-83                  main     5         RUNNABLE       0.43   0.000       2:4.804    false        true
272   http-nio-8080-exec-71                  main     5         WAITING        0.41   0.000       2:6.565    false        true
240   http-nio-8080-exec-39                  main     5         WAITING        0.38   0.000       2:5.773    false        true
257   http-nio-8080-exec-56                  main     5         WAITING        0.37   0.000       2:4.868    false        true
57    MQ-AsyncArrayDispatcher-Thread01       main     5         TIMED_WAITING  0.36   0.000       2:0.656    false        true
212   http-nio-8080-exec-11                  main     5         RUNNABLE       0.36   0.000       2:5.863    false        true
255   http-nio-8080-exec-54                  main     5         WAITING        0.36   0.000       2:6.875    false        true
228   http-nio-8080-exec-27                  main     5         RUNNABLE       0.35   0.000       2:4.473    false        true
```

图 3-21 用 thread 命令查看线程列表

也可以通过 --state 选项来查看具体状态的线程。例如要查看 TIMED_WAITING 状态的线程，可以通过 thread --state TIMED_WAITING 命令查看，图 3-22 就是所有处于 TIMED_WAITING 状态的线程。

```
[arthas@8]$ thread --state TIMED_WAITING
Threads Total: 544, NEW: 0, RUNNABLE: 41, BLOCKED: 0, WAITING: 304, TIMED_WAITING: 199, TERMINATED: 0
ID     NAME                                  GROUP   PRIORITY  STATE          %CPU   DELTA_TIME  TIME       INTERRUPTED  DAEMON
247    http-nio-8080-exec-46                 main    5         TIMED_WAITING  3.95   0.007       2:6.849    false        true
249    http-nio-8080-exec-48                 main    5         TIMED_WAITING  3.07   0.006       2:6.917    false        true
245    http-nio-8080-exec-44                 main    5         TIMED_WAITING  3.05   0.006       2:7.091    false        true
223    http-nio-8080-exec-22                 main    5         TIMED_WAITING  2.95   0.005       2:8.217    false        true
208    http-nio-8080-exec-7                  main    5         TIMED_WAITING  1.61   0.003       2:8.547    false        true
280    http-nio-8080-exec-79                 main    5         TIMED_WAITING  1.27   0.002       2:7.390    false        true
4562   http-nio-8080-exec-104                main    5         TIMED_WAITING  0.97   0.001       0:0.511    false        true
298    http-nio-8080-exec-97                 main    5         TIMED_WAITING  0.87   0.001       2:8.002    false        true
220    http-nio-8080-exec-19                 main    5         TIMED_WAITING  0.85   0.001       2:7.973    false        true
263    http-nio-8080-exec-62                 main    5         TIMED_WAITING  0.74   0.001       2:6.079    false        true
272    http-nio-8080-exec-71                 main    5         TIMED_WAITING  0.73   0.001       2:7.987    false        true
268    http-nio-8080-exec-67                 main    5         TIMED_WAITING  0.62   0.001       2:7.931    false        true
242    http-nio-8080-exec-41                 main    5         TIMED_WAITING  0.58   0.001       2:6.407    false        true
233    http-nio-8080-exec-32                 main    5         TIMED_WAITING  0.49   0.000       2:5.643    false        true
4568   http-nio-8080-exec-110                main    5         TIMED_WAITING  0.44   0.000       0:0.521    false        true
266    http-nio-8080-exec-65                 main    5         TIMED_WAITING  0.37   0.000       2:6.137    false        true
57     MQ-AsyncArrayDispatcher-Thread01      main    5         TIMED_WAITING  0.32   0.000       2:1.883    false        true
173    NettyClientWorkerThread_2             main    5         TIMED_WAITING  0.17   0.000       0:30.867   false        false
41     SimplePauseDetectorThread_1           main    5         TIMED_WAITING  0.16   0.000       0:55.253   false        true
42     SimplePauseDetectorThread_2           main    5         TIMED_WAITING  0.14   0.000       0:53.841   false        true
40     SimplePauseDetectorThread_0           main    5         TIMED_WAITING  0.14   0.000       0:55.692   false        true
9      SkywalkingAgent-5-JVMService-produce-0 main   5         TIMED_WAITING  0.1    0.000       0:6.786    false        true
16     DataCarrier.gRPC-log.Consumer.0.Thread main   5         TIMED_WAITING  0.09   0.000       0:37.402   false        true
157    NettyClientWorkerThread_2             main    5         TIMED_WAITING  0.08   0.000       0:29.112   false        false
64     LatencyFaultToleranceScheduledThread  main    5         TIMED_WAITING  0.07   0.000       0:45.404   false        false
10     SkywalkingAgent-6-JVMService-consume-0 main   5         TIMED_WAITING  0.06   0.000       0:5.429    false        true
56     LatencyFaultToleranceScheduledThread  main    5         TIMED_WAITING  0.06   0.000       0:6.443    false        false
459    dubbo-future-timeout-thread-1         main    5         TIMED_WAITING  0.06   0.000       0:22.112   false        true
126    ForkJoinPool.commonPool-worker-0      main    5         TIMED_WAITING  0.04   0.000       0:8.536    false        true
51     ClientHouseKeepingService             main    5         TIMED_WAITING  0.01   0.000       0:1.071    false        true
63     LatencyFaultToleranceScheduledThread  main    5         TIMED_WAITING  0.01   0.000       0:0.795    false        false
```

图 3-22　用 thread 命令进行线程状态过滤

可以通过 thread 线程 ID 命令查看线程的详细执行信息。图 3-23 为通过 thread 252 命令来查看线程 ID 为 252 的详细执行信息。

```
[arthas@8]$ thread 252
"http-nio-8080-exec-51" Id=252 WAITING on java.util.concurrent.locks.AbstractQueuedSynchronizer$ConditionObject@3fe1a11d
    at sun.misc.Unsafe.park(Native Method)
    -  waiting on java.util.concurrent.locks.AbstractQueuedSynchronizer$ConditionObject@3fe1a11d
    at java.util.concurrent.locks.LockSupport.park(LockSupport.java:175)
    at java.util.concurrent.locks.AbstractQueuedSynchronizer$ConditionObject.await(AbstractQueuedSynchronizer.java:2039)
    at java.util.concurrent.LinkedBlockingQueue.take(LinkedBlockingQueue.java:442)
    at org.apache.tomcat.util.threads.TaskQueue.take(TaskQueue.java:107)
    at org.apache.tomcat.util.threads.TaskQueue.take(TaskQueue.java:33)
    at java.util.concurrent.ThreadPoolExecutor.getTask(ThreadPoolExecutor.java:1074)
    at java.util.concurrent.ThreadPoolExecutor.runWorker(ThreadPoolExecutor.java:1134)
    at java.util.concurrent.ThreadPoolExecutor$Worker.run(ThreadPoolExecutor.java:624)
    at org.apache.tomcat.util.threads.TaskThread$WrappingRunnable.run(TaskThread.java:61)
    at java.lang.Thread.run(Thread.java:748)
```

图 3-23　用 thread 命令查看线程详情

图 3-23 详细地显示了当前线程处于 TIMED_WAITING 状态，并且是由 unsafe 类的 park 方法导致的。

3.9　小结

本章详细阐述线程的优势与安全性问题。接着从 Java 内存模型、内存一致性协议、系统内存屏障等多个维度详细阐述 Java 如何解决线程安全性问题。最后详细讲解了 Java 线程的创建过程、执行过程与生命周期。希望通过本章的讲解，读者对 Java 线程的实现原理与线程的安全性有一个清晰的认知。

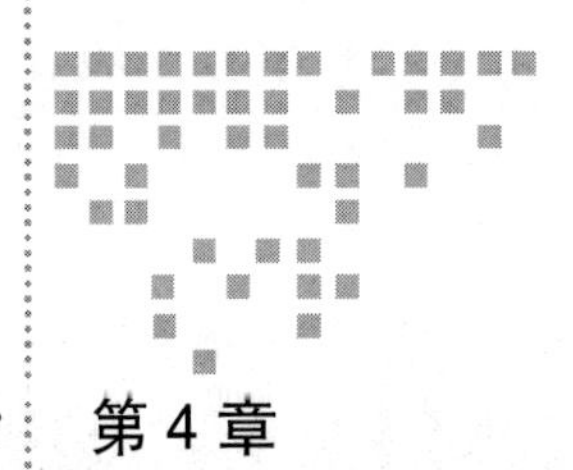

Chapter 4 第4章

JVM线程通信原理

线程在系统中是独立运行的，但是许多业务场景都需要多线程去协同工作，所以Java在Thread类与Object类里提供了大量的方法来实现线程间的通信。本章会详细讲解sleep、wait、notify、join、stop等通信机制的设计原理与JVM实现过程。

4.1 ParkEvent原理

在JVM中，ParkEvent是核心类，它可以实现线程的阻塞与唤醒。ParkEvent提供的park方法可以阻塞线程，unpark方法可以唤醒线程。Java的synchronized与wait方法都是通过ParkEvent来实现线程的阻塞与唤醒的。ParkEvent与线程的生命周期相关联。当线程创建时，会从EventFreeList查找一个空闲的ParkEvent，绑定到线程上。线程执行结束时，将ParkEvent归还到EventFreeList链表中。EventFreeList相当于一个ParkEvent的对象池，和常见的数据库连接池相似。

在Linux操作系统中，ParkEvent是基于POSIX协议的PlatformEvent实现的，核心方法如表4-1所示。

表4-1　ParkEvent方法列表

方法名称	功能描述
park	提供线程阻塞的功能，需要通过unpark方法才能唤醒
park(jlong millis)	提供线程阻塞的功能，可指定阻塞时间。当时间到了之后可以自动唤醒。也可以在挂起的时间内，通过unpark来唤醒
unpark	唤醒已经挂起的线程

（续）

方法名称	功能描述
Allocate	从 FreeList 中获取一个 ParkEvent 对象，如果 FreeList 中没有，则创建一个
Release	归还当前线程的 ParkEvent，并放到空闲对象池 FreeList 中

4.1.1　Allocate 方法

Allocate 方法用来获取一个 ParkEvent 实例对象，具体实现如代码清单 4-1 所示。该方法的实现思路是，先尝试从 FreeList 中获取一个空闲的 ParkEvent，如果有空闲的 ParkEvent 就直接使用；如果没有空闲的 ParkEvent，就创建一个 ParkEvent 对象。

代码清单 4-1　Allocate 方法

```
ParkEvent * ParkEvent::Allocate (Thread * t) {
    ParkEvent * ev ;
    // 因为 FreeList 是全局对象池，所以修改 FreeList 时需要加锁
    Thread::SpinAcquire(&ListLock, "ParkEventFreeListAllocate");
    {
        ev = FreeList;
        if (ev != NULL) {// 从空闲链表 FreeList 中取一个空闲 ParkEvent
            FreeList = ev->FreeNext;
        }
    }
    Thread::SpinRelease(&ListLock);  // 释放锁
    if (ev != NULL) {      // 从 FreeList 获取到了空闲的 ParkEvent
        // 设置 AssociatedWith 为空来确保没有线程在使用 ParkEvent
        guarantee (ev->AssociatedWith == NULL, "invariant") ;
    } else {
        ev = new ParkEvent () ;  // 创建一个新的 ParkEvent
        guarantee ((intptr_t(ev) & 0xFF) == 0, "invariant") ;
    }
    ev->reset() ;                    // 重置 ParkEvent
    ev->AssociatedWith = t ;         // 标记 ParkEvent 为当前线程所有
    ev->FreeNext       = NULL ;
    return ev ;
}
```

FreeList 是一个全局的对象，表示当前空闲的 ParkEvent 的开始位置。FreeNext 是一个指针链表，维护的是所有空闲的 ParkEvent。Allocate 每次都会尝试获取 FreeList，如果 FreeList 不为空，就从 FreeList 的链表里获取一个空闲的 ParkEvent。如果不存在空闲的 ParkEvent，就重新构建一个 ParkEvent。ParkEvent 对象池租用的流程如图 4-1 所示。

4.1.2　Rlease 方法

每个线程执行完任务，都要在销毁线程时调用 Release 方法，以将 ParkEvent 归还到对

象池中。代码清单 4-2 是 Release 方法的具体实现。

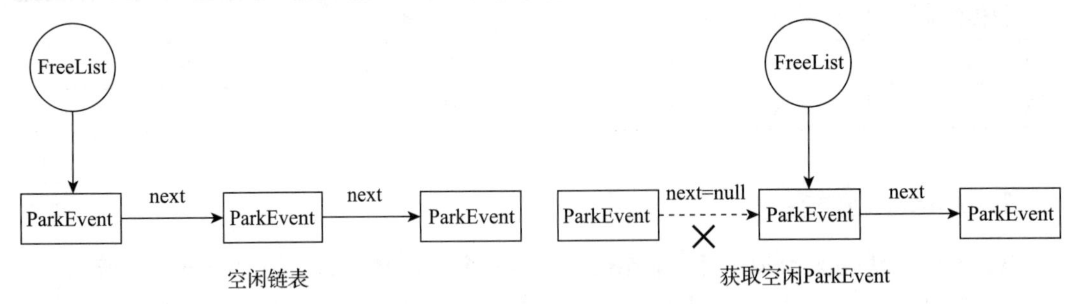

图 4-1　ParkEvent 对象池租用流程

代码清单 4-2　Release 方法

```
void ParkEvent::Release (ParkEvent * ev) {
    if (ev == NULL) return ;       // 判断ParkEvent是否为空，如果为空就直接返回
    ev->AssociatedWith = NULL ;  // 将ParkEvent设置成空闲状态
    // 获取锁，确保线程安全
    Thread::SpinAcquire(&ListLock, "ParkEventFreeListRelease");
    {
        ev->FreeNext = FreeList;        // 将对象归还到对象池中
        FreeList = ev;
    }
    Thread::SpinRelease(&ListLock);  // 释放锁
}
```

Release 方法会将当前线程的 ParkEvent 设置成空闲的状态，然后将当前线程的 ParkEvent 加入 FreeList 中。ParkEvent 归还流程如图 4-2 所示。

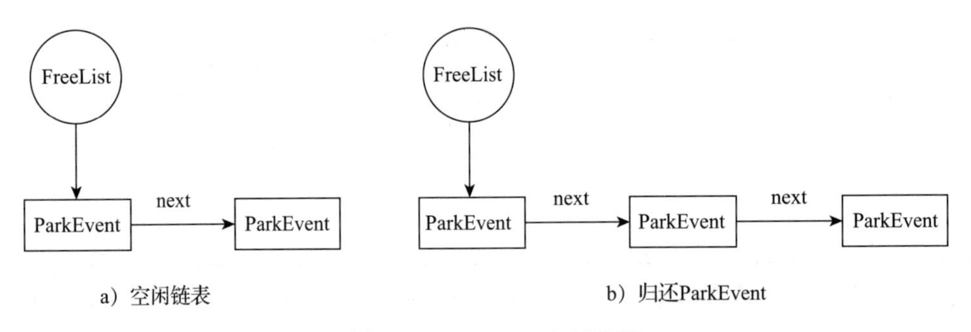

图 4-2　ParkEvent 归还流程

4.1.3　park 方法

park 方法的处理流程如下：① 先通过 CAS 的方式将 _event 减 1，来确保当前的 ParkEvent 只能被一个线程调用。② 通过 millis_to_nanos_bounded 函数把传入的毫秒时间转换成纳秒时间，计算出需要挂起的具体阻塞到期时间。③ 调用 pthread_mutex_lock 函数

来获取对象锁，然后调用 pthread_cond_timedwait 函数将当前线程阻塞。当阻塞时间到了之后，系统内核会把当前线程恢复成运行状态。④ 调用 pthread_mutex_unlock 函数来释放对象信息，然后调用 OrderAccess::fence() 函数来使 CPU 的本地缓存失效。代码清单 4-3 是 park 方法的具体实现。

代码清单 4-3　park 方法

```
int os::PlatformEvent::park(jlong millis) {
    int v;
    for (;;) {  // 需要通过乐观锁来确定 PlatformEvent 只会被一个线程使用
        v = _event;
        // 默认值为 0，只有值是 0 到 -1 才表示成功
        if (Atomic::cmpxchg(&_event, v, v - 1) == v) break;
    }
    if (v == 0) {   // 如果为 0，表示当前运行线程可以被挂起
        struct timespec abst;
        // 根据系统当前时间 + 睡眠时间来计算要挂起的指定的时间
        to_abstime(&abst, millis_to_nanos_bounded(millis), false, false);
        int ret = OS_TIMEOUT;
        int status = pthread_mutex_lock(_mutex);    // 获取锁
        ++_nParked;
        while (_event < 0) {
            // 调用 pthread_cond_timedwait 函数进行等待
            status = pthread_cond_timedwait(_cond, _mutex, &abst);
            // 线程醒来
            if (status == ETIMEDOUT) break;
        }
        --_nParked;
        if (_event >= 0) {
            ret = OS_OK;
        }
        _event = 0;
        status = pthread_mutex_unlock(_mutex);  // 释放锁
        OrderAccess::fence();                   // 再次刷新内存
        return ret;
    }
    return OS_OK;
}
```

整个过程中有两个很重要的点：一是会通过 CAS 来确保同一个 ParkEvent 不能同时执行多次 park 操作；二是在等待结束之后，当前线程会被系统重新调度运行，在运行之前会调用 OrderAccess::fence() 来刷新 CPU 的缓存，这样就避免了上下文切换带来的内存数据可见性。

4.1.4　unpark 方法

unpark 方法的核心功能是唤醒等待的线程，具体实现如代码清单 4-4 所示。unpark 方法是通过 pthread_cond_signal 函数传递信号来唤醒已经阻塞的线程的。unpark 方法的核心

流程如下：首先判断线程是否挂起，当 _event 的值小于 1，表示当前线程被阻塞，只有被阻塞的线程才能进行唤醒。其次，判断线程阻塞的次数，只有表示阻塞次数的 _nParked 值大于 0 的时候才能唤醒线程。最后，调用系统函数 pthread_cond_signal 来发送线程唤醒信号。

代码清单 4-4 unpark 方法

```
void os::PlatformEvent::unpark() {
    if (Atomic::xchg(&_event, 1) >= 0) return;   // 当前线程没有被挂起，直接返回
    int status = pthread_mutex_lock(_mutex);     // 为对象加锁
    int anyWaiters = _nParked;
    status = pthread_mutex_unlock(_mutex);       // 进行解锁操作
    if (anyWaiters != 0) {  // 说明有线程处于挂起状态
        status = pthread_cond_signal(_cond);     // 触发信号，唤起阻塞的线程
  }
}
```

Java 里的 synchronized 关键字与 Object.wait() 方法都是通过 ParkEvent 来实现线程阻塞与唤醒的。

4.2 Parker 实现原理

Parker 和 ParkEvent 的功能一样，都是用来进行线程阻塞与唤醒的。Parker 主要是为 JDK 里面的 Unsafe 类服务的，以工具类的方式对线程进行阻塞与唤醒。Parker 类通过 _counter 来判断当前线程状态：0 表示可以阻塞，1 表示进行唤醒。

Parker 主要有 park 与 unpark 两个方法，详细信息如表 4-2 所示。

表 4-2 Parker 方法列表

方法名称	描述
park(bool isAbsolute, jlong time)	会将当前线程阻塞
unpark()	唤醒已经挂起的线程

4.2.1 park 方法

park 方法有两个参数：isAbsolute 以及表示时间值的 time。当 isAbsolute 为 true 的时候，time 需要传递的是未来的某个具体时间值。当 isAbsolute 为 false 的时候，time 需要传递时间值，也就是从当前时间开始多少毫秒后线程会被唤醒。park 方法如代码清单 4-5 所示。

代码清单 4-5 park 方法

```
void Parker::park(bool isAbsolute, jlong time) {
    // 如果 _counter 大于 0，说明线程正在执行 unpark 方法，直接返回
    if (Atomic::xchg(&_counter, 0) > 0) return;
```

```
        JavaThread *jt = JavaThread::current();
        struct timespec absTime;
        if (time < 0 || (isAbsolute && time == 0)) {// 如果时间小于等于 0，直接返回
            return;
        }
        if (time > 0) {
            to_abstime(&absTime, time, isAbsolute, false);  // 计算出具体醒来的时间
        }
        ThreadBlockInVM tbivm(jt);                          // 将线程设置成阻塞状态
        if (pthread_mutex_trylock(_mutex) != 0) {           // 加上互斥锁
            return;
        }
        int status;
        // 再次判断是否正在执行 unpark 方法，如果已经在执行 unpark 方法，则直接返回
        if (_counter > 0)  {                                // no wait needed
            _counter = 0;
            status = pthread_mutex_unlock(_mutex);
            OrderAccess::fence();                           // 刷新缓存
            return;
        }
        OSThreadWaitState osts(jt->osthread(), false /* not Object.wait() */);
        // 当时间值为 0 的时候，设置 REL_INDEX（索引）
        if (time == 0) {
            _cur_index = REL_INDEX;
            // 进行等待
            status = pthread_cond_wait(&_cond[_cur_index], _mutex);
        }
        else {
            // 根据输入的参数来判断线程等待信号的 index
            _cur_index = isAbsolute ? ABS_INDEX : REL_INDEX;
            // 进行等待
            status = pthread_cond_timedwait(&_cond[_cur_index], _mutex, &absTime);
        }
        // 进行数据信息复位
        _cur_index = -1;
        _counter = 0;
        status = pthread_mutex_unlock(_mutex);
        OrderAccess::fence(); // 刷新缓存信息
    }
```

park 方法的核心处理流程如下。

1）判断传入的时间参数是否大于 0：如果小于 0 则直接返回；如果大于 0，则将 time 转换成具体的时间值。将当前线程状态设置成阻塞状态。

2）判断 _counter 是否大于 0：如果 _counter 大于 0，说明已经调用过 unpark 方法了，直接返回。然后刷新 CPU 本地缓存，让 CPU 缓存中的数据与内存同步，这样在线程阻塞后其他线程就能看到当前线程对数据的修改。

3）调用 pthread_cond_wait 或 pthread_cond_timedwait 函数将当前线程阻塞。当阻塞时间到了，线程醒来后会再次让本地 CPU 的缓存失效，让当前线程能够看到其他线程对共享数据的修改。

4.2.2 unpark 方法

unpark 方法是用来唤醒被阻塞的线程的，它首先改变 _counter 的状态，防止其他线程同时调用 park 方法，然后判断如果其他线程正处于 park 状态就执行 unpark 操作。unpark 方法具体实现如代码清单 4-6 所示。

代码清单 4-6 unpark 方法

```
void Parker::unpark() {
    int status = pthread_mutex_lock(_mutex);            // 获取线程互斥锁
    const int s = _counter;        // 获取线程等待状态
    _counter = 1;                  // 将当前状态设置成 1，防止其他地方调用 park 方法
    int index = _cur_index;
    status = pthread_mutex_unlock(_mutex);              // 获取互斥锁
    // 当状态为 0 且其他线程正处于 park 状态，可以执行 unpark 方法
    if (s < 1 && index != -1) {
        status = pthread_cond_signal(&_cond[index]);    // 发送唤醒信号
    }
}
```

核心实现的逻辑就是调用 pthread_cond_signal 函数来发送信号，唤醒正在等待的线程。

4.3 sleep 方法实现原理

在实际 Java 线程编程的过程中，我们经常会调用 Thread 类的 sleep 方法来让线程睡眠。那 sleep 方法是如何实现的呢？本节将详细地探讨 sleep 方法的实现原理。

sleep 方法会让当前线程休眠，millis 参数是指要睡眠的时间值（ms），当 millis 为 0 时表示永久睡眠。sleep 方法描述如代码清单 4-7 所示。

代码清单 4-7 Thread 的 sleep 方法

```
public static native void sleep(long millis) throws InterruptedException;
```

4.3.1 JVM_Sleep 函数

在 JVM 中，sleep 方法对应的 JNI 是 JVM_Sleep 函数。JVM_Sleep 函数的核心处理逻辑如下。①判断要睡眠的时间是否正确：如果 millis 小于 0 则直接报错，millis 等于 0 表示是永远沉睡，millis 大于 0 表示设定的沉睡的时间。②将 JavaThread 线程状态设置成 SLEEPING 状态，同时把内核线程对象 OsThread 设置成 SLEEPING 状态。如果时间值是

0，调用 os:naked_yield 函数直接放弃任务执行。如果时间值大于 0，则调用 JavaThread 的 sleep 函数让当前线程睡眠。在线程醒来后，把 OsThread 恢复到睡眠前的状态。JVM_Sleep 函数具体实现如代码清单 4-8 所示。

代码清单 4-8 JVM_Sleep 函数

```
JVM_ENTRY(void, JVM_Sleep(JNIEnv* env, jclass threadClass, jlong millis))
    if (thread->is_interrupted(true) && !HAS_PENDING_EXCEPTION) {
        THROW_MSG(vmSymbols::java_lang_InterruptedException(),
"sleep interrupted");
    }
    // 将线程状态改成 SLEEPING 状态
    JavaThreadSleepState jtss(thread);
    HOTSPOT_THREAD_SLEEP_BEGIN(millis);
    EventThreadSleep event;
    // 当时间为 0，直接调用 naked_yield 函数放弃任务执行
    if (millis == 0) {
        os::naked_yield();
    } else {
        // 获取当前线程状态，并将线程状态设置为 SLEEPING
        ThreadState old_state = thread->osthread()->get_state();
        thread->osthread()->set_state(SLEEPING);
        if (!thread->sleep(millis)) {           // 调用 JavaThread 的 sleep 函数
        // 代码略，用来传送调试相关的事件
        }
        thread->osthread()->set_state(old_state); // 恢复线程状态
    }
JVM_END
```

4.3.2 sleep 函数

JavaThread 的 sleep 函数的主要功能是调用系统函数让当前线程睡眠，同时在线程睡眠前刷新 CPU 本地缓存，并在醒来后再次刷新 CPU 本地缓存。代码清单 4-9 是 sleep 函数的具体实现，核心逻辑如下。

1）调用 OrderAccess::fence() 函数刷新 CPU 本地缓存，强制完成 CPU 本地缓存中修改的数据与主内存同步，确保当前线程修改的数据对其他线程可见。判断线程是否已经发生了中断，如果发生了中断就结束当前线程的睡眠状态。

2）调用 ParkEvent 的 park 方法来将当前线程睡眠。

3）睡眠结束后，会接着判断是否按要求达到了睡眠时间，如果没有达到就通过 for 循环继续睡眠。

代码清单 4-9 JavaThread 的 sleep 函数

```
bool JavaThread::sleep(jlong millis) {
    ParkEvent * const slp = this->_SleepEvent;
    slp->reset();
```

```
    // 需要保证 happens-before 模型，在睡眠前要调用内存屏障函数刷新 CPU 缓存
    OrderAccess::fence();
    jlong prevtime = os::javaTimeNanos();          // 获取当前系统时间
    for (;;) {
        if (this->is_interrupted(true)) {          // 如果线程中断了就直接返回
            return false;
        }
        if (millis <= 0) {                         // 时间不够了就返回
            return true;
        }
        // 执行线程睡眠
        {
            ThreadBlockInVM tbivm(this);
            OSThreadWaitState osts(this->osthread(), false /* not Object.wait() */);
            slp->park(millis);                     // 当前线程睡眠
        }
        jlong newtime = os::javaTimeNanos();       // 计算剩下的睡眠时间
        if (newtime - prevtime < 0) {
            // 系统报错
        } else {
            millis -= (newtime - prevtime) / NANOSECS_PER_MILLISEC;
        }
        prevtime = newtime;
    }
}
```

线程睡眠过程中有几个重要的知识点需要大家重点关注，详细信息如表 4-3 所示。

表 4-3　线程睡眠重要知识

要点信息	要点描述
睡眠过程中的数据可见性	线程在睡眠前，会调用 OrderAccess::fence() 函数把当前 CPU 缓存中修改的数据刷新到主内存去，确保当前线程的数据修改能够及时生效。在线程睡眠结束的时候，会调用 OrderAccess::fence() 强制失效本地 CPU 缓存中的数据，从主内存中加载最新数据到线程中来。这样就能确保线程睡眠前后的数据可见性
线程状态改变	线程在睡眠之前会保持当前线程的状态，然后把线程的状态设置成 SLEEPING。在线程睡眠之后会把线程恢复到前面的状态
睡眠 0ms	当睡眠时长为 0 的时候会将线程设置成空闲状态，只有通过中断才能唤醒线程

4.4　ObjectMonitor 实现原理

Java 语言的优势之一是它在语言级别支持多线程，能够很好地协调多个线程之间的互动和数据访问。ObjectMonitor 是 Java 同步机制的具体实现。ObjectMonitor 支持 2 种线程同步：互斥和协作。ObjectMonitor 通过支持对象锁互斥，使多个线程能够独立处理共享数据，而不会相互干扰，通过支持 Object 的 wait 和 notify 方法，使线程能够朝着一个共同目标一起工作。ObjectMonitor 是 synchronized 关键字与 wait、nofity 方法的底层实现。

ObjectMonitor 提供了监视器锁获取与释放的相关方法，详细信息如表 4-4 所示。

表 4-4　ObjectMonitor 方法列表

方法名称	方法介绍
TryLock(JavaThread* current)	快速获取监视器锁方法，获取成功返回 1，获取失败返回 -1
EnterI(JavaThread* current)	将当前线程加入等待队列，在加入队列之前会尝试获取锁，如果获取成功会直接返回。如果获取失败会将当前线程构造成等待节点，加入队列进行等待
ReenterI(JavaThread* current, ObjectWaiter* currentNode)	ReenterI 方法是等待中的线程再次获取监视器锁的方法，专门为调用了 Object 的 wait 方法而处于等待状态的线程再次获取锁而设计
enter(JavaThread* current)	获取对象监视器的入口方法，先通过 TryLock 等方法多次尝试获取锁，如果获取成功则直接返回。如果获取失败，则调用 EnterI 方法将当前线程加入等待队列
exit(JavaThread* current, bool not_suspended)	释放已经获取到的监视器锁

4.4.1　数据结构

ObjectMonitor 方法的数据结构从整体上可以分成两个部分：一部分监视器锁的实时状态，另一部分监视器锁的排队信息，数据结构如图 4-3 所示。

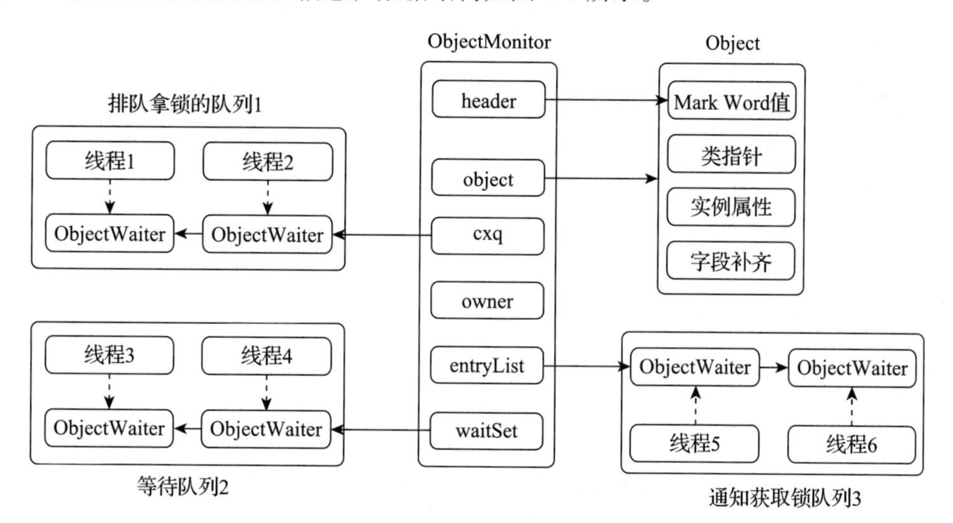

图 4-3　ObjectMonitor 方法的数据结构

ObjectMonitor 方法中的字段的详细信息如表 4-5 所示。

4.4.2　ObjectMonitor 的构造函数

在 ObjectMonitor 的构造函数中对 owner、object、cxq 等字段进行初始化，具体实现如代码清单 4-10 所示。

表 4-5　ObjectMonitor 方法中的字段的详细信息

字段	字段描述
header	用来存储被监视锁对象的 Mark Word 值，因为 object 字段里面保存的已经不是 Mark Word 原来的值了，而是 ObjectMonitor 对象的地址信息。所以，当所有线程释放锁对象的时候，会将 ObjectMonitor 中的 header 值复制到监视对象的 Mark Word 中
object	指向的是对象的地址信息，方便通过 ObjectMonitor 来访问对应的锁对象
owner	指向当前获得锁的线程，用来判断当前锁是被哪个线程所持有
cxq	线程刚进来且没有获取到锁的时候，在当前的队列排队
waitSet	是被 wait 方法阻塞的线程的排队队队列
entryList	是队列用来获取锁的缓冲区，用来将 cxq 和 waitSet 中的数据移动到 entryList 进行排队

代码清单 4-10　ObjectMonitor 的构造函数实现

```
ObjectMonitor::ObjectMonitor(oop object) :
    _header(markWord::zero()),
    _object(_oop_storage, object),
    _owner(NULL),           // 初始化锁对象的持有线程
    _previous_owner_tid(0),
    _next_om(NULL),
    _recursions(0),
    _EntryList(NULL),       // 初始化等待队列
    _cxq(NULL),             // 初始化 cxq 等待队列
    _succ(NULL),
    _Responsible(NULL),
    _Spinner(0),
    _SpinDuration(ObjectMonitor::Knob_SpinLimit),
    _contentions(0),
    _WaitSet(NULL),
    _waiters(0),            // 设置等待线程数为 0
    _WaitSetLock(0)
{ }
```

4.4.3　ObjectWaiter 源代码

cxq、waitSet、entryList 等待队列中的元素是 ObjectWaiter。ObjectWaiter 用来表示没有获取到线程锁对象而在等待队列中的线程。ObjectWaiter 的实现如代码清单 4-11 所示。

代码清单 4-11　ObjectWaiter 实现

```
class ObjectWaiter : public StackObj {
    public:
    enum TStates { TS_UNDEF, TS_READY, TS_RUN, TS_WAIT, TS_ENTER, TS_CXQ };
    ObjectWaiter* volatile _next; // 后继节点指针
    ObjectWaiter* volatile _prev; // 前驱节点指针
    JavaThread*    _thread;       // 当前线程
    uint64_t       _notifier_tid;
```

```
    ParkEvent *    _event;          // 线程的挂起事件
    volatile int   _notified;
    volatile TStates TState;        // 线程的状态
    bool           _active;
public:
    ObjectWaiter(JavaThread* current);
    void wait_reenter_begin(ObjectMonitor *mon);
    void wait_reenter_end(ObjectMonitor *mon);
};
```

ObjectWaiter 采用的是双向链表的数据结构，_prev 指向前驱节点、_next 指向后继节点。每次往等待队列中添加与删除元素都只修改 _prev 与 _next 指针即可。

4.4.4　TryLock 方法

TryLock 方法首先判断当前 ObjectMonitor 监视器对象是否已经被线程持有，如果对象是空闲的，则调用 try_set_owner_from 方法将当前线程设置为监视器对象的持有者，具体实现如代码清单 4-12 所示。

代码清单 4-12　TryLock 方法

```
int ObjectMonitor::TryLock(JavaThread* current) {
    // 获取监视器对象的持有者
    void* own = owner_raw();
    if (own != NULL) return 0;
    // 将当前线程设置为锁的持有者
    if (try_set_owner_from(NULL, current) == NULL) {
        return 1;
    }
    return -1;
}
```

try_set_owner_from 方法（见代码清单 4-13）是通过 CAS 的方式来判断 _owner 字段是否为空，如果 owner 为空，则将当前线程 ID 设置到 _owner 字段中。

代码清单 4-13　try_set_owner_from 方法

```
inline void* ObjectMonitor::try_set_owner_from(void* old_value, void* new_value) {
    void* prev = Atomic::cmpxchg(&_owner, old_value, new_value);
    return prev;
}
```

4.4.5　EnterI 方法

EnterI 方法是线程进入等待队列的核心实现。EnterI 方法会先通过自旋的方式获取锁，如果获取锁失败，再通过排队的方式获取锁。代码清单 4-14 是 EnterI 方法的具体实现，核心流程如下。

1）依次调用 TryLock 方法、try_set_owner_from 方法、TrySpin 方法来尝试快速获取监视器锁，如果获取锁成功，则直接返回。

2）如果无法快速获取监视器锁，就构造线程等待对象 ObjectWaiter，并将当前线程插入到 _cxq 队列的尾部进行等待。

3）在加入 _cxq 等待队列后，调用 ParkEvent 的 park 方法将当前线程阻塞。

4）当其他线程释放监视器锁的时候，会尝试唤醒当前线程来接着获取监视器锁。如果当前线程获取到了监视器对象，会调用 OrderAccess 的 fence 方法刷新当前 CPU 的缓存，使得当前线程能够看到其他线程对数据的修改以及对锁状态的修改。

5）调用 UnlinkAfterAcquire 方法将当前线程从 _cxq 队列中移除。

代码清单 4-14　EnterI 方法

```
void ObjectMonitor::EnterI(JavaThread* current) {
    // 尝试直接加锁
    if (TryLock (current) > 0) {
        return;
    }
    // 尝试直接修改 onwner 属性来获取锁
    if (try_set_owner_from(DEFLATER_MARKER, current) == DEFLATER_MARKER) {
        return;
    }
        // 尝试通过自旋的方式来获取锁
    if (TrySpin(current) > 0) {
        return;
    }
    // 构造一个 ObjectWaiter 对象
    ObjectWaiter node(current);
    current->_ParkEvent->reset();
    node._prev   = (ObjectWaiter*) 0xBAD;
    node.TState  = ObjectWaiter::TS_CXQ;
    // 将 ObjectWaiter 对象加入 _cxq 等待队列中
    ObjectWaiter* nxt;
    for (;;) {
        node._next = nxt = _cxq;
        if (Atomic::cmpxchg(&_cxq, nxt, &node) == nxt){  // 加入成功则终止
                break;
        }
        if (TryLock (current) > 0) {      // 如果失败，则尝试再一次获取锁
            return;
        }
    }
    // 每个 ObjectMonitor 都需要有线程来负责监管，尝试将当前线程设置为监管线程
    if (nxt == NULL && _EntryList == NULL) {
        Atomic::replace_if_null(&_Responsible, current);
    }
    int nWakeups = 0;
    int recheckInterval = 1;
```

```
    for (;;) {
        if (TryLock(current) > 0){          // 尝试加锁，加锁成功则直接结束
                break;
        }
        // 如果当前线程是监管线程，则会让当前线程周期性等待
        if (_Responsible == current) {
            current->_ParkEvent->park((jlong) recheckInterval);
            recheckInterval *= 8;
            if (recheckInterval > MAX_RECHECK_INTERVAL) {
                recheckInterval = MAX_RECHECK_INTERVAL;
            }
        } else {
            current->_ParkEvent->park(); // 将当前线程阻塞
        }
        //执行到这一步说明其他线程唤醒了
        if (TryLock(current) > 0){          // 再次尝试拿锁
                break;
        }
        //尝试直接获取锁
        if (try_set_owner_from(DEFLATER_MARKER, current) == DEFLATER_MARKER) {
            add_to_contentions(1);
            break;
        }
        OM_PERFDATA_OP(FutileWakeups, inc());
        ++nWakeups;                         // 增加唤醒的次数
        //尝试自旋获取锁对象
        if (TrySpin(current) > 0) break;
        if (_succ == current) _succ = NULL;
        OrderAccess::fence();               // 周期性刷新 CPU 本地缓存
    }
    UnlinkAfterAcquire(current, &node);  // 真的被唤醒了，将当前节点从等待节点移除
    if (_succ == current) _succ = NULL;
    if (_Responsible == current) {          // 唤醒后需要刷新 CPU 本地缓存
        _Responsible = NULL;
        OrderAccess::fence();
    }
    return;
}
```

4.4.6 ReenterI 方法

ReenterI 方法的核心功能是获取监视器锁对象，该方法是专门为因使用 wait 方法而等待的线程再次获取锁而设计的。代码清单 4-15 是 ReenterI 方法的具体实现，核心流程如下。

1）尝试通过 TryLock 方法来获取监视器锁，如果获取不到再调用 TrySpin 方法来获取监视器锁。

2）如果无法获取到监视器锁，就调用 ParkEvent 的 park 方法将当前线程阻塞。

3）当其他线程释放了监视器锁之后，会通知当前线程来获取锁。当前线程会再次调用

TryLock 方法获取监视器锁，如果获取成功就调用 OrderAccess 的 fence 方法刷新缓存。

代码清单 4-15　ObjectMonitor 的 ReenterI 方法

```
void ObjectMonitor::ReenterI(JavaThread* current, ObjectWaiter* currentNode) {
    int nWakeups = 0;
    for (;;) {
        ObjectWaiter::TStates v = currentNode->TState;
        if (TryLock(current) > 0) break;        // 尝试快速获取监视器锁
        if (TrySpin(current) > 0) break;        // 尝试通过自旋方式获取监视器锁
        {
            OSThreadContendState osts(current->osthread());
            {
                ClearSuccOnSuspend csos(this);
                ThreadBlockInVMPreprocess<ClearSuccOnSuspend> tbivs(current,
                csos,true );
                    current->_ParkEvent->park(); // 将当前线程阻塞
            }
        }
        // 线程醒来后，再次调用 TryLock 获取监视器锁
        if (TryLock(current) > 0) break;
        ++nWakeups;
        if (_succ == current) _succ = NULL;
        OrderAccess::fence();                   // 刷新 CPU 本地缓存
        OM_PERFDATA_OP(FutileWakeups, inc());
    }
    // 将当前线程从队列中移除
    UnlinkAfterAcquire(current, currentNode);
    if (_succ == current) _succ = NULL;
    // 将节点的状态设置为 TS_RUN
    currentNode->TState = ObjectWaiter::TS_RUN;
    OrderAccess::fence();
}
```

4.4.7　enter 方法

enter 方法是获取监视器锁的入口方法，核心思想是尽一切可能获取锁，如果实在无法获取到锁，会让当前线程加入等待队列进行等待。同时 enter 方法支持重入锁的功能，如果线程已经获取到锁了，再次调用 enter 方法就直接返回成功标志。

代码清单 4-16 是 enter 方法的具体实现，核心流程如下。

1）首先尝试通过 try_set_owner_from 方法快速获取锁，如果获取到，则直接返回成功标志。

2）判断当前线程是否拿到锁，如果已经拿到锁了，则直接返回成功标志。

3）如果当前线程没拿到锁，则接着调用 TrySpin 方法快速获取监视器锁。

4）如果无法快速获取到监视器锁，则最终会调用 EnterI 方法通过队列排队的方式来获取监视器锁。

代码清单 4-16 enter 方法

```
bool ObjectMonitor::enter(JavaThread* current) {
    // 尝试设置当前线程为持有锁的线程
    void* cur = try_set_owner_from(NULL, current);
    if (cur == NULL) {              // 获取锁成功
        return true;
    }
    if (cur == current) {           // 如果遇到当前线程锁重入的情况，则直接返回
        _recursions++;
        return true;
    }
    // 判断是否存在多次嵌套的情况
    if (current->is_lock_owned((address)cur)) {
        _recursions = 1;
        set_owner_from_BasicLock(cur, current);
        return true;
    }
    current->_Stalled = intptr_t(this);
    if (TrySpin(current) > 0) {   // 尝试通过自旋方式获取锁
        current->_Stalled = 0;
        return true;
    }
    // 将系统线程的状态设置成 MONITOR_WAIT
    OSThreadContendState osts(current->osthread());
    for (;;) {
            ExitOnSuspend eos(this);
            {
                // 将线程的状态设置成阻塞状态
                ThreadBlockInVMPreprocess<ExitOnSuspend> tbivs(current, eos, true );
                EnterI(current); // 尝试获取锁对象或者进入等待
                current->set_current_pending_monitor(NULL);
            }
        }
    }
    current->_Stalled = 0;
    return true;
}
```

4.4.8 exit 方法

exit 方法有两个核心功能：一是释放当前线程持有的监视器锁；二是唤醒其他线程来获取监视器锁。代码清单 4-17 是 exit 方法的具体实现，核心流程如下。

1）判断当前线程是否持有监视器锁，如果未持有监视器锁，则直接返回。

2）调用 OrderAccess 的 storeload 方法刷新 CPU 本地缓存，确保当前线程修改的数据对其他线程可见。

3）判断 _EntryList 队列是否为空，如果不为空就调用 ExitEpilog 方法从 _EntryList 队列中获取一个等待线程，通知该线程来获取监视器锁。

4）如果 _EntryList 队列为空，接着判断 _cxq 队列是否为空，如果 _cxq 不为空，则将 _cxq 队列中所有元素迁移到 _EntryList 队列中。

5）最后再唤醒 _EntryList 队列头部的线程来获取监视器锁。

代码清单 4-17　exit 方法

```
void ObjectMonitor::exit(JavaThread* current, bool not_suspended) {
    // 获取监视器锁持有的线程
    void* cur = owner_raw();
    // 如果不是当前线程持有锁，则直接返回
    if (current != cur) {
        if (current->is_lock_owned((address)cur)) {
            set_owner_from_BasicLock(cur, current);
            _recursions = 0;
        } else {
            return;
        }
    }
    if (_recursions != 0) {
        _recursions--;
        return;
    }
    _Responsible = NULL;
    for (;;) {
        OrderAccess::storeload();          // 将当前 CPU 的缓存数据同步到主内存
        // 判断是否有其他线程在等待锁对象，如果没有就直接返回
        if ((intptr_t(_EntryList)|intptr_t(_cxq)) == 0 || _succ != NULL) {
            return;
        }
        // 尝试快速获取锁
        if (try_set_owner_from(NULL, current) != NULL) {
            return;
        }
        ObjectWaiter* w = NULL;
        w = _EntryList;
        if (w != NULL) {                   // 尝试唤醒 _EntryList 队列中的等待线程
            ExitEpilog(current, w);
            return;
        }
        w = _cxq;                          // 尝试唤醒 _cxq 队列中的等待线程
        if (w == NULL) continue;
        for (;;) {
            ObjectWaiter* u = Atomic::cmpxchg(&_cxq, w, (ObjectWaiter*)NULL);
            if (u == w) break;
            w = u;
        }
        // 把 _cxq 队列中的等待线程迁移到 _EntryList 队列中
        _EntryList = w;
        ObjectWaiter* q = NULL;
        ObjectWaiter* p;
```

```
            for (p = w; p != NULL; p = p->_next) {
                p->TState = ObjectWaiter::TS_ENTER;
                p->_prev = q;
                q = p;
            }
            if (_succ != NULL) continue;
            //再尝试从节点中移除当前线程节点
            w = _EntryList;
            if (w != NULL) {
                ExitEpilog(current, w);
                return;
            }
        }
    }
```

4.4.9　ExitEpilog 方法

ExitEpilog 方法有两个功能：一是释放当前线程持有的监视器锁，另一个是唤醒等待中的线程来获取监视器对象。代码清单 4-18 是 ExitEpilog 方法的具体实现，核心的流程如下。

1）调用 release_clear_owner 方法释放掉当前线程锁持有的监视器锁。

2）调用 OrderAccess 的 fence 方法刷新 CPU 本地缓存，让其他线程感知到监视器锁已经空闲。

3）获取等待节点的 ParkEvent，调用 ParkEvent 的 unpark 方法唤醒等待的线程。

代码清单 4-18　ExitEpilog 方法

```
void ObjectMonitor::ExitEpilog(JavaThread* current, ObjectWaiter* Wakee) {
    _succ = Wakee->_thread;                   //设置成功唤醒的线程
    ParkEvent * Trigger = Wakee->_event; //获取到 ParkEvent 对象
    Wakee  = NULL;                            //清除掉 ObjectWaiter 对象，方便垃圾回收
    release_clear_owner(current);             //释放当前线程持有的监视器锁
    //同步当前 CPU 缓存数据，这样当前线程的修改对被唤醒的线程可见
    OrderAccess::fence();
    DTRACE_MONITOR_PROBE(contended__exit, this, object(), current);
    Trigger->unpark(); //唤醒等待中的线程
}
```

4.5　wait 与 notify 方法实现原理

在 Java 并发编程中，可以通过调用 Object 的 wait 方法、notify 方法和 notifyAll 方法来实现线程间同步。在程序中，可以调用 wait 方法将当前线程阻塞，释放 CPU 的资源，并等待其他线程的通知。其他线程可以调用 notify 方法或 notifyAll 方法唤醒处于等待状态的线程。代码清单 4-19 是一个通过 wait 方法、notify 方法来实现线程间同步的示例。

代码清单 4-19　通过 wait 与 notify 方法实现线程间同步的示例

```
public class WaitTask implements Runnable {
    private String data;
    public WaitTask(String data) {  this.data = data;   }
    public void run() {
        synchronized (data) {
            try {
                System.out.println("1 执行了 wait，进入等待状态 ");
                data.wait();
                System.out.println("3 被唤醒，继续执行 ");
            } catch (InterruptedException e) {
                e.printStackTrace();
            }
        }
    }
}
public class NotifyTask implements Runnable {
    private String data;
    public NotifyTask(String data) {
        this.data = data;
    }
    public void run() {
        synchronized (data) {
            data.notify();
            System.out.println("2 执行了 notify 唤醒 ");
        }
    }
}
public class WaitTest {
    public static void main(String[] args) throws InterruptedException {
        String data=new String("WaitTest");               // 构建等待的锁对象
        WaitTask waitTask = new WaitTask(data);           // 构建等待任务的线程
        new Thread(waitTask).start();
        NotifyTask notifyTask = new NotifyTask(data);     // 构建唤醒任务线程
        new Thread(notifyTask).start();
    }
}
```

WaitTask 的功能是实现线程等待：在线程等待之前打印了开始进行等待的信息；在线程等待结束以后，打印了结束等待的信息。NotifyTask 的功能是唤醒等待的线程，在通知线程唤醒之后打印通知唤醒信息。WaitTest 是测试类，其内部定义的 String 类型的变量 data 用于同步对象，并启动了两个线程来执行 WaitTask 与 NotifyTask。

4.5.1 设计原理

Java 语言规定在使用 Object 的 wait 与 notify 方法时，必须用 synchronized 来同步代码块。在编译之后，synchronized 关键字会变成 monitorenter 指令和 monitorexit 指令。在程

序运行时，monitorenter 指令会被解释成获取监视器锁，monitorexit 指令会被解释成释放获取的监视器锁。wait 方法内部有 4 个核心逻辑：将当前线程加入等待队列、释放监视器锁、将当前线程阻塞、重新获取监视锁。整个 wait 方法的核心流程如下。

1）进入同步代码块，获取监视器锁，只有获取了监视器锁才能调用 wait 方法。

2）将当前线程加入等待队列进行等待。

3）释放监视器锁，当前线程不再持有对象的监视器锁，这样监视器锁就能被其他线程获取。

4）将当前线程阻塞，等待其他线程唤醒。

5）当前线程被唤醒后重新获取对象锁。

wait 与 notify 方法的交互逻辑如图 4-4 所示。

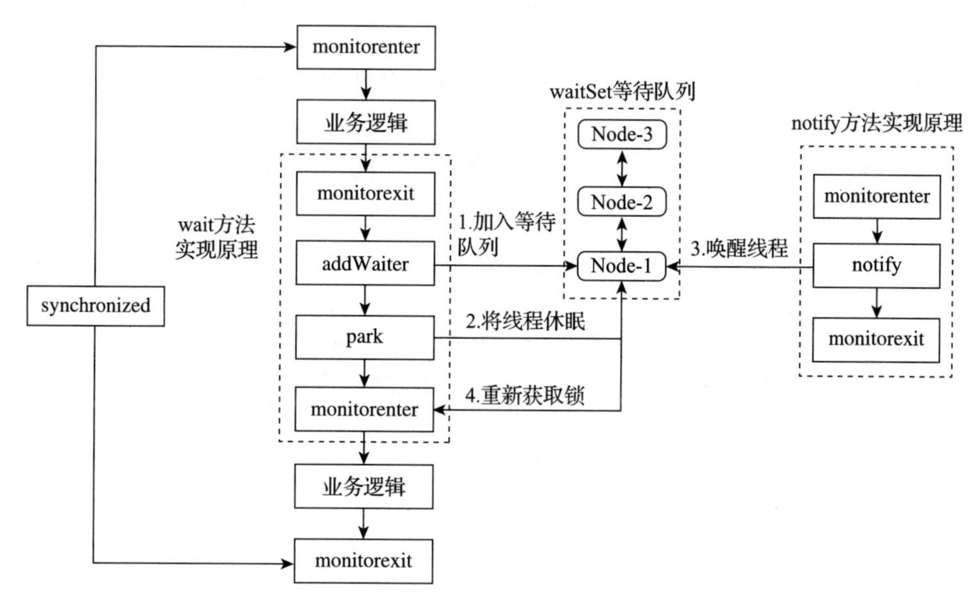

图 4-4　wait 与 notify 方法的交互逻辑

Object 类里面定义了 wait、notify、notifyAll 等方法来协调线程的执行顺序，方法定义如代码清单 4-20 所示。

代码清单 4-20　wait 与 notify 方法定义

```
public final void wait() throws InterruptedException { wait(0);}
public final native void wait(long timeout)throws InterruptedException;
public final native void notify();
public final native void notifyAll();
```

notifyAll 并不能唤醒所有等待的线程，而是尝试通知所有等待的线程，最终只有一个线程能被唤醒。

4.5.2 wait方法实现原理

Object的wait方法在JVM里面的对应实现是ObjectMonitor的wait方法。ObjectMonitor的wait方法会先释放掉ObjectMonitor对象锁，然后将等待节点加入ObjectMonitor的等待队列，并将当前线程阻塞。当其他线程调用notify或notifyAll方法唤醒当前线程后，当前线程会重新获取ObjectMonitor监视器锁，拿到锁之后继续执行业务逻辑。ObjectMonitor的wait方法的具体实现如代码清单4-21所示，其核心逻辑如下。

1）检测当前线程是否持有监视器锁，如果当前线程未持有监视器锁，则直接报错。

2）利用当前线程构建ObjectWaiter等待节点，并将等待节点设置为TS_WAIT（等待）状态。

3）调用OrderAccess的fence方法刷新CPU本地缓存，确保线程修改的数据对其他线程实时可见。

4）通过自旋锁进行并发控制，将当前线程加入等待队列进行等待。

5）调用ObjectMonitor的exit方法释放监视器锁，这样监视器锁可以被其他线程获取。

6）调用ParkEvent的park方法将当前线程阻塞，当前线程进入阻塞状态，需要其他线程通知才能唤醒。

7）当前线程被其他线程唤醒之后，首先检测是否从TS_WAIT状态唤醒，接着把当前节点从等待队列中移除。

8）调用OrderAccess的loadload方法重新加载数据，确保当前线程能获取到最新数据。

9）调用enter方法再次获取监视器锁，获取到锁之后继续执行线程任务。

代码清单4-21 wait方法

```
void ObjectMonitor::wait(jlong millis, bool interruptible, TRAPS) {
    JavaThread* current = THREAD;
    // 检查当前线程是否已经拿到了监视锁
    CHECK_OWNER();
    EventJavaMonitorWait event;
    current->_Stalled = intptr_t(this);
    // 设置当前线程的监视器对象
    current->set_current_waiting_monitor(this);
    // 创造等待节点后面加入等待队列中
    ObjectWaiter node(current);
    node.TState = ObjectWaiter::TS_WAIT;
    current->_ParkEvent->reset();
    // 刷新 CPU 本地缓存，确保当前线程的修改数据对其他线程实时可见
    OrderAccess::fence();
    // 通过自旋锁进行并发控制，然后加入监视器锁获取的等待队列
    Thread::SpinAcquire(&_WaitSetLock, "WaitSet - add");
    // 将当前节点加入等待队列
    AddWaiter(&node);
    Thread::SpinRelease(&_WaitSetLock);
    _Responsible = NULL;
```

```
intx save = _recursions;
_waiters++;
_recursions = 0;
// 退出 synchronized 的同步代码块，相当于执行 MONITOR_EXIT 指令
exit(current);
int ret = OS_OK;
int WasNotified = 0;
// 判断当前线程是否被中断
bool interrupted = interruptible && current->is_interrupted(false);
{
    // 设置当前线程为等待状态
    OSThread* osthread = current->osthread();
    OSThreadWaitState osts(osthread, true);
    // 进入线程等待的区间
    {
        ClearSuccOnSuspend csos(this);
        ThreadBlockInVMPreprocess<ClearSuccOnSuspend> tbivs(current, csos,
            true );
        // 如果线程中断或者发生异常，则不会进入等待
        if (interrupted || HAS_PENDING_EXCEPTION) {
        } else if (node._notified == 0) {
            if (millis <= 0) {
                current->_ParkEvent->park();         // 将当前线程阻塞
            } else {
                ret = current->_ParkEvent->park(millis);
            }
        }
    }
    // 能执行到这，说明节点被唤醒了
    if (node.TState == ObjectWaiter::TS_WAIT) {
        Thread::SpinAcquire(&_WaitSetLock, "WaitSet - unlink");
        if (node.TState == ObjectWaiter::TS_WAIT) {
            DequeueSpecificWaiter(&node);           // 从队列中移除等待节点
            node.TState = ObjectWaiter::TS_RUN;     // 将节点的状态修改成 TS_RUN
        }
        Thread::SpinRelease(&_WaitSetLock);         // 释放 _WaitSetLock 锁
    }
    // 刷新 CPU 本地缓存，让其他线程感知到当前线程已经获取到监视器锁
    OrderAccess::loadload();
    if (_succ == current) {
        _succ = NULL;
    }
    WasNotified = node._notified;
    // 线程醒来之后，再次刷新 CPU 本地缓存
    OrderAccess::fence();
    current->_Stalled = 0;
    ObjectWaiter::TStates v = node.TState;
    if (v == ObjectWaiter::TS_RUN) {
        enter(current);                 // 通过排队来获取锁
    } else {
        node.wait_reenter_end(this); // 等待结束
```

```
        }
    }
    current->set_current_waiting_monitor(NULL);
    _waiters--;
}
```

4.5.3 notify 方法实现原理

ObjectMonitor 的 notify 方法是 Object 的 notify 方法的具体实现。ObjectMonitor 的 notify 方法的核心功能是唤醒被 wait 方法阻塞的线程。代码清单 4-22 是 notify 方法的具体实现，它首先要确认当前线程是否持有监视器锁，如果当前线程持有监视器锁就调用 INotify 方法来唤醒队列中等待的线程。如果当前线程未持有监视器锁，则直接抛出异常。

代码清单 4-22　notify 方法

```
void ObjectMonitor::notify(TRAPS) {
    JavaThread* current = THREAD;
    // 判断当前线程是否获取到锁，如果当前线程没有获取到锁，则抛出错误
    CHECK_OWNER();
    if (_WaitSet == NULL) {
        return;
    }
    DTRACE_MONITOR_PROBE(notify, this, object(), current);
    INotify(current);
    OM_PERFDATA_OP(Notifications, inc(1));
}
```

INotify 方法是 notify 的底层实现，核心任务是管理等待队列。如代码清单 4-23 所示，INotify 方法会获取 WaitSet 队列的头节点，并插入到 _EntryList 等待队列中。

代码清单 4-23　INotify 方法

```
void ObjectMonitor::INotify(JavaThread* current) {
    Thread::SpinAcquire(&_WaitSetLock, "WaitSet - notify");
    ObjectWaiter* iterator = DequeueWaiter();           // 获取等待队列
    if (iterator != NULL) {
        iterator->TState = ObjectWaiter::TS_ENTER;      // 将线程设置为 TS_ENTER 状态
        iterator->_notified = 1;                        // 表示是被 notify 方法唤醒的
        // 设置被哪个线程 ID 唤醒
        iterator->_notifier_tid = JFR_THREAD_ID(current);
        ObjectWaiter* list = _EntryList;
        // 判断是否有新的线程来获取监视器锁。如果有，则把它加入到等待队列后面
        if (list == NULL) {
            iterator->_next = iterator->_prev = NULL;
            _EntryList = iterator;
        } else {
            iterator->TState = ObjectWaiter::TS_CXQ;
            for (;;) {
                ObjectWaiter* front = _cxq;
```

```
                iterator->_next = front;
                if (Atomic::cmpxchg(&_cxq, front, iterator) == front) {
                    break;
                }
            }
        }
        iterator->wait_reenter_begin(this);
    }
    Thread::SpinRelease(&_WaitSetLock);
}
```

4.5.4　notifyAll 方法实现原理

Object 的 notifyAll 方法在 JVM 里面的实现是 ObjectMonitor 的 notifyAll 方法。ObjectMonitor 的 notifyAll 方法的核心功能是管理线程等待队列，确保调用 wait 方法的等待线程能被优先唤醒。代码清单 4-24 是 notifyAll 方法的具体实现。

代码清单 4-24　notifyAll 方法

```
void ObjectMonitor::notifyAll(TRAPS) {
    JavaThread* current = THREAD;
    // 检查当前线程是否已经获取到监视器锁，如果没有获取监视器锁，直接抛出异常
    CHECK_OWNER();
    if (_WaitSet == NULL) {        // 如果 _WaitSet 队列为空直接返回
        return;
    }
    DTRACE_MONITOR_PROBE(notifyAll, this, object(), current);
    int tally = 0;
    while (_WaitSet != NULL) {    // 循环调用 INotify
        tally++;
        INotify(current);
    }
    OM_PERFDATA_OP(Notifications, inc(tally));
}
```

wait 方法与 notify 方法都是通过 ObjectMonitor 来实现的。wait 方法会先将当前线程加入 ObjectMonitor 的 _WaitSet 等待队列中，然后调用 ParkEvent 的 park 方法让当前线程阻塞，当前线程正式进入等待。notify 方法只是将 _WaitSet 队列中的头节点移动到 _EntryList 中，不会直接唤醒线程。当 synchronized 退出的时候，会调用 ObjectMonitor 的 exit 方法将 _EntryList 中的等待节点唤醒。notifyAll 方法是将 _WaitSet 队列中所有的节点都迁移到 _EntryList 队列。

4.6　yield 方法实现原理

Thread 类的 yield 方法的功能是让当前线程放弃执行，让出 CPU 资源，让其他线程

获得运行机会。操作系统会从可执行队列里选择一个线程任务来执行，也可能是刚刚让出 CPU 的当前线程。

yield 方法是一个全局静态的本地方法，该方法能够让当前线程放弃在 CPU 的执行，方法定义如代码清单 4-25 所示。

代码清单 4-25　yield 方法定义

```
public static native void yield();
```

3.6.2 节讲过，yield 方法对应的 JNI 的函数是 JVM_Yield。JVM_Yield 函数的源码如代码清单 4-26 所示。

代码清单 4-26　JVM_Yield 函数

```
JVM_ENTRY(void, JVM_Yield(JNIEnv *env, jclass threadClass))
    if (os::dont_yield()) return;
    HOTSPOT_THREAD_YIELD();
    os::naked_yield();
JVM_END
```

JVM_Yield 的功能是依靠操作系统来实现的。如果系统不支持主动放弃任务调度，JVM_Yield 函数什么也不干，直接返回。如果系统支持主动让出任务调度，则 JVM_Yield 函数会调用 os::naked_yield 函数来放弃当前任务调度。

os::naked_yield 函数在不同的操作系统上有不同的实现。例如在 Linux 操作系统中，是通过 sched_yield（系统内核函数）来实现的，具体如代码清单 4-27 所示。

代码清单 4-27　naked_yield 函数

```
void os::naked_yield() {
    sched_yield();
}
```

sched_yield 主要功能是将当前线程任务从 CPU 任务队列中移除，重新触发系统内核对其他可执行状态的任务的调度。

4.7　join 方法实现原理

Java 的线程采用的是线程分离策略，即主线程不会等待子线程运行结束，主线程自己运行结束了就终止了。但在特定的业务场景中，主线程需要等子线程执行结束后继续处理业务，所以 Thread 类提供了 join 方法来实现主 / 子线程间同步。

Thread 类提供了 2 种 join 方法：一种是永久等待，父线程会一直等待子线程运行结束；另一种是超时等待，如果等待时间到了，子线程还没有结束，则主线程也会继续执行。join 方法的源码如代码清单 4-28 所示。

代码清单 4-28　Thread 的 join 方法

```
public final void join() throws InterruptedException {join(0);}
public final synchronized void join(long millis)
throws InterruptedException {
    long base = System.currentTimeMillis();
    long now = 0;
    if (millis < 0) {
        throw new IllegalArgumentException("timeout value is negative");
    }
    if (millis == 0) {
        while (isAlive()) {
            wait(0);
        }
    } else {
        while (isAlive()) {
            long delay = millis - now;
            if (delay <= 0) {
                break;
            }
            wait(delay);
            now = System.currentTimeMillis() - base;
        }
    }
}
```

join 方法的逻辑如下。

1）判断 millis 是否小于 0，如果 millis 小于 0 则抛出异常。

2）调用 isAlive 方法判断子线程是否存活，只有存活的线程才能等待。

3）调用 wait 方法将当前线程阻塞。

isAlive 是用 final 修饰的本地方法，用 final 修饰就是为了防止子类重写该方法，因为线程存活判断需要调用 JVM 接口函数。isAlive 方法定义如代码清单 4-29 所示。

代码清单 4-29　Thread 的 isAlive 方法定义

```
public final native boolean isAlive();
```

4.7.1　JVM_IsThreadAlive

isAlive 方法对应的 JNI 处理函数是 JVM_IsThreadAlive。JVM_IsThreadAlive 函数直接调用 java_lang_Thread::is_alive 函数来判断线程是否存活，具体源码如代码清单 4-30 所示。

代码清单 4-30　JVM_IsThreadAlive 函数

```
JVM_ENTRY(jboolean, JVM_IsThreadAlive(JNIEnv* env, jobject jthread))
    oop thread_oop = JNIHandles::resolve_non_null(jthread);
    return java_lang_Thread::is_alive(thread_oop);
JVM_END
```

java_lang Thread::is_alive 函数最终是通过 JavaThread 对象的 _eetop_offset 是否为空来判断的，如代码清单 4-31 所示。

代码清单 4-31　is_alive 函数

```
bool java_lang_Thread::is_alive(oop java_thread) {
    JavaThread* thr = java_lang_Thread::thread(java_thread);
    return (thr != NULL);
}
JavaThread* java_lang_Thread::thread(oop java_thread) {
    return (JavaThread*)java_thread->address_field(_eetop_offset);
}
```

_eetop_offset 的值就是 JavaThread 的对象信息，是在线程创建的时候调用 set_thread 全局函数设置进去的，在线程执行销毁的时候会将 _eetop_offset 设置为 NULL。

4.7.2　ensure_join

在 3.8 节讲过，线程执行完成之后会调用 post_run 方法来进行后置任务的处理。post_run 方法会调用 exit 方法来处理线程的善后工作。exit 方法最终会调用 ensure_join 来唤醒等待的线程。ensure_join 方法主要负责修改线程的状态，将 _eetop_offset 的值设置为 NULL，并通知等待的主线程。代码清单 4-23 是 ensure_join 函数的具体实现。

代码清单 4-32　ensure_join 函数

```
static void ensure_join(JavaThread* thread) {
    Handle threadObj(thread, thread->threadObj());
    ObjectLocker lock(threadObj, thread);        // 获取到线程的锁对象
    thread->clear_pending_exception();
    // 设置线程的状态为 TERMINATED 状态
    java_lang_Thread::set_thread_status(threadObj(), JavaThreadStatus::TERMINATED);
    java_lang_Thread::set_thread(threadObj(), NULL);
    lock.notify_all(thread);              // 通知主线程
    thread->clear_pending_exception();    // 清理异常信息
}
```

ensure_join 首先获取线程的锁对象 ObjectLocker，然后把线程的状态修改为 TERMINATED，接着设置 _eetop_offset 的值为 NULL，然后调用锁对象 ObjectLocker 的 notify_all 函数来通知主线程。ObjectLocker 的 notify_all 最终是通过 ObjectSynchronizer 的 notify_all 函数来实现的线程等待唤醒的。代码清单 4-33 是 ObjectLocker 的 notify_all 方法的具体实现。

代码清单 4-33　notify_all 函数

```
void notify_all(TRAPS)  { ObjectSynchronizer::notifyall(_obj, CHECK); }
```

ObjectSynchronizer 的 notifyall 在唤醒线程后，会主动刷新 CPU 本地缓存使得当前线程的修改的数据完成与主内存层同步。这样在 join 方法执行完成后，主线程就能看到子线

程对数据的修改，这样就实现了 happens-before 原则中的子线程执行结束后主线程数据的可见性。

4.8 stop 方法实现原理

Thread 类提供的 stop 方法可以暴力停止线程。stop 方法会解锁当前线程已锁定的所有监视器，并且强制停止业务执行逻辑，导致无法判断代码执行的正确性，所以一般不建议使用 stop 方法来停止线程。接下来详细讲解 stop 方法的实现原理。

stop 方法是一个 final 方法，子类无法对其进行重写。stop 方法会先判断是否有当前线程的停止权限，如果没有权限，则设置停止权限。stop 方法的实现如代码清单 4-34 所示。

代码清单 4-34 stop 方法

```
public final void stop() {
    // 去掉了权限检测代码
    stop0(new ThreadDeath());     // 调用 stop0 方法来停止线程
}
private native void stop0(Object o);
```

首先构造一个 ThreadDeath 异常对象，然后调用 stop0 方法来停止线程。stop0 是 JVM 的本地方法，对应的 JNI 函数是 JVM_StopThread。

4.8.1 JVM_StopThread

JVM_StopThread 的核心功能是模拟一个线程错误 ThreadDeath，并将错误传递到线程中，阻止线程继续执行，达到线程暴力停止的效果。代码清单 4-35 是 JVM_StopThread 函数的实现。它首先会判断当前线程是否存活，接着判断线程是否正在执行。如果线程处于执行状态，就调用 THROW_OOP 方法来直接设定异常，线程能够很快感知到异常信息，然后停止执行。如果线程处于等待状态，会调用 send_async_exception 函数来异步地设置异常信息。

代码清单 4-35 JVM_StopThread 函数

```
JVM_ENTRY(void, JVM_StopThread(JNIEnv* env, jobject jthread, jobject throwable))
    ThreadsListHandle tlh(thread);
    oop java_throwable = JNIHandles::resolve(throwable);        // 获取到异常信息
    oop java_thread = NULL;
    JavaThread* receiver = NULL;
    // 判断当前线程是不是活跃的
    bool is_alive = tlh.cv_internal_thread_to_JavaThread(jthread,
    &receiver, &java_thread);
    if (is_alive) {
        if (thread == receiver) {         // 当前线程是否处于执行状态
            // 如果处于执行状态，通过 THROW_OOP 抛出异常，终止执行
```

```
            THROW_OOP(java_throwable);
        } else {
            // 如果处于非运行状态，通过中断来结束线程
            JavaThread::send_async_exception(receiver, java_throwable);
        }
    } else {
        // 如果线程本身未处于执行状态，或没被启动过，或已经结束，只修改线程状态即可
        java_lang_Thread::set_stillborn(java_thread);
    }
JVM_END
```

THROW_OOP 是 _throw_oop 方法的宏定义，具体实现如代码清单 4-36 所示。_throw_oop 方法实现的逻辑也比较简单，就是调用 set_pending_exception 来设置异常信息。

代码清单 4-36　_throw_oop 方法

```
void Exceptions::_throw_oop(JavaThread* thread, const char* file,
int line, oop exception) {
    Handle h_exception(thread, exception);        // 构造线程异常信息对象
    _throw(thread, file, line, h_exception);      // 抛出异常信息
}
void Exceptions::_throw(JavaThread* thread, const char* file, int line,
Handle h_exception, const char* message) {
    ResourceMark rm(thread);
    // 去掉一些无用代码
    thread->set_pending_exception(h_exception(), file, line);  // 设置异常信息
}
```

send_async_exception 方法首先会构造一个 throwable 异常对象，然后构造一个异常处理器 vm_stop，最后调用异常处理器来处理异常信息。

4.8.2　HAS_PENDING_EXCEPTION

在线程执行过程中，JVM 会通过 HAS_PENDING_EXCEPTION 宏命令来判断线程是否发生异常，如果当前线程发生了异常就终止执行。HAS_PENDING_EXCEPTION 宏命令对应的处理函数是 has_pending_exception。HAS_PENDING_EXCEPTION 实现异常检测的具体代码如代码清单 4-37 所示。

代码清单 4-37　HAS_PENDING_EXCEPTION 异常检测

```
#define HAS_PENDING_EXCEPTION          (((ThreadShadow*)THREAD)
->has_pending_exception())
bool has_pending_exception() const    { return _pending_exception != NULL; }
```

在 JVM 执行每个方法或者代码块的时候都会调用 HAS_PENDING_EXCEPTION 来进行异常检查，如果有异常信息就直接退出。

stop 方法的核心设计思想是模拟线程发生 ThreadDeath 异常，然后将异常信息设置到线程中。如果线程正在执行中，JVM 发现线程有异常就结束执行。如果线程处于阻塞状态，

JVM 会先设置异常信息，然后触发线程中断来唤醒线程，线程被唤醒后会处理异常信息，结束执行。

4.9 interrupt 方法实现原理

stop 方法虽然能让线程暴力停止，但是带来的业务执行结果不可预期，现在已经不建议使用了。那有没有一种能让线程安全停止的方式呢？Thread 类的 interrupt 方法可以实现。interrupt 方法的核心思想是两阶段终止：第一阶段由主要线程发起终止命令，第二阶段由子线程来响应终止命令。这样就能提供两阶段提交，完成线程的优雅停止，中断的处理流程如图 4-5 所示。

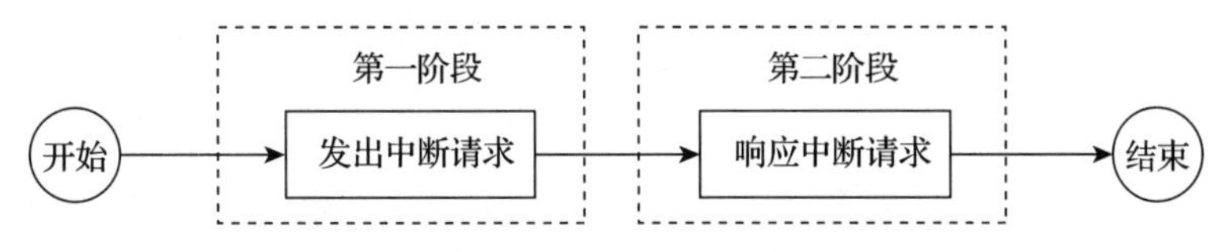

图 4-5 线程中断两阶段提交

代码清单 4-38 是一个简单例子，InterruptTest 实现了一个简单的线程，线程的任务是循环打印线程执行的次数。在子线程启动完成后，主线程会调用 interrupt 方法向子线程发起中断请求，子线程在收到中断请求后就结束执行，这样就实现了线程的安全停止。

代码清单 4-38 InterruptTest 示例

```
public class InterruptTest {
    public static void main(String[] args) {
        Thread thread = new Thread(() -> {
            int loop=0;
            while (true){      // 循环打印
                System.out.println("thread execute loop="+loop);
                loop++;
                if(Thread.interrupted()){ // 如果线程被中断了就终止执行
                    break;
                }
            }
        });
        thread.start();
        thread.interrupt();    // 线程中断
    }
}
```

下面来了解 interrupt 方法的实现原理。interrupt 方法会先判断线程是否阻塞在 I/O 操作上：如果阻塞在 I/O 操作上，会有底层的 I/O 处理器响应中断信息。不论是否处于 I/O 阻塞状态，都会先将线程中断的标记 interrupted 设置为 true，最终都是调用 interrupt0 方法来实现线程中断通知。interrupt 方法实现如代码清单 4-39 所示。

代码清单 4-39 interrupt 方法

```
public void interrupt() {
    // 去掉了安全检查代码
    interrupted = true;
    interrupt0();
}
private native void interrupt0();
```

interrupt0 是一个本地方法，它对应的 JNI 函数是 JVM_Interrupt。JVM_Interrupt 函数首先会判断当前线程是不是存活的，如果活着就调用 interrupt 方法来发送中断信息，具体实现如代码清单 4-40 所示。

代码清单 4-40 JVM_Interrupt 函数

```
JVM_ENTRY(void, JVM_Interrupt(JNIEnv* env, jobject jthread))
    ThreadsListHandle tlh(thread);
    JavaThread* receiver = NULL;
    // 判断当前线程是不是存活的
    bool is_alive = tlh.cv_internal_thread_to_JavaThread(jthread, &receiver, NULL);
    if (is_alive) {
        receiver->interrupt();     // 线程中断
    }
JVM_END
```

JavaThread 的 interrupt 方法有两个核心功能：一是设置线程中断状态，二是唤醒处于等待状态的线程。如果线程处于执行中的状态，则 interrupt 方法除了给线程打上中断标记之外，不会做任何处理。如果线程处于等待状态，则 interrupt 方法会唤醒线程。被唤醒的线程会清除中断标志，并抛出 InterruptedException 异常信息。代码清单 4-41 是 JavaThread 的 interrupt 方法的具体实现。

代码清单 4-41 JavaThread 的 interrupt 方法

```
void JavaThread::interrupt() {
    WINDOWS_ONLY(osthread()->set_interrupted(true);)    // 设置中断标志
    _SleepEvent->unpark();         // 唤醒因调用 Thread.sleep 而处于等待状态的线程
    parker()->unpark();            // 唤醒因调用 LockSupport.park 而处于等待状态的线程
    _ParkEvent->unpark();          // 唤醒因调用 Object.wait()、synchronized 而处于等待
                                   // 状态的线程
}
```

具体对于中断的处理，需要开发人员在代码中做特定的业务处理。

4.10 小结

本章详细讲解 sleep、wait、notify、join、stop 等线程通信机制的设计原理与 JVM 中的具体实现，希望通过本章的讲解让读者对 Java 线程的通信机制有一个深入的理解。

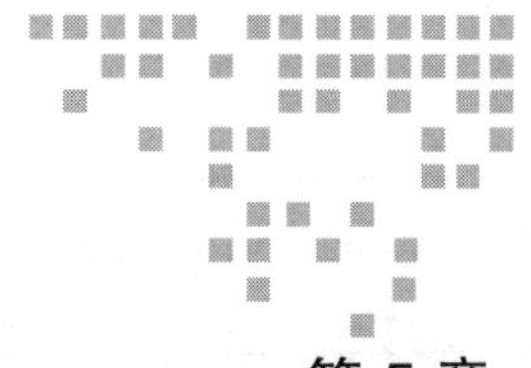

第 5 章 Chapter 5

JVM 线程同步机制

Java 提供了 3 种基础的线程同步方式：synchronized、volatile 与 CAS（Compare And Swap）硬件原语。synchronized 是通过内置的对象锁来实现线程间的同步，具备原子性、可见性、有序性。volatile 是一种轻量级同步机制，它只保证了可见性与有序性，但无法保证原子性。CAS 采用了无锁的原子操作来实现线程同步，避免加锁带来的笨重性。本章会详细介绍 synchronized、volatile 与 CAS 硬件原语的设计原理与 JVM 的具体实现。

5.1 Mark Word

在 JVM 中，Java 对象是用 OOP（Ordinary Object Pointer，普通对象指针）表示的。OOP 的数据结构可以分为两部分：一部分是对象的基本信息，另一部分是对象的属性信息。OOP 对应的实现类是 oopDesc，具体定义如代码清单 5-1 所示。

代码清单 5-1　oopDesc 定义

```
class oopDesc {
    friend class VMStructs;
    friend class JVMCIVMStructs;
private:
    //markWord 字段
    volatile markWord _mark;
    //Class 指针
    union _metadata {
        Klass*       _klass;
        narrowKlass _compressed_klass;
    } _metadata;
    NONCOPYABLE(oopDesc);
 public:
```

```
    oopDesc() = default;
    }
}
```

oopDesc内部主要包含markWord、Class指针、对象数据、对齐补充四个部分。markWord是对象的数字化标识，主要是为对象比较、垃圾回收、并发控制的功能服务的。Class指针是指向对象的Class（其对应的元数据对象）内存地址。对象数据包括了对象的所有成员变量，其大小由各个成员变量的大小决定。比如byte和boolean是1字节，short和char是2字节，int和float是4字节，long和double是8字节，reference是4字节。对齐补充确保对象的数据大小能够被8整除，如果不能被8整除，padding则补齐占用空间，使之能被8整除。这样做可以提高内存寻址的效率。

5.1.1 Mark Word详解

从代码清单5-2中可以看出，Mark Word的值是64位无符号的整型，相当于Java语言的long。那么一个数值怎么表示多个状态呢？其实是把long转换成一个64位的bit数组，然后用每个bit数组中的0、1来表示对应的状态。

代码清单5-2 Mark Word

```
class markWord {
private:
    //64位的无符号整型
    uintptr_t _value;
public:
    explicit markWord(uintptr_t value) : _value(value) {}
    markWord() = default;
}
```

Mark Word的头两位用来表示当前对象的状态，两位只能表示4种状态：00、01、10、11。在Mark Word中，用01来表示无锁或者偏向锁的两种状态，00表示轻量级锁，10表示重量级锁，11表示垃圾回收时的引用标志。Mark Word的整个状态表示如图5-1所示。

各个锁状态的详细信息如表5-1所示。

表5-1 Mark Word锁状态

状态名称	状态描述
无锁状态	在对象无锁的状态下，Mark Word的头两位是01，第3位表示是否有偏向锁（默认为0），第4～8位是垃圾回收的分代年龄，中间的31位用来表示hashCode值
偏向锁状态	在偏向锁的状态下，Mark Word头两位是01，第3位的值为1（表示是偏向锁），第4～8位是垃圾回收的分代年龄，第9～10位是偏向锁的时间戳，后面的54位用来表示设定偏向锁的线程ID
轻量级锁状态	在轻量级锁状态下，Mark Word头两位是00，后面的62位用来表示线程栈中已获取锁记录的指针
重量级锁状态	在重量级锁的状态下，Mark Word头两位是10，后面的62位用来表示重量级锁的指针
垃圾回收状态	在设置了GC标志的状态下，头部两位是11，后面的62位用来表示设定垃圾回收的线程指针

锁状态	Mark Word						
	25位	31位	1位	4位	1位（偏向锁位）	2位（锁标志位）	
未锁定/无锁状态	unused	identity_hashcode	unused	分代年龄	0	0	1

锁状态	Mark Word						
	54位	2位	1位	4位	1位（偏向锁位）	2位（锁标志位）	
偏向锁	偏向线程ID	Epoch偏向时间戳	unused	分代年龄	1	0	1

锁状态	Mark Word		
	62位	2位（锁标志位）	
轻量级锁	指向线程栈中锁记录的指针	0	0
重量级锁	指向重量级锁的指针	1	0
GC标记	CMS过程用到的标记信息	1	1

图 5-1　Mark Word 值

5.1.2　hashCode 验证

代码清单 5-3 是简单的示例，用来验证 Mark Word 在无锁状态下的 hashCode 值。在该示例中，首先打印对象的 Mark Word 值，然后调用 hashCode 方法来设置 Hash 值，最后再次打印对象的 Mark Word 值。

代码清单 5-3　hashCode 示例

```
public class PersonTest {
    public static void main(String[] args) {
        Person person = new Person();
        person.setAge(4);
        // 打印初始状态的 Mark Word 信息
       System.out.println(ClassLayout.parseInstance(person).toPrintable());
        // 调用 hashCode 方法
        person.hashCode();
        // 打印调用 hashCode 方法后的 Mark Word 信息
       System.out.println(ClassLayout.parseInstance(person).toPrintable());
    }
}
```

代码执行的结果如表 5-2 所示。

表 5-2　Mark Word 的 hashCode 值

偏移量	大小 /B	Mark Word 的值	场景
0	4	1	初始状态
0	4	1945571841	调用 hashCode 方法后

在调用hashCode方法后，Mark Word的值是1945571841，对应的二进制是11100111 1110111 00010010 00000001，Mark Word的最后两位是01，表示处于无锁的状态，后面都是hashCode的值。

5.1.3 轻量级锁的状态信息

代码清单5-4是简单的轻量级锁的示例，用来验证Mark Word在轻量级锁状态下的值。

代码清单5-4 轻量级锁示例

```
public class PersonTest {
    public static void main(String[] args) {
        Person person = new Person();
        person.setAge(4);
        //打印Mark Word信息
        System.out.println(ClassLayout.parseInstance(person).toPrintable());
        synchronized (person) {
        System.out.println(ClassLayout.parseInstance(person).toPrintable());
        }
    }
}
```

代码执行的结果如表5-3所示。

表5-3 Mark Word的轻量级锁值

偏移量	大小/B	Mark Word的值	场景
0	4	1	初始状态
0	4	205810064	获取轻量级锁后

在获取轻量级锁之后，Mark Word值是205810064，对应的二进制数是110001000 1000110100110010000，Mark Word的最后两位从最初的01变成了00，后面的数字都是当前线程的指针地址。

5.1.4 重量级锁的状态信息

代码清单5-5是简单的重量级锁的示例，用来验证Mark Word在重量级锁状态下的值。

代码清单5-5 重量级锁示例

```
public class PersonLockTest {
    public static void main(String[] args) throws InterruptedException {
        Person person = new Person();
        person.setAge(4);
        //打印无锁状态下对象的数据信息
       System.out.println(ClassLayout.parseInstance(person).toPrintable());
        //设置线程来控制
        Thread t1 = new Thread() {
```

```
            public void run() {
                try {
                    synchronized (person) {
                        // 打印有锁状态下对象的数据信息
                    System.out.println(ClassLayout.parseInstance(person)
                         .toPrintable());
                         TimeUnit.SECONDS.sleep(10);
                    }
                }catch (Throwable e) {
                }
            }
        };
        t1.start();
        TimeUnit.SECONDS.sleep(1);
        synchronized (person) {
            // 打印重量级锁状态下对象的数据信息
            System.out.println(ClassLayout.parseInstance(person)
            .toPrintable());
        }
    }
}
```

代码清单 5-5 模拟了多个线程利用 synchronized 关键字同步加锁的情况。从上述代码中可以看到主线程处于等待状态，详细信息如表 5-4 所示。

表 5-4　Mark Word 的重量级锁值

偏移量	大小（字节）	Mark Word 的值	场景
0	4	1	初始状态
0	4	71690680	获取重量级锁后
0	4	−645868214	垃圾回收

在获取轻量级锁之后，Mark Word 的值是 71690680，二进制是 100010001011110100110111000，Mark Word 的最后两位从最初的 01 变成了 00。在获取重量级锁之后，Mark Word 的值是 −645868214，二进制是 1111111111111111111111111111111111011001100000001101010101001010，Mark Word 的最后两位从最初的 01 变成了 10。

5.2　synchronized 设计原理

synchronized 关键字是 Java 的内置同步锁，实现了多线程的同步访问。synchronized 可以用在方法或者代码块上。它确保在同一时刻，只有一个线程可以执行被 synchronized 保护的方法或代码块。synchronized 有 3 个特性：原子性、可见性、有序性。

（1）原子性

原子性就是指一个操作或者多个操作，要么全部被执行并且执行过程不会被打断，要么就都不会被执行。被 synchronized 修饰的方法或者代码块都是原子的，因为在执行操作之前必须先获得类或对象的锁，直到执行完才能释放对象锁。通过锁的机制实现了多线程操作的原子性。

（2）可见性

可见性是指当多个线程同时访问一个数据时，其中一个线程对数据的修改对其他线程实时可见。在任何一个时刻，只有一个线程能获得同步的（synchronized）对象锁，而锁的状态对其他任何线程都是实时可见的，并且在释放锁之前会将当前线程对变量的修改同步到主内存中，保证数据修改的多线程可见性。

（3）有序性

synchronized 具备有序性，Java 允许编译器和处理器对指令进行重排，但是指令重排并不会影响单线程的逻辑顺序，它影响的是多线程并发执行的顺序性。synchronized 可以确保任意一个时刻只有一个线程可以访问同步代码块，这就确保了代码执行的有序性。

5.2.1 synchronized 的使用

synchronized 关键字有两种用法：一种是用于同步方法，另一种是用于同步代码块。同步方法又分为两种情况：一种是用 synchronized 同步普通方法，另一种是用 synchronized 同步静态方法。同步代码块也分为两种情况：一种是用 synchronized 修饰的是对象实例的锁，另一种是用 synchronized 修饰的是类对象的锁。synchronized 的具体使用场景如图 5-2 所示。

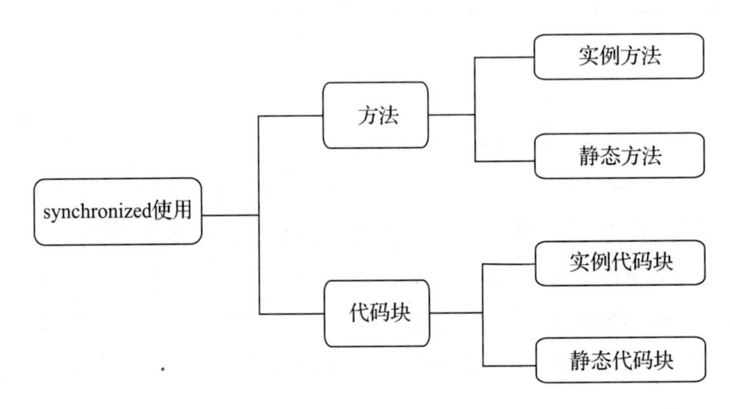

图 5-2　synchronized 使用场景

1. 同步方法的实现机制

代码清单 5-6 是一个简单示例，用来演示 synchronized 在方法上的并发控制，即用 synchronized 修饰 synMethod 方法。

代码清单 5-6　用 synchronized 同步方法

```
public synchronized void synMethod(){
```

```
        System.out.println("synchronized method");
    }
```

在完成代码编译后，我们可以通过 javap- c xxx.class 文件来查看 Java 编译后的字节码文件。synMethod 方法的字节码内容如代码清单 5-7 所示，synMethod 方法的 flags 字段上增加了 ACC_SYNCHRONIZED 并发控制标志。JVM 在执行 synMethod 方法的时候，首先会判断是否有 ACC_SYNCHRONIZED 标志，如果有并发控制标志，则 JVM 会先调用方法获取锁对象。

代码清单 5-7 synMethod 方法的字节码

```
public synchronized void synMethod();
    descriptor: ()V
    flags: ACC_PUBLIC, ACC_SYNCHRONIZED
    Code:
        stack=2, locals=1, args_size=1
            0: getstatic    #2
            3: ldc       #3
            5: invokevirtual #4
            8: return
```

2. 同步代码块的实现机制

代码清单 5-8 是一个简单示例，用来演示 synchronized 在代码块上的使用。

代码清单 5-8 synCode 方法

```
public void synCode(){
    synchronized(this){
        System.out.println("synchronized method");
    }
}
```

通过 javap- c xxx.class 文件，我们可以清晰地看到编译后的字节码内容。代码清单 5-9 是 synCode 方法的字节码，synchronized 的关键字编译成了 monitorenter 指令和 monitorexit 的指令。JVM 就是通过这两条指令建立一段串行代码的执行区域，在同一时刻，只有一个线程能执行这个区域的代码。

代码清单 5-9 synCode 方法的字节码

```
public void synCode();
   descriptor: ()V
   flags: ACC_PUBLIC
   Code:
       stack=2, locals=3, args_size=1
           0: aload_0
           1: dup
           2: astore_1
           3: monitorenter
```

```
4: getstatic    #2
7: ldc       #3
9: invokevirtual #4
12: aload_1
13: monitorexit
14: goto      22
17: astore_2
18: aload_1
19: monitorexit
20: aload_2
21: athrow
22: return
```

5.2.2 synchronized 的具体设计

为了减少 synchronized 获得锁和释放锁带来的相关性能消耗，JDK 1.6 引入了“偏向锁”和“轻量级锁”的概念。synchronized 内置锁一共有 4 种状态，级别从低到高依次是：无锁状态、偏向锁状态、轻量级锁状态和重量级锁状态，这几种状态会随着竞争情况逐渐升级，如图 5-3 所示。

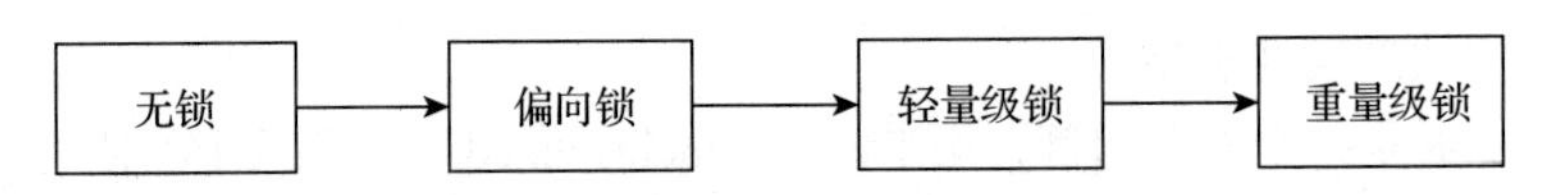

图 5-3 synchronized 锁升级过程

锁可以升级但不能降级，目的是提高获得锁和释放锁的效率。

无锁状态表示对象是空闲状态，不存在线程对对象的竞争。

偏向锁主要用来优化同一线程多次申请同一个锁的情况。在很多场景中，大部分时间一个锁都是被一个线程所持有。偏向锁的加锁整个过程只用修改对象的 Mark Word 值，重点是将偏向锁的标志 0 改成 1，并将当前的线程 ID 设置到 Mark Word 中的线程 ID 字段，原来 Mark Word 中的年龄等字段保持不变。具体修改过程是，基于已有的 Mark Word 年龄、偏向锁状态、线程 ID 等参数构造一个新的 Mark Word，然后采用 CAS 机制整体替换掉老的。偏向锁的获取流程如图 5-4 所示。

如果 JVM 没有开启偏向锁或偏向锁获取失败，会直接升级到轻量级锁的获取。轻量级锁的获取流程如图 5-5 所示，具体处理流程如下。

1）首先判断锁对象的 Mark Word 是否空闲，如果不空闲直接获取重量级锁。

2）如果对象的 Mark Word 是空闲的，将 Mark Word 复制备份。

3）将对象的 Mark Word 的头两位设置成 00，并将线程栈中锁记录的指针复制到 Mark Word 的后 62 位中。

4）通过 CAS 的方式更新 Mark Word，如果 CAS 修改失败，线程将会进入重量级锁的竞争。

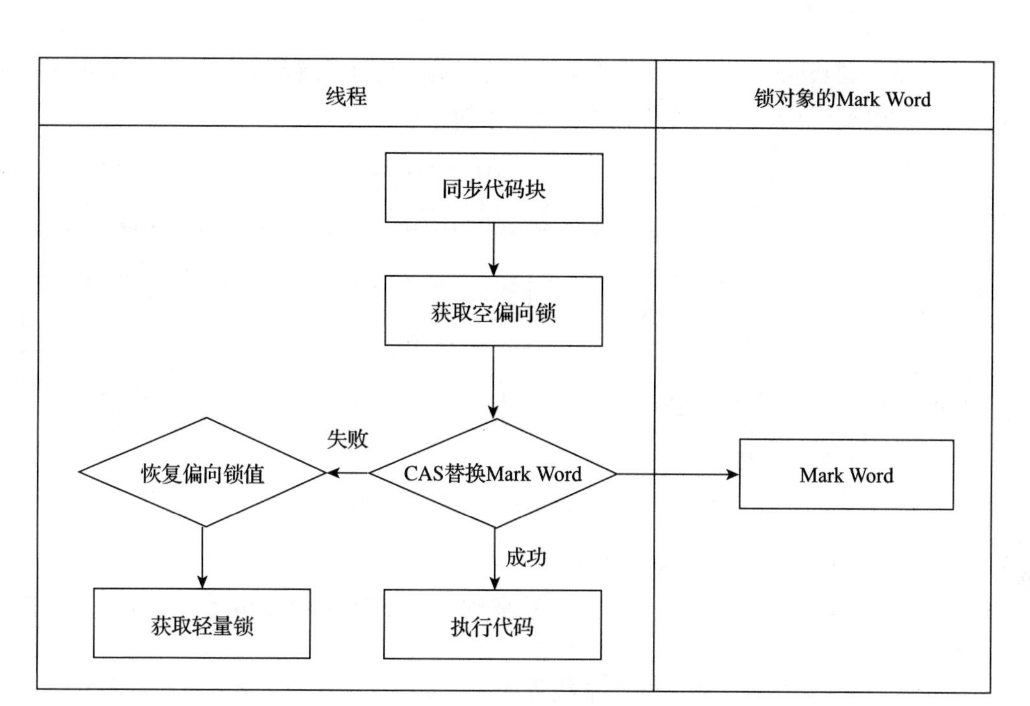

图 5-4　synchronized 偏向锁获取流程

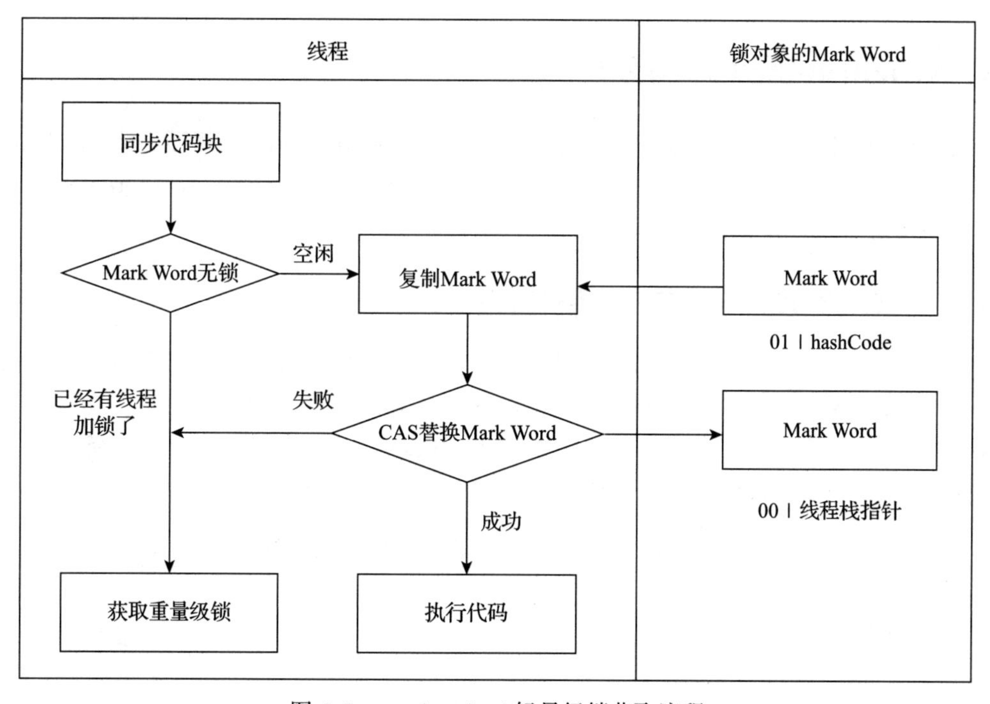

图 5-5　synchronized 轻量级锁获取流程

当在轻量级锁获取失败之后就会升级到重量级锁的竞争。重量级锁整体是通过 Object-Monitor 来实现的。重量级锁的获取流程如图 5-6 所示。

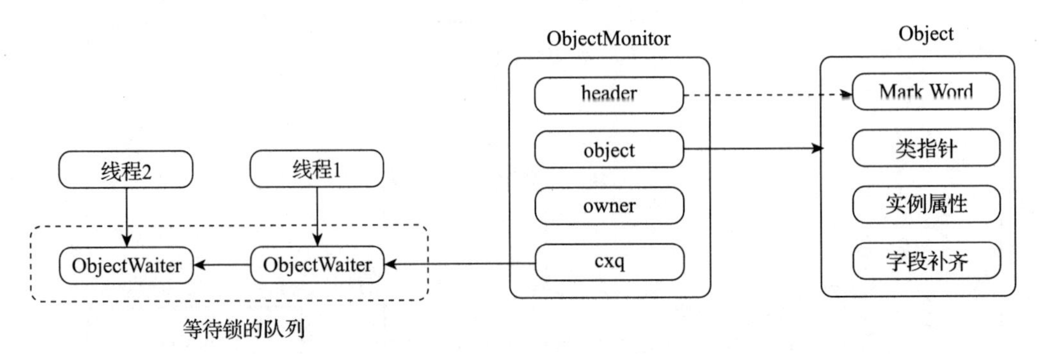

图 5-6　synchronized 重量级锁获取流程

synchronized 重量级锁的获取流程如下。

1）尝试快速获取监视器锁，如果成功获取到锁，将 ObjectMonitor 的 owner 字段指向当前线程。

2）如果获取监视器锁失败，将当前线程加入 cxq 队列中进行等待。其他线程释放锁之后，会尝试唤醒当前线程继续来获取锁。

5.3　synchronized 源码分析

由 4.5.1 节可知，在代码编译的时候，方法上的 synchronized 关键字会被编译成 ACC_SYNCHRONIZED 标志，代码块上的 synchronized 关键字会被编译成 monitorenter 指令和 monitorexit 指令。

5.3.1　ACC_SYNCHRONIZED 解析过程

bytecodeInterpreter 是 JVM 执行引擎的编译器，主要用于解释并执行字节码。当发现方法上有 ACC_SYNCHRONIZED 标志，bytecodeInterpreter 会获取监视器锁。在获取到监视器锁之后，才会执行方法。ACC_SYNCHRONIZED 标志的解析流程如图 5-7 所示。

ACC_SYNCHRONIZED 标志的具体解析过程如代码清单 5-10 所示。

代码清单 5-10　ACC_SYNCHRONIZED 标志解析

```
case method_entry: {
    THREAD->set_do_not_unlock();
    if (METHOD->is_synchronized()) {   // 判断是不是同步方法，如果是，则获取锁
        oop rcvr;
        if (METHOD->is_static()) {    // 如果是静态方法，则获取类对象
            rcvr = METHOD->constants()->pool_holder()->java_mirror();
```

```
        } else {
            rcvr = LOCALS_OBJECT(0);    // 如果是普通方法，则获取实例对象
            VERIFY_OOP(rcvr);
        }
        // 获取到偏向锁对象
        BasicObjectLock* mon = &istate->monitor_base()[-1];
        mon->set_obj(rcvr);
        markWord displaced = rcvr->mark().set_unlocked();// 获取Mark Word未锁定的状态
        mon->lock()->set_displaced_header(displaced);   // 设置偏向锁的信息
        bool call_vm = UseHeavyMonitors;
        // 启动重量级锁或者获取偏向锁失败的情况
        if (call_vm || rcvr->cas_set_mark(markWord::from_pointer(mon),
            displaced) != displaced) {
            // 判断是否为重入锁，如果是，则清除线程栈上的偏向锁信息
            if (!call_vm && THREAD->is_lock_owned((address) displaced
            .clear_lock_bits().to_pointer())) {
                mon->lock()->set_displaced_header(markWord::from_pointer(NULL));
            } else {
                // 开始进行锁竞争
                CALL_VM(InterpreterRuntime::monitorenter(THREAD, mon),
                handle_exception);
            }
        }
    }
    THREAD->clr_do_not_unlock();
    goto run;
}
```

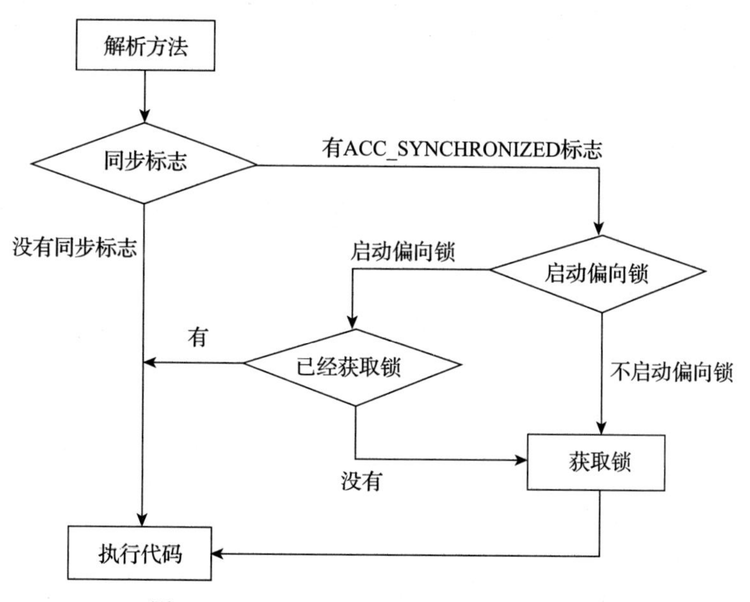

图 5-7 ACC_SYNCHRONIZED 解析过程

5.3.2 monitorenter指令解析过程

bytecodeInterpreter会将monitorenter指令解析成获取对象锁的执行逻辑，流程如图5-8所示。

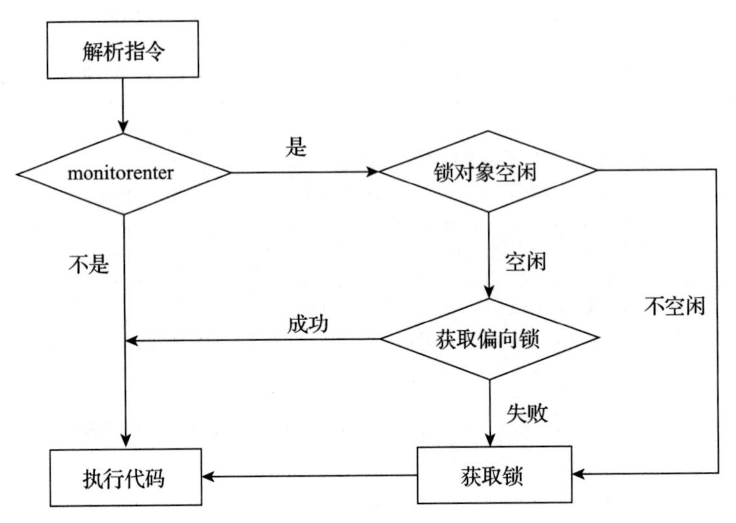

图5-8 monitorenter指令解析过程

monitorenter指令的执行过程如代码清单5-11所示。

代码清单5-11 monitorenter指令解析源码

```
CASE(_monitorenter): {
    oop lockee = STACK_OBJECT(-1);  //获取synchronized 同步的对象
    CHECK_NULL(lockee);  //如果锁对象为空就直接报错
    //获取到锁结束的位置
    BasicObjectLock* limit = istate->monitor_base();
    //获取线程栈开始位置
    BasicObjectLock* most_recent = (BasicObjectLock*) istate->stack_base();
    BasicObjectLock* entry = NULL;
    //从线程栈中获取到空的锁引用对象
    while (most_recent != limit ) {
        if (most_recent->obj() == NULL) {
            entry = most_recent;
        }
        else if (most_recent->obj() == lockee) {
            break;
        }
        most_recent++;
    }
    //获取到线程栈中的锁引用
    if (entry != NULL) {
        entry->set_obj(lockee);
        //设置无锁或者偏向锁状态
```

```
            markWord displaced = lockee->mark().set_unlocked();
            entry->lock()->set_displaced_header(displaced);
            bool call_vm = UseHeavyMonitors;
            // 尝试获取偏向锁，如果成功则直接执行
            if (call_vm || lockee->cas_set_mark(markWord::from_pointer(entry), displaced)
                != displaced) {
                // 判断是否为重入锁，如果是则清除掉锁对象信息
                if (!call_vm && THREAD->is_lock_owned((address)    displaced.clear_
                    lock_bits().to_pointer())) {
                        entry->lock()->set_displaced_header(markWord::from_
                            pointer(NULL));
                    } else {
                        // 开始进行锁竞争
                        CALL_VM(InterpreterRuntime::monitorenter(THREAD, entry),
                    handle_exception);
                }
            }
            UPDATE_PC_AND_TOS_AND_CONTINUE(1, -1);
        } else {
            istate->set_msg(more_monitors);
            UPDATE_PC_AND_RETURN(0); // Re-execute
        }
    }
```

monitorenter 指令的执行过程如下。

1）从栈的底部寻找空闲的偏向锁指针，将偏向锁指向锁对象。

2）尝试获取偏向锁，如果获取成功了执行代码。

3）如果偏向锁获取失败了，则调用 InterpreterRuntime 的 monitorenter 方法通过排队机制获取对象锁。

5.3.3 monitorexit 指令解析过程

bytecodeInterpreter 会将 monitorexit 指令翻译成锁释放的执行逻辑。monitorexit 指令的解释过程如代码清单 5-12 所示。

代码清单 5-12　monitorexit 指令解析

```
CASE(_monitorexit): {
    oop lockee = STACK_OBJECT(-1);
    CHECK_NULL(lockee);
    // 设置线程栈中锁对象的开始与结束位置
    BasicObjectLock* limit = istate->monitor_base();
    BasicObjectLock* most_recent = (BasicObjectLock*) istate->stack_base();
    // 从线程栈的锁中找到当前线程要释放的锁对象
    while (most_recent != limit ) {
        if ((most_recent)->obj() == lockee) {
            BasicLock* lock = most_recent->lock();
            markOop header = lock->displaced_header();
            most_recent->set_obj(NULL);
```

```
            if (header != NULL) {
                if (Atomic::cmpxchg_ptr(header, lockee->mark_addr(), lock) != lock) {
                    most_recent->set_obj(lockee);
                    //将线程锁对象释放
                    CALL_VM(InterpreterRuntime::monitorexit(THREAD, most_recent),
                    handle_exception);
                }
            }
            UPDATE_PC_AND_TOS_AND_CONTINUE(1, -1);
        }
        most_recent++;
    }
CALL_VM(InterpreterRuntime::throw_illegal_monitor_state_exception(THREAD), handle_
    exception);
    ShouldNotReachHere();
}
```

5.3.4 锁获取实现过程

由前可知，不论是ACC_SYNCHRONIZED方法标志，还是_monitorenter指令最终都是通过InterpreterRuntime类的monitorenter方法来获取锁的。InterpreterRuntime类的monitorenter方法逻辑也非常简单，就是调用ObjectSynchronizer类的enter方法来获取对象锁，具体实现如代码清单5-13所示。

代码清单5-13 InterpreterRuntime的monitorenter方法

```
JRT_ENTRY_NO_ASYNC(void, InterpreterRuntime::monitorenter(JavaThread* current,
BasicObjectLock* elem))
    Handle h_obj(current, elem->obj());
    //调用ObjectSynchronizer::enter方法来获取锁对象
    ObjectSynchronizer::enter(h_obj, elem->lock(), current);
JRT_END
```

下面就来介绍ObjectSynchronizer类的enter方法和inflate方法。

1. enter方法

enter方法是获取监视器锁的入口方法。enter方法的处理流程如下。

1）判断是否启用了偏向锁：如果启用了偏向锁，则尝试获取偏向锁；如果没有启用偏向锁，则获取轻量级锁。

2）判断对象是否处于无锁状态，如果处于无锁状态，则尝试获取轻量级锁。如果对象已经有锁了，则判断锁是否由当前线程持有，如果是由当前线程持有，则属于锁重入的情况，直接返回。

3）如果无法获取轻量级锁，则调用inflate方法获取ObjectMonitor对象，然后调用ObjectMonitor的enter方法来获取重量级锁。

enter方法的具体实现如代码清单5-14所示。

代码清单 5-14 enter 方法

```
void ObjectSynchronizer::enter(Handle obj, BasicLock* lock,
    JavaThread* current) {
    if (obj->klass()->is_value_based()) {
        handle_sync_on_value_based_class(obj, current);
    }
    if (UseBiasedLocking) {
        BiasedLocking::revoke(current, obj);
    }
markWord mark = obj->mark();
    if (mark.is_neutral()) {
        lock->set_displaced_header(mark);
        if (mark == obj()->cas_set_mark(markWord::from_pointer(lock), mark)) {
            return;
        }
    } else if (mark.has_locker() &&
        current->is_lock_owned((address)mark.locker())) {
        lock->set_displaced_header(markWord::from_pointer(NULL));
        return;
    }
    lock->set_displaced_header(markWord::unused_mark());
    while (true) {
        ObjectMonitor* monitor = inflate(current, obj(),
            inflate_cause_monitor_enter);
        if (monitor->enter(current)) {
            return;
        }
    }
}
```

2. inflate 方法

inflate 方法的功能是获取 ObjectMonitor 对象，其实现细节如代码清单 5-15 所示。

代码清单 5-15 inflate 方法

```
ObjectMonitor* ObjectSynchronizer::inflate(Thread* current,
        oop object, const InflateCause cause) {
    EventJavaMonitorInflate event;
    for (;;) {
        // 加载对象的头部标识，每次都从主内存读取最新数据，确保多线程实时可见
        const markWord mark = object->mark_acquire();
        //1.如果当前锁已经为重量级锁了，则直接返回
        if (mark.has_monitor()) {
            ObjectMonitor* inf = mark.monitor();
            markWord dmw = inf->header();
            return inf;
        }
        //2.如果正在膨胀的过程中，则让线程等待
        if (mark == markWord::INFLATING()) {
            read_stable_mark(object);
```

```
            continue;
        }
        //3. 如果当前为轻量级锁，迫使其膨胀为重量级锁
        if (mark.has_locker()) {
            ObjectMonitor* m = new ObjectMonitor(object);
            // 将Mark Word的状态设置成INFLATING状态，如果设置失败则退出
            markWord cmp = object->cas_set_mark(markWord::INFLATING(), mark);
            if (cmp != mark) {
                delete m;
                continue;
            }
            // 获取对象真实的Mark Word
            markWord dmw = mark.displaced_mark_helper();
            m->set_header(dmw);   // 设置锁对象的markWord字段
            m->set_owner_from(NULL, mark.locker());  // 设置监视器锁持有的线程
            // 将对象的Mark Word设置成重量级锁（锁标志位以10开头）
            object->release_set_mark(markWord::encode(m));
            // 将ObjectMonitor加入使用链表中，方便垃圾回收，防止内存泄漏
            _in_use_list.add(m);
            return m;
        }
        // 如果是没有锁的状态，则构造一个新的监视器锁
        ObjectMonitor* m = new ObjectMonitor(object);
        m->set_header(mark);
        // 将对象的Mark Word设置成重量级锁
        if (object->cas_set_mark(markWord::encode(m), mark) != mark) {
            delete m;
            m = NULL;
            continue;
        }
        return m;
    }
}
```

多线程同时获取对象监视器ObjectMonitor，可能会遇到如下几种情况。

1）如果其他线程已经获取到ObjectMonitor，则当前线程就直接返回其他线程构造的ObjectMonitor对象。

2）如果其他线程正在获取ObjectMonitor对象的过程中，则当前线程要进行避让，以免发生并发冲突。

3）如果其他线程获取了轻量级锁，则当前线程会构建一个新ObjectMonitor对象，并把ObjectMonitor对象的持有线程设置成其他线程。

4）如果其他线程已经释放了对象锁，那么当前线程构造一个新的ObjectMonitor对象。

5.3.5 锁释放实现过程

InterpreterRuntime的monitorexit方法的功能是完成锁的释放。从代码清单5-16中可以清晰地看到，monitorexit方法是通过ObjectSynchronizer的exit方法来实现锁释放逻辑的。

代码清单 5-16 monitorexit 方法

```
JRT_LEAF(void, InterpreterRuntime::monitorexit(BasicObjectLock* elem))
    oop obj = elem->obj();
// 判断当前对象是否已经解锁，如果解锁了则直接返回
    if (obj->is_unlocked()) {
        return;
    }
    // 调用 exit 方法释放锁对象
    ObjectSynchronizer::exit(obj, elem->lock(), JavaThread::current());
    // 锁释放
    elem->set_obj(NULL);
JRT_END
```

ObjectSynchronizer 的 exit 方法首先会判断锁是否已经释放了，如果已经释放了就直接返回。如果锁没有释放，exit 方法会调用 ObjectMonitor 的 exit 方法来释放监视器锁。exit 方法的具体实现如代码清单 5-17 所示。

代码清单 5-17 exit 方法

```
void ObjectSynchronizer::exit(oop object, BasicLock* lock, JavaThread* current) {
    // 获取对象的 Mark Word
    markWord mark = object->mark();
    // 获取锁里备份的 Mark Word
    markWord dhw = lock->displaced_header();
    if (dhw.value() == 0) {
        return;
    }
    // 恢复原来的 Mark Word
    if (mark == markWord::from_pointer(lock)) {
        if (object->cas_set_mark(dhw, mark) == mark) {
            return;
        }
    }
    // 释放锁
    ObjectMonitor* monitor = inflate(current, object,
    inflate_cause_vm_internal);
    monitor->exit(current);
}
```

下面进行简单总结。在编译阶段，javac 编译器会将 synchronized 关键字编译为 ACC_SYNCHRONIZED 标记、monitorenter 指令、monitorexit 指令。

在代码执行阶段，JVM 会把 ACC_SYNCHRONIZED 标志与 monitorenter 指令解析成获取对象锁的逻辑，并调用 InterpreterRuntime 的 monitorenter 方法来获取对象锁。锁获取的过程如图 5-9 所示。

在代码执行结束的时候，JVM 会把 ACC_SYNCHRONIZED 标记与 monitorexit 指令解析成释放锁的逻辑，并调用 InterpreterRuntime 的 monitorexit 方法来释放锁。锁释放的过程如图 5-10 所示。

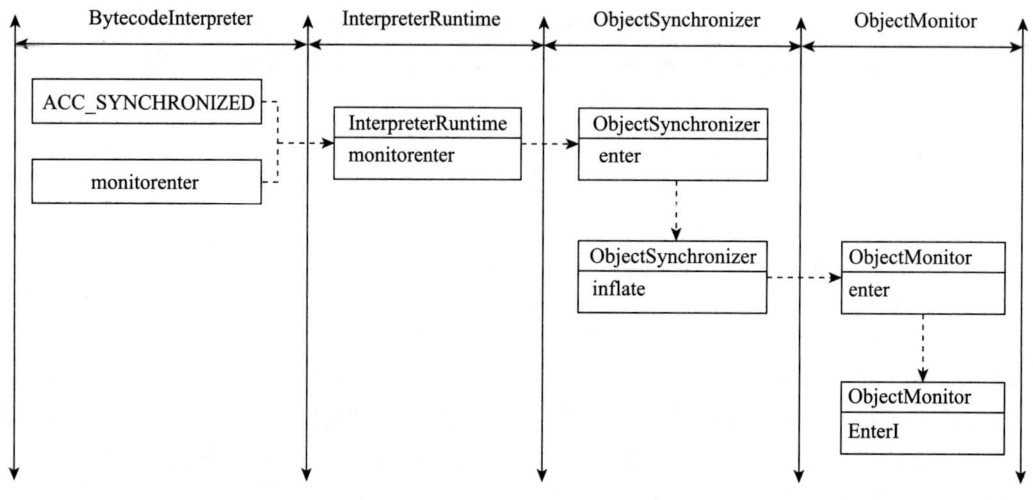

图 5-9　synchronized 锁获取过程

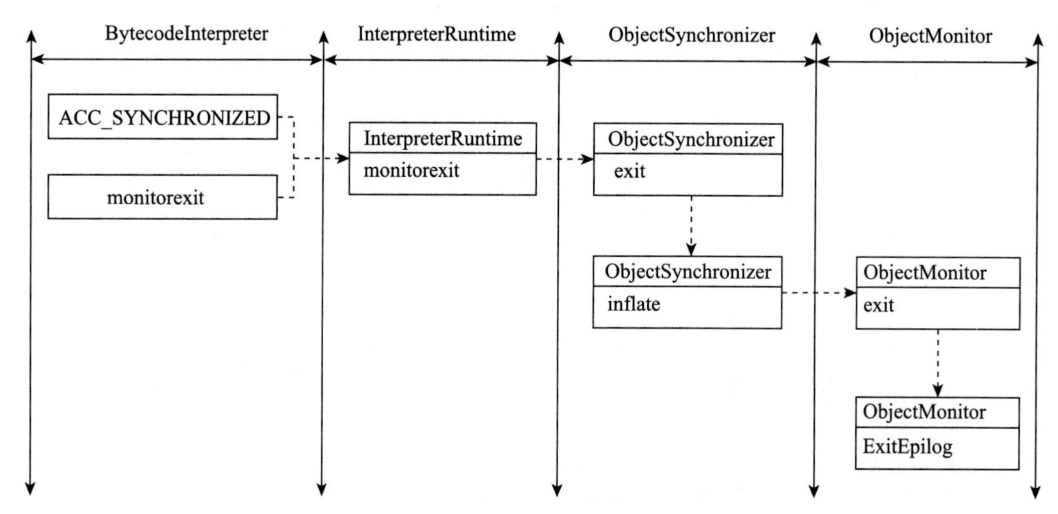

图 5-10　synchronized 锁释放过程

5.4　volatile 实现原理

volatile 是一种轻量级线程同步机制，它只保证了可见性与有序性，但无法保证原子性。相比 synchronized，volatile 有一些自身的优势，使用比较简单，并且运行的效率也比 synchronized 更高。

每个 Java 线程都拥有一个独立的工作内存，同时有个全局内存（堆内存）来存储数据。当线程需要访问一个变量时，首先将其复制到线程的工作内存中。之后，线程每次对该变量的操作都将是对线程栈中的副本进行操作的。如果变量是被 volatile 修饰的，每次变量都会直接从内存中读取数据，每次对变量修改都会实时同步到内存中，这样就能确保变量的多线程实时可见。

volatile对任意变量的读写都具备原子性，但对复合操作不具备原子性。所有基础类型与引用类型的赋值都是原子性的，但JVM会将i++这类复合操作解析成多条指令来执行，所以不是原子操作。

5.4.1 实现原理概述

volatile关键字在JVM里是如何实现的呢？我们来了解一下volatile实现原理。代码清单5-18是一个简单的例子，用来演示volatile的功能。VolatileTest类里定义了一个volatile的size字段，然后写了一个简单的方法让size进行了加1操作。

代码清单5-18 VolatileTest类

```
public class VolatileTest {
    private volatile int size;
    public void add() {
        size = size + 1;
    }
}
```

Java文件在编译之后会生成字节码文件，可以通过javap来查看字节码文件，并通过javap -v -p VolatileTest.class命令解析出字节码文件的内容，详细信息如代码清单5-19所示。

代码清单5-19 VolatileTest字节码

```
public class Thread.VolatileTest
    flags: ACC_PUBLIC, ACC_SUPER
Constant pool:
    #1 = Methodref          #4.#17
    #2 = Fieldref           #3.#18
{
    private volatile int size;
        descriptor: I
        flags: ACC_PRIVATE, ACC_VOLATILE
    public void add();
        descriptor: ()V
        flags: ACC_PUBLIC
        Code:
            stack=3, locals=1, args_size=1
                0: aload_0
                1: aload_0
                2: getfield      #2   // Field size:I
                5: iconst_1
                6: iadd
                7: putfield      #2   // Field size:I
                10: return
}
```

字节码内容包含常量池、字段定义、方法定义、方法内容等信息。size字段有ACC_PRIVATE、ACC_VOLATILE访问标志。ACC_PRIVATE表示这个字段是私有的，ACC_VOLATILE表示这个字段是由volatile关键字修饰的。数据的读取是通过getfield命令来实现的，数据的赋值是通过putfield命令来实现的。

5.4.2 getfield指令实现过程

在执行getfield指令读取变量时，JVM会先判断变量是否有ACC_VOLATILE标志。如果有ACC_VOLATILE标志，则JVM会强制使CPU本地缓存失效，从内存中直接读取数据。如果变量没有ACC_VOLATILE标志，则JVM会从CPU本地缓存中读取数据。getfield指令解析过程如代码清单5-20所示。

代码清单5-20 getfield指令解析

```
CASE(_getfield):
CASE(_getstatic):
    {
        u2 index;
        ConstantPoolCacheEntry* cache;
        index = Bytes::get_native_u2(pc+1);
        cache = cp->entry_at(index);     //获取field字段描述
        //去掉了一些无用的信息
        TosState tos_type = cache->flag_state();
        int field_offset = cache->f2_as_index();
        //当这个字段是ACC_VOLATILE标志的时候会执行下面的命令来获取数据
        if (cache->is_volatile()) {
            switch (tos_type) {
                case btos:
                //删除了其他类型，只保留int类型的数据读取
                case itos:
                    SET_STACK_INT(obj->int_field_acquire(field_offset), -1);
                    break;
            }
        } else {
            switch (tos_type) {
                case btos:
                //同上面一样，只保留了int类型的数据读取
                case itos:
                    SET_STACK_INT(obj->int_field(field_offset), -1);
                    break;
            }
        }
    }
```

以int类型的变量为例，如果变量有ACC_VOLATILE标志，JVM会调用int_field_acquire方法来读取数据，如果变量没有ACC_VOLATILE标志，JVM会调用int_field方法来获取数据。

int_field_acquire 方法会调用 Atomic 类的 load_acquire 方法来读取数据。load_acquire 方法会调用 OrderAccess 的 acquire 方法来使 CPU 的本地缓存失效。load_acquire 方法的实现如代码清单 5-21 所示。

代码清单 5-21　load_acquire 方法

```
inline T Atomic::load_acquire(const volatile T* p) {
    OrderAccess::acquire();       // 触发内存屏障
        return Atomic::load(p);  // 加载数据
}
```

OrderAccess 的 acquire 方法会根据不同 CPU 型号来发送不同的指令信息。代码清单 5-22 是 x86 处理内存屏障的实现。

代码清单 5-22　acquire 方法

```
static inline void compiler_barrier() {
    __asm__ volatile ("" : : : "memory");
}
inline void OrderAccess::acquire()     { compiler_barrier(); }
```

compiler_barrier 函数是直接面向 CPU 硬件编程的，是采用内嵌汇编命令来实现的。asm 指令表示当前代码是汇编代码。volatile 指令用来禁止编译器对代码进行优化。memory 指令用来让 CPU 本地缓存失效。

5.4.3　putfield 指令实现过程

在执行 putfield 指令修改变量时，JVM 会先判断变量是否有 ACC_VOLATILE 标志。如果变量有 ACC_VOLATILE 标志，在修改完数据后，JVM 会调用 OrderAccess 的 storeload 方法来刷新 CPU 缓存，将 CPU 缓存中的数据同步到主内存中。如果变量没有 ACC_VOLATILE 标志，JVM 会直接将数据写入 CPU 缓存。putfield 指令的解析过程如代码清单 5-23 所示。

代码清单 5-23　putfield 指令解析

```
CASE(_putfield):
CASE(_putstatic):
    {
        u2 index = Bytes::get_native_u2(pc+1);
        ConstantPoolCacheEntry* cache = cp->entry_at(index);
        int field_offset = cache->f2_as_index();
        if (cache->is_volatile()) {
            switch (tos_type) {
                case itos:
                obj->release_int_field_put(field_offset, STACK_INT(-1));
                break;
            default:
                ShouldNotReachHere();
```

```
            }
            // 再次刷新 CPU 本地缓存
            OrderAccess::storeload();
        } else {
            switch (tos_type) {
                case itos:
                    obj->int_field_put(field_offset, STACK_INT(-1));
                    break;
                default:
                    ShouldNotReachHere();
            }
        }
        UPDATE_PC_AND_TOS_AND_CONTINUE(3, count);
    }
```

以int类型的变量为例，如果变量有ACC_VOLATILE标志，JVM会调用release_int_field_put方法来写入数据。release_int_field_put方法最终是调用Atomic类的release_store方法来实现数据写入。在写入数据之前，release_store方法会调用OrderAccess的release方法使CPU本地缓存失效，然后写入数据。volatile数据写入的具体实现如代码清单5-24所示。

代码清单5-24　volatile数据写入

```
void oopDesc::release_int_field_put(int offset, jint value){
    Atomic::release_store(field_addr<jint>(offset), value);
    }
inline void Atomic::release_store(volatile D* p, T v) {
    OrderAccess::release();        // 刷新 CPU 本地缓存
    Atomic::store(p, v);           // 写入数据信息
}
```

OrderAccess的release方法在不同CPU有不同的实现的方式。release方法和acquire方法实现逻辑相同，都是调用了compiler_barrier来实现内存屏障，使当前CPU本地缓存失效。而storeload则是先对内存地址加锁，再加上内存屏障，来实现内存同步。

5.5 volatile伪共享

volatile关键字是通过CPU缓存与内存数据的实时同步来实现多线程的可见性的。每次内存与CPU缓存之间的数据同步是以缓存行（Cache Line）为单位的。

缓存行是CPU的最小缓存单位，大小为64字节，逻辑结构如图5-11所示。CPU每次从内存往CPU缓存读取数据，或者从CPU缓存向内存同步数据，都是以一个缓存行作为单位的。这样做是为了提升CPU缓存与内存之间的数据交换效率。

缓存行虽然提高了数据传输效率，但也带来了新的问题。变量a与变量b在同一个缓存行中。CPU0上的线程用到了变量a，CPU1的线程用到了变量b。变量a是用volatile修

饰的，那每次线程对变量a的修改都会让CPU0的缓存行失效，并将消息广播到CPU1。CPU1收到缓存广播失效了以后，就会为CPU缓存中的b打上失效标记。当线程2需要读取b的时候会直接从缓存中读取数据。如果同一个缓存中存储了多个变量，并且变量都是用volatile修饰的，多个线程同时对缓存行中的多个变量进行修改，就会产生大量的CPU缓存数据失效的消息，这将极大地降低CPU的运行效率。缓存行失效的示意图如图5-12所示。

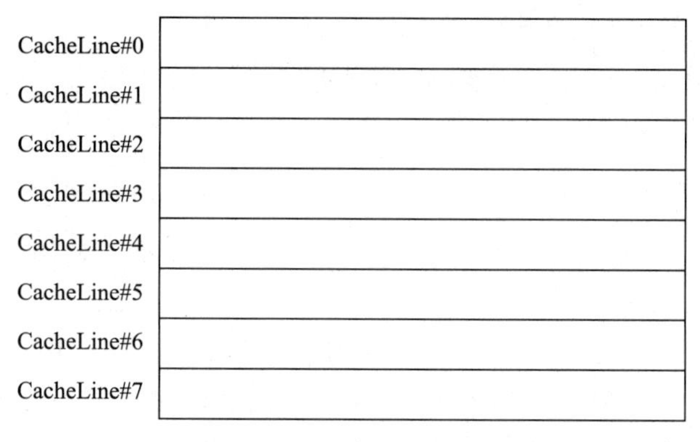

图5-11　Cache Line的逻辑结构

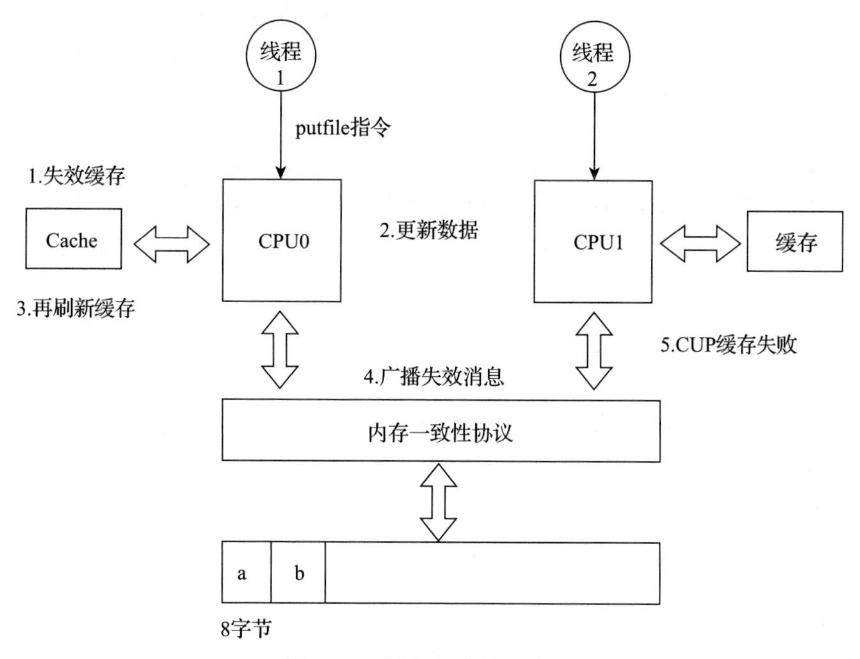

图5-12　缓存行失效示意图

那如何解决这个问题呢？可以在volatile修饰的字段后面填充无效的数据，使得无效数据刚好填满一个缓存行，也就是我们常说的volatile伪共享。在JDK8以前，只能通过手动方式填充无效字段。代码清单5-25是一个简单的计数器，用来演示如何手动填充数据。计数器 Counter 内部定义了一个 long 型的字段 count。因为 Java 里面 long 只占用 8 个字节，而要确保 long 型字段能够在一个缓存行里面，则需要填充 56 个字节的无效数据，所以代码里定义了 7 个无效的 long 型字段，即 p1～p7。

代码清单 5-25　计数器案例

```
public class Counter {
    private volatile long count;
    protected long p1;
    protected long p2;
    protected long p3;
    protected long p4;
    protected long p5;
    protected long p6;
    protected long p7;
}
```

在 JDK8 以后，Java 提供了 @sun.misc.Contended 注解来实现自动填充，但同时需要设置 JVM 的启动参数 -XX:-RestrictContended。可以把上面的例子进行简单改造，在 count 字段上加上 Contended 注解即可，改造后的代码如代码清单 5-26 所示。

代码清单 5-26　加 Contended 注解

```
public class NewCounter {
    @sun.misc.Contended
    private volatile long count;
}
```

那手动填充字段和 Contended 注解有什么差别呢？手动填充需要在编码时计算出要填充多少个数据字段，而如果采用自动填充方式，开发人员则不用关心此类问题。

5.6　CAS 硬件同步原语

如何安全地修改数据一直都是多线程编程中非常棘手的问题。在 C 语言中，工程师们发明了 mutex 互斥锁来实现数据的安全修改。互斥锁的方式虽然能实现线程的安全修改，但每次修改都需要获取锁、释放锁。在互斥锁的基础上，工程人员设计了一种高效的轻量级的数据安全修改方案：CAS（Compare And Swap）。

5.6.1　CAS 硬件原语

CAS 是解决多线程并行情况下使用锁造成性能损耗的一种机制，采用这种无锁的原子操作可以实现线程安全，避免加锁带来的笨重性。CAS 操作包含 3 个操作参数：内存位置（V）、预期原值（A）、新值（B）。伪代码如代码清单 5-27 所示，如果内存位置的值与预期原值相等，那么 CPU 自动将该位置值更新为新值。如果内存位置的值与预期原值不相等，则处理器不进行任何操作。CAS 操作是通过 CPU 指令来完成的，它需要硬件的支持。

代码清单 5-27 CAS 伪代码

```
function cas(p , old , new ) {
    if(p != old)  {
        return false;
    }
    p = new;
    return true;
}
```

5.6.2 JVM CAS 实现

在 JDK1.5 以后，Java 就提供了 CAS 机制来实现线程安全的控制。具体来说，sun.misc.Unsafe 类里的 compareAndSwapInt 和 compareAndSwapLong 方法提供了 CAS 的功能，JVM 里面的 Atomic 类的 cmpxchg 方法实现了 CAS 功能。Atomic 是个抽象类，不同的操作系统与处理器上有具体的实现，代码清单 5-28 是 Linux 系统 x86 处理器上的具体实现。

代码清单 5-28 JVM 的 CAS 实现

```
inline D Atomic::cmpxchg(D volatile* dest, U compare_value, T exchange_value) {
 __asm__ __volatile__ ("lock cmpxchgq %1,(%3)"  :
"=a" (exchange_value)     :
"r" (exchange_value), "a" (compare_value), "r" (dest) :
"cc", "memory");
     return exchange_value;
}
```

上述代码的核心逻辑如下。

1）CPU 将 exchange_value 加载到 rax 寄存器中，rax 寄存器用来存储最终返回结果的值。

2）CPU 将 compare_value 的值存入 eax 寄存器。

3）dest 表示数据对象的当前值，该值可存入任意的通用寄存器。

4）比较 eax 寄存器的值 compare_value 和 dest 寄存器的值是否相等。如果相等则把 exchange_value 的值写入 dest 寄存器，完成新值的设置。如果不相等，则把 dest 寄存器中的值写入 eax 寄存器。

5）返回 eax 寄存器中的 exchange_value 值。如果 exchange_value 等于 compare_value，表示这次修改失败了。如果 exchange_value 等于要修改的值，表示修改成功了。

5.6.3 ABA 问题

但是 CAS 会有一个 ABA 的问题，如图 5-13 所示。变量 A 在内存中最初的值为 10，有 3 个线程都需要对变量 A 进行操作。最初线程 1 读取了变量 A 的值，在线程 1 读取后，线程 2 把 A 的值改成 20，然后线程 3 又把变量 A 的值改成 10。

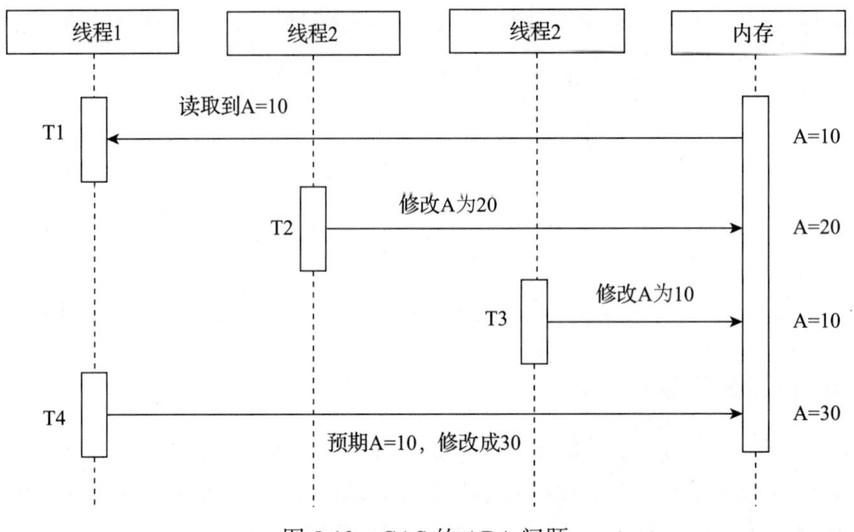

图 5-13　CAS 的 ABA 问题

最后线程 1 采用 CAS 的方式想把 A 改成 30，这时由于 A 的预期值为 10，A 的当前值也是 10，此时线程 1 就会错误地把 A 改成 30。原来 CAS 的预期是从 T1 时刻读取数据，到 T4 时刻去修改数据。这中间 A 是没有变化的，但实际情况是 A 经历了 10 → 20 → 10 的变化。这里就对 CAS 的使用提出了一个要求，要求在一定的时间周期内，数据的变化是不可逆的，是单向线性变化的，我们需要规避 ABA 这种可逆性的改变。

CAS 的核心思想是把变量的当前值和预期值进行比较，如果当前值等于预期值就会把变量设置成一个新的值。如果当前值不等于预期值，说明变量已经发生了变化，就不进行修改。在使用 CAS 进行数据修改的时候，一定要考虑 ABA 问题，要确保在一定周期内数据的变化是不可逆的。

5.7　Unsafe 功能介绍

Unsafe 类在 sun.misc 包路径下，是由 sun 公司实现的扩展工具类，主要提供一些直接面向 JVM 内部操作的功能。由于 Unsafe 可直接操作 JVM，因此操作不当会导致程序的整体性崩溃。Unsafe 的含义是提醒大家要注意使用时的安全，确保不会导致程序崩溃。Unsafe 提供的功能如图 5-14 所示。

5.7.1　操作内存

Unsafe 提供了直接操作 JVM 内存的能力，主要包含内存的分配、复制、释放、给定地址值操作等方法，如代码清单 5-29 所示。

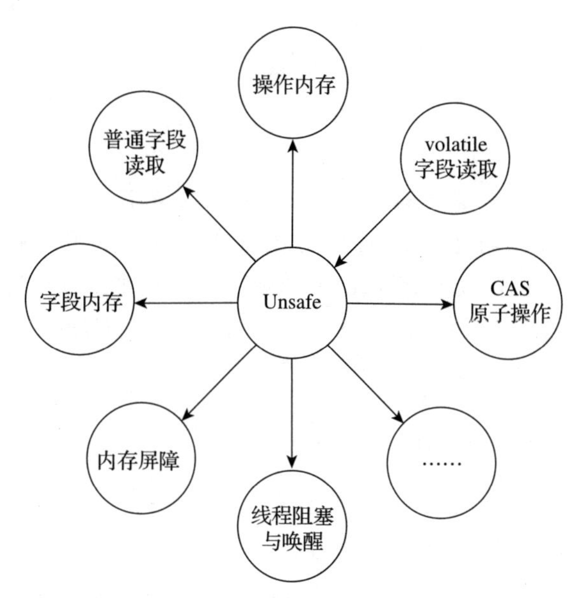

图 5-14　Unsafe 的功能

代码清单 5-29　Unsafe 的内存管理方法

```
// 分配指定大小的本地内存，该内存申请后需要手动释放
public native long allocateMemory(long bytes);
// 指定地址分配内存
public native long reallocateMemory(long address, long bytes);
// 释放参数地址申请的内存
public native void freeMemory(long address);
// 将指定对象的给定 offset 偏移量内存块中的所有字节设置为固定值
public native void setMemory(Object o, long offset, long bytes, byte value);
```

其中，allocateMemory 方法的功能是申请堆外内存，通过 allocateMemory 方法申请的内存需要手动释放，垃圾收集器不会进行垃圾回收。DirectByteBuffer 就是通过这个方法来申请本地内存的。

reallocateMemory 方法的功能是对已经申请的内存进行缩容与扩容。freeMemory 方法是用来释放前面申请的内存。setMemory 方法用于设置内存空间的值，例如 DirectByteBuffer 在申请完内存空间后会调用 setMemory 来设置默认值。

5.7.2　获取字段内存偏移量

Unsafe 提供了获取 JVM 对象字段内存位置的能力，主要包含获取普通字段、static 字段、数组等的内存偏移量，如代码清单 5-30 所示。

代码清单 5-30　Unsafe 获取字段内存偏移量

```
// 获取字段在对象上的内存偏移量
public native long objectFieldOffset(Field f);
```

```
// 获取静态字段在对象上的偏移量
public native long staticFieldOffset(Field f);
// 获取数组首个元素地址
public native int arrayBaseOffset(Class arrayClass);
// 获取数组每个元素的大小
public native int arrayIndexScale(Class arrayClass);
```

在5.1节里讲过，Java对象在JVM中对象是用OOP表示的，OOP包含Mark Word、Class指针、属性信息等内容。objectFieldOffset方法就是用来获取具体属性的偏移量。通过对象的首地址加上偏移量，JVM就能准确地获取到内存的绝对地址。JVM就可以通过绝对地址去进行赋值。通过上面这种方式赋值，减少了中间换算的过程，极大提升了访问效率。

5.7.3 普通字段的读取与赋值

Unsafe提供了直接读写JVM对象属性的能力，包含对常见的8种基础数据类型的读取与赋值的能力，方法描述如代码清单5-31所示。

代码清单5-31 Unsafe的普通字段的读取与赋值

```
// 根据对象和偏移量，从内存直接读取数据
public native int getInt(Object var1, long var2);
// 根据对象和偏移量，将新数据写入内存
public native void putInt(Object var1, long var2, int var4);
// 根据对象和偏移量，从内存读取对象
public native Object getObject(Object var1, long var2);
// 根据对象和偏移量，将新对象写入内存
public native void putObject(Object var1, long var2, Object var4);
// 根据偏移量直接获取属性值
public native int getInt(long var1);
// 根据偏移量直接写入数据
public native void putInt(long var1, int var3);
```

5.7.4 volatile字段的读取与赋值

Unsafe提供了volatile字段的读取与赋值能力，包含对常见的8种基础数据类型的读取与赋值，方法描述如代码清单5-32所示。

代码清单5-32 Unsafe的volatile字段的读取与赋值

```
// 根据对象和偏移量，从内存直接读取数据
public native int getIntVolatile(Object o, long offset);
//根据对象和偏移量，设置int值
public native void putIntVolatile(Object o, long offset, int value);
// 根据对象和偏移量，从内存直接读数据
public native Object getObjectVolatile(Object o, long offset);
//根据对象和偏移量，设置对象引用
public native void putObjectVolatile(Object o, long offset, Object value);
// 根据对象和偏移量，读取byte字段值
```

```
public native byte getByteVolatile(Object o, long offset);
// 根据对象和偏移量，设置 byte 字段值
public native void putByteVolatile(Object o, long offset, byte value);
```

5.7.5　CAS 操作能力

Unsafe 提供了对 int、long、对象引用三种数据类型的 CAS 操作能力，如代码清单 5-33 所示。

代码清单 5-33　Unsafe 的 CAS 操作

```
//比较并设置对象
public final native boolean compareAndSwapObject(Object o, long offset, Object
    expected, Object update);
//比较并设置 int 值
public final native boolean compareAndSwapInt(Object o, long offset, int
    expected,int update);
//比较并设置 long 值
public final native boolean compareAndSwapLong(Object o, long offset, long
    expected, long update);
```

ConcurrentHashMap、AtomicBoolean、AtomicInteger、AbstractQueuedLongSynchronizer 等类都使用了 compareAndSwapInt 方法来实现对应的业务逻辑。AtomicLong、AtomicLongArray 等类都使用 compareAndSwapLong 来实现业务功能。AtomicReference、AtomicMarkableReference 等类都使用 compareAndSwapObject 来实现安全修改对象的属性引用。

5.7.6　线程阻塞与唤醒

Unsafe 提供了线程的阻塞与唤醒能力，如代码清单 5-34 所示。

代码清单 5-34　Unsafe 的线程阻塞

```
//取消阻塞线程
public native void unpark(Object thread);
//阻塞线程
public native void park(boolean isAbsolute, long time);
```

5.7.7　内存屏障

Unsafe 提供了 3 种内存屏障的能力。loadFence（读屏障）的功能是让 CPU 本地缓存失效。storeFence（写屏障）的功能是将 CPU 本地缓存中修改的数据及时同步到主存中。fullFence 屏障的作用相当于 storeFence 加 loadFence，执行过程是先触发 CPU 本地缓存进行数据同步，再使 CPU 本地缓存中的数据失效。Unsafe 方法的内存屏障功能如代码清单 5-35 所示。

代码清单 5-35　Unsafe 的内存屏障

```
// 禁止 load 操作重排序。屏障前的 load 操作不能被重排序到屏障后，屏障后的 load
// 操作不能被重排序到屏障前
public native void loadFence();
// 禁止 store 操作重排序。屏障前的 store 操作不能被重排序到屏障后，
// 屏障后的 store 操作不能被重排序到屏障前
public native void storeFence();
// 禁止 load、store 操作重排序
public native void fullFence();
```

StampedLock 就是通过调用 loadFence 来实现实时读取内存中的数据的。MethodHandle 就是通过调用 fullFence 来实现 Lambda 表达式的更新与优化的。

5.8　Unsafe 实现原理

本节将详细分析 Unsafe 功能的实现原理。

5.8.1　volatile 字段读取

在 JVM 里，volatile 字段的读取功能是通过 Unsafe_Get 函数实现的，JNI 描述如代码清单 5-36 所示。

代码清单 5-36　volatile 字段读取

```
{CC "get" #Type "Volatile",        CC "(" OBJ "J)" #Desc,        FN_PTR(Unsafe_
    Get##Type##Volatile)},
```

Unsafe_Get 函数实际是调用 MemoryAccess 的 get_volatile 函数来进行数据读取的。代码清单 5-37 是 get_volatile 函数的具体实现。

代码清单 5-37　get_volatile 函数

```
T get_volatile() {
    GuardUnsafeAccess guard(_thread);
    volatile T ret = RawAccess<MO_SEQ_CST>::load(addr());  // 读取数据
    return normalize_for_read(ret);  // 数据类型转换
}
```

RawAccessBarrier 是 RawAccess 的实现类，它通过 load_internal 函数完成数据读取。load_internal 是通过调用 Atomic 类的 load_acquire 函数来完成数据读取，具体实现可参考代码清单 5-38。load_acquire 功能就是在读取数据前加入内存屏障让 CPU 的缓存失效，然后从主内存读取数据。

代码清单 5-38　load_acquire 函数

```
RawAccessBarrier<decorators>::load_internal(void* addr) {
```

```
    if (support_IRIW_for_not_multiple_copy_atomic_cpu) {
        OrderAccess::fence();
    }
    return Atomic::load_acquire(reinterpret_cast<const volatile T*>(addr));
}
```

5.8.2 volatile字段写入

volatile字段的赋值能力主要是通过Unsafe_Put函数实现的。Unsafe_Put函数的描述如代码清单5-39所示。

代码清单5-39 Unsafe_Put函数

```
{CC "put" #Type "Volatile",        CC "(" OBJ "J" #Desc ")V",    FN_PTR(Unsafe_
    Put##Type##Volatile)}
```

Unsafe_Put函数是通过MemoryAccess类的put_volatile函数来实现的。put_volatile函数具体实现如代码清单5-40所示。

代码清单5-40 put_volatile函数

```
void put_volatile(T x) {
  GuardUnsafeAccess guard(_thread);
  RawAccess<MO_SEQ_CST>::store(addr(), normalize_for_write(x));
}
```

put_volatile函数会调用RawAccess的store函数来完成写入。store函数对应的具体实现是store_internal函数。代码清单5-41是store_internal函数的具体代码实现：先将数据写入CPU缓存中，然后通过写屏障将CPU本地的缓存数据同步到主内存中，最后调用内存读屏障来使CPU的本地缓存失效。

代码清单5-41 store_internal函数

```
RawAccessBarrier<decorators>::store_internal(void* addr, T value) {
    Atomic::release_store_fence(reinterpret_cast<volatile T*>(addr), value);
}
```

5.8.3 CAS操作能力

compareAndSwapInt方法对应的JNI是Unsafe_CompareAndSetInt函数，compareAndSwapLong方法对应的JNI是Unsafe_CompareAndSetLong函数，compareAndSwapObject方法对应的JNI是Unsafe_CompareAndSetReference函数，CAS JNI函数如代码清单5-42所示。

代码清单5-42 CAS JNI函数

```
{CC "compareAndSetReference",CC "(" OBJ "J" OBJ "" OBJ ")Z", FN_PTR(Unsafe_ CompareAnd-
    SetReference)},
```

```
{CC "compareAndSetInt",   CC "(" OBJ "J""I""I"")Z",   FN_PTR(Unsafe_ CompareAndSetInt)},
{CC "compareAndSetLong",  CC "(" OBJ "J""J""J"")Z",   FN_PTR(Unsafe_ CompareAndSetLong)},
```

代码清单5-43是Unsafe_CompareAndSetInt函数的代码，核心逻辑是先获取到obj的内存地址，接着根据对象的内存地址加上内存偏移量（offset）来获取字段的内存地址。然后调用Atomic类的cmpxchg方法来实现数据的赋值，cmpxchg方法先会比较addr内存中的值有没有改变，没有改变就赋予新的值。

代码清单5-43 Unsafe_CompareAndSetInt函数

```
Unsafe_CompareAndSetInt(jobject obj, jlong offset, jint e, jint x){
    oop p = JNIHandles::resolve(obj);    //获取对象的内存地址
    //获取字段的内存地址
    volatile jint* addr = (volatile jint*)index_oop_from_field_offset_long(p,
        offset);
    return Atomic::cmpxchg(addr, e, x) == e;
}
```

代码清单5-44是Unsafe_CompareAndSetReference函数的代码，核心逻辑也是获取到对象的内存地址，然后调用HeapAccess的oop_atomic_cmpxchg_at方法来实现数据的比较与交换。

代码清单5-44 Unsafe_CompareAndSetReference函数

```
Unsafe_CompareAndSetReference(jobject obj, jlong offset, jobject e_h, jobject x_h))
{
    //获取赋值对象的内存地址
    oop x = JNIHandles::resolve(x_h);
    oop e = JNIHandles::resolve(e_h);  //获取比较对象的内存地址
    oop p = JNIHandles::resolve(obj);  //获取目标对象的内存地址
    assert_field_offset_sane(p, offset);
    oop ret = HeapAccess<ON_UNKNOWN_OOP_REF>::oop_atomic_cmpxchg_at(p,
    (ptrdiff_t)offset, e, x);
    return ret == e;
}
```

5.8.4 线程阻塞与唤醒

Unsafe分别通过park和unpark方法提供了线程的阻塞与唤醒能力，二者在JVM里对应处理的函数是Unsafe_Park与Unsafe_Unpark函数，如代码清单5-45所示。

代码清单5-45 线程阻塞JNI函数

```
{CC "park",          CC "(ZJ)V",          FN_PTR(Unsafe_Park)},
{CC "unpark",        CC "(" OBJ ")V",     FN_PTR(Unsafe_Unpark)},
```

Unsafe_Park函数会先获取当前线程的Parker对象，然后调用Parker对象的park方法来阻塞线程。Unsafe_Unpark 函数会先获取当前线程的 Parker 对象，然后调用 Parker 的 unpark 方法来唤醒线程。

5.9　LockSupport 实现原理

LockSupport 方法是通过 sun.misc.Unsafe 来实现线程阻塞与唤醒的。

LockSupport 方法提供了一组线程阻塞与唤醒的方法，详细方法如表 5-5 所示。

表 5-5　LockSupport 方法列表

方法名称	方法描述
park()	阻塞当前线程，如果调用 unpark(Thread) 或者当前线程被中断，才能从 park 方法返回
parkNanos(long nanos)	阻塞当前线程，最长不超过 nanos 纳秒，在 park 方法的基础上增加了超时返回的条件
parkUntil(long deadline)	阻塞当前线程，直到 deadline 时间到，或者被中断，或者调用了 unpark 方法
park(Object blocker)	阻塞当前线程，并标记当前线程阻塞在哪个具体的对象上
parkNanos(Object blocker, long nanos)	阻塞当前线程，并标记当前线程阻塞在哪个具体的对象上。最长不超过 nanos 纳秒，在 park() 的基础上增加了超时返回的条件
parkUntil(Object blocker, long deadline)	阻塞当前线程，并标记当前线程阻塞在哪个具体的对象上。直到 deadline 时间到，或者被中断，或者调用了 unpark 方法
unpark(Thread thread)	唤醒被阻塞的线程，并清除线程阻塞对象
Object getBlocker(Thread t)	获取到当前线程阻塞对象

LockSupport 提供了 2 种线程阻塞的方式：一种是不带阻塞对象的方法，另一种是带阻塞对象的方法。阻塞对象可以表示线程阻塞的原因，JVM 会把阻塞对象设置到线程的 parkBlocker 字段中，这样我们就可以通过诊断工具查看线程阻塞的原因。

5.9.1　Unsafe 初始化

在使用 Unsafe 之前，需要先实例化 Unsafe。如代码清单 5-46 所示，LockSupport 定义了 UNSAFE 静态全局变量。

代码清单 5-46　Unsafe 变量初始化

```
private static final Unsafe U = Unsafe.getUnsafe();
private static final long PARKBLOCKER
    = U.objectFieldOffset(Thread.class, "parkBlocker");
```

5.9.2 无阻塞对象方法

LockSupport 提供了 3 个无阻塞对象的线程阻塞方法，如代码清单 5-47 所示。

代码清单 5-47 无阻塞对象的 park 方法

```
public static void park() {
    U.park(false, 0L);
}
public static void parkNanos(long nanos) {
    if (nanos > 0)
        U.park(false, nanos);
}
public static void parkUntil(long deadline) {
    U.park(true, deadline);
}
```

这 3 个方法最终都是调用 Unsafe 的 park 方法来实现线程阻塞的。

5.9.3 有阻塞对象方法

LockSupport 提供了 3 种有阻塞对象的线程阻塞方法。这 3 个方法的处理流程基本都是一样的，首先调用 setBlocker 方法设置阻塞对象，然后调用 Unsafe 的 park 方法来阻塞当前线程，线程醒来后会再次调用 setBlocker 方法清除绑定对象，如代码清单 5-48 所示。

代码清单 5-48 有阻塞对象的 park 方法

```
public static void park(Object blocker) {
    Thread t = Thread.currentThread();
    setBlocker(t, blocker);
    U.park(false, 0L);
    setBlocker(t, null);
}
public static void parkNanos(Object blocker, long nanos) {
    if (nanos > 0) {
        Thread t = Thread.currentThread();
        setBlocker(t, blocker);
         U.park(false, nanos);
        setBlocker(t, null);
    }
}
public static void parkUntil(Object blocker, long deadline) {
    Thread t = Thread.currentThread();
    setBlocker(t, blocker);
     U.park(true, deadline);
    setBlocker(t, null);
}
private static void setBlocker(Thread t, Object arg) {
     U.putObject(t, parkBlockerOffset, arg);
}
```

在上述代码中，setBlocker 方法通过调用 Unsafe 的 putObject 方法将阻塞对象设置到当前线程的 parkBlocker 字段中。

代码清单 5-49 展示了有阻塞对象与无阻塞对象之间的差别。LockSupportTest 有 2 个方法：park 方法与 parkObject 方法。

代码清单 5-49　LockSupportTest

```
public class LockSupportTest {
    private Object lock = new Object();     // 同步对象
    private void park() {
        LockSupport.park();
    }
    private void parkObject() {
        LockSupport.park(lock);
    }
    public static void main(String[] args) {
        LockSupportTest test = new LockSupportTest();
        //test.park();
        test.parkObject();
    }
}
```

调用 park 方法来实现线程阻塞时，可通过 Arthas 的 thread 命令来查看线程的信息，线程阻塞结果如图 5-15 所示。

```
[arthas@3529]$ thread 1
"main" Id=1 WAITING
    at sun.misc.Unsafe.park(Native Method)
    at java.util.concurrent.locks.LockSupport.park(LockSupport.java:304)
    at LockSupportTest.park(LockSupportTest.java:19)
    at LockSupportTest.main(LockSupportTest.java:28)
```

图 5-15　线程阻塞

从图 5-15 中可以清晰地看到，当前线程被 sun.misc.Unsafe.park 方法阻塞了，线程处于 WAITING 状态，但不知道线程是因为什么而阻塞的。

调用 parkObject 方法来实现线程阻塞时，可通过 Arthas 的 thread 命令来查看线程的信息，线程对象阻塞结果如图 5-16 所示。

```
[arthas@4150]$ thread  1
"main" Id=1 WAITING on java.lang.Object@69cf4581
    at sun.misc.Unsafe.park(Native Method)
    -  waiting on java.lang.Object@69cf4581
    at java.util.concurrent.locks.LockSupport.park(LockSupport.java:175)
    at LockSupportTest.parkObject(LockSupportTest.java:23)
    at LockSupportTest.main(LockSupportTest.java:28)
```

图 5-16　线程对象阻塞

从图 5-16 中可以清晰地看到，线程被 sun.misc.Unsafe.park 方法阻塞了，并阻塞在

java.lang.Object对象上，这样就能清晰地知道线程是因为什么而阻塞了。

5.9.4 线程唤醒

Unsafe的unpark方法用来唤醒线程，代码清单5-50是unpark方法的具体实现。

代码清单 5-50 unpark 方法

```
public static void unpark(Thread thread) {
    if (thread != null)
        U.unpark(thread);
}
```

5.10 小结

本章详细讲解了3种基础线程同步机制（synchronized、volatile与CAS硬件原语）的实现原理。synchronized是通过内置的对象锁来实现线程间同步，具备原子性、可见性、有序性。volatile是一种轻量级同步机制，它只保证可见性与有序性，但无法保证原子性。CAS采用了无锁的原子操作来实现线程同步，避免加锁带来的笨重性。

进阶篇

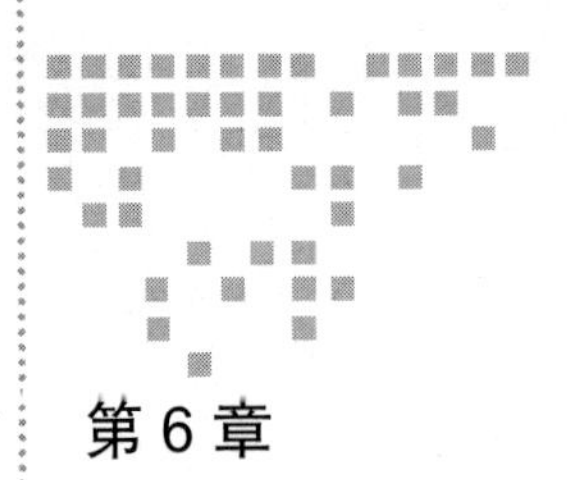

Chapter 6　第 6 章

Java 锁实现原理

锁机制是 Java 提供的高阶线程同步方式。本章会从自旋锁的启蒙思想开始，详细介绍 MCS、CLH、AQS 等锁的概念与设计原理。通过对 AQS 源码的深入剖析，使你能够更好地理解 Java 的锁机制。最后，会深入分析 ReentrantLock、ReentrantReadWriteLock、CountDownLatch 等锁的设计原理，让读者可以轻松地使用 Java 的锁来实现线程同步。

6.1　CPU 架构

最初的处理器都致力于单核处理器的发展，但随着单核处理器性能已经发挥到极致，就发展了多核处理器技术。经过几十年的发展，多核处理器技术已经非常成熟，目前多核技术大多采用的是共享内存的架构。

6.1.1　SMP

SMP（Symmetrical Multi-Processing，对称多处理器技术），是指在一个计算机上集成了多个 CPU，各个 CPU 之间共享统一内存子系统以及总线结构。在这种架构中，多个 CPU 由同一个操作系统管理与调度，并共享内存、磁盘、网卡以及其他资源，逻辑架构如图 6-1 所示。在程序管理调度时，系统将任务队列对称地分布在多个 CPU 之上，所有的处理器都可以平等地访问内存、I/O 和外部中断，从而极大地提高了整个系统的任务处理能力。

由于多个 CPU 共享同一个内存，这就带来了高速缓存的数据一致性问题。缓存数据一致性问题需要通过硬件方式来解决，会带来很大的硬件性能损耗，而这种损耗会随着 CPU 的个数增加而增加。例如，有个 96 核 CPU 的服务器，每个 CPU 都运行一个线程，每个线程都在操作同一个变量 V。其中一个 CPU 上的线程对 V 进行修改，会把消息广播到其他 95 个 CPU 上，其他 95 个 CPU 都需要处理这个消息，这会带来极大的硬件性能损耗，所以 SMP 技术很难组建大规模的 CPU 系统。

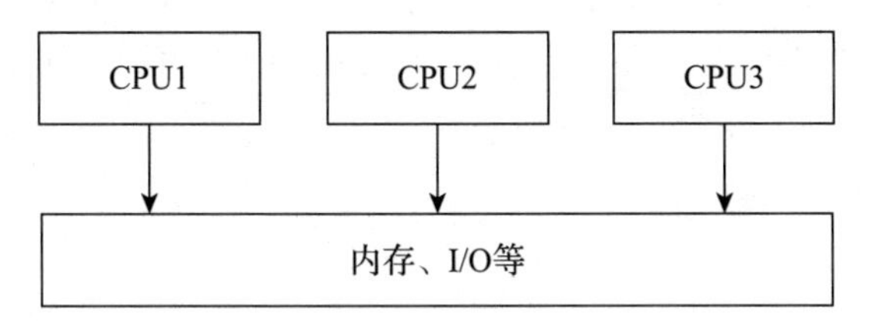

图 6-1 SMP 架构

6.1.2 NUMA

由于 SMP 在扩展能力上的限制，工程师开始探究如何构建大型系统的技术，NUMA（Non-Uniform Memory Access，非一致性内存访问）就是探索成果之一。采用 NUMA 技术，可以将数十个 CPU（或数百个 CPU）有效地整合到一台服务器中，实现协同工作。NUMA 逻辑架构如图 6-2 所示。

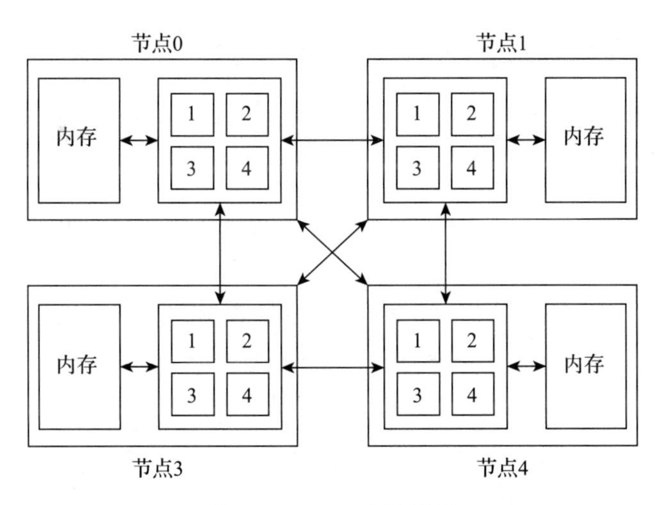

图 6-2 NUMA 逻辑架构

在 NUMA 的架构中，一台服务器有多个节点（Node），每个节点中有多个 CPU，每个节点都有自己的内存，即本地内存。同时，每个节点上的 CPU 也可以访问其他节点上的内存，其他节点上的内存称为远端内存。在图 6-2 中，对节点 0 来说，节点 1、节点 2、节点 3 上的内存都是远端内存。CPU 与内存之间通过片内总线进行连接，各个节点之间访问是通过互联模块（Crossbar Switch）来进行的。在 NUMA 架构中，CPU 访问本地内存速度非常快，访问远端内存速度仅是访问本地内存速度的 20%～77%。

6.1.3 SMP与NUMA比较

SMP所有的资源都是共享的，它的优势是所有CPU访问内存的速度非常快，不足在于不能进行高效扩展。因为NUMA采用了多节点的结构，所以其优势在于能够高效扩展，将上百个CPU构建成一个系统，其不足在于每个CPU访问远端的内存会比较慢，时效性比较低。目前，大部分的应用服务器都是基于SMP架构设计的，而大规模的数据存储服务器则是基于NUMA架构设计的。

6.2 自旋锁的诞生

在多共享内存多处理器已非常成熟、CPU支持CAS硬件原语的背景下，1990年Thomas E. Anderson教授发表了名为“The Performance of Spin Lock Alternatives for Shared-Memory Multiprocessors”的论文，详细阐述了自旋锁的设计方案与性能分析。这篇论文也是后面MCS、CLH、AQS等一系列锁的实现的基础理论依据。

Thomas E. Anderson教授在论文中详细阐述了4种自旋锁的设计方案。下面详细讲解每个设计方案的设计原理，以便读者对自旋锁的设计有更加深刻的理解。

6.2.1 SPIN ON TEST-AND-SET

SPIN ON TEST-AND-SET是最简单的自旋锁的模型。如图6-3所示，将锁的初始化状态设置为CLEAR状态。

SPIN ON TEST-AND-SET

```
Init      lock := CLEAR;
Lock      while ( TestAndSet ( lock ) =BUSY );
Unlock    lock := CLEAR;
```

图6-3 SPIN ON TEST-AND-SET

使用TestAndSet来修改锁的状态，如果锁的状态被修改成BUSY，则表示获得了锁。如果获取锁失败，则循环多次尝试获取。在执行完业务逻辑后，将锁的状态修改为CLEAR来释放锁。

在伪代码中，TestAndSet需要通过CAS硬件原语来实现，CAS硬件原语是直接访问内存的，不会用到CPU的缓存机制。当多线程同时不停地通过CAS来访问内存，会造成内存总线消息拥堵，同时每个CPU都会处于满负荷的状态来运行循环操作。在锁释放时，持有锁线程的CPU也需要同其他自旋的线程的CPU来争抢同一个内存的原子性操作权限。随着CPU核数增加，并发线程数增加，自旋带来的内存争抢会更加激烈，这样会导致CPU的整体性能急剧下降。

6.2.2 TEST-AND-TEST-AND-SET

在 SPIN ON TEST-AND-SET 基础上，Thomas E. Anderson 教授做了进一步的改良，变成了 TEST-AND-TEST-AND-SET，伪代码如图 6-4 所示。

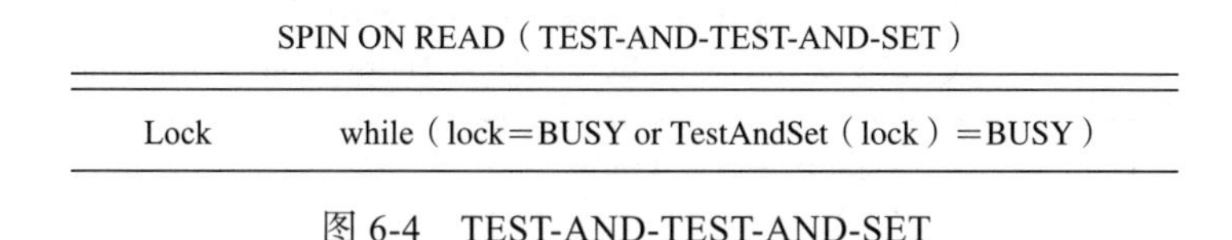

SPIN ON READ（TEST-AND-TEST-AND-SET）

Lock	while（lock=BUSY or TestAndSet（lock）=BUSY）

图 6-4 TEST-AND-TEST-AND-SET

TEST-AND-TEST-AND-SET 具体是在 TestAndSet 操作之前增加了锁状态的查询，这样就能使用 CPU 的本地缓存了。如果锁是 BUSY 状态，则不尝试获取锁，这样大大降低了内存总线的信息堵塞。线程拿到锁了之后，会将锁状态改成 LOCK，其他 CPU 上的本地缓存数据会失效。这个改良能够很好地解决 CPU 的主内存访问带来的性能问题，但 CPU 一直在执行空循环，仍然会浪费 CPU 资源。

6.2.3 DELAY BETWEEN EACH REFERENCE

DELAY BETWEEN EACH REFERENCE 是在 TEST-AND-TEST-AND-SET 基础上引入了睡眠机制，如图 6-5 所示。也就是每次在获取不到锁的情况下，调用 Delay 方法让线程进入睡眠状态。

DELAY BETWEEN EACH REFERENCE

```
Lock        while（lock=BUSY or TestAndSet（lock）=BUSY）
                Delay();
```

图 6-5 DELAY BETWEEN EACH REFERENCE

每个 CPU 线程的睡眠时间是随机的，可以设定最长睡眠时间 *T*。例如，最大时间 *T* 为 1000ms，在获取不到锁的情况下，线程会随机睡眠 1ms～1000ms。这样，获取不到锁的线程可以释放 CPU，让 CPU 执行其他任务，从而提高 CPU 的使用效率。

这个设计虽然提高了 CPU 的使用效率，但又带来另一个问题：*T* 的值到底设置多少合适？如果 *T* 的值太小，则 CPU 的使用效率提升并不明显。如果 *T* 的值设置太大，获取锁的时间就会有明显的延迟。其中一个 CPU 上的线程把锁释放了，其他 CPU 要过很久才能从睡眠中醒来并获取锁。

6.2.4 READ-AND-INCREMENT

DELAY BETWEEN EACH REFERENCE 在延迟策略与避让策略上的设计与实现都比较困难，所以 Thomas E. Anderson 教授转变思考方向，从排队的角度来解决自旋带来的性能问题。

锁由 2 个部分组成：一部分是锁状态数组 flags[P]，另一部分是锁请求计数器 queueLast。在锁初始化的时候，构建一个长度为 *P*（CPU 的个数，例如有 4 个 CPU 那么 *P* 就是 4）的 flag 数组，flags[0] 的状态 HAS_LOCK 表示可以获取锁，其他数组的内容为 MUST_WAIT。queueLast 初始值为 0。伪代码如图 6-6 所示。

QUEUE USING ATOMIC READ–AND–INCREMENT

Init	flags[0] : = HAS_LOCK;
	flags[1..P−1] : = MUST_WAIT;
	queueLast : = 0;

Lock	myPlace: = ReadAndIncrement（queueLast）; while（flags[myPlace mod P] = MUST_WAIT）; flags[myPlace mod P]: = MUST_WAIT;
Unlock	flags[（myPlace+1） mod P]: = HAS_LOCK;

图 6-6　DELAY BETWEEN EACH REFERENCE

线程先将 queueLast 加 1，然后通过取模运算（queueLast % P）获取到线程对应的 index，然后循环观察 flags[index] 的状态。如果 flags[index] 状态为 HAS_LOCK 就表示线程获取到锁了。当需要释放锁时，把当前线程对应的 flags[index] 的状态改成 MUST_WAIT，并将 flags[index+1] 的状态改成 HAS_LOCK，这样后面线程就能获取锁了。通过队列的设计让每个 CPU 都只关注对应 index 上的 flag 数组的值，这样多个 CPU 就不会访问同一个值，不会造成内存总线的消息阻塞。

6.3　MCS 锁的实现

在 1990 年 Thomas E. Anderson 发表了论文之后，John M. Mellor Crummey 和 Michael L. Scott 在 1991 年发表了名为“Algorithms for Scalable Synchronization on SharedMemory Multiprocessor”的论文。论文详细阐述了另一种改进型的自旋排队锁机制：MCS 锁。相比 Thomas E. Anderson 采用数组的形式来实现自旋排队锁，MCS 锁是采用链表的形式来实现的。

整个 MCS 锁就是一个由单向链表构成的等待队列，队列中的每个节点称为 Node，MCS 锁会维护一个 tail 指针，该指针会指向整个链表的尾部节点，如图 6-7 所示。

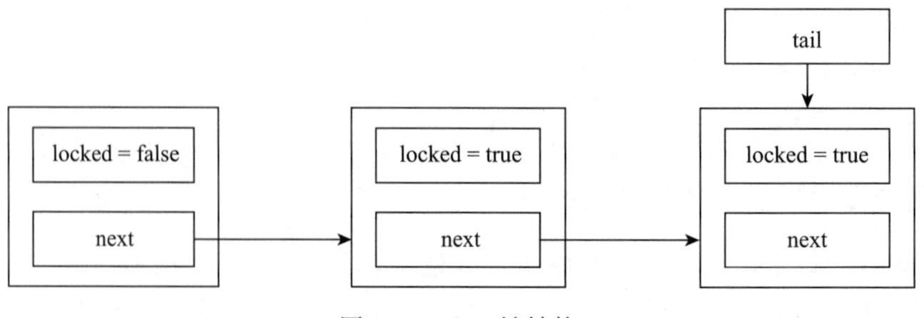

图 6-7　MCS 锁结构

Node 由 2 个部分组成：一部分是锁的标志 locked，locked 为 true 表示等待锁，locked 为 false 表示成功加锁；另一部分是指向后继节点的 next 指针。

6.3.1 获取锁的过程

锁的获取包含两个步骤：一是将当前线程加入等待队列，二是持续观察当前等待节点的状态。首先利用当前线程构造 Node，然后通过 CAS 的方式将 Node 加入等待队列。线程需要持续观察当前节点的状态，如果当前节点的 locked 值为 true，则持续自旋。整个获取锁的流程如图 6-8 所示。

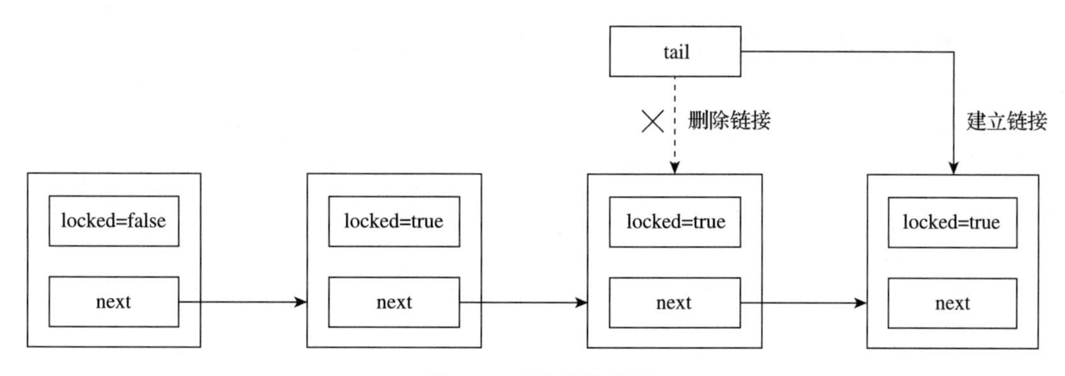

图 6-8 获取锁的流程

6.3.2 释放锁的过程

锁的释放包含两个步骤：一是通知后继节点获取锁；二是将当前节点从等待队列中移除。在锁释放的时候，已经拿到锁的线程将其后继节点的锁状态改为 false，这样后继节点就获取到锁了。如果后继节点为空，释放锁的线程需要等到新节点加入才能释放锁。在通知后继节点后，会将当前节点的 next 指针设置为空，将当前线程从队列中移除。释放锁的流程如图 6-9 所示。

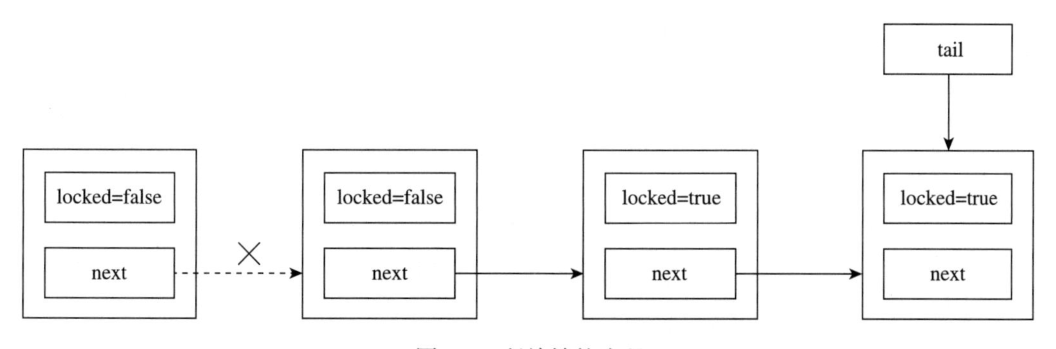

图 6-9 释放锁的流程

6.3.3 MCS锁的特征

MCS锁采取FIFO原则来获取锁，也就是先发起获取锁的线程可以先拿到锁，这样可以避免饥饿式等待。每个等待锁的线程都自旋在自己节点的锁状态上，避免了集中式内存访问造成的访问争抢问题。每个锁只需要很小的内存空间，因为锁只要维护一个tail节点。无论CPU架构是否采用一致性缓存架构，该算法每次获取锁都只会产生$O(1)$常量级别的内存通信开销。

6.3.4 锁的实现案例

代码清单6-1是一个MCS锁的示例。MCSLock内部定义了2个属性：一个是Atomic-Reference的tail指针，另一个是ThreadLocal变量threadLocal。AtomicReference提供了原子性的修改能力。ThreadLocal提供了线程安全地获取当前线程Node的能力。Node有两个属性：一个是Boolean变量locked，表示线程获取锁的状态；另一个是Node的next指针，指向当前节点的后继节点。locked采用volatile关键字修饰，以确保多线程的可见性。

代码清单6-1 MCS锁示例

```
public class MCSLock {
    //定义tail节点
    private AtomicReference<Node> tail = new AtomicReference<>();
    //用ThreadLocal来保存线程拥有的节点信息
    private volatile ThreadLocal<Node> threadLocal = ThreadLocal.
        withInitial(Node::new);
    class Node {
        //锁状态的标志
        private volatile boolean locked = true;
        //tail指针
        private volatile Node next = null;
        public boolean getLocked() {
            return locked;
        }
        public void setLocked(boolean locked) {
            this.locked = locked;
        }
        public Node getNext() {
            return next;
        }
        public void setNext(Node next) {
            this.next = next;
        }
    }
    public void lock() {
        //获取当前节点
        Node currentNode = threadLocal.get();
        //将当tail指针指向当前节点，并返回原来tail的值所表示的前驱节点
```

```
            Node predNode = tail.getAndSet(currentNode);
            // 如果前驱节点为空，表示没有线程等待，直接获取锁
            if (predNode == null) {
                currentNode.setLocked(false);
            } else {
                // 把前驱节点与当前节点进行连接
                predNode.setNext(currentNode);
                // 循环等待
                while (currentNode.getLocked()) {
                }
            }
        }
        public void unlock() {
            Node curNode = threadLocal.get();
            threadLocal.remove();
            if (curNode == null || curNode.getLocked() == true) {
                return;
            }
            // 如果后继节点为空，就将 tail 指针指向 null
            if (curNode.getNext() == null && !tail.compareAndSet(curNode, null)) {
                // 如果后继节点为空，则循环等待
                while (curNode.getNext() == null) {
                }
            }
            // 获取到后继节点
            Node nextNode = curNode.getNext();
            if (nextNode != null) {
                nextNode.setLocked(false);
                curNode.setNext(null);
            }
        }
    }
```

6.3.5 MCS 锁的不足

虽然 MCS 算法在获取锁的时候，每个线程都只在自己的节点上进行自旋，极大地减少了内存总线消息拥塞的情况。但它在锁释放的时候也有明显的性能问题。并且锁释放的逻辑非常复杂，如图 6-10 所示。

场景 1：此刻有多个线程正在同时申请锁并且已更新 tail 指针，而释放线程节点的 next 指针还没有指向后继节点，而处于 null 状态，且 tail 也不是指向释放线程的节点。这个时候，释放线程的节点一直等待其他线程节点与当前线程的节点连接起来，才将后继节点的 locked 域设置为 false。

场景 2：当前线程后面没有节点。只需要调用 AtomicReference 类的 compareAndSet() 方法，将 tail 指针指向 null，并销毁当前节点即可。

场景 3：此刻有其他线程已经申请完锁，并进入线程自旋等待的状态，即要释放锁的线

程节点的 next 节点不为非空，就可以直接将后继节点的 locked 域设置为 false，以便后继节点退出自旋，从而获取到释放的锁。

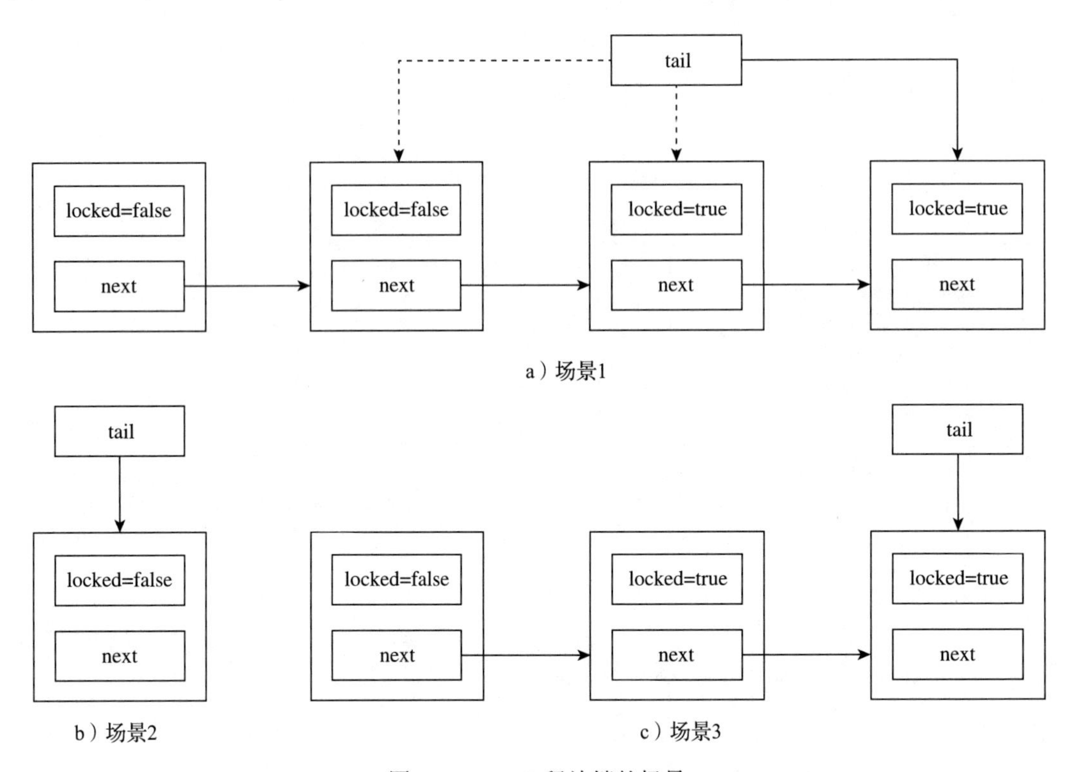

图 6-10 MCS 释放锁的场景

6.4 CLH 锁的实现

1933 年，Travis S. Craig 教授发表了一篇名为“Building FIFO and Priority-Queuing Spin Locks from Atomic Swap”的论文，阐述了一种可以支持 FIFO 与权重比的自旋锁设计方案，该方案在 SMP 与 NUMA 架构下的性能都比较出色。在 Travis S. Craig 论文的基础上，1994 年 Anders Landin 与 Erik Hagersten 发表了名为“Efficient Software Synchronization on Large Cache Coherent Multiprocessors”的论文，介绍了 LH 锁的实现。但这两篇论文在底层原理与思路上基本是一致的，只是表述的形式各有不同。工程人员结合 Travis S. Craig、Anders Landin 与 Erik Hagersten 的论文共同实现了一个锁，称为 CLH 锁（CLH 来自 Craig、Landin、Hagersten 的首字母）。

CLH 锁是一个由单向链表构成的等待队列，队列中存放的是要获取锁的 Request 请求。Request 请求由 3 部分组成：当前节点指针 curNode、前驱节点指针 preNode，以及锁请求节点。锁请求节点中定义了锁状态标志 locked：locked 为 true 表示待获取锁；locked 为

false 表示已获取锁。每个线程都会通过自旋方式来观察前驱节点上的 locked 的值。

同时 CLH 锁还会维护一个 tail 指针指向最后一个节点。整个 CLH 锁的结构如图 6-11 所示。

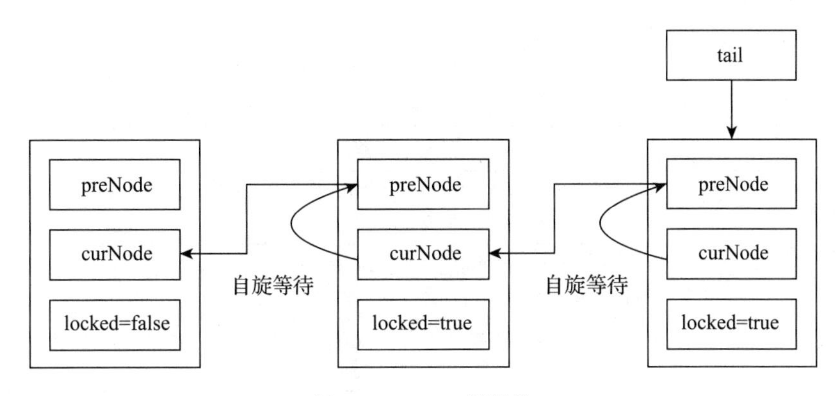

图 6-11 CLH 锁结构

6.4.1 获取锁的过程

当线程获取锁时，CLH 会先构造锁请求的节点 curNode，并将 curNode 的 locked 状态设置成 true，表示需要获取锁。然后通过 tail 指针获取队列尾部的节点，并将队列的尾部节点作为当前节点的前驱节点，通过 CAS 方式将 tail 指针指向 curNode。获取锁的线程会自旋观察 preNode 节点的 locked 标志。如果 preNode 的 locked 为 false 就表示当前线程获取到锁了。获取 CLH 锁的流程如图 6-12 所示。

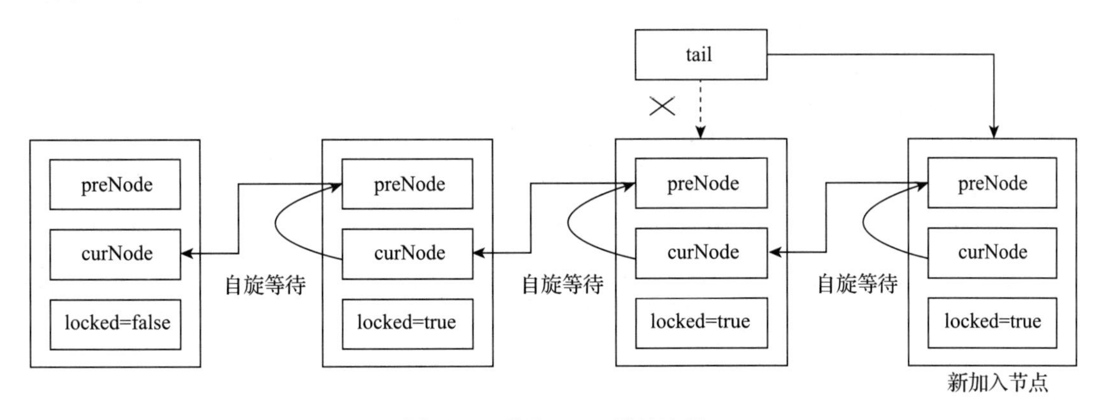

图 6-12 获取 CLH 锁的流程

6.4.2 释放锁的过程

获取当前线程的锁节点，然后将当前节点的 locked 设置为 false，这样后继节点就能自动获取到锁。

6.4.3 CLH 锁与 MCS 锁的对比

虽然 Craig、Landin 与 Hagersten 的两篇论文里都引用了 MCS 的论文，但并没有明确阐述 CLH 锁与 MCS 锁的明确区别。但从具体实现上，CLH 锁与 MCS 锁还是有几个明显差别的，如表 6-1 所示。

表 6-1 CLH 锁与 MCS 锁的差别

差别点	差别描述
链表结构	在链表实现上的差别：MCS 锁是由前驱节点的 next 指针指向后继节点的，而 CLH 锁是由当前节点的 preNode 指针指向前驱节点
等待方式	在等待锁的时候，MCS 锁是观察当前节点的状态来判断是否可以获取锁，而 CLH 锁是观察前驱节点的状态来判断自己是否获取到了锁
锁释放处理	在锁释放的时候，MCS 锁需要注意后继节点是否正在添加的过程中，需要做容错处理，而 CLH 锁比较简单，只修改当前节点的状态就可以实现锁释放

6.4.4 锁的实现案例

代码清单 6-2 是一个 CLH 锁的 Java 语言实现示例。CLHLock 定义了 3 个属性：一个是 tail 指针，指向链表的尾节点；另一个是 curNode，表示当前节点，还有一个是 preNode，表示前驱节点。Node 定义了 boolean 型的 locked 变量，用来表示锁的状态，true 表示需要等待锁，false 表示不持有锁。locked 属性采用 volatile 关键字修饰，以确保多线程的可见性。

代码清单 6-2 CLH 锁 Java 语言实现示例

```
public class CLHLock {
    //尾节点
    private AtomicReference<Node> tail = new AtomicReference<>(new Node());
    // 当前节点的前驱节点
    private ThreadLocal<Node> predNode = new ThreadLocal();
    // 当前节点
    private ThreadLocal<Node> curNode =
ThreadLocal.withInitial(CLHLock.Node::new);
    class Node {
        //表示等待节点的状态：true 表示等待获取锁；false 表示不持有锁
        private volatile boolean locked = false;
        public boolean isLocked() {
            return locked;
        }
        public void setLocked(boolean locked) {
            this.locked = locked;
        }
    }
    public void lock() {
        //获取到当前节点
        Node curNode = curNode.get();
```

```
            // 设置成 true，表示需要获取锁
            curNode.locked = true;
            // 获取的 tail 节点作为前驱节点，并将 tail 指针指向当前节点
            Node preNode = tail.getAndSet(curNode);
            // 设置 predNode 与前驱节点
            predNode.set(preNode);
            while (preNode.locked) {
            }
        }
        public void unLock() {
            // 获取当前线程的当前节点
            Node node = curNode.get();
            // 设置为 false
            node.locked = false;
            // 构造一个新的节点替换当前节点
            Node newCurNode = new Node();
            curNode.set(newCurNode);
        }
    }
```

6.5 AQS 设计原理

我们已经了解了 MCS 锁与 CLH 锁的设计原理，通过对比可以清晰地发现：CLH 锁的优点比较明显：入队和出队速度快、无锁且无阻塞、检测是否有线程在等待也很快，并且每个等待线程只关注前一个线程的状态，内存竞争比较少。但线程在获取 CLH 锁时，CPU 是处于自旋状态，并没有释放。

2004 年，Java 大神 Doug Lea 发表了一篇名为"The java.util.concurrent Synchronizer Framework"的论文，详细阐述了 Java 的 AbstractQueuedSynchronizer（抽象队列同步器，简称 AQS）的设计原理与实现方案。

JSR166 规范提出了很多线程并发控制的需求，为了满足 JSR166 在并发控制上的要求，Doug Lea 在 CLH 的基础上设计了 AQS。AQS 能够确保多线程在同时获取锁的情况下，总体性能消耗是恒定的，不会发生随着获取线程的增加，导致锁的性能明显下降的情况。同时确保了 CPU 使用效率、内存流量和线程调度开销总体可控。

6.5.1 功能与特征

AQS 一般包含两类方法：一类是获取锁的方法，另一类是释放锁的方法。在获取锁时，AQS 会阻塞调用的线程，直到同步状态允许其继续执行。在锁释放时，AQS 则通过 CAS 方式改变同步状态，并唤醒一或多个被阻塞的线程来获取锁。在上述两类操作的基础上，AQS 还支持如表 6-2 所示的特征。

表 6-2　AQS 特征

特征点	特征描述
阻塞式和非阻塞式同步	同时支持阻塞和非阻塞式同步调用，阻塞式同步调用就是先尝试获取锁，获取不到锁就加入等待队列进行等待，非阻塞式同步调用就是尝试获取锁，获取不到就返回。可以通过 lock 方法阻塞式地获取锁，也可以通过 tryLock 非阻塞式地获取锁
超时结束锁等待	提供了超时放弃锁等待功能，在 tryLock 里面可以设置一个等待时间。首先尝试进行获取锁，如果获取到了，则直接返回。如果获取不到，则进入等待队列进行等待，但是设定了一个等待时间。如果时间到了还没获取到锁的话，则会直接唤醒程序结束等待
支持线程中断	可以通过中断来实现任务取消，但是在获取同步锁的时候需要指定是否允许中断。在线程获取锁失败了之后会加入等待队列，可以通过线程中断的方式来取消锁的等待功能
独占锁与共享锁	支持独占状态与共享状态两种锁模式：独占状态的同步器，在同一时间只有一个线程可以获取锁，而共享状态的同步器可以同时有多个线程获取锁。例如，ReentrantLock 就是一个独占锁，而 ReentrantReadWriteLock 的读锁就是共享锁，写锁是独占锁

6.5.2　设计原理

AQS 由 3 个组件相互协作完成：同步状态、线程的阻塞与解除阻塞、线程等待队列。每个组件都有独立的实现，然后通过组合模式进行耦合。这样保证了组件的独立性，同时保障了组合的灵活性。

1. 同步状态

同步状态 state 是 int 类型的变量，这与前面所有锁的实现算法都不同。MCS 锁与 CLH 锁都是用 boolean 类型的变量来表示锁状态的。因为 AQS 需要支持独占与共享两种锁模式，所以 state 采用 int 类型来表示。state 初始值表示有多少个线程能同时获取锁：state 为 1，表示独占锁模式，表示只有 1 个线程可以获取到锁；state 为 N（$N > 1$）的时候为共享锁模式，表示 N 个线程可以同时获取到锁。state 是用 volatile 关键字修饰的，这样确保了多线程的可见性。state 的修改是通过 CAS 方式实现的，这样可以确保操作的原子性。

2. 线程的阻塞与解除阻塞

在 AQS 里，线程的阻塞和唤醒是通过 LockSupport 类来实现的。在锁等待的时候，AQS 会调用 LockSupport 的 park 方法将等待线程阻塞。在锁释放的时候，AQS 会调用 LockSupport 类的 unpark 方法唤醒等待中的线程来获取锁。

3. 队列的管理

在等待队列的设计上，相比 CLH 而言，AQS 做了非常大的改变，首先把单向链表改成了双向链表，每个线程的等待节点有两个指针：指向前驱节点的 prev 指针和指向后继节点的 next 指针 。同时 AQS 增加了同步队列的头节点指针 head 和尾节点指针 tail，这样就能够通过头节点指针或尾节点指针，快速找到队列中的任何一个节点。队列的指针都是采用 volatile 关键字修饰的，这样确保了多线程的可见性，同时对这些指针的修改都会采用 CAS

的方式，确保多线程修改的原子性。同步队列的结构如图 6-13 所示。

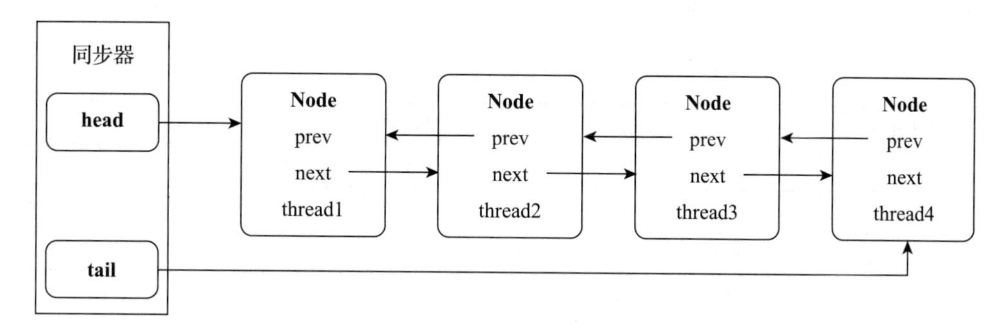

图 6-13　AQS 锁队列

每个节点上增加了 status 来表示节点的状态，注意这里不是表示锁的状态，而仅仅表示节点的状态。waitStatus 状态值如表 6-3 所示。

表 6-3　waitStatus 状态值

状态名称	状态值	状态描述
CANCELLED	−2147483648	表示当前节点对应的线程被取消，当线程等待超时或被中断时会被修改为此状态。此时就会跳过当前节点，不用去唤醒线程来获取锁了
WAITING	1	表示当前节点的后继节点的线程被阻塞，当前线程在释放同步状态或取消时，需要唤醒后继节点的线程
COND	2	表示当前节点正在等待在某个具体 Condition 的触发，当其他线程调用 Condition 的 signal 方法后，会将节点转移到同步等待队列
获取锁状态	0	初始值，表示当前节点等待获取同步器的锁状态

设计 status 的目的是减少 LockSupport 类的 unpark 方法的调用，因为线程已经取消了，就不需要调用 unpark 方法来唤醒线程了。线程唤醒最终是需要 Linux 系统内核来完成的，无效的调用会增加系统的运行成本，会带来上下文切换开销。

6.5.3　设计模式

AQS 采用了模板方法的设计模式，对通用功能做了具体实现。AQS 实现了 3 个方面的通用功能，如表 6-4 所示。

表 6-4　AQS 通用功能

通用功能	功能描述
锁状态管理	提供了 getState、setState、compareAndSetState 这 3 个方法来管理同步状态
等待队列管理	提供了线程等待队列的入队、出队、判断队列长度、统计队列中的线程等通用功能
同步器获取与释放	提供了独占锁、自旋锁获取与释放的功能。在锁获取的时候，支持轻量级获取锁、超时等待获取锁、永久等待获取锁的能力

同时AQS也提供了一些子类可以扩展的功能，方便子类按照业务场景进行自定义实现，如表6-5所示。

表6-5 AQS扩展功能

扩展功能	功能描述
独占锁状态扩展	tryAcquire方法尝试获取独占锁，tryRelease方法尝试释放独占锁
共享锁状态扩展	tryAcquireShared方法尝试获取共享锁状态，tryReleaseShared方法尝试释放共享锁状态
当前是线程锁模式	通过isHeldExclusively方法判断当前线程是否处于独占锁模式

6.6 AQS实现过程

本节来详细地探讨一下AbstractQueuedSynchronizer的实现原理。

6.6.1 逻辑架构

AbstractQueuedSynchronizer的整体设计非常复杂，为了方便读者更好地理解这一篇的内容，我把AbstractQueuedSynchronizer的功能进行了归纳与整理。

AQS自上而下可以大致分为5层：API层、扩展接口层、逻辑实现层、线程与队列管理层、状态与队列管理层。

API层是锁获取与释放的入口，方便调用者快捷地使用AQS获取锁。扩展接口层提供了tryAcquire、tryAcquireShared、tryRelease、tryReleaseShared等扩展接口。子类可以通过实现这些方法来定制锁的获取与释放逻辑。逻辑实现层是锁获取的核心逻辑实现，用来控制锁获取、线程等待、队列等待、锁释放等核心逻辑。线程与队列管理层主要负责线程与队列节点之间的映射与管理。最底层分为两部分：一个部分是锁状态的管理功能；另一部分是等待队列的管理功能，包含队列的头部节点管理、尾部队列管理、节点入队管理等功能。

为了让读者能够理解AbstractQueuedSynchronizer的实现原理，接下来按照自底向上的原则来对源码进行分析。

6.6.2 状态管理

AQS需要支持共享锁的模式，所以同步状态采用int类型的变量state来表示。state为1表示独占锁模式，只有1个线程可以获取到锁。state为$N(N>1)$的时候表示共享锁模式，即N个线程可以同时获取到锁。AQS进行状态管理的实现如代码清单6-3所示。

代码清单6-3 AQS状态管理

```
private volatile int state;
protected final int getState() {
```

```
        return state;
    }
    protected final void setState(int newState) {
        state = newState;
    }
    protected final boolean compareAndSetState(int expect, int update) {
        return U.compareAndSetInt(this, STATE, expect, update);
    }
```

state 是用 volatile 关键字来修饰的。getState 与 setState 方法是标准的字段读写功能。compareAndSetState 方法是通过 Unsafe 类的 compareAndSwapInt 方法来实现线程修改的原子性的。通过 volatile+CAS 的方式确保多线程修改的安全性。

6.6.3　队列管理

AQS 采用了双向链表来实现线程等待队列，内部定义了两个指针：head 指针与 tail 指针。head 指针指向队列的头节点，tail 指针指向队列的尾节点。这样设计的好处是能够从 head 节点向后遍历，也能通过 tail 节点向前遍历，方便进行链表的管理。AQS 等待队列如图 6-14 所示。

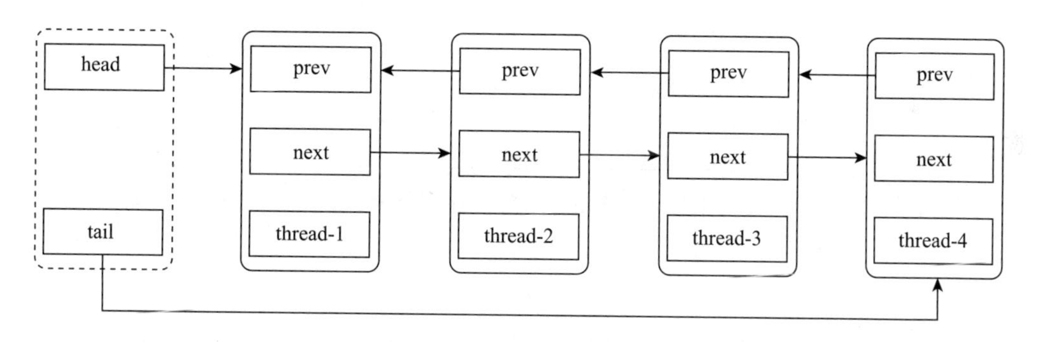

图 6-14　AQS 等待队列

1. Node 定义

Node 是等待队列中的等待节点。Node 有 2 个指针：prev 指针指向前驱节点，next 指针指向后继节点。prev 指针与 next 指针都是用 volatile 关键字修饰的。指针的修改是采用 CAS 机制实现的。通过 volatile+CAS 组合实现多线程的安全性。Node 有 2 种模式：SharedNode（共享锁）与 ExclusiveNode（独占锁）。

Node 还定义了 2 个变量：waiter 用来表示等待线程，status 用来表示 Node 的等待状态。status 用来减少对 LockSupport 类的 unpark 方法的调用。如果当前节点的 status 是 CANCELLED，表示当前线程已经取消了获取锁的请求，就不需要调用 unpark 方法来唤醒线程了。代码清单 6-4 是 Node 定义的代码。

代码清单 6-4 Node 定义

```
abstract static class Node {
    volatile Node prev;
    volatile Node next;
    Thread waiter;
    volatile int status;
}
```

2. head 与 tail 指针

AQS 定义了两个指针：head 指针指向头节点，tail 指针指向尾节点。head 指针与 tail 指针都是采用 volatile 关键字修饰的。tryInitializeHead 方法通过 CAS 方式来初始化头节点，以确保多线程修改的原子性。AQS 队列头 / 尾节点管理如代码清单 6-5 所示。

代码清单 6-5 AQS 队列头 / 尾节点管理

```
private transient volatile Node head; // 头节点
private transient volatile Node tail; // 尾节点
// 安全初始化头节点
private void tryInitializeHead() {
    Node h = new ExclusiveNode();
    if (U.compareAndSetReference(this, HEAD, null, h))
        tail = h;
}
// 安全修改尾节点
private boolean casTail(Node c, Node v) {
    return U.compareAndSetReference(this, TAIL, c, v);
}
```

casTail 方法用来设置队列的尾节点 tail，会存在多线程同时进入等待的情况，所以必须通过 CAS 的原理来确保修改的原子性。

3. 添加节点

enqueue 方法就是用来向队列中添加节点的，AQS 队列添加节点的实现如代码清单 6-6 所示。

代码清单 6-6 AQS 队列添加节点

```
final void enqueue(Node node) {
    if (node != null) {
        for (;;) {
            Node t = tail;
            node.setPrevRelaxed(t);
            if (t == null)
                tryInitializeHead();
            else if (casTail(t, node)) {
                t.next = node;
                if (t.status < 0)
                    LockSupport.unpark(node.waiter);
```

```
                break;
            }
        }
    }
}
```

在往队列添加新节点的时候，可能会有两种情况：一种是队列为空的时候，如图 6-15 所示；另一种是队列中已经有节点了，如图 6-16 所示。

在队列为空的时候，首先调用 tryInitializeHead 方法构造一个空的节点，然后将 head 指向空节点，tail 指针指向 head 节点。

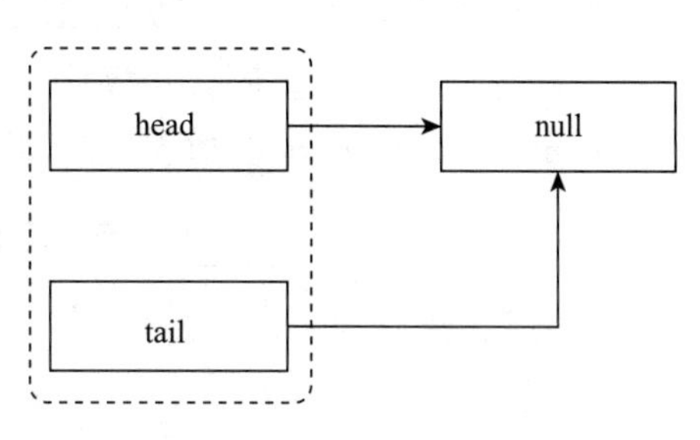

图 6-15　AQS 添加节点：队列为空

如果队列不为空（见图 16-16），就调用 casTail 方法把当前节点增加到队列尾部，然后把原来尾节点的 next 指针指向当前节点，最后返回尾节点。当多线程可能会同时向队列尾部去添加节点，通过循环的方式来多次尝试处理。

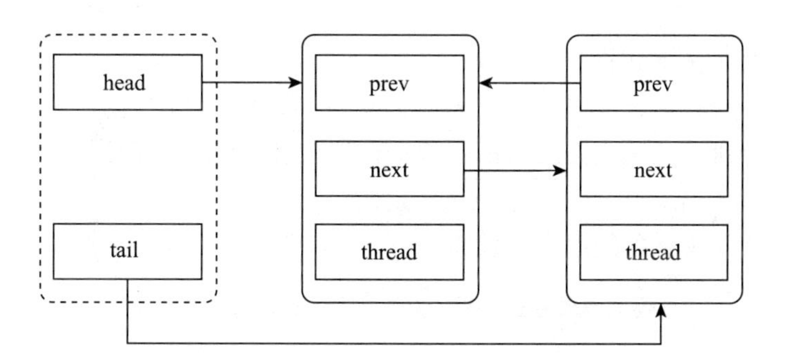

图 6-16　AQS 添加节点：队列中已有节点

6.6.4　线程与队列管理层

线程与队列管理层主要负责将线程对象 Thread 转化成等待节点的 Node，并管理队列的逻辑。

1. 唤醒后继节点的线程

signalNext 方法的功能是唤醒后继节点的线程，AQS 唤醒后继节点线程的实现如代码清单 6-7 所示。

代码清单 6-7　AQS 唤醒后继节点的线程

```
private static void signalNext(Node h) {
    Node s;
    if (h != null && (s = h.next) != null && s.status != 0) {
        s.getAndUnsetStatus(WAITING);
```

```
            LockSupport.unpark(s.waiter);
        }
    }
```

signalNext 方法首先会判断后继节点是否为空。如果后继节点不为空，它会将后继节点的状态设置成 WAITING，并唤醒后继节点的线程。

2. 唤醒共享锁的等待节点线程

signalNextIfShared 方法的功能是唤醒共享锁的等待节点线程，如代码清单 6-8 所示。

代码清单 6-8　AQS 唤醒等待节点线程

```
private static void signalNextIfShared(Node h) {
    Node s;
    if (h != null && (s = h.next) != null &&
        (s instanceof SharedNode) && s.status != 0) {
        s.getAndUnsetStatus(WAITING);
        LockSupport.unpark(s.waiter);
    }
}
```

3. 移除队列中的无效线程

cleanQueue 方法的功能是移除等待队列中的无效节点，其实现如代码清单 6-9 所示。当新线程加入等待队列后，AQS 会调用 cleanQueue 方法来清理队列中的无效节点。cleanQueue 方法会从队列尾部开始向前遍历，去掉中间取消的无效节点。当遍历到队列的头节点时，cleanQueue 会唤醒头节点的线程来获取锁。

代码清单 6-9　移除队列中已经取消的无效节点

```
private void cleanQueue() {
    for (;;) {
        //q 表示当前节点，p 表示前驱节点，s 表示后继节点
        for (Node q = tail, s = null, p, n;;) {
            if (q == null || (p = q.prev) == null)
                return;                          // 如果队列为空，则直接返回
            if (s == null ? tail != q : (s.prev != q || s.status < 0))
                break;                           // 如果队列发生了变化，则结束处理
            if (q.status < 0) {              // 如果当前节点取消了，则从队列中移除
                if ((s == null ? casTail(q, p) : s.casPrev(q, p)) &&
                    q.prev == p) {
                    p.casNext(q, s);
                    if (p.prev == null)   // 当遍历到头节点时，唤醒头节点获取锁
                        signalNext(p);
                }
                break;
            }
            if ((n = p.next) != q) {
                if (n != null && q.prev == p) {
                    p.casNext(n, q);
```

```
                    if (p.prev == null)
                        signalNext(p);
                }
                break;
            }
            s = q;
            q = q.prev;
        }
    }
}
```

在图 6-17 中，thread-4 是当前节点，thread-3 是当前线程的前驱节点。thread-2 与 thread-3 都是 CANCELLED 状态。

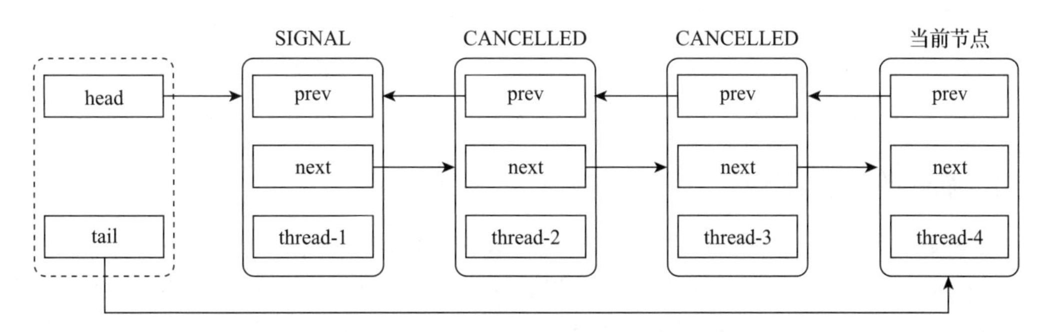

图 6-17 AQS 移除无效节点前

cleanQueue 方法会依次删除掉等待队列中的 thread-2、thread-3 两个节点。然后把当前节点 prev 指针指向 thread-1 节点，把 thread-1 节点的 next 指针指向当前 thread-4 节点，最终结果就变成了如图 6-18 所示的状态。

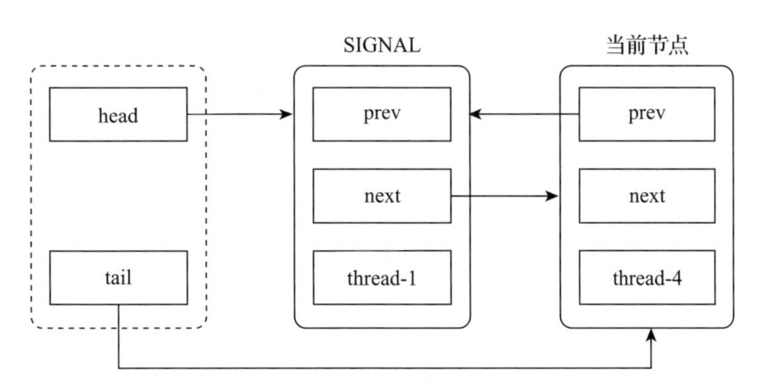

图 6-18 AQS 移除无效节点后

4. 取消锁请求

cancelAcquire 方法会将当前节点的状态设置为 CANCELLED，即取消锁请求，如代码清单 6-10 所示。然后调用 cleanQueue 方法清理队列中的无效节点。

代码清单 6-10　取消锁请求

```
private int cancelAcquire(Node node, boolean interrupted,
                          boolean interruptible) {
    if (node != null) {
        node.waiter = null;
        node.status = CANCELLED;
        if (node.prev != null)
            cleanQueue();
    }
    if (interrupted) {
        if (interruptible)
            return CANCELLED;
        else
            Thread.currentThread().interrupt();
    }
    return 0;
}
```

6.6.5 锁的逻辑实现

线程与队列管理层上面是锁的逻辑实现层，这一层主要实现独占锁与共享锁的核心逻辑。

acquire方法主要的功能是获取锁：如果获取成功就直接返回，如果获取失败就进入队列进行等待。整个在逻辑实现上有点复杂，需要读者重点关注、反复思考，锁获取流程如图6-19所示。

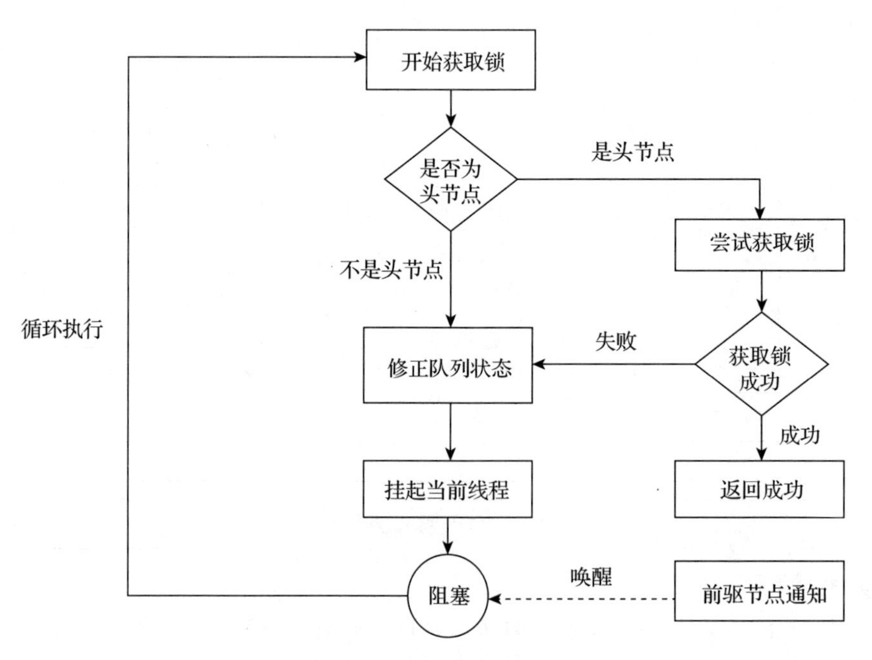

图6-19　AQS锁获取流程

锁获取流程中有 2 个细节需要注意：一是整体获取锁的逻辑是通过 for 循环来实现的，也就意味着需要通过多次尝试来完成；二是因为 AQS 采用了 FIFO 规则，所以只有头节点才有机会获取锁。AQS 获取锁流程实现如代码清单 6-11 所示。

代码清单 6-11 AQS 获取锁流程实现

```
final int acquire(Node node, long arg, boolean shared,
                  boolean interruptible, boolean timed, long time) {
    Thread current = Thread.currentThread();
    byte spins = 0, postSpins = 0;
    boolean interrupted = false, first = false;
    Node pred = null;
    for (;;) {
        if (!first && (pred = (node == null) ? null : node.prev) != null &&
            !(first = (head == pred))) {
            if (pred.status < 0) {
                cleanQueue();            // 清除已经失效的节点
                continue;
            } else if (pred.prev == null) {
                Thread.onSpinWait();     // 当前线程自旋等待
                continue;
            }
        }
        if (first || pred == null) {
            boolean acquired;
            try {
                if (shared)
                    acquired = (tryAcquireShared(arg) >= 0);
                else
                    acquired = tryAcquire(arg);
            } catch (Throwable ex) {
                cancelAcquire(node, interrupted, false);
                throw ex;
            }
            if (acquired) {
                if (first) {
                    node.prev = null;
                    head = node;
                    pred.next = null;
                    node.waiter = null;
                    if (shared)
                        signalNextIfShared(node);
                    if (interrupted)
                        current.interrupt();
                }
                return 1;
            }
        }
        if (node == null) {                // 构造等待节点
            if (shared)
```

```
                node = new SharedNode();
            else
                node = new ExclusiveNode();
        } else if (pred == null) {          // 将节点加入等待队列
            node.waiter = current;
            Node t = tail;
            node.setPrevRelaxed(t);         // 将当前节点的前驱指针指向尾节点
            if (t == null)
                tryInitializeHead();
            else if (!casTail(t, node))
                node.setPrevRelaxed(null);
            else
                t.next = node;
        } else if (first && spins != 0) {
            --spins;                        // 降低自旋次数，并等待
            Thread.onSpinWait();
        } else if (node.status == 0) {
            node.status = WAITING;          //将当前节点设置为等待状态
        } else {
            long nanos;
            spins = postSpins = (byte)((postSpins << 1) | 1);
            if (!timed)
                LockSupport.park(this);
            else if ((nanos = time - System.nanoTime()) > 0L)
                LockSupport.parkNanos(this, nanos);
            else
                break;
            node.clearStatus();
            if ((interrupted |= Thread.interrupted()) && interruptible)
                break;
        }
    }
    return cancelAcquire(node, interrupted, interruptible);
}
```

6.6.6 扩展接口层

扩展接口层提供了子类扩展实现的接口，在AQS里没有给出具体实现，该层只是用来控制锁状态的接口。tryAcquire方法用来获取独占锁的状态，tryRelease方法用来修改独占锁的状态（释放），tryAcquireShared方法用来获取共享锁的状态，tryReleaseShared方法用来修改独占锁的状态（释放）。

6.6.7 API层

API层作为整个锁的入口层，提供了获取锁与释放锁的所有功能接口。为了方便读者更好地理解AQS的API，我按照获取锁的方式、是否支持中断、等待方式3个维度列出了6种获取锁方法的差别，详情如表6-6所示。

表 6-6　获取锁方法的差别

方法	获取锁的方式	是否支持中断	等待方式
acquire	独占锁	不支持	永久等待
acquireInterruptibly	独占锁	支持	永久等待
tryAcquireNanos	独占锁	支持	超时等待
acquireShared	共享锁	不支持	永久等待
acquireSharedInterruptibly	共享锁	支持	永久等待
tryAcquireSharedNanos	共享锁	支持	超时等待

acquire 方法是获取独占锁的入口方法。acquire 方法先调用 tryAcquire 方法来获取锁状态：如果成功就返回；如果失败，就将当前线程加入等待队列。AQS 独占锁获取接口实现如代码清单 6-12 所示。

代码清单 6-12　AQS 独占锁获取接口

```
public final void acquire(long arg) {
    if (!tryAcquire(arg))
        acquire(null, arg, false, false, false, 0L);
}
```

acquireInterruptibly 方法是获取独占锁的入口方法，该方法能及时响应线程的中断。AQS 独占锁获取、支持中断接口的实现如代码清单 6-13 所示。

代码清单 6-13　AQS 独占锁获取、支持中断接口

```
public final void acquireInterruptibly(long arg)
    throws InterruptedException {
    if (Thread.interrupted() ||
        (!tryAcquire(arg) && acquire(null, arg, false, true, false, 0L) < 0))
        throw new InterruptedException();
}
```

tryAcquireNanos 方法是获取独占锁的入口方法。tryAcquireNanos 方法在 acquireInterruptibly 方法的基础上增加了等待超时自动结束等待的功能。AQS 独占锁获取、支持超时接口如代码清单 6-14 所示。

代码清单 6-14　AQS 独占锁获取、支持超时接口

```
public final boolean tryAcquireNanos(long arg, long nanosTimeout)
    throws InterruptedException {
    if (!Thread.interrupted()) {
        if (tryAcquire(arg))
            return true;
        if (nanosTimeout <= 0L)
            return false;
        int stat = acquire(null, arg, false, true, true,
                           System.nanoTime() + nanosTimeout);
```

```
            if (stat > 0)
                return true;
            if (stat == 0)
                return false;
        }
        throw new InterruptedException();
    }
```

acquireShared方法的功能是获取共享锁。acquireShared方法通过调用tryAcquireShared来获取共享锁的状态，如果获取成功则直接返回。如果不成功，则调用doAcquireShared方法来排队获取共享锁。AQS共享锁获取接口如代码清单6-15所示。

代码清单6-15 AQS共享锁获取接口

```
public final void acquireShared(long arg) {
    if (tryAcquireShared(arg) < 0)
        acquire(null, arg, true, false, false, 0L);
}
```

acquireSharedInterruptibly方法是在acquireShared方法基础上增加了中断的功能，会判断当前线程是否中断，如果中断则抛出异常。AQS共享锁获取、支持中断接口的实现如代码清单6-16所示。

代码清单6-16 AQS共享锁获取、支持中断接口

```
public final void acquireSharedInterruptibly(long arg)
    throws InterruptedException {
    if (Thread.interrupted() ||
        (tryAcquireShared(arg) < 0 &&
         acquire(null, arg, true, true, false, 0L) < 0))
        throw new InterruptedException();
}
```

tryAcquireSharedNanos方法在acquireSharedInterruptibly方法的基础上增加了超时功能。releaseShared方法是释放共享锁的API，会先调用tryReleaseShared方法将锁修改为释放状态，然后调用doReleaseShared方法来通知等待队列中的后续节点来获取锁。

6.7 ReentrantLock实现原理

ReentrantLock是可重入的互斥锁。ReentrantLock支持公平锁和非公平锁两种获取锁的模式。

可重入性是指一个线程可以重复获取同一个锁。synchronized具有可重入性，用synchronized修饰的递归方法，当线程在执行时可以反复获取到锁，而不会出现死锁的情况。ReentrantLock也是如此，在调用lock方法时，如果当前线程已经获取到该锁，还能再次调用lock方法获取锁，而不被阻塞。

公平锁就是指锁的获取策略相对公平，当多个线程在获取同一个锁时，必须按照锁的申请时间来依次排队获取，不能插队。非公平锁则不同，获取锁的线程不管前面有没有线程排队，都会直接获取锁，如果获取不到锁再去排队。公平锁能够保证获取锁的公平性，但非公平锁能够提高整体效率。ReentrantLock 默认采用非公平锁，但可以通过带 boolean 参数的构造方法指定使用公平锁。

ReentrantLock 实现了 Lock 接口，提供了互斥锁获取与释放的方法，如表 6-7 所示。

表 6-7　ReentrantLock 方法列表

方法名称	方法描述
lock()	获取互斥锁的方法，线程调用该方法来获取互斥锁。如果锁没有被其他线程占用，并且当前线程之前没有获取该锁，则当前线程会获取到该锁，并设置表示 AQS 锁状态的 state 值为 1，然后直接返回。如果当前线程前面已经获取过该锁，则这次只是简单地把 AQS 的状态值加 1 后返回。如果该锁已经被其他线程持有，则调用该方法的线程会被放入 AQS 等待队列中等待
lockInterruptibly()	该方法和 lock 方法基本是一样的，只是增加了一个支持中断的功能。当从等待队列中被唤醒后，会判断当前线程的中断状态。如果当前线程未被中断，则获取该锁，如果已经被中断，则抛出异常
tryLock()	尝试获取互斥锁，如果当前该锁没有被其他线程持有，则当前线程获取该锁并返回 true，否则返回 false。该方法不会让当前线程阻塞
tryLock(long time, TimeUnit unit)	尝试获取互斥锁，与 tryLock() 方法的不同之处在于，如果获取不到锁，会让线程进入 AQS 的等待队列进行等待。但它设置了等待超时时间，如果超时时间到了还没有获取到该锁，则返回 false
unlock()	释放互斥锁，如果当前线程持有该锁，则调用方法让表示 AQS 锁状态的 state 值减 1。如果减去 1 后，当前状态值为 0，则当前线程会释放该锁，否则仅减 1 而已。如果当前线程没有持有该锁，调用了该方法则会抛出 IllegalMonitorStateException 异常

同时 ReentrantLock 自身也扩展了一些方法让我们能够更好地使用互斥锁，具体方法如表 6-8 所示。

表 6-8　ReentrantLock 扩展方法列表

方法名称	方法描述
isFair()	查询当前锁是不是公平锁：如果是，则返回 true；如果不是，则返回 false
isLocked()	查询当前锁是不是已经被线程持有：如果是，则返回 true；如果不是，则返回 false
isHeldByCurrentThread()	查询当前线程是否持有了该锁：如果是，则返回 true；如果不是，则返回 false
getOwner()	获取当前持有该锁的线程，如果锁是空闲的，则返回 null

6.7.1　源码简介

ReentrantLock 实现了 Lock 接口获取锁与释放锁的相关方法，定义了同步器 Sync。Sync 继承了 AbstractQueuedSynchronizer，是 AQS 的具体实现。Sync 有两个子类：NonfairSync（非公平锁同步器）与 FairSync（公平锁同步器）。NonfairSync 与 FairSync 重写了 lock 方法与 tryAcquire 方法。UML 图如图 6-20 所示。

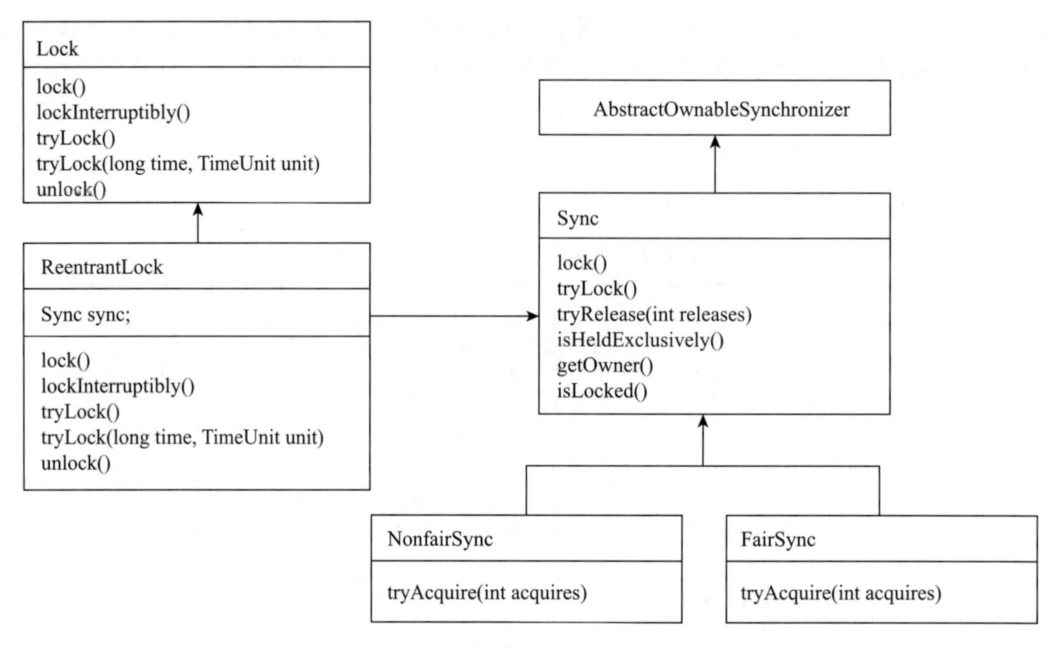

图 6-20　ReentrantLock 的 UML 图

6.7.2　基础同步器

Sync 通过继承 AbstractQueuedSynchronizer 获得了锁获取、锁释放、锁排队等待的能力，同时对 AbstractQueuedSynchronizer 的扩展方法 tryRelease 进行了具体实现。

tryRelease 方法的功能是修改锁为释放状态。tryRelease 方法实现如代码清单 6-17 所示。

代码清单 6-17　tryRelease 方法实现

```
protected final boolean tryRelease(int releases) {
    int c = getState() - releases;
    if (getExclusiveOwnerThread() != Thread.currentThread())
        throw new IllegalMonitorStateException();
    boolean free = (c == 0);
    if (free)
        setExclusiveOwnerThread(null);
    setState(c);
    return free;
}
```

tryRelease 方法的执行流程如下。

1）将 AQS 的同步器状态 state 的值减 1。

2）判断当前线程是否已经获取到锁，如果没有获取到锁，则直接抛出异常，因为只有获得锁才能释放锁。

3）如果 state 减 1 后的值为 0，说明需要真正释放锁，则调用 setExclusiveOwnerThread

方法将锁的持有线程设置为空，调用 setState 方法将锁状态 state 值设置为 0。

4）如果减 1 后的值不为 0，说明当前线程通过重入锁的方式多次获取了锁，只修改锁的状态，并不会真正释放锁。

公平锁策略与非公平锁策略都会调用 tryLock 方法尝试获取独占锁。tryLock 方法如代码清单 6-18 所示。

代码清单 6-18 tryLock 方法

```
final boolean tryLock() {
    Thread current = Thread.currentThread();
    int c = getState();
    if (c == 0) {
        if (compareAndSetState(0, 1)) {
            setExclusiveOwnerThread(current);
            return true;
        }
    } else if (getExclusiveOwnerThread() == current) {
        if (++c < 0) // overflow
            throw new Error("Maximum lock count exceeded");
        setState(c);
        return true;
    }
    return false;
}
```

lock 方法如代码清单 6-19 所示。

代码清单 6-19 lock 方法

```
final void lock() {
    if (!initialTryLock())
        acquire(1);
}
```

6.7.3 非公平锁策略

NonfairSyn 是非公平锁策略的实现类，实现了 Sync 类的 lock 方法与 tryAcquire 方法。tryAcquire 方法实现如代码清单 6-20 所示。

代码清单 6-20 tryAcquire 方法

```
protected final boolean tryAcquire(int acquires) {
    if (getState() == 0 && compareAndSetState(0, acquires)) {
        setExclusiveOwnerThread(Thread.currentThread());
        return true;
    }
    return false;
}
```

tryAcquire方法首先调用compareAndSetState方法直接将state的值修改为1。如果修改成功，则表示获取到了锁，然后调用setExclusiveOwnerThread方法将当前线程设置为锁的拥有者。如果修改失败，则调用AbstractQueuedSynchronizer的acquire方法通过排队等待来获取锁。

6.7.4 公平锁策略

FairSync是公平锁策略的核心实现类，实现了父类的tryAcquire方法。tryAcquire方法如代码清单6-21所示。

代码清单6-21 tryAcquire方法

```
protected final boolean tryAcquire(int acquires) {
    if (getState() == 0 && !hasQueuedPredecessors() &&
        compareAndSetState(0, acquires)) {
        setExclusiveOwnerThread(Thread.currentThread());
        return true;
    }
    return false;
}
```

tryAcquire方法只有在锁空闲，且没有线程等待的情况下才会获取锁，遵从了AQS的FIFO原则。

6.7.5 ReentrantLock实现

ReentrantLock的默认构造函数采用的是非公平锁策略NonfairSync。ReentrantLock获取与释放锁的功能都是通过同步器（NonfairSync、FairSync）来实现的。ReentrantLock获取锁的方法如代码清单6-22所示。

代码清单6-22 ReentrantLock获取锁的方法

```
public void lock() {
    sync.lock();
}
public boolean tryLock() {
    return sync.tryLock(1);
}
public void unlock() {
    sync.release(1);
}
```

6.8 ReentrantReadWriteLock实现原理

ReentrantLock适合只有一个线程运行的场景。而实际的业务会有资源读写的场景，在没有写操作的情况下，多个线程可以同时读取一个共享资源，但是有线程在执行写入操作的情况下，其他线程就不允许进行读写操作了。针对这种场景，Java 提供了 ReentrantReadWriteLock，它表示两个锁：一个是读操作相关的锁，称为读锁，读锁是共享锁；另一个是写操作相关的锁，称为写锁，写锁是互斥锁。ReentrantReadWriteLock 采用读写分离的策略，允许多个线程同时获取读锁。

ReentrantReadWriteLock 支持公平锁与非公平锁、锁重入、写锁降级等功能。公平锁是指如果前面有线程获取锁就排队等待，非公平锁是指线程优先尝试让自己获取锁。锁重入是指线程在获取了读锁后还可以获取读锁，线程在获取了写锁之后既可以获取写锁又可以获取读锁。锁降级是指写锁降级为读锁，一个线程先获取写锁进行写操作，然后获取读锁进行读取操作，最后释放写锁。但是从读锁升级为写锁是不允许的。

6.8.1 设计模式

ReentrantReadWriteLock 内部组合了 ReadLock 与 WriteLock。如图 6-30 所示，ReentrantReadWriteLock 实现了 ReadWriteLock 接口。ReadLock 与 WriteLock 实现了 Lock 接口，并对其中锁获取与释放的功能给出了具体的实现。基础同步器 Sync 继承了 AQS，并对 AQS 的锁状态获取与释放的扩展接口做了具体实现。NonfairSync 是非公平锁的实现，FairSync 是公平锁的实现，NonfairSync 与 FairSync 都继承了 Sync 类。同时 ReadLock 与 WriteLock 引用了同一个基础同步器 Sync。ReentrantReadWriteLock 的 UML 图如图 6-21 所示。

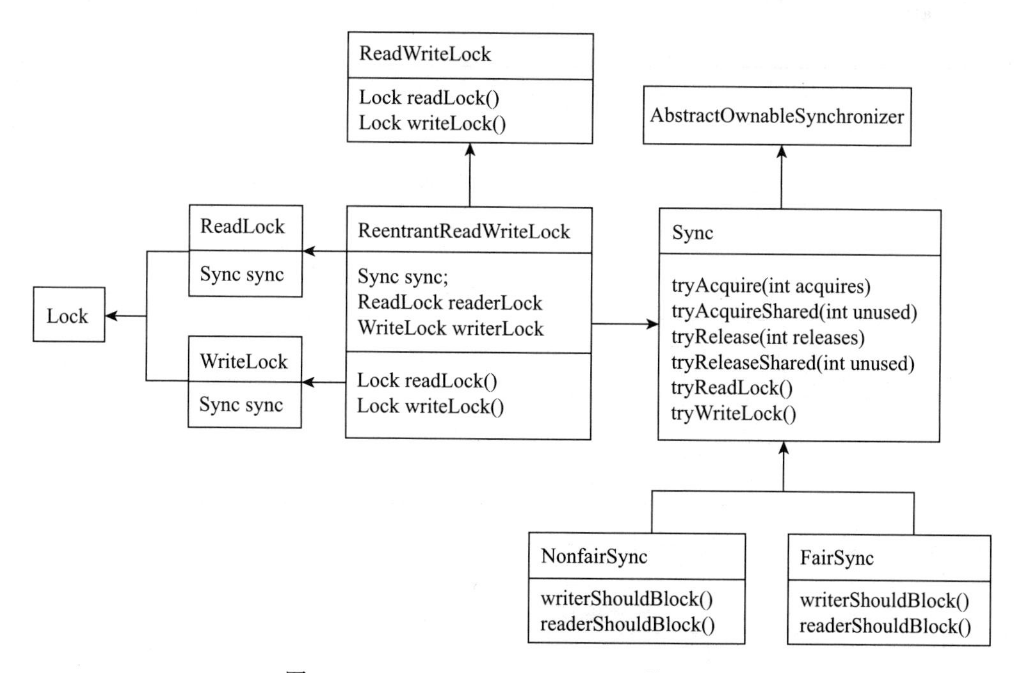

图 6-21 ReentrantReadWriteLock 的 UML 图

6.8.2 锁状态设计

AQS 锁的状态 state 是用 int 表示的，Java 的 int 是 32 位的。ReadLock 与 WriteLock 共用了基础同步器 Sync，也共用了一个锁状态 state。ReentrantReadWriteLock 采用了一个巧妙的设计，用 int 的低 16 位表示写锁的状态，高 16 位表示读锁的状态。整个设计如图 6-22 所示。

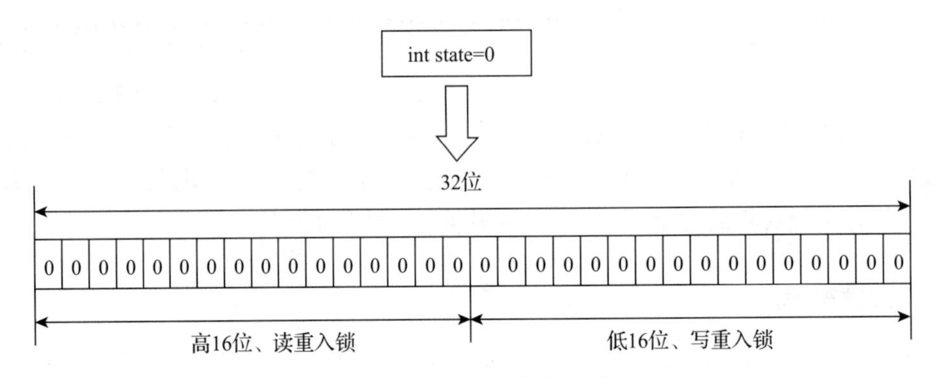

图 6-22 读 / 写锁状态设计

读锁是使用高 16 位表示的，所以读锁计数基本单位是 1 的高 16 位，即 1 左移 16 位（1<<16），变成 65536，每次成功获取读锁都加 65536。例如，我们获取到了 3 次读锁，就相当于 65536 × 3 = 196608，转换成左移公式就是 3<<16 位是 196608。读锁状态变更如图 6-23 所示。

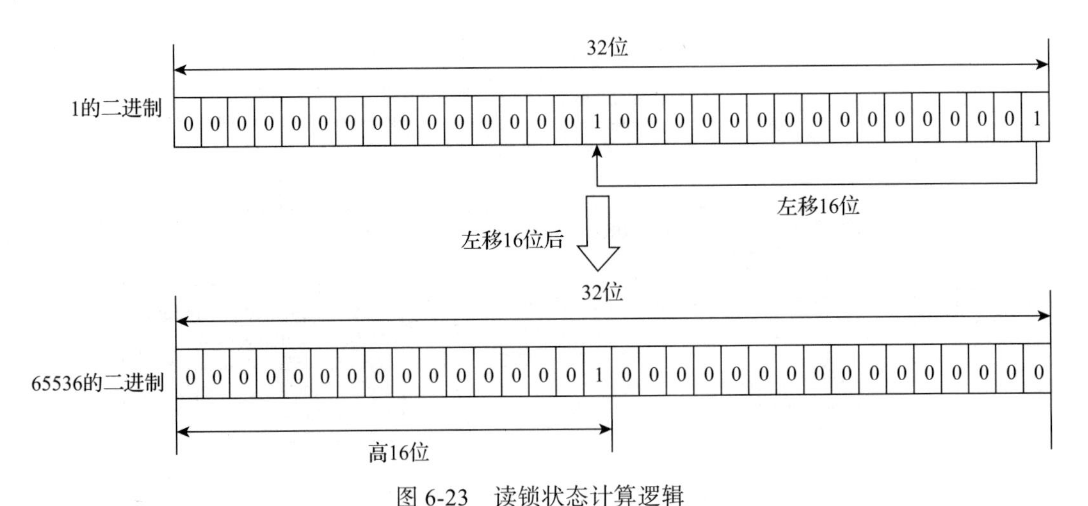

图 6-23 读锁状态计算逻辑

代码清单 6-23 是读锁状态变更相关的代码。

代码清单 6-23 读锁状态变更

```
// 偏移位数
static final int SHARED_SHIFT = 16;
```

```
//读锁计数基本单位
static final int SHARED_UNIT = (1 << SHARED_SHIFT);
//获取读锁重入数
static int sharedCount(int c)    { return c >>> SHARED_SHIFT; }
```

SHARED_SHIFT 表示偏移的位数是 16 位，SHARED_UNIT 就是 1 左移 16 位。线程每次成功获取读锁都会将 state 的值与 SHARED_UNIT 相加，同时每次释放读锁都会将 state 的值减去 SHARED_UNIT。sharedCount 方法通过将 state 右移 16 位来获取读锁的次数。

写锁采取的是低 16 位，写锁数值范围是 0～65535，每次获取锁的时候都将 state 加 1，每次释放锁时将 state 减 1 就可以了。写锁的状态变更如图 6-24 所示。

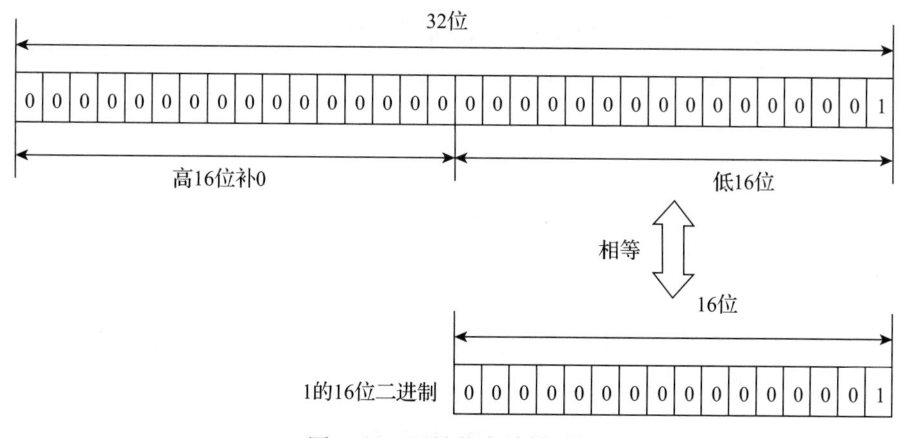

图 6-24　写锁状态计算逻辑

同时在将锁状态 state 换算成写锁次数时采用“&”运算，即计算 state&65535。65535 的二进制就是 111111111111111，写锁的计算逻辑如代码清单 6-24 所示。

代码清单 6-24　写锁计算逻辑

```
//偏移位数
static final int SHARED_SHIFT = 16;
//获取低16位的条件
static final int EXCLUSIVE_MASK = (1 << SHARED_SHIFT) - 1;
//获取写锁重入数
static int exclusiveCount(int c) { return c & EXCLUSIVE_MASK; }
```

EXCLUSIVE_MASK 表示低 16 全部为 1 的情况，即值为 65535。exclusiveCount 方法的功能是计算 state&EXCLUSIVE_MASK，以获得写锁的次数。

6.8.3 共享锁重入次数设计

state 虽然能表示读锁的次数，但是没办法统计每个线程获取了多少次锁。为了更好记录每个线程拿了几次读锁，设计了 HoldCounter（锁计数器）。HoldCounter 内部定义了 2 个变量：一个是 count，用来表示线程获取锁的次数；另一个是 tid，用来表示获取锁的线程 ID。线程获取锁计数器 HoldCounter 的实现如代码清单 6-25 所示。

代码清单 6-25 线程获取锁计数器

```
static final class HoldCounter {
    int count = 0;      // 数量
    final long tid = getThreadId(Thread.currentThread());     // 线程 ID
}
```

线程获取锁计数器本地缓存如代码清单 6-26 所示。ThreadLocalHoldCounter 用于缓存线程的 HoldCounter 对象。

代码清单 6-26 线程获取锁计数器本地缓存

```
static final class ThreadLocalHoldCounter extends ThreadLocal<HoldCounter> {
    public HoldCounter initialValue() {
        return new HoldCounter();
    }
}
```

6.8.4 获取写锁状态

tryAcquire 方法的功能是获取写锁状态，只有其他线程没有获取锁，当前线程才能获取写锁。获取写锁状态的实现如代码清单 6-27 所示。

代码清单 6-27 获取写锁状态

```
protected final boolean tryAcquire(int acquires) {
    Thread current = Thread.currentThread();
    int c = getState();                    // 获取锁状态
    int w = exclusiveCount(c);             // 获取写锁的状态
    // 不为 0 表示已经获取锁了，可能是读锁，也可能是写锁
    if (c != 0) {
        // 如果写锁状态为 0，并且不是当前线程获取的锁则直接返回
        if (w == 0 || current != getExclusiveOwnerThread())
            return false;
        // 如果锁重入的次数超过了 65535 则直接报错
        if (w + exclusiveCount(acquires) > MAX_COUNT)
            throw new Error("Maximum lock count exceeded");
        // 只能是写锁空闲才能获取到，或者当前线程再次拿锁，则修改锁状态
        setState(c + acquires);
        return true;
    }
    // 判断是否锁阻塞，如果是就等待
    if (writerShouldBlock() || !compareAndSetState(c, c + acquires))
        return false;
    setExclusiveOwnerThread(current);     // 设置当前线程获取到锁
    return true;
}
```

tryAcquire 核心逻辑如下。

1）调用 getState 方法获取 state 的值 c，然后调用 exclusiveCount 方法转换出写锁的状态值 w。

2）如果 state 值不为 0，表示已经有线程获取锁了（可能是读锁，也可能是写锁）。接着判断写锁状态 w 是否为 0：如果 w 为 0，表示写锁是空闲的。接着判断当前线程是否获取到读锁了：如果不是，则直接返回 false；如果是当前线程获取的读锁，可以进行锁升级，同时获取到写锁。

3）如果 state 为 0，说明锁是空闲的，就先调用 writerShouldBlock 判断下是否需要阻塞排队，如果不需要，则直接调用 compareAndSetState 方法更新锁状态。

6.8.5 释放写锁状态

tryRelease 方法的功能是释放写锁状态。tryRelease 方法首先判断当前线程是否持有写锁，如果不持有，则抛出异常。接着将写锁状态减 1，然后调用 exclusiveCount 获取释放后的锁状态，如果锁状态为 0 表示需要释放锁，最后修改 state 值。释放写锁状态的实现如代码清单 6-28 所示。

代码清单 6-28 释放写锁状态

```
protected final boolean tryRelease(int releases) {
    // 判断写锁是否被当前线程持有
    if (!isHeldExclusively())
        throw new IllegalMonitorStateException();
    int nextc = getState() - releases;    // 将锁的状态值减 1
    // 判断释放完当前线程是否还需要持有该锁
    boolean free = exclusiveCount(nextc) == 0;
    if (free)                             // 如果不持有，将写锁持有的线程设置为空
        setExclusiveOwnerThread(null);
    setState(nextc);
    return free;
}
```

6.8.6 获取读锁状态

tryAcquireShared 方法用于获取读锁状态，只有在没有线程获取写锁或者当前线程获取了写锁才能获取读锁的状态。获取读锁状态实现如代码清单 6-29 所示。

代码清单 6-29 获取读锁状态

```
protected final int tryAcquireShared(int unused) {
    Thread current = Thread.currentThread();
    int c = getState();            // 获取锁状态 state 的值
    if (exclusiveCount(c) != 0 &&  getExclusiveOwnerThread() != current)
        return -1;
    int r = sharedCount(c);        // 获取读锁的状态，也就是 state 值的高 16 位
```

```
        // 尝试获取读锁状态，将 state 的值 +SHARED_UNIT
        if (!readerShouldBlock() && r < MAX_COUNT &&
            compareAndSetState(c, c + SHARED_UNIT)) {
            if (r == 0) {             // 如果原来锁的状态是 0，就是第一个获取读取锁的线程
                firstReader = current;
                firstReaderHoldCount = 1;
            } else if (firstReader == current) {
                firstReaderHoldCount++;        // 增加读锁的重入次数
            } else {
                HoldCounter rh = cachedHoldCounter; // 设置读锁的重入次数
                if (rh == null || rh.tid != getThreadId(current))
                    cachedHoldCounter = rh = readHolds.get();
                else if (rh.count == 0)
                    readHolds.set(rh);
                rh.count++;
            }
            return 1;
        }
        return fullTryAcquireShared(current);
    }
```

tryAcquireShared 方法核心逻辑如下。

1）获取当前锁状态值 state，通过状态值判断是否有线程获取到写锁。如果是其他线程获得了锁，则直接返回。

2）如果锁是空闲的或者当前线程已经获取到读锁，则可以获取写锁。

3）如果读锁的次数没有超出 MAX_COUNT 限制，则尝试直接将 state 值加上 65536。如果修改成功，表示成功拿到锁了。

4）如果当前线程成功获取到锁，则更新 firstReader 与 firstReaderHoldCount 两个计数器的值。

6.8.7 释放读锁状态

tryReleaseShared 方法用于将读锁状态修改为释放，有 2 个功能：一是更新读锁线程计数器，二是更新全局锁状态 state。具体实现如代码清单 6-30 所示。

代码清单 6-30　释放读锁状态

```
protected final boolean tryReleaseShared(int unused) {
    Thread current = Thread.currentThread();
    if (firstReader == current) { // 判断当前线程是不是第一个获取锁的线程
        if (firstReaderHoldCount == 1)
            firstReader = null;
        else
            firstReaderHoldCount--;
    } else {
        HoldCounter rh = cachedHoldCounter;
        if (rh == null || rh.tid != getThreadId(current))
            rh = readHolds.get();
```

```
            int count = rh.count;
            if (count <= 1) {
                readHolds.remove();
                if (count <= 0)
                    throw unmatchedUnlockException();
            }
            --rh.count;                // 修改次数
        }
        for (;;) {
            int c = getState();        // 获取锁状态
            int nextc = c - SHARED_UNIT;      // 将状态减去 SHARED_UNIT，也就是减去 65536
            if (compareAndSetState(c, nextc))
                return nextc == 0;
        }
    }
```

tryReleaseShared 方法的处理流程如下。

1）判断当前线程是不是第一个获取锁的线程，如果是，则将 firstReaderHoldCount 的值减 1。

2）判断当前线程是不是最近一次获取到锁的线程，如果是，则将 cachedHoldCounter 的值减 1。

3）从 ThreadLocal 中获取当前线程的读计数器，然后将计数器的值减 1。如果当前线程获取锁的次数为 0，就将计数器从 ThreadLocal 中移除，加快内存回收。

4）将 state 的值减去 SHARED_UNIT（65536），释放当前线程持有的读锁状态。

6.8.8　获取写锁

tryWriteLock 方法的功能是尝试快速获取写锁，如果获取到锁了就返回成功标识，如果获取锁失败了就进入队列排队等待。获取写锁的实现如代码清单 6-31 所示。

代码清单 6-31　获取写锁

```
final boolean tryWriteLock() {
    Thread current = Thread.currentThread();
    int c = getState();
    if (c != 0) {
        int w = exclusiveCount(c);
        if (w == 0 || current != getExclusiveOwnerThread())
            return false;
        if (w == MAX_COUNT)
            throw new Error("Maximum lock count exceeded");
    }
    if (!compareAndSetState(c, c + 1))
        return false;
    setExclusiveOwnerThread(current);
    return true;
}
```

6.8.9 获取读锁

tryReadLock 方法的功能是快速获取读锁。该方法的核心逻辑是根据 state 判断当前线程是否具备获取读锁的条件，如果具备条件就直接获取。代码清单 6-32 是 tryReadLock 方法的具体实现。

代码清单 6-32 获取读锁

```
final boolean tryReadLock() {
    Thread current = Thread.currentThread();
    for (;;) {
        //获取锁状态
        int c = getState();
        //其他线程拿到了写锁
        if (exclusiveCount(c) != 0 &&
            getExclusiveOwnerThread() != current)
            return false;
         //获取读锁的状态
        int r = sharedCount(c);
        //如果等于 MAX_COUNT，则直接报错
        if (r == MAX_COUNT)
            throw new Error("Maximum lock count exceeded");
        if (compareAndSetState(c, c + SHARED_UNIT)) {
            if (r == 0) {
                firstReader = current;
                firstReaderHoldCount = 1;
            } else if (firstReader == current) {
                firstReaderHoldCount++;
            } else {
                HoldCounter rh = cachedHoldCounter;
                if (rh == null || rh.tid != getThreadId(current))
                    cachedHoldCounter = rh = readHolds.get();
                else if (rh.count == 0)
                    readHolds.set(rh);
                rh.count++;
            }
            return true;
        }
    }
}
```

6.8.10 ReentrantReadWriteLock 实现

ReentrantReadWriteLock 采用了组合模式，Sync 提供了读锁与写锁的所有功能，ReadLock 与 WriteLock 都是调用 Sync 的方法来实现锁功能。ReentrantReadWriteLock 的构造方法会先定义好 Sync 锁同步器，然后用同一个锁同步器来构造 ReadLock 与 WriteLock 对象。

6.9 CountDownLatch 实现原理

CountDownLatch 是线程同步工具，它能协调一组线程来共同完成一个任务。Count Down 表示倒数的意思，Latch 表示门闩的意思，很形象地表达了这个锁的含义。CountDownLatch 的构造函数需要传入一个整数 *n*，*n* 表示有 *n* 个线程任务需要执行。每个线程执行完任务之后都要将 *n* 减 1，在 *n* 倒数到 0 之前，主线程需要等待，当 *n* 为 0 时主线程才继续往下执行。

代码清单 6-33 是 CountDownLatch 的使用示例。CountDownLatchTest 实现了 Runnable 接口，并向构造函数传入了一个 CountDownLatch 锁对象，该对象在 run 方法里执行完逻辑之后，调用了 CountDownLatch 的 countDown 方法。

代码清单 6-33　CountDownLatch 使用示例

```
public class CountDownLatchTest implements Runnable {
    private CountDownLatch countDownLatch;
    public CountDownLatchTest(CountDownLatch countDownLatch) {
     this.countDownLatch=countDownLatch;
    }
    @Override
    public void run() {
        try {
            Thread.sleep(1000L);          // 睡眠 1s
            System.out.println(" 子线程执行完成 ");
            countDownLatch.countDown();  // 锁减 1，表示当前线程执行结束
        } catch (InterruptedException e) {
            e.printStackTrace();
        }
    }
    public static void main(String[] args) throws InterruptedException {
        // 创建 CountDownLatch 对象
        CountDownLatch countDownLatch = new CountDownLatch(2);
        CountDownLatchTest test=new CountDownLatchTest(countDownLatch);
        CountDownLatchTest tes2=new CountDownLatchTest(countDownLatch);
        Thread thread=new Thread(test);
        Thread threadA=new Thread(tes2);
        thread.start();
        threadA.start();
        // 等待子线程结束
        countDownLatch.await();
        System.out.println(" 主线程执行完成 ");
    }
}
```

CountDownLatch 主要有两类方法：一类是 countDown 方法，另一类是 await 方法。countDown 方法用于将锁状态减 1，一般在任务线程执行完任务之后调用。await 方法会让当前线程处于等待状态，一般是主线程调用。

这里有两个地方需要注意：一是 countDown 方法并没有限制一个线程调用的次数，同

一个线程可以多次调用 countDown 方法，每次都会将锁状态减 1。二是 await 方法没有限制调用的线程数，如果多个线程调用 await 方法，那么这几个线程都将处于等待状态，并且等待同一个锁。CountDownLatch 方法如表 6-9 所示。

表 6-9 CountDownLatch 方法列表

方法名称	方法描述
await()	等待一组线程执行完成，也就是会等待锁状态到 0
await(long timeout, TimeUnit unit)	超时等待一组线程执行完成，也就是会等待锁状态到 0，当等待时间到了会自动唤醒
countDown()	减少锁状态，每次调用都会将锁状态减 1
getCount()	获取当前的锁状态，也就是了解还有多少线程在执行

6.9.1 设计原理

CountDownLatch 内部集成了基础同步器 Sync，Sync 继承了 AQS，并对 AQS 的共享锁状态获取与释放的扩展方法进行了具体实现。CountDownLatch 的 UML 图如图 6-25 所示。

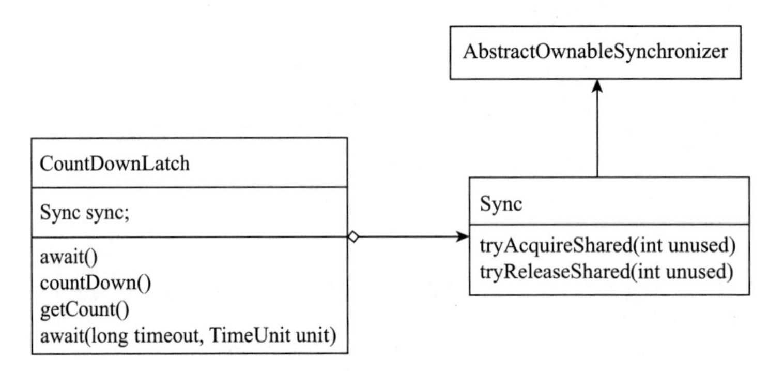

图 6-25 CountDownLatch 的 UML 图

但是 CountDownLatch 的锁获取与锁释放逻辑与正常的共享锁获取与释放逻辑有比较大的差异。如图 6-26 所示，正常共享锁获取锁会将锁状态值减 1，而释放共享锁会将锁状态值加 1。

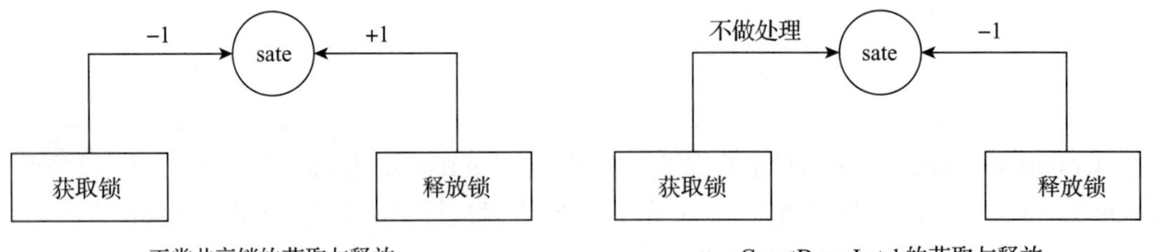

图 6-26 CountDownLatch 锁获取与释放状态的设计

获取锁状态的时候，CountDownLatch 会判断锁状态 state 是否为 0，为 0 表示获取锁成功，不为 0 则进入等待队列等待。释放锁的时候，CountDownLatch 会将 state 值减 1。这样初始的锁状态 state 为 *n*，则 *n* 个线程释放锁之后，state 的值为 0，这样等待的线程就能获取到共享锁了。

6.9.2 Sync 源码分析

Sync 实现 tryAcquireShared 方法与 tryReleaseShared 方法。tryAcquireShared 方法的功能是获取共享锁状态，获取共享锁状态的实现如代码清单 6-34 所示。

代码清单 6-34 获取共享锁状态

```
protected int tryAcquireShared(int acquires) {
    return (getState() == 0) ? 1 : -1;
}
```

tryReleaseShared 方法首先调用 getState 方法获取当前锁状态 state 的值，如果 state 为 0 就不用处理了。如果 state 不为 0 就将 state 值减 1，最后调用 compareAndSetState 通过 CAS 线程安全地修改 state 的值。释放共享锁状态的实现如代码清单 6-35 所示。

代码清单 6-35 释放共享锁状态

```
protected boolean tryReleaseShared(int releases) {
    for (;;) {
        int c = getState();
        if (c == 0)
            return false;
        int nextc = c-1;
        if (compareAndSetState(c, nextc))
            return nextc == 0;
    }
}
```

6.9.3 CountDownLatch 源码分析

如代码清单 6-36 所示，CountDownLatch 的构造函数需要传递一个表示锁数量的 count 变量，构造函数利用 count 变量构造 Sync 对象实例。

代码清单 6-36 CountDownLatch 构造函数

```
public CountDownLatch(int count) {
    if (count < 0) throw new IllegalArgumentException("count < 0");
    this.sync = new Sync(count);
}
```

CountDownLatch 提供了 2 个等待方法：一个是不带等待时间的，另一个是带等待时间的。不带等待时间的 await 方法是调用 AQS 的 acquireSharedInterruptibly 方法实现的，带等待时间的 await 方法是调用 AQS 的 tryAcquireSharedNanos 方法实现的。等待方法的实现如代码清单 6-37 所示。

代码清单 6-37 等待方法

```
public void await() throws InterruptedException {
    sync.acquireSharedInterruptibly(1);
}
public boolean await(long timeout, TimeUnit unit)
    throws InterruptedException {
    return sync.tryAcquireSharedNanos(1, unit.toNanos(timeout));
}
```

countDown 方法就是调用 Sync 的 releaseShared 方法实现对锁状态值减 1 操作的，CountDownLatch 计数器减 1 的实现如代码清单 6-38 所示。

代码清单 6-38 CountDownLatch 计数器减 1

```
public void countDown() {
    sync.releaseShared(1);
}
```

6.10 小结

本章详细讲解了 MCS、CLH、AQS 三种锁的设计思想以及实现原理。本章还重点讲解了 Java 的 3 种常用锁：ReentrantLock、ReentrantReadWriteLock、CountDownLatch 的设计原理与具体实现，希望通过本章的讲解，你能对 Java 的锁机制有清晰的认知。

第 7 章 Chapter 7

Java 原子操作类实现原理

在 Java 中，多线程同时更新一个变量是不安全的，所以 Java 提供了多种原子操作类来实现变量的线程安全更新。这些原子操作类总体上可以分为 4 种原子更新方式，分别是原子更新基本类型、原子更新数组、原子更新引用和原子更新属性。本章会详细分析每种原子操作类的设计原理与实现方式。

7.1 AtomicInteger 实现原理

在多线程环境下，i++ 操作不是原子性的，存在线程不安全的问题。那如何实现线程安全的 i++ 操作呢？在 JDK1.5 之前，需要通过 synchronized 关键字来确保多线程的安全性。虽然 synchronized 关键字能确保多线程的安全性，但是 synchronized 关键字涉及线程之间的资源竞争与锁的获取和释放，整体性能比较低。JDK1.5 提供了 int 类型的原子类 AtomicInteger。

7.1.1 设计原理

6.2 节详细讲解过 Thomas E. Anderson 提出的 SPIN ON TEST-AND-SET 的设计思想。AtomicInteger 就是采用了这一设计思想，在内部定义了一个 volatile 关键字修饰的 int 类型的 value 变量。另外，AtomicInteger 通过 CAS 硬件原语方式对 value 变量进行修改，expect 是每次修改前的 value 值，update 是要修改的预期值。如果修改成功，可以按场景需要返回修改前的值或者修改后的值。伪代码如代码清单 7-1 所示。

代码清单 7-1 CAS 伪代码

```
private volatile int value;
while(true){
```

```
int expect=value;
bolean flag= compareAndSet(expect,update);
    if(flag){
        return expect 或者 return update;
        }
    }
```

7.1.2 源码分析

AtomicInteger 仅对 Unsafe 的底层接口做了相关的包装。

AtomicInteger 的内部定义了 static 的全局变量 Unsafe，同时定义了 value 字段在对象里的内存偏移量 value。JVM 通过对象的基础内存地址 + 内存偏移量就能快速获取 value 字段的内存地址，这种设计可以加快 value 字段内存寻址的速度。Unsafe 初始化过程如代码清单 7-2 所示。

代码清单 7-2　Unsafe 初始化

```
//定义全局 Unsafe 对象实例
private static final Unsafe U = Unsafe.getUnsafe();
//value 字段的内存偏移量，加快内存寻址
private static final long VALUE
    = U.objectFieldOffset(AtomicInteger.class, "value");
private volatile int value;
```

1. value 的读取与赋值

因为 volatile 关键字可以确保 value 的实时可见性与赋值的原子性，所以 get 方法与 set 方法都是线程安全的。getAndSet 方法是通过 Unsafe 的 getAndSetInt 方法来实现线程安全性的。代码清单 7-3 是 value 字段的读取与赋值方法。

代码清单 7-3　value 的读取与赋值

```
public final int getAndSet(int newValue) {
    return U.getAndSetInt(this, VALUE, newValue);
}
public final boolean compareAndSet(int expectedValue, int newValue) {
    return U.compareAndSetInt(this, VALUE, expectedValue, newValue);
}
```

2. value++ 与 value--

针对数值的 value++ 与 value-- 操作，AtomicInteger 提供了 getAndIncrement、getAndDecrement、getAndAdd 这 3 个方法，如代码清单 7-4 所示。这 3 个方法都是调用 Unsafe 的 getAndAddInt 方法来实现的。

代码清单 7-4　value++ 与 value--

```
public final int getAndIncrement() {
    return U.getAndAddInt(this, VALUE, 1);
```

```
    }
    public final int getAndDecrement() {
        return U.getAndAddInt(this, VALUE, -1);
    }
    public final int getAndAdd(int delta) {
        return U.getAndAddInt(this, VALUE, delta);
    }
```

3. ++value 与 --value

对于数值的 ++value 与 --value 操作并返回修改后的值，AtomicInteger 提供了 incrementAndGet、decrementAndGet、addAndGet 方法，如代码清单 7-5 所示。这 3 个方法都是调用 Unsafe 的 getAndAddInt 方法来实现的。

代码清单 7-5　++value 与 --value

```
    public final int incrementAndGet() {
        return U.getAndAddInt(this, VALUE, 1) + 1;
    }
    public final int decrementAndGet() {
        return U.getAndAddInt(this, VALUE, -1) - 1;
    }
    public final int addAndGet(int delta) {
        return U.getAndAddInt(this, VALUE, delta) + delta;
    }
```

7.2　AtomicBoolean 实现原理

AtomicBoolean 的功能是线程安全地修改 boolean 类型的变量。AtomicBoolean 提供了 boolean 类型变量的安全读取与修改方法，具体方法如表 7-1 所示。

表 7-1　AtomicBoolean 方法列表

方法名称	方法描述
get()	获取当前的 boolean 值
set(boolean newValue)	设置一个新的 boolean 值
getAndSet(boolean newValue)	设置一个新的 boolean 值，并返回修改之前的值
compareAndSet(boolean expect, boolean update)	如果 boolean 的当前值等于期望值 expect，就修改成 update，返回值为 true 表示修改成功，为 false 表示修改失败

7.2.1　设计原理

虽然 Java 定义了 boolean 类型，但是只对它提供了非常有限的支持。JVM 并没有定义 boolean 类型的操作能力，而是采用 int 类型来代替。同样，AtomicBoolean 内部也定义了 int

类型的变量 value，并用 volatile 关键字修饰。value 的值为 1 表示 true，value 的值为 0 表示 false。volatile 能确保多线程的可见性。AtomicBoolean 是通过 VarHandle 的 CAS 能力来实现数据修改的，并通过 volatile 与 CAS 组合来确保多线程的可见性与原子性。

7.2.2 源码分析

AtomicBoolean 的功能完全是依赖 VarHandle 的 CAS 相关能力来实现的。AtomicBoolean 仅仅是对 VarHandle 的底层接口进行了相关的封装。

1. VarHandle 全局引用

AtomicBoolean 的内部定义了 static 的全局变量 VarHandle，这么做是为了保证 JVM 安全性，因为 VarHandle 直接和 JVM 进行交互，会存在一定的安全隐患。

2. boolean 值的读取与设置

volatile 关键字可以确保赋值操作可见性与原子性，get 方法与 set 方法都是线程安全的。get 方法是获取到 int 值后与 0 进行比较，不等于 0 就是 true，等于 0 就是 false。set 方法会先把 boolean 转换为 int 后再设置值。

getAndSet 方法每次会先调用 get 方法获取最新的值，然后调用 VarHandle 的 getAndSet 方法来修改 value 的值。boolean 值的读取与设置如代码清单 7-6 所示。

代码清单 7-6　boolean 值的读取与设置

```
public final boolean getAndSet(boolean newValue) {
    return (int)VALUE.getAndSet(this, (newValue ? 1 : 0)) != 0;
}
```

3. boolean 值的比较与交换

compareAndSet 方法会先将 boolean 类型的值转换为 int，然后调用 VarHandle 的 compare-AndSet 方法来修改 value 的值，boolean 值的比较与交换如代码清单 7-7 所示。

代码清单 7-7　boolean 值的比较与交换

```
public final boolean compareAndSet(boolean expectedValue, boolean newValue) {
    return VALUE.compareAndSet(this,
                               (expectedValue ? 1 : 0),
                                (newValue ? 1 : 0));
}
```

7.3 AtomicIntegerArray 实现原理

本节将详细介绍 int 型数组的原子修改类 AtomicIntegerArray。AtomicIntegerArray 提供了安全修改 int 型数组元素的相关方法，具体方法如表 7-2 所示。

表 7-2　AtomicIntegerArray 方法列表

方法名称	方法描述
get(int i)	获取数组中具体索引位置的值
set(int i, int newValue)	设置数组中具体索引位置的值
getAndSet(int i, int newValue)	把数组中具体索引位置的值更新，并返回原来的值
compareAndSet(int i, int expect, int update)	通过 CAS 的方式修改数组中具体索引位置的值，修改成功则返回 true，修改失败则返回 false
getAndIncrement(int i)	将数组中具体索引位置的值加 1，并返回修改前的值
getAndDecrement(int i)	将数组中具体索引位置的值减 1，并返回修改前的值
getAndAdd(int i, int delta)	将数组中具体索引位置的值加上 delta，并返回修改前的值
incrementAndGet(int i)	将数组中具体索引位置的值加 1，并返回修改后的值
decrementAndGet(int i)	将数组中具体索引位置的值减 1，并返回修改后的值
addAndGet(int i, int delta)	将数组中具体索引位置的值加上 delta，并返回修改后的值

7.3.1　设计原理

在讲解设计原理之前，我们首先探讨一个问题：数组在 Java 内存中的存储模型。数组的数据是存储在堆内存中的，线程栈中只存储数组的引用指针，指向的是数组的内存首地址。每次操作数组中某个具体数据的时候，都只将数组中具体位置的元素读出来，对数据进行修改后写回，具体过程如图 7-1 所示。

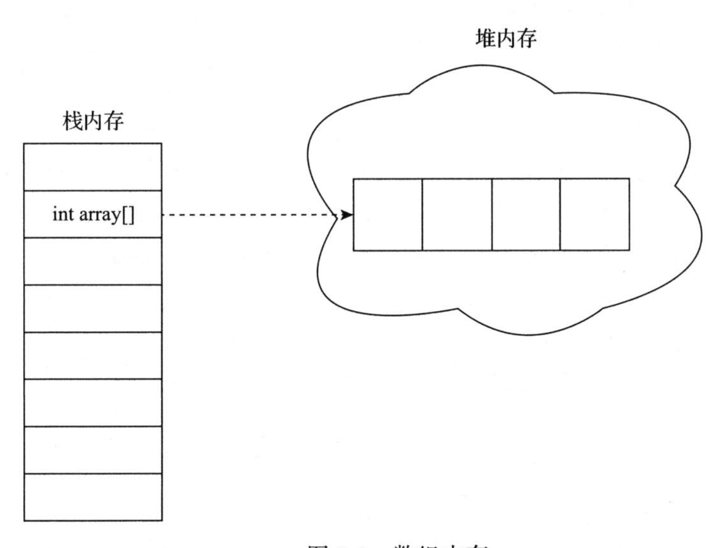

图 7-1　数组内存

代码清单 7-8 是一个简单的 ArrayTest 数组用例，用来演示数组的数据读写过程。ArrayTest 定义了一个 int 数组，set 方法对数组的 0 号元素进行了赋值。

代码清单 7-8　ArrayTest 数组用例

```
public class ArrayTest {
    private int[] data = new int[4];
    public void set() {
        data[0] = 22;
    }
}
```

我们可以通过 javap -v ArrayTest.class 命令来查看编译后的字节码，set 方法的字节码如代码清单 7-9 所示。

代码清单 7-9　set 方法的字节码

```
public void set();
   descriptor: ()V
   flags: ACC_PUBLIC
   Code:
     stack=3, locals=1, args_size=1
        0: aload_0
        1: getfield      #2    // Field data:[I
        4: iconst_0
        5: bipush        22
        7: iastore
        8: return
     LineNumberTable:
       line 11: 0
       line 12: 8
     LocalVariableTable:
       Start  Length  Slot  Name   Signature
           0       9     0  this   LArrayTest;
```

在 JVM 中，iastore 指令专门用于对数组进行赋值。在执行 iastore 指令前，需要将值、索引、数组引用 3 个参数压入操作数栈。iastore 指令会弹出这 3 个值，并将值赋给数组中指定索引位置上的值。在代码清单 7-9 中，getfield 指令用于获取数组的首地址，iconst_0 是在内存中定义了本地变量 0（即数组的 0 号索引），然后调用 bipush 指令对数组的 0 号位置赋值 22，最后调用 iastore 指令通过值、索引、数组引用来修改数组中 0 号索引位置上的值。多个线程同时修改数组的不同元素是可以做到线程安全的。如图 7-2 所示，线程 1 对 0 号索引位置元素进行修改不会影响线程 2 对 1 号索引位置元素的修改。

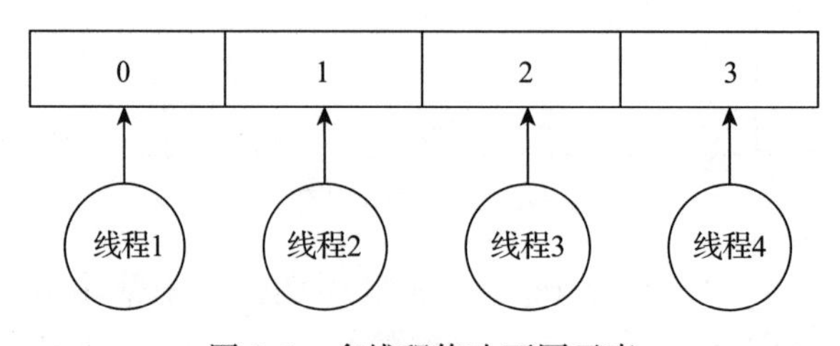

图 7-2　多线程修改不同元素

而线程 1、线程 2、线程 3 同时修改数组中 1 号索引位置上的数据，则会出现线程安全的问题，如图 7-3 所示。

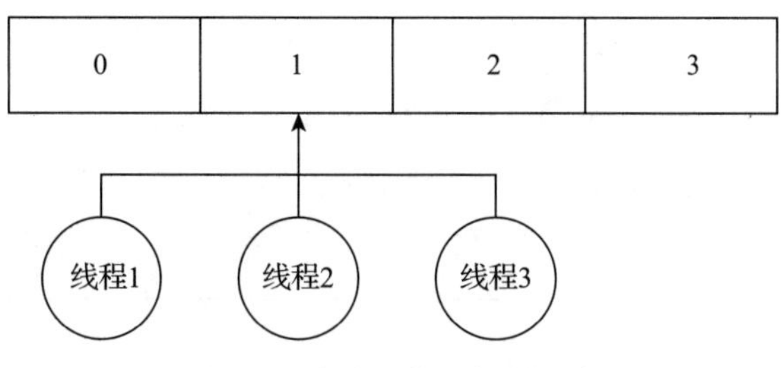

图 7-3　多线程修改相同元素

AtomicIntegerArray 真正要解决的问题是：实现多线程同时对 int 数组中某个具体元素的线程的安全修改。由 AtomicInteger 实现原理可知，只要知道数组元素的内存偏移量，就可以通过 VarHandle 的相关方法来读取或者修改数组内容的值。

如图 7-4 所示，数组元素偏移量就是数组的首地址相对于对象的偏移量（baseOffSet）+ 每个元素的长度（scale）* 具体的索引值，例如 3 号索引位置的内存偏移量就是 baseOffSet + scale × 3。

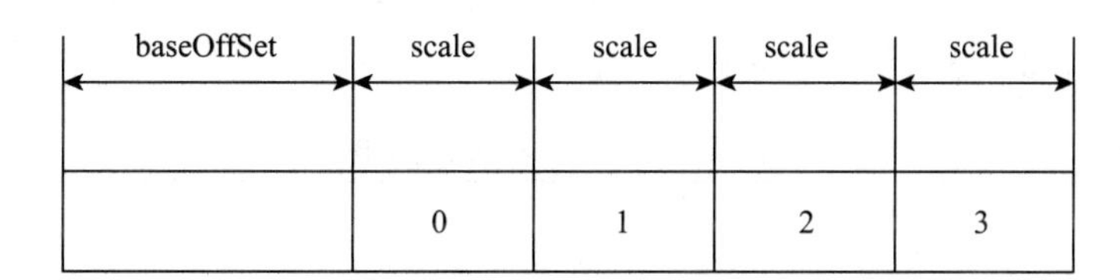

图 7-4　数组元素内存偏移量

7.3.2　源码分析

AtomicIntegerArray 通过 VarHandle 的 volatile 实现内存实时同步以及 CAS 原子性修改的相关能力。

1. VarHandle 初始化

如代码清单 7-10 所示，AtomicIntegerArray 的内部定义了 VarHandle 的全局变量 AA。

代码清单 7-10　VarHandle 初始化

```
private static final VarHandle AA
    = MethodHandles.arrayElementVarHandle(int[].class);
```

2. 数据读取与修改

数据读取是通过 VarHandle 的 getVolatile 来实现的。数据修改是通过 VarHandle 的 setVolatile 实现的。数据读取与修改的实现如代码清单 7-11 所示。

代码清单 7-11　数据读取与修改

```
public final int get(int i) {
    return (int)AA.getVolatile(array, i);
}
public final void set(int i, int newValue) {
    AA.setVolatile(array, i, newValue);
}
public final int getAndSet(int i, int newValue) {
    return (int)AA.getAndSet(array, i, newValue);
}
```

3. CAS 修改数组元素

compareAndSet 方法提供了 CAS 修改数组元素的能力，如代码清单 7-12 所示。

代码清单 7-12　CAS 修改数组元素

```
public final boolean compareAndSet(int i, int expectedValue, int newValue) {
    return AA.compareAndSet(array, i, expectedValue, newValue);
}
```

4. 数组元素加减

AtomicIntegerArray 提供了一组对数组元素加 1 与减 1 的方法，这些方法最终都是调用 VarHandle 的 getAndAdd 方法来实现的，如代码清单 7-13 所示。

代码清单 7-13　数组元素加减

```
public final int getAndIncrement(int i) {
    return (int)AA.getAndAdd(array, i, 1);
}
public final int getAndDecrement(int i) {
    return (int)AA.getAndAdd(array, i, -1);
}
```

7.4　AtomicIntegerFieldUpdater 实现原理

AtomicIntegerFieldUpdater 是一种基于反射的实用工具，可以对指定类的 volatile 关键字修饰的 int 字段进行原子性修改，以确保 int 类型数据修改的安全性。

如代码清单 7-14 所示，AtomicIntegerUpdaterTest 是一个 AtomicIntegerFieldUpdater 的使用示例，其内部定义了一个 volatile 关键字修饰的 age 属性（即年龄字段），以及 AtomicIntegerFieldUpdater 的更新器 updater，然后在 addAge 方法里面调用了 AtomicIntegerFieldUpdater 的 addAndGet 方法来增加 age 属性的值。

代码清单 7-14　AtomicIntegerFieldUpdater 示例

```
public class AtomicIntegerUpdaterTest {
```

```
    private volatile int age;
    // 构造 age 属性的更新器
    AtomicIntegerFieldUpdater<AtomicIntegerUpdaterTest> updater =
        AtomicIntegerFieldUpdater.newUpdater(AtomicIntegerUpdaterTest.class,
        "age");
    public int addAge(int add) {
        return updater.addAndGet(this, add);
    }
    public static void main(String[] args) {
        AtomicIntegerUpdaterTest test = new AtomicIntegerUpdaterTest();
        int age = test.addAge(8);
        System.out.println(age);
    }
}
```

> 注意　用 AtomicIntegerFieldUpdater 修改的字段需要用 volatile 关键字进行修饰，同时 AtomicIntegerFieldUpdater 构造函数需要用类名 + 字段名来构造更新器，并且字段是这个类自己定义的，而不是继承过来的。

代码清单 7-15 是一个 AtomicIntegerFieldUpdater 错误使用的示例。AbstractUpdater 抽象类定义了 age 属性，然后 FailUpdater 继承了抽象类 AbstractUpdater。理论上，FailUpdater 获得了 age 的读写能力，但当 FailUpdater 定义了 AtomicIntegerFieldUpdater 的实例 updater 来更新 age 时，最终是失败的，系统会抛出 NoSuchFieldException 异常。

代码清单 7-15　AtomicIntegerFieldUpdater 无法获取父类属性示例

```
public abstract class AbstractUpdater {
    public volatile int age;
}
public class FailUpdater extends AbstractUpdater {
    AtomicIntegerFieldUpdater<FailUpdater> updater = AtomicIntegerFieldUpdater.
        newUpdater(FailUpdater.class, "age");
    public static void main(String[] args) {
        FailUpdater test = new FailUpdater();
        int age = test.updater.addAndGet(test, 8);
        System.out.println(age);
    }
}
```

AtomicIntegerFieldUpdater 提供了线程安全的 int 类型读取与修改方法，如表 7-3 所示。

表 7-3　AtomicIntegerFieldUpdater 方法列表

方法名称	方法描述
getAndSet(T obj, int newValue)	以原子方式将此更新器管理的给定对象的字段设置为给定值，并返回旧值
getAndIncrement(T obj)	以原子方式将此更新器管理的给定对象的当前值加 1，并返回加 1 前的值
getAndAdd(T obj, int delta)	以原子方式将给定值添加到此更新器管理的给定对象的当前值，并返回相加前的值

（续）

方法名称	方法描述
incrementAndGet(T obj)	以原子方式将此更新器管理的给定对象的字段的当前值加 1，并返回加后的最新值
decrementAndGet(T obj)	以原子方式将此更新器管理的给定对象的字段的当前值减 1，并返回减后的最新值
addAndGet(T obj, int delta)	以原子方式将给定值添加到此更新器管理的给定对象的字段的当前值，并返回最新值

7.4.1 设计原理

AtomicIntegerFieldUpdater 采用了模板方法的设计模式。AtomicIntegerFieldUpdater 实现了数据修改的 getAndSet、getAndIncrement、getAndAdd、incrementAndGet 等相关方法。compareAndSet 方法是扩展方法，由子类 AtomicIntegerFieldUpdaterImpl 来实现。AtomicIntegerFieldUpdaterImpl 的 UML 图如图 7-5 所示。

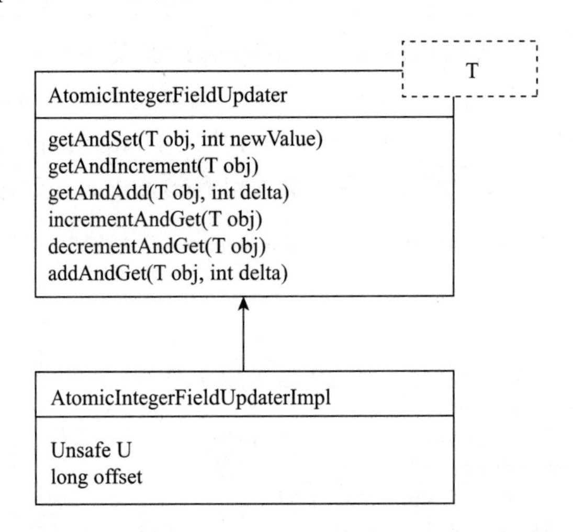

图 7-5 AtomicIntegerFieldUpdaterImpl 的 UML 图

AtomicIntegerFieldUpdaterImpl 有两个重要的功能：一是通过反射获取到要修改的 int 字段的内存偏移量；二是调用 Unsafe 的 CAS 方法对字段进行线程安全的修改。AtomicIntegerFieldUpdater 整体上是由反射 +Unsafe 的能力组合实现的。

7.4.2 AtomicIntegerFieldUpdater 源码分析

AtomicIntegerFieldUpdater 实现了数据修改的相关方法，如代码清单 7-16 所示。所有方法都是先通过 get 方法读取到预期值 prev，然后调用 compareAndSet 方法来设置新的值。如果修改失败了，则通过 while 循环进行多次尝试。AtomicIntegerFieldUpdater 定义了两个扩展方法：get 方法，用来获取字段的当前值；compareAndSet 方法，通过 CAS 方式来修改字段的值。

代码清单 7-16　AtomicIntegerFieldUpdater 的数据修改

```
public int getAndSet(T obj, int newValue) {
    int prev;
    do {
        prev = get(obj);
    } while (!compareAndSet(obj, prev, newValue));
    return prev;
}
public int getAndIncrement(T obj) {
    int prev, next;
    do {
        prev = get(obj);
        next = prev + 1;
    } while (!compareAndSet(obj, prev, next));
    return prev;
}
public int getAndDecrement(T obj) {
    int prev, next;
    do {
        prev = get(obj);
        next = prev - 1;
    } while (!compareAndSet(obj, prev, next));
    return prev;
}
public abstract int get(T obj);
public abstract boolean compareAndSet(T obj, int expect, int update);
```

7.4.3 AtomicIntegerFieldUpdaterImpl 源码分析

AtomicIntegerFieldUpdaterImpl 的构造函数有 3 个参数：tclass 是要修改字段的所属类，fieldName 是要修改的字段名称，caller 是调用者的类名称。在上面的例子中，AtomicIntegerUpdaterTest 中的 tclass 与 caller 都是 AtomicIntegerUpdaterTest.class，而 fieldName 是 age。构造函数首先会调用 Class 的 getDeclaredField 方法获取要修改的 Field 字段，如果字段不存在则抛出异常。接着调用 ReflectUtil 的 ensureMemberAccess 方法来修改字段的访问标志，确保 caller 能访问 tclass 中的 Field 字段。然后调用 Unsafe 的 objectFieldOffset 方法获取 Field 字段对应的内存偏移量。对象属性偏移量计算核心代码（中间去掉校验相关代码）如代码清单 7-17 所示。

代码清单 7-17　对象属性偏移量计算核心代码

```
private static final sun.misc.Unsafe U = sun.misc.Unsafe.getUnsafe();
private final long offset;
private final Class<?> cclass;
```

```
private final Class<T> tclass;
AtomicIntegerFieldUpdaterImpl(final Class<T> tclass,
                              final String fieldName,
                              final Class<?> caller) {
    final Field field;
    final int modifiers;
    try {
       //通过反射获取到fieldName对应的字段
        field = AccessController.doPrivileged(
            new PrivilegedExceptionAction<Field>() {
                public Field run() throws NoSuchFieldException {
                    return tclass.getDeclaredField(fieldName);
                }
            });
        //获取字段访问标识
        modifiers = field.getModifiers();
        //修改字段访问标识
        sun.reflect.misc.ReflectUtil.ensureMemberAccess(
            caller, tclass, null, modifiers);
    }
    this.tclass = tclass;
    //通过objectFieldOffset方法获取到对应的内存偏移量
    this.offset = U.objectFieldOffset(field);
}
```

在构造函数内部获取到字段对应的内存偏移量，后面就可以调用Unsafe相关的int类型数据修改方法进行字段的修改了。

数据修改比较简单，就是调用Unsafe的compareAndSwapInt、putIntVolatile、getIntVolatile等方法进行修改，如代码清单7-18所示。

代码清单7-18　数据修改

```
public final boolean compareAndSet(T obj, int expect, int update) {
    accessCheck(obj);
    return U.compareAndSwapInt(obj, offset, expect, update);
}
public final void set(T obj, int newValue) {
    accessCheck(obj);
    U.putIntVolatile(obj, offset, newValue);
}
public final int get(T obj) {
    accessCheck(obj);
    return U.getIntVolatile(obj, offset);
}
```

7.5　long的原子性修改实现原理

Java为long类型提供了线程安全的修改类。AtomicLong是long类型的原子类，Atomic-

LongArray 是 long 数组安全修改的原子类，AtomicLongFieldUpdater 是 long 类型的线程安全修改的工具类。

7.5.1　AtomicLong

AtomicLong 的设计原理和 AtomicInteger 基本上是一样的，内部定义了一个 volatile 关键字修饰的 long 类型的 value 变量。AtomicLong 通过 CAS 硬件原语对值进行修改，expect 是每次修改前的 value 的当前值，update 是要修改的预期值。如果修改成功，返回值可以按场景需要返回修改前的值或者修改后的值。如果修改失败，则通过循环多次尝试修改，直到成功为止。

AtomicLong 提供了线程安全的 long 类型变量的读取与修改方法，如表 7-4 所示。

表 7-4　AtomicLong 方法列表

方法名称	方法描述
get()	获取当前的值
set(long newValue)	设置新的值
getAndSet(long newValue)	设置新的值并返回原来的数值
compareAndSet(long expect, long update)	当前值等于预期值 expect，则把当前值设置为 update，返回更新结果：true 为更新成功，false 为更新失败
getAndIncrement()	将当前的值加 1，返回加 1 前的值
getAndAdd(long delta)	将当前的值减 1，返回减 1 前的值
incrementAndGet()	将当前的值加 1，返回加 1 后的最新值
decrementAndGet()	将当前的值减 1，返回减 1 后的最新值
addAndGet(long delta)	将当前的值加上指定的数值，并返回加后的最新值

AtomicLong 的功能完全依赖于 Unsafe 的 volatile 内存实时同步能力，以及 CAS 原子性修改的相关能力。AtomicLong 和 AtomicInteger 的实现基本是一样的，有兴趣的读者可以自己查看源码。

7.5.2　AtomicLongArray

AtomicLongArray 的设计原理和 AtomicIntegerArray 基本上也是一致的，读者可以自己打开源码试着分析一下。AtomicLongArray 提供了线程安全的 long 数组的读取与修改方法，如表 7-5 所示。

表 7-5　AtomicLongArray 方法列表

方法名称	方法描述
get(int i)	获取数组中具体索引位置的值
set(int i, long newValue)	设置数组中具体索引位置的值

（续）

方法名称	方法描述
getAndSet(int i, long newValue)	把数组中具体索引位置的值更新，并返回原来的值
compareAndSet(int i, long expect, long update)	通过CAS的方式修改数组中具体索引位置的值，修改成功返回true，修改失败返回false
getAndIncrement(int i)	将数组中具体索引位置的值加1，并返回修改前的值
getAndDecrement(int i)	将数组中具体索引位置的值减1，并返回修改前的值
getAndAdd(int i, long delta)	将数组中具体索引位置的值加上delta，并返回修改前的值
incrementAndGet(int i)	将数组中具体索引位置的值加1，并返回修改后的值
decrementAndGet(int i)	将数组中具体索引位置的值减1，并返回修改后的值
addAndGet(int i, long delta)	将数组中具体索引位置的值加上delta，并返回修改后的值

有兴趣的读者可以自己查看下AtomicLongArray的功能。

7.5.3 AtomicLongFieldUpdater

AtomicLongFieldUpdater的设计原理和AtomicIntegerFieldUpdater基本上是一致的。首先通过Java反射获取到要修改的long字段的内存偏移量，然后调用Unsafe的CAS相关方法实现long字段的线程安全读取与修改。AtomicLongFieldUpdater是由反射+Unsafe的能力组合实现的。AtomicLongFieldUpdater提供了线程安全的long类型数据读取与修改方法，如表7-6所示。

表7-6 AtomicLongFieldUpdater方法列表

方法名称	方法描述
getAndSet(T obj, int newValue)	以原子方式将此更新器管理的给定对象的字段设置为给定值，并返回旧值
getAndIncrement(T obj)	以原子方式将此更新器管理的给定对象的当前值加1，并返回加1前的值
getAndAdd(T obj, int delta)	以原子方式将给定值添加到此更新器管理的给定对象的当前值，并返回相加前的值
incrementAndGet(T obj)	以原子方式将此更新器管理的给定对象的字段的当前值加1，并返回加后的最新值
decrementAndGet(T obj)	以原子方式将此更新器管理的给定对象的字段的当前值减1，并返回减后的最新值
addAndGet(T obj, int delta)	以原子方式将给定值添加到此更新器管理的给定对象的字段的当前值，并返回最新值

AtomicLongFieldUpdater在实现上与AtomicIntegerFieldUpdater也基本是一样的，有兴趣的读者可以自己查看下。

7.6　LongAdder 实现原理

相比 synchronized 阻塞算法，AtomicInteger、AtomicLong 等原子计数器拥有更好的性能。但是在高并发的场景下，大量线程同时通过 CAS 方式更新一个变量，任意一个时刻只有一个线程能够成功，其他线程只能通过自旋方式进行尝试。在某些高并发场景下，AtomicInteger 和 AtomicLong 的性能并不是很好，所以在 JDK8 中新增了 LongAdder 来满足高并发场景下的数据统计。LongAdder 提供了多线程环境下的 long 的安全读取与修改方法，如表 7-7 所示。

表 7-7　LongAdder 方法列表

方法名称	方法描述
add(long x)	将当前值加上给定的值，返回值为空
increment()	对当前值加 1，返回值为空
decrement()	对当前值减 1，返回值为空
sum()	返回当前值的总和，在调用此方法时，如果没有其他线程修改，sum 方法的结果是准确的，如果有其他线程修改，sum 方法的结果只是一个近似值
reset()	把当前数据清零
sumThenReset()	把当前的数值求和清零，由于没有加锁控制，返回值可能不是非常精确

7.6.1　设计原理

在高并发的场景中，多个线程会同时通过 CAS 方式来修改对应的 value，导致 AtomicLong 的性能很低。LongAdder 是采用分治算法的思想设计的。LongAdder 定义了 Cell 数组（计算单元数组），每个 Cell（计算单元）都能实现 long 值的计算。每个线程都会根据线程 ID 对数组进行取模来获取对应的 Cell，这样每个线程都只会向对应的 Cell 发起计算请求。LongAdder 的设计原理如图 7-6 所示。

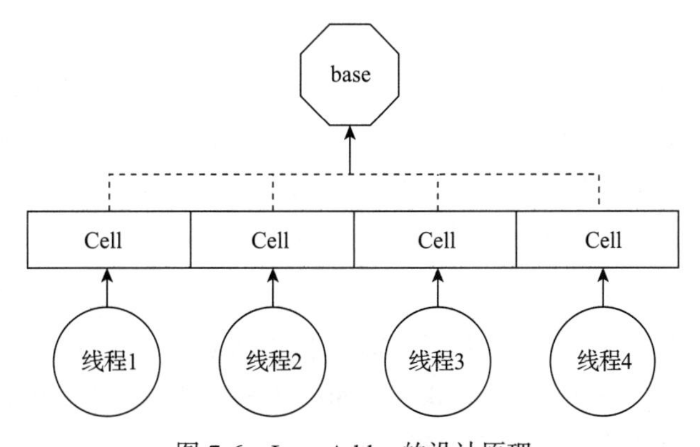

图 7-6　LongAdder 的设计原理

这样把原来多个线程对同一个long字段的CAS修改的竞争，转换成每个线程对自己的对应Cell的竞争。

整个Cell数组的最大长度为CPU的个数，例如CPU的个数为4，那Cell数组的最大长度为4。在没有并发冲突的情况下，仅有一个线程可以直接对base变量进行操作。当有两个线程同时操作LongAdder时，LongAdder才会开始构建Cell数组。当出现多个线程竞争同一个Cell的时候，LongAdder会每次进行倍数扩容，其扩容过程如图7-7所示。

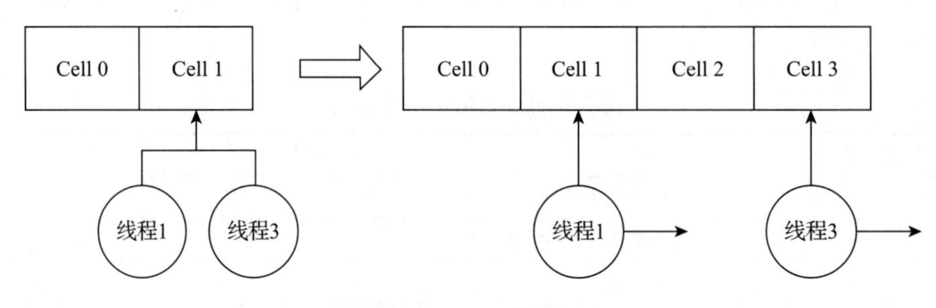

图7-7 Cell扩容

开始Cell数组只有两个元素，线程1与线程3同时操作Cell 1节点，此时线程3会失败并触发扩容机制。数组扩容之后，线程1操作Cell 0节点，而线程3操作Cell 2节点。

数组的扩容采取的是渐进式扩容机制，这样能确保内存空间与CPU使用效率之间的最大平衡，我们非常熟悉的ArrayList、HashMap也都采用了同样的扩容原理。

LongAdder的值包含两个部分：base部分、Cell数组所有元素值的和。在统计LongAdder值（即公式中的Value）时，需要把base和Cell数组总值进行相加，计算公式如下所示。

$$\text{Value} = \text{base} + \sum_{i=0}^{n} \text{Cell}[i]$$

其中，i为数组下标，n为数组的长度。

7.6.2 源码分析

Cell是基础的计算单元，内部定义了一个volatile修饰的long类型的变量value，并提供了以CAS方式修改value的方法。Striped64主要提供了Cell数组的管理功能。LongAdder继承了抽象类Striped64，提供long类型数据的计数功能，UML图如图7-8所示。

接下来采用自底向上的方式详细讲解LongAdder的源码实现。

1. Cell源码

Cell内部定义了两个变量：一个是volatile修饰的value，另一个是VarHandle的实例VALUE。Cell是通过VarHandle的weakCompareAndSetRelease方法来实现value字段的安全修改。Cell的具体实现如代码清单7-19所示。

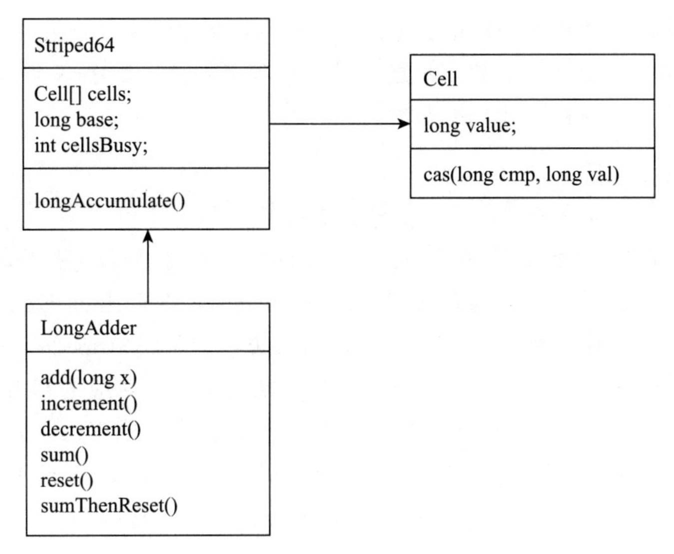

图 7-8　LongAdder 的 UML 图

代码清单 7-19　Cell 的实现

```
static final class Cell {
    volatile long value;
    Cell(long x) { value = x; }
    final boolean cas(long cmp, long val) {
        return VALUE.weakCompareAndSetRelease(this, cmp, val);
    }
    private static final VarHandle VALUE;
}
```

2. Striped64 源码

Striped64 定义了 3 个变量：计算单元的数组 cells、数组操作锁状态 cellsBusy，以及基础值 base。cellsBusy 表示数组操作的锁状态：0 表示没有线程操作，1 表示有线程操作。在对 cells 数组操作前，线程必须调用 casCellsBusy 方法来获取锁。Cell 数据管理的实现如代码清单 7-20 所示。

代码清单 7-20　Cell 数组管理

```
//Cell 数组
transient volatile Cell[] cells;
// 基础值，在没有竞争的时候使用
transient volatile long base;
// 表示数组是不是有线程操作，0 表示没有线程操作，1 表示有线程操作
transient volatile int cellsBusy;
final boolean casCellsBusy() {
    return CELLSBUSY.compareAndSet(this, 0, 1);
}
```

casCellsBusy就是调用VarHandle的compareAndSet方法来将cellsBusy修改成1，如果修改成功表示获取到锁了。在锁释放的时候，线程必须将cellsBusy设置为0，这样能够确保任一时刻只有一个线程管理Cell数组。

3. LongAdder源码

add方法是LongAdder的核心计算方法，它的功能是完成值的相加。increment方法与decrement方法都是通过add方法来实现的。但add方法的代码有点难以理解，所以笔者按照真实代码执行的顺序来讲解。在单线程操作时，add方法会调用casBase方法来修改base值，如果修改成功则直接返回。如果修改失败，add方法会调用Striped64的longAccumulate方法来计算。多线程同时操作时，add方法会先判断当前线程对应的Cell是否为空。如果Cell不为空，则add方法会调用Cell的cas方法进行线程安全的修改。如果Cell为null或者Cell计算失败，则调用Striped64的longAccumulate方法计算。longAccumulate方法会根据线程ID对Cell数组进行取模，找到对应的Cell，然后通过CAS方式修改Cell的值。代码清单7-21是数值增加的实现。

代码清单7-21　数值增加

```
public void add(long x) {
    Cell[] cs; long b, v; int m; Cell c;
    // 一开始Cell为空，先调用casBase方法，随着线程竞争激烈，会通过cells数组进行计数
    if ((cs = cells) != null || !casBase(b = base, b + x)) {
        int index = getProbe();
        boolean uncontended = true;
    // 当cells数组中对应的Cell计算单元不为空时，先调用cas方法进行计算
        if (cs == null || (m = cs.length - 1) < 0 ||
            (c = cs[index & m]) == null ||
            !(uncontended = c.cas(v = c.value, v + x)))
            longAccumulate(x, null, uncontended, index);
    }
}
```

sum方法的功能是统计整个LongAdder的值。LongAdder的值包含两部分：一部分是base的值，另一部分是Cell数组中所有元素的值。sum方法实现如代码清单7-22所示。

代码清单7-22　整体求和

```
public long sum() {
    Cell[] cs = cells;
    long sum = base;
    if (cs != null) {
        for (Cell c : cs)
            if (c != null)
                sum += c.value;
    }
    return sum;
}
```

sum方法的执行流程如下：首先将base的值赋给临时变量sum，然后逐个遍历Cell数组，将数组的值累加到sum中。因为整个统计过程并未加锁，所以sum方法统计到的可能是一个近似值。如果在统计过程中没有线程对base或者Cell数组中的值进行修改，则sum方法的结果是精准的。如果有其他线程在修改，sum方法统计到的就是一个近似值。

reset方法的功能是重置整个计数器的值，它主要包含两部分：一是重置base的值，将base的值设置为0；二是将Cell数组的每个Cell值设置为0。计数器重置的实现如代码清单7-23所示。

代码清单7-23　计数器重置

```
public void reset() {
    Cell[] cs = cells;
    base = 0L;
    if (cs != null) {
        for (Cell c : cs)
            if (c != null)
                c.reset();
    }
}
```

7.7　小结

本章详细讲解了Java里几种常见的原子类的设计原理与具体实现，希望通过本章的讲解，你能熟练地使用原子计数器，也能设计出更符合业务场景的原子计数器。

Chapter 8 第8章

Java 并发容器实现原理

在一些复杂的业务场景中，多个线程之间必须通过容器来实现数据交互。如果容器是线程不安全的，会带来数据不一致的问题，所以 Java 提供了多种并发容器来实现线程之间的数据安全交互。本章将详细地讲解 Java 中常用的并发容器的设计原理与源码实现。

8.1 CopyOnWriteArrayList 实现原理

ArrayList 是实际开发中高频使用的集合类，但不是线程安全的。JDK1.5 提供了线程安全的数组：CopyOnWriteArrayList。CopyOnWriteArrayList 采用了一种读写分离的并发策略。CopyOnWriteArrayList 对读操作采用的是无锁设计，性能非常好。对于写操作，CopyOnWriteArrayList 会将当前数组复制一份，然后在新副本上执行写操作，写结束之后会将数组指针指向新的数组。基于上述特征，CopyOnWriteArrayList 适合在高频读操作、低频写操作的场景里使用。

CopyOnWriteArrayList 提供了线程安全的数组读取与修改方法，如表 8-1 所示。

表 8-1　CopyOnWriteArrayList 方法

方法名称	方法描述
size()	获取数组的长度，如果数组为空则返回 0
isEmpty()	判断数组是否为空，数组为空则返回 true，不为空则返回 false
add(E e)	向数组中添加一个新的元素，会先构建一个新的数组，把原来的元素复制到新的数组，并且把新的元素放置在数组的尾部
set(int index, Eelement)	把原来的数组复制一遍，然后替换掉对应位置上的值
remove(int index)	构建一个新数组，除了 index 位置对应的值之外，其余的值都复制到新的数组

（续）

方法名称	方法描述
remove(Object o)	先判断数组是否存在对象：如果数组中存在删除的对象，则构建一个新数组，除了index位置对应的值之外，其余的值都复制到新的数组
clear()	清除数组中的所有元素
contains(Object o)	判断当前数组是否存在具体对象，如果存在则返回true
toArray()	将数组的值转成arry并返回
iterator()	获取遍历迭代器，但在迭代器遍历的时候是不支持修改的

在使用CopyOnWriteArrayList的iterator迭代器的时候需要注意，CopyOnWriteArrayList的迭代器只能进行数据读取，不能进行数据修改。在CopyOnWriteArrayList迭代器中，调用数据修改的方法会抛出UnsupportedOperationException异常。

8.1.1 设计原理

CopyOnWriteArrayList采用读写分离的并发控制策略，它能支持多线程同时读取数据与单线程修改数据。数据修改采用了独占锁+写时复制+指针重定向的策略组合。CopyOnWriteArrayList内部定义了一个独占锁。线程只有获取到锁才能修改数据。获取到锁之后，将原来的数组复制一份，然后对副本数据进行修改。在完成数据修改后，将数组指针指向新的数组。CopyOnWriteArrayList设计原理如图8-1所示。

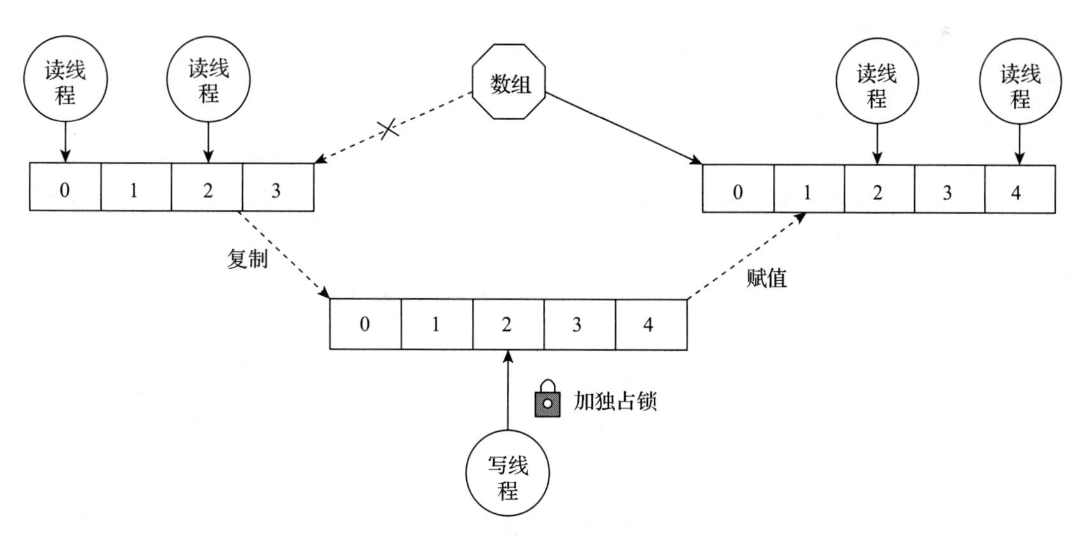

图8-1 CopyOnWriteArrayList设计原理

读写分离设计的优点非常明显，在任意时刻，数据的修改都不会影响数据的读取，数据读取的性能非常好。但也有2个缺点：数据修改非常耗费内存与CPU，并且存在数据的实时一致性问题。每次修改数据都会构建一个新的数组，并且会把原来的数据复制过来，会非常耗费内存与 CPU 的资源。如果在数据非常多的情况下，频繁地对数据进行修改会严重影响系统的性能。由于使用了写时复制技术，因此读线程不能立即读取到新修改的数据。

8.1.2 源码分析

CopyOnWriteArrayList 实现了 3 个接口：RandomAccess、Cloneable 与 List。RandomAccess 是个标记接口，实现了该接口的子类，支持随机访问。Cloneable 也是一个标记接口，实现了这个接口的子类可以支持克隆功能。CopyOnWriteArrayList 实现了 List 接口，支持数据读取、数据修改、数据遍历等功能。CopyOnWriteArrayList 的 UML 图如图 8-2 所示。

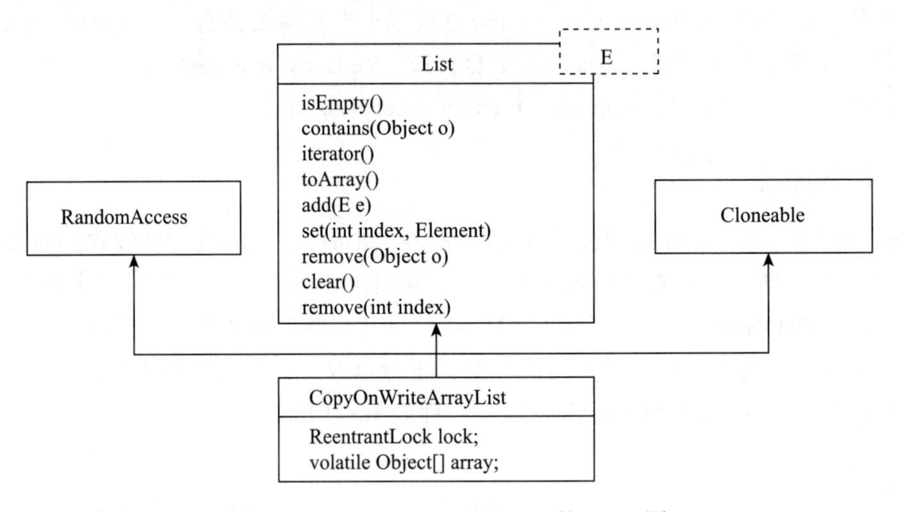

图 8-2　CopyOnWriteArrayList 的 UML 图

CopyOnWriteArrayList 定义了 2 个属性：一个是 Object 的实例 lock，另一是 Object 数组 array。lock 用来实现数据修改的并发控制，array 指向对象数组。CopyOnWriteArrayList 属性定义如代码清单 8-1 所示。

代码清单 8-1　CopyOnWriteArrayList 属性定义

```
final transient Object lock = new Object();
private transient volatile Object[] array;
```

下面详细讲解一下 CopyOnWriteArrayList 的数据读取与修改功能的实现。

1. 数据读取

CopyOnWriteArrayList 数据读取的方法和 ArrayList 是一样的，都是按照数据的下标从数据中获取数据。数据读取的实现如代码清单 8-2 所示。

代码清单 8-2　数据读取

```
public E get(int index) {
    return get(getArray(), index);
```

```
    }
    private E get(Object[] a, int index) {
        return (E) a[index];
    }
```

2. 数据修改

CopyOnWriteArrayList 提供了 3 个方法来实现数据修改，add 方法负责往数组中插入元素，remove 方法负责从数组中移除数据，clear 方法负责清除整个数组。

如代码清单 8-3 所示，add 方法先通过 synchronized 对 lock 进行加锁，然后调用 Arrays 的 copyOf 方法复制一个新的数组，最后将数据放入新数组的尾部。在修改完数据后，调用 setArray 方法将新的数组赋值给 array 属性字段。

代码清单 8-3　add 方法

```
public boolean add(E e) {
    synchronized (lock) {
        Object[] es = getArray();
        int len = es.length;
        es = Arrays.copyOf(es, len + 1);
        es[len] = e;
        setArray(es);
        return true;
    }
}
```

remove 方法的功能是删除数组中指定位置的数据，它会构建一个新的数组，然后将除了待删除之外的数据都复制到新数组中。remove 方法的实现如代码清单 8-4 所示。

代码清单 8-4　remove 方法

```
public E remove(int index) {
    synchronized (lock) {
        Object[] es = getArray();
        int len = es.length;
        E oldValue = elementAt(es, index);
        int numMoved = len - index - 1;
        Object[] newElements;
        if (numMoved == 0)
            newElements = Arrays.copyOf(es, len - 1);
        else {
            newElements = new Object[len - 1];
            System.arraycopy(es, 0, newElements, 0, index);
            System.arraycopy(es, index + 1, newElements, index,
                             numMoved);
        }
        setArray(newElements);
        return oldValue;
    }
}
```

clear 方法是清空数组。它会通过 synchronized 对 lock 对象加锁，然后构建一个空数组，最后将数组指针指向空数组。clear 方法的实现如代码清单 8-5 所示。

代码清单 8-5　clear 方法

```
public void clear() {
    synchronized (lock) {
        setArray(new Object[0]);
    }
}
```

3. 数据迭代器

CopyOnWriteArrayList 的内部实现了 COWIterator 迭代器。COWIterator 迭代器只实现了数据遍历读取功能，屏蔽了数据修改的功能，在迭代器中调用数据修改方法会一律抛出 UnsupportedOperationException 异常，因为这些方法不支持数据遍历修改的功能。

8.2　ConcurrentHashMap 实现原理

本节来探讨下 Hash 表的线程安全类 ConcurrentHashMap。在 JDK1.7 及其以下的版本中，ConcurrentHashMap 是采用分治思路设计，由 Segments 数组 +HashEntry 数组 + 链表组合实现。在 JDK1.8 中，ConcurrentHashMap 采用了数组 + 链表 + 红黑树的数据结构，通过 CAS 与 synchronized 组合模式进行并发控制，从而提高了性能。

8.2.1　HashTable 设计原理

在 JDK1.5 以前，Java 提供的线程安全的 Hash 容器是 HashTable。HashTable 的所有 public 方法都是用 synchronized 关键字修饰的，采用了 Java 底层的同步机制来实现线程安全。任意一个时刻都只允许一个线程对 HashTable 操作，其他线程都会进入阻塞状态，整个 HashTable 的并发性能非常低，所以在实际开发中，我们很少使用 HashTable。HashTable 设计原理如图 8-3 所示。

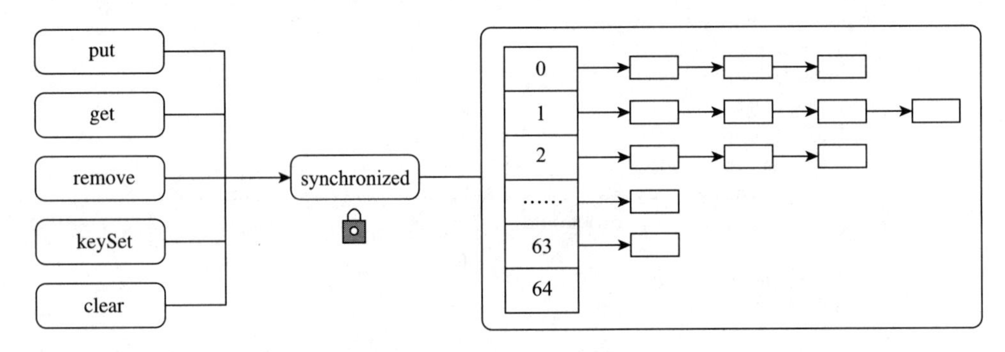

图 8-3　HashTable 设计原理

8.2.2　ConcurrentHashMap 1.7 设计原理

自 JDK1.5 以后，Java 提供了另一种线程安全的 Hash 容器 ConcurrentHashMap，它的性能比 HashTable 有很大的提高。ConcurrentHashMap 经过 1.5、1.6、1.7、1.8 等多个版本的持续优化，每一次的优化性能都有进一步提升。接下来重点讲解 1.7 和 1.8 这 2 个版本的设计原理。

在 JDK1.7 及其以下版本中，ConcurrentHashMap 是采用分治思想设计的，即采用两层 Hash 表的结构。第一层 Hash 表是由 Segment 数组构成的。每个 Segment 内部采用 HashEntry 数组与链表构成了两层的 Hash 表。Segment 通过继承 ReentrantLock 获得了可重入的独占锁能力。整个 Hash 表由 Segment 数组构成。Segment 数组中的每一个元素就是一个独立的数据段（即 Segment）。每个独立数据段的修改都是通过 ReentrantLock 的锁机制来确保线程的安全性的。在高并发场景下，每次修改只会锁住 Segment 数组中的某个具体数据段，所以多个数据段可以同时进行修改，互不影响。ConcurrentHashMap 的 concurrentLevel（默认并发级别）是 16。因此理论上，它可以支持 16 个线程同时对 ConcurrentHashMap 进行修改，从而极大地提高了并发性能。JDK1.7 的设计原理如图 8-4 所示。

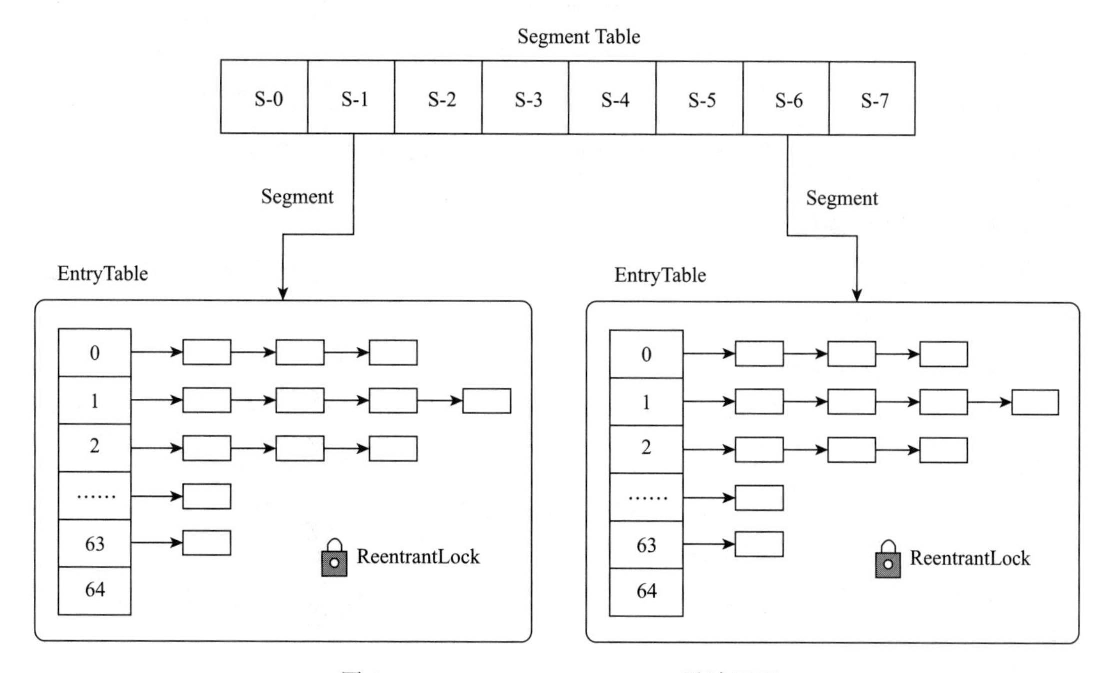

图 8-4　ConcurrentHashMap 1.7 设计原理

相比 HashTable 的整个 Hash 表的一把锁，JDK1.7 的 ConcurrentHashMap 采用多个 Segment，每个 Segment 一把锁，这种分治思想的设计极大地提高了并发性能。但如果 Segment 里面链表元素过多，每次修改都会非常耗时，会极大地影响并发性能。

8.2.3 ConcurrentHashMap 1.8 设计原理

在JDK1.8中，ConcurrentHashMap对底层做了比较大的改动，整体抛弃了JDK1.7的分段锁的设计方案，采用了数组+链表+红黑树的数据结构。在并发控制方面，ConcurrentHashMap采用了CAS+synchronized的组合方案来实现线程的安全性。ConcurrentHashMap 1.8设计原理如图8-5所示。

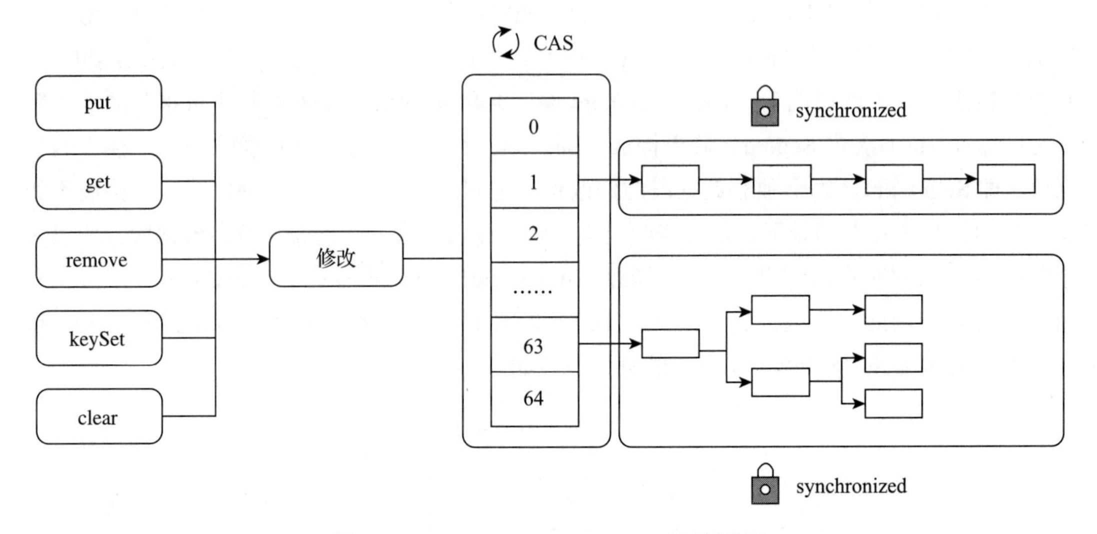

图8-5 ConcurrentHashMap 1.8设计原理

1. 为什么引入红黑树

链表的时间复杂度为$O(N)$，红黑树的时间复杂度为$O(\log N)$。在数据量大的情况，红黑树的检索效率明显高于链表。

2. 为什么抛弃分段锁

每个Segment里都包含一个HashEntry数组，而每一个HashEntry数组需要一段连续的内容空间。在大多情况下，HashEntry数组都是不满的，会造成内存空间的浪费。同时，每个Segment需要维护一个ReentrantLock锁，而ReentrantLock是依赖AQS来实现并发控制的。AQS内部维护了双向指针的排队队列，这也需要占用一定的内存空间。

Segment整个数据结构也比较复杂，在初始化与扩容等功能的实现上的复杂度都非常高。

3. 设计难点解析

下面将详细探讨一下ConcurrentHashMap设计上的难点：数量统计、并发扩容。

在一个高并发修改的Hash表中，要精准地统计元素个数是一件很困难的事。因为在统计时，数据会被修改。如果想要正确地统计数据，除非先对整个ConcurrentHashMap加全局锁，再进行统计。但如果加上全局锁，那么所有数据的修改都要获取这个锁，那基本上就退化成了 HashTable。设计者巧妙地借鉴了 LongAdder 的设计思想。计数设计包含两部分：基础计数 baseCount、计算单元数组 counterCells。baseCount 是个全局计数器，多线程可以通过 CAS 方式对 baseCount 进行修改。如果修改失败了，ConcurrentHashMap 就会采用 counterCells 数组进行计数。counterCells 是由 CounterCell（计数单元）构成的数组，每个 CounterCell（计数单元）都能实现 long 数据的单独计算。每个线程会根据线程 ID 对 CounterCell 数组取模，获取到对应的计算单元，这样每个线程就只会对当前线程对应的 CounterCell 进行操作。在统计整个 ConcurrentHashMap 的数量时，将 baseCount+counterCells 数组求和就可以了。数量统计的设计如图 8-6 所示。

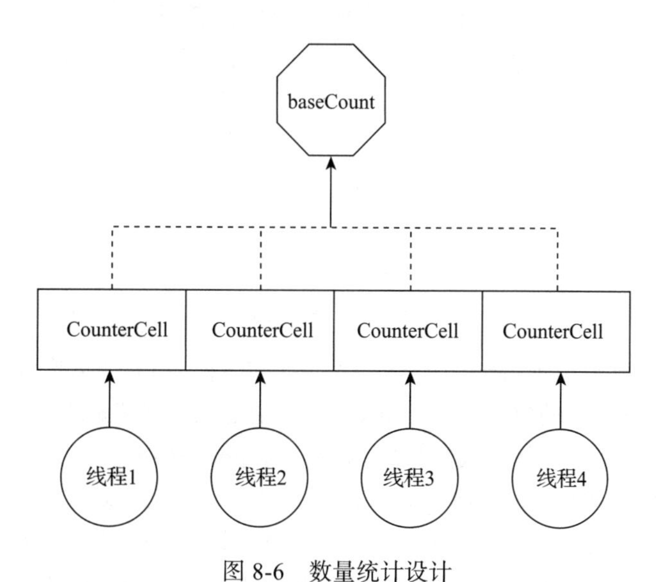

图 8-6　数量统计设计

在一个高并发修改的 Hash 表中，要实现整体扩容也是一件很困难的事，因为 HashMap 中的数据时刻在变。ConcurrentHashMap 的扩容方案设计得非常巧妙，是将倍数扩容、多线程扩容、数据隧道等技术结合在一起实现的。

ConcurrentHashMap 中定义了两个变量：table 指针与 nextTable 指针，table 指向当前使用的数组，nextTable 指向扩容的数组。数组的长度是 2^*n*（2 的 *n* 次方），默认的数组长度是 16，即 2^4（2 的 4 次方）。扩容机制是倍数扩容，例如 table 数组的长度为 16，扩容的时候，ConcurrentHashMap 会构建一个长度为 32 个 nextTable 数组。这么设计有一个非常大的好处，table 数组中同一个索引上的数据会均匀地迁移到 nextTable 数组的两个索引限定的位置上。例如，在原来的 table 数组中，索引为 1 的链表数据会迁移到 nextTable 数组中索引为 1 和 17 的两个链表中。而 nextTable 数组中索引 1 和 17 位置上的数据只会来自 table 数组的 1 号索引位置。扩容的过程如图 8-7 所示。

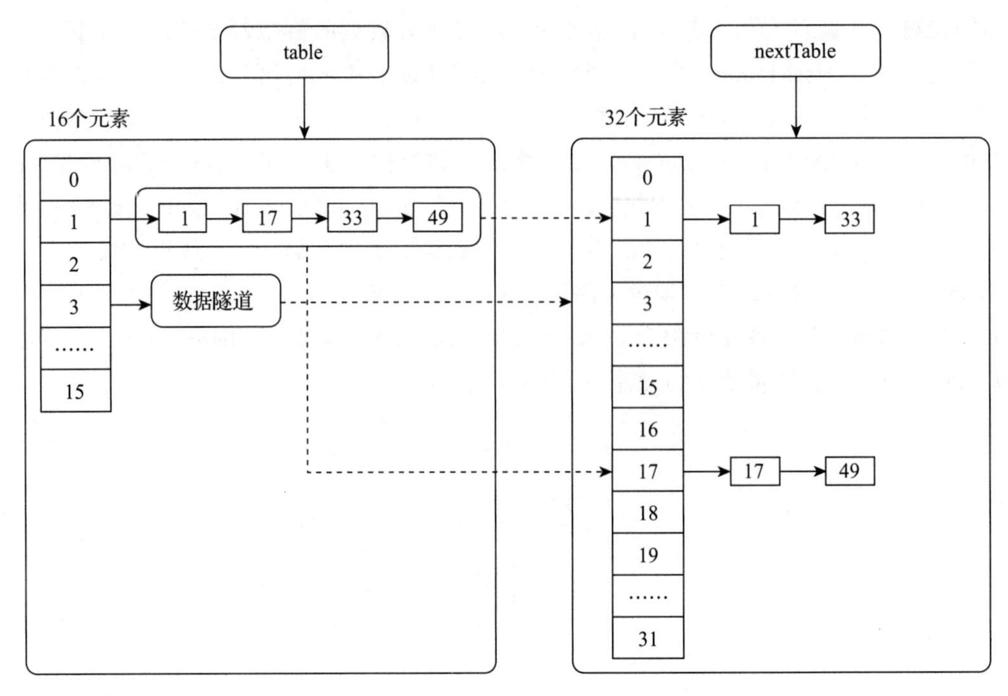

图 8-7 扩容的过程

在具体扩容的实现上，ConcurrentHashMap 采取了多线程协作的方式来进行扩容。每个线程负责 stride 个 table 数组元素的数据迁移，stride 的最小值是 16。迁移是从 table 数组的尾部开始，逐渐往头部迁移，如图 8-8 所示。线程 T-1 开始对 ConcurrentHashMap 进行扩容，T-1 会从 table 数组的尾部开始迁移，将下标 63～48 之间的 table 数组数据迁移到 nextTable 数组中，并且将迁移的标志 transferIndex 设置为 48。当线程 T-2 发现 table 数组正在进行扩容，它也加入进来一起迁移以提升扩容的速度，T-2 线程负责将 47 到 32 号位置上的数据迁移到 nextTable 数组中，并且把 table 数组迁移的标志设置成 32。同样，T-3 和 T-4 线程也会依次进行数据迁移。

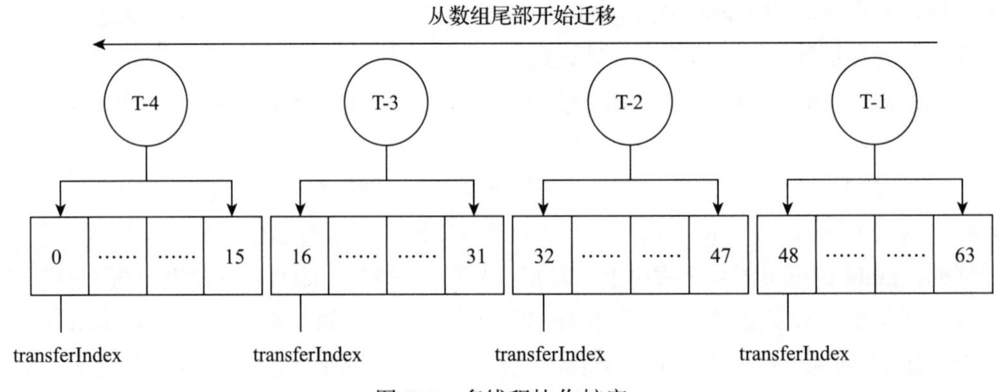

图 8-8 多线程协作扩容

在扩容的期间，table 数组中的数据迁移不是同时完成的。例如，位置 0 和位置 1 上的数据已经迁移到 nextTable 中了，而位置 2 上的数据正在进行迁移。此时，如果有线程访问 0 和 1 位置上的元素数据怎么办呢？为了解决这个问题，ConcurrentHashMap 引入了数据隧道技术：ForwardingNode，如图 8-9 所示。在 table 数组中元素的数据被迁移之后，这个位置会被设置为 ForwardingNode。ForwardingNode 内部封装了 nextTable，在数据访问的时候可以直接访问 nextTable 中的数据。

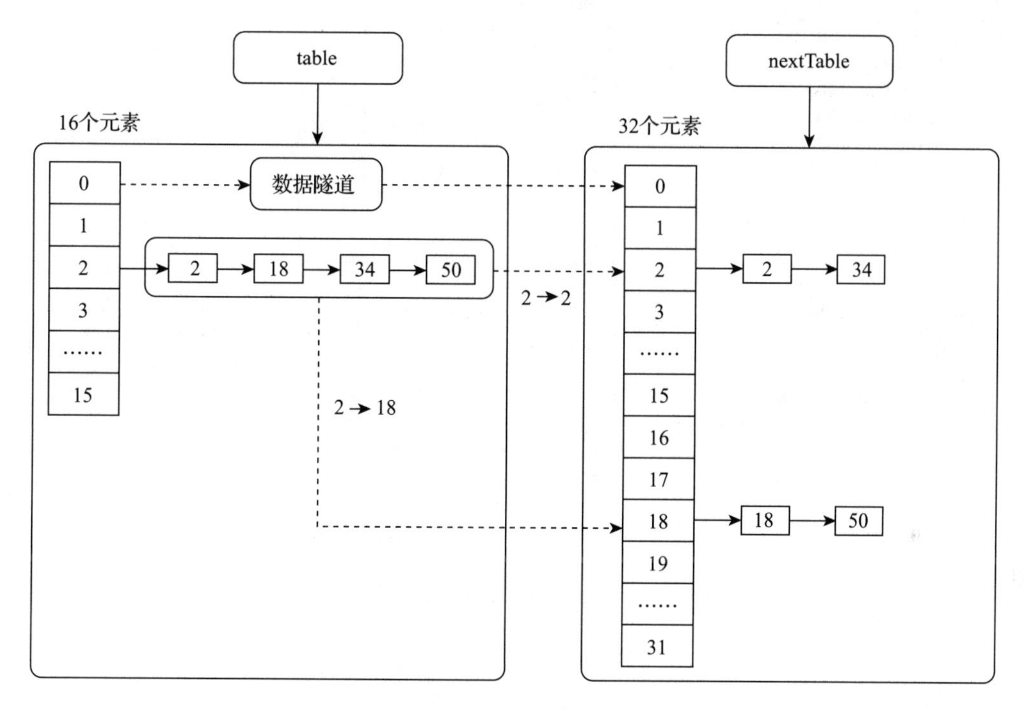

图 8-9　数据隧道

在整个迁移完成之后会将 table 重新指向 nextTable 的对应数组，并且将 nextTable 设置为 Null，这样整个扩容就完成了。

8.2.4　源码分析

在讲解完 ConcurrentHashMap 设计原理之后，下面来分析一下 ConcurrentHashMap 的源码实现。ConcurrentHashMap 1.8 的 UML 图如图 8-10 所示。

1. 底层数据结构

Node 的 key 是数据的名称，value 是数据的值，hash 是 key 对应的 Hash 值，next 指针指向当前节点的后继节点。为了确保线程的安全性，hash 与 key 都是不可变的。为了确保线程的可见性，value 与 next 都是采用 volatile 关键字修饰。Node 实现如代码清单 8-6 所示。

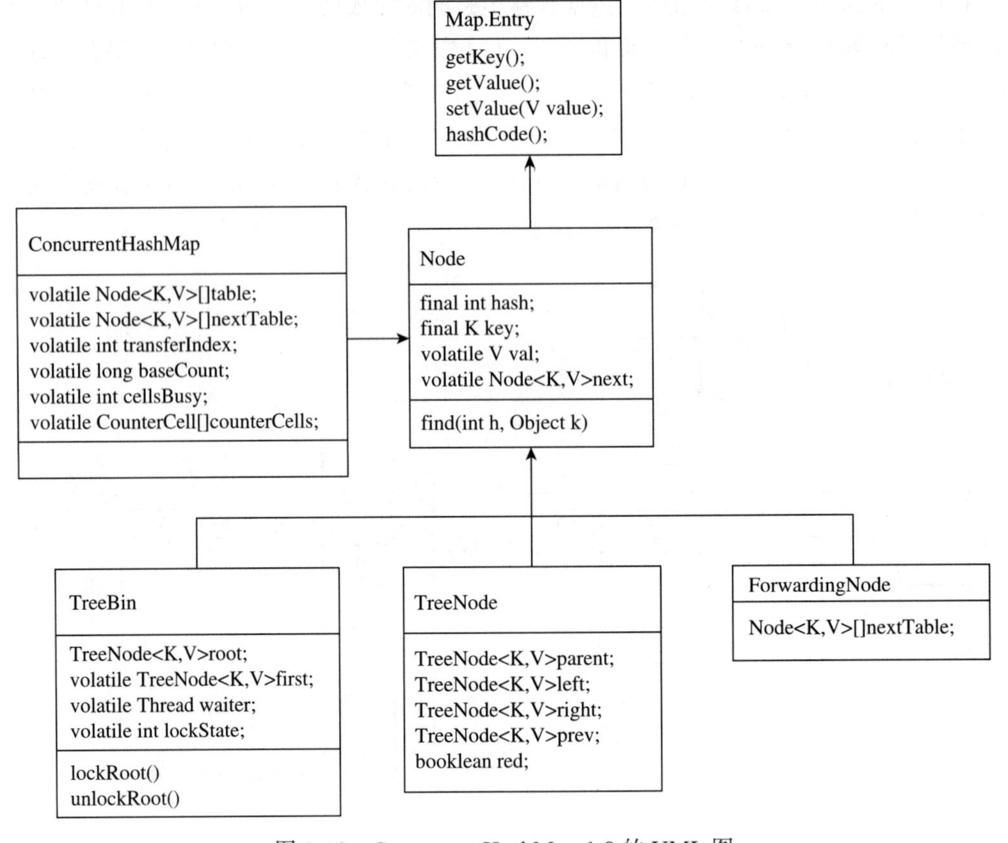

图 8-10　ConcurrentHashMap 1.8 的 UML 图

代码清单 8-6　Node 实现

```
static class Node<K,V> implements Map.Entry<K,V> {
    final int hash;
    final K key;
    volatile V val;
    volatile Node<K,V> next;
    public final int hashCode()   { return key.hashCode() ^ val.hashCode(); }
}
```

TreeNode 是红黑树的节点，内部定义了红黑树需要的 parent、left、right、prev 指针。findTreeNode 方法根据 key，通过二叉树深度遍历来查找对应的节点。findTreeNode 方法会将当前节点 Hash 值与查找 key 的 Hash 值进行比较。如果当前节点 Hash 值大于要查找的 Hash 值，findTreeNode 方法就从 left 节点接着向下查找。如果当前节点的 Hash 值小于要查找的 Hash 值，findTreeNode 方法就从 right 节点向下查找。如果 Hash 值相等，就判断 key 是否相同，如果 key 相同就返回当前节点，如果不同就返回 null。整个遍历就是典型的前序遍历方法，遍历策略采用的是递归调用。TreeNode 实现如代码清单 8-7 所示。

代码清单 8-7　TreeNode 实现

```
static final class TreeNode<K,V> extends Node<K,V> {
    //父节点
    TreeNode<K,V> parent;
    //左子节点
    TreeNode<K,V> left;
    //右子节点
    TreeNode<K,V> right;
    //前驱节点
    TreeNode<K,V> prev;
    //是否为红色：取值 red 为 true；取值 black 为 false
    boolean red;
    Node<K,V> find(int h, Object k) {
        return findTreeNode(h, k, null);
    }
```

TreeBin 是红黑树的数据结构，它的作用是将链表转换成红黑树、将红黑树退化成链表、向红黑树中添加节点、从红黑树中删除节点。TreeBin 定义了根节点 root、链表的 first 节点、红黑树的等待线程、锁的状态等属性，如代码清单 8-8 所示。

代码清单 8-8　TreeBin 实现

```
//根节点
TreeNode<K,V> root;
//链表的头节点
volatile TreeNode<K,V> first;
//等待线程
volatile Thread waiter;
volatile int lockState;
// 设置为 1 表示处于写的状态
static final int WRITER = 1;
//设置为 1 表示需要进行写等待
static final int WAITER = 2;
//获取到读锁
static final int READER = 4;
```

TreeBin 的构造方法是将链表转换成红黑树，核心是按照链表的 next 指针依次向后遍历，将链表的节点添加到 TreeBin 中，每次添加完一个节点都需要对红黑树进行重新涂色，以达到二叉树的平衡效果。

ForwardingNode 实际上是一个数据隧道，将当前节点连接到 nextTable 数组，然后通过 nextTable 来查找数据。ForwardingNode 的实现如代码清单 8-9 所示。

代码清单 8-9　ForwardingNode 实现

```
static final class ForwardingNode<K,V> extends Node<K,V> {
    final Node<K,V>[] nextTable;
    ForwardingNode(Node<K,V>[] tab) {
        super(MOVED, null, null, null);
```

```
            this.nextTable = tab;
        }
        Node<K,V> find(int h, Object k) {
            //遍历nextTable
            outer: for (Node<K,V>[] tab = nextTable;;) {
                Node<K,V> e; int n;
                //获取到Hash值对应数组中的Node节点，并赋值给e
                if (k == null || tab == null || (n = tab.length) == 0 ||
                    (e = tabAt(tab, (n - 1) & h)) == null)
                    return null;
                //按照链表的方式进行查找
                for (;;) {
                    int eh; K ek;
                    if ((eh = e.hash) == h &&
                        ((ek = e.key) == k || (ek != null && k.equals(ek))))
                        return e;
                    //中间去掉了容错代码
                    //依次向后循环
                    if ((e = e.next) == null)
                        return null;
                }
            }
        }
    }
```

2. 常量定义

ConcurrentHashMap中常量定义共分为4大部分：Hash表的容量边界、数组与红黑树的转换控制边界、并发扩容线程数、Hash表数组节点的状态。常量定义如代码清单8-10所示。

代码清单8-10　常量定义

```
// Hash表的最大容量
private static final int MAXIMUM_CAPACITY = 1 << 30;
//Hash表的默认容量
private static final int DEFAULT_CAPACITY = 16;
//Hash表数组的最大长度，在扩容的时候会根据这个值进行限制
static final int MAX_ARRAY_SIZE = Integer.MAX_VALUE - 8;
//默认的并发线程级别
private static final int DEFAULT_CONCURRENCY_LEVEL = 16;
//默认Hash表中实际的数据个数到达了容量的0.75就会触发扩容
private static final float LOAD_FACTOR = 0.75f;
//当链表长度到达8的时候开始转成红黑树
static final int TREEIFY_THRESHOLD = 8;
//当链表长度变成6的时候开始将红黑树转成链表
static final int UNTREEIFY_THRESHOLD = 6;
//当整个Hash表中元素达到64的时候开始转成红黑树
static final int MIN_TREEIFY_CAPACITY = 64;
//默认每个线程最多能扩展16个节点的数据
```

```
private static final int MIN_TRANSFER_STRIDE = 16;
// 节点的状态
static final int MOVED     = -1;
static final int TREEBIN   = -2;
static final int RESERVED  = -3;
static final int HASH_BITS = 0x7fffffff;
static final int NCPU = Runtime.getRuntime().availableProcessors();
```

我们需要深入探讨 TREEIFY_THRESHOLD 的定义。为什么链表的长度为 8 的时候，ConcurrentHashMap 会将链表转成红黑树？红黑树的算法复杂度是 $O(\log N)$，链表的平均复杂度是 $O(N/2)$。当 N 为 8 的时候，红黑树的平均复杂度是 3，而链表平均复杂度是 4，因为超过 8，红黑树的查询效率会明显大于链表的。

3. 数组初始化

ConcurrentHashMap 没有在构造函数里对数组初始化，而是在首次插入数据时初始化。这样设计可以避免提前占用内存，但也带来一个问题：初始化需要并发控制。ConcurrentHashMap 是用 sizeCtl 来实现并发控制的。initTable 方法会通过 CAS 的方式将 sizeCtl 变量设置成 −1。在多线程环境下，只有一个线程能将 sizeCtl 修改成 −1。数组初始化的实现如代码清单 8-11 所示。

代码清单 8-11　数组初始化

```
private final Node<K,V>[] initTable() {
    Node<K,V>[] tab; int sc;
    // 当 table 为空的时候，需要进行初始化
    while ((tab = table) == null || tab.length == 0) {
        // 当线程控制标志小于 0，就将自己设置为空闲并等待状态
        if ((sc = sizeCtl) < 0)
            Thread.yield();
        // 如果成功拿到锁，就初始化数组
        else if (U.compareAndSwapInt(this, SIZECTL, sc, -1)) {
            try {
                // 再次判断 table 数组是否为空，如果为空就构建一个长度为 16 的数组
                if ((tab = table) == null || tab.length == 0) {
                    int n = (sc > 0) ? sc : DEFAULT_CAPACITY;
                    Node<K,V>[] nt = (Node<K,V>[])new Node<?,?>[n];
                    table = tab = nt;
                    // 并发线程数为 n 的 0.75，也就是 12
                    sc = n - (n >>> 2);
                }
            } finally {
                sizeCtl = sc;
            }
            break;
        }
    }
    return tab;
}
```

在数据完成初始化之后，需要设置并发控制的线程数sizeCtl。sizeCtl的值是数组长度乘以0.75，即数组长度的3/4。

4. 数组元素读取与修改

ConcurrentHashMap提供了3个方法来实现数组元素的读取与修改。tabAt方法的功能是实时读取数组元素。casTabAt方法与etTabAt方法的功能都是通过CAS的方式实时修改数组元素值。代码清单8-12是数组元素读取与修改的实现。

代码清单8-12　数组元素读取与修改

```
// 线程安全地获取数组中元素
static final <K,V> Node<K,V> tabAt(Node<K,V>[] tab, int i) {
    return (Node<K,V>)U.getObjectVolatile(tab, ((long)i << ASHIFT) + ABASE);
}
// 通过CAS的方式安全地修改数组元素
static final <K,V> boolean casTabAt(Node<K,V>[] tab, int i,
                                    Node<K,V> c, Node<K,V> v) {
    return U.compareAndSwapObject(tab, ((long)i << ASHIFT) + ABASE, c, v);
}
// 通过CAS的方式安全地修改数组元素
static final <K,V> void setTabAt(Node<K,V>[] tab, int i, Node<K,V> v) {
    U.putObjectVolatile(tab, ((long)i << ASHIFT) + ABASE, v);
}
```

5. 插入数据

向ConcurrentHashMap插入元素是由putVal方法实现的。put方法和putIfAbsent方法都是调用该方法来实现数据插入的。插入数据的实现如代码清单8-13所示。

代码清单8-13　插入数据

```
final V putVal(K key, V value, boolean onlyIfAbsent) {
    int hash = spread(key.hashCode());
    int binCount = 0;
    for (Node<K,V>[] tab = table;;) {
        Node<K,V> f; int n, i, fh;
        //table为空，则进行初始化
        if (tab == null || (n = tab.length) == 0)
            tab = initTable();
        // 如果table数组上对应的元素为空，则构造并设置新的节点
        else if ((f = tabAt(tab, i = (n - 1) & hash)) == null) {
          if (casTabAt(tab, i, null,new Node<K,V>(hash, key, value, null)))
                break;
        }
        // 如果当前位置正在扩容，当前线程会进行协同扩容
        else if ((fh = f.hash) == MOVED)
            tab = helpTransfer(tab, f);
        else {
            V oldVal = null;
            synchronized (f) {
```

```
                if (tabAt(tab, i) == f) {
                    // 在链表中添加元素
                    if (fh >= 0) {
                        binCount = 1;
                        // 删除了向链表中添加数据节点的代码，有兴趣的读者可以查看源码
                    }
                    // 为红黑树添加元素
                    else if (f instanceof TreeBin) {
                        Node<K,V> p;
                        binCount = 2;
                        if ((p = ((TreeBin<K,V>)f).putTreeVal(hash, key,
                                                        value)) != null) {
                            oldVal = p.val;
                            if (!onlyIfAbsent)
                                p.val = value;
                        }
                    }
                }
            }
            // 当链表的元素大于 8，ConcurrentHashMap 会将链表转换成红黑树
            if (binCount != 0) {
                if (binCount >= TREEIFY_THRESHOLD)
                    treeifyBin(tab, i);
                if (oldVal != null)
                    return oldVal;
                break;
            }
        }
    }
    addCount(1L, binCount);
    return null;
}
```

putVal 方法的执行流程如下。

1）调用 spread 方法去计算 key 的 Hash 值。

2）判断 table 数组是否为空，如果 table 为空，则调用 initTable 方法来初始化 table 数组。

3）根据 Hash 值对数组长度进行取模运算，来获取数组元素的下标 i。

4）调用 tabAt 方法获取 table 数组中对应的 Node。如果 Node 为空，则构建一个新的 Node，然后调用 casTabAt 方法将新的 Node 插入 table 数组中。

5）如果对应的 Node 节点不为空，则判断当前节点是链表还是红黑树：如果是链表，就在链表尾部加入新的节点；如果是红黑树，就调用 putTreeVal 方法向红黑树插入新的节点。

6）判断链表的长度，如果长度大于 8 就转成红黑树。整个链表或者红黑树插入数据的过程是通过 synchronized 来实现线程安全的。

6. 查询数据

ConcurrentHashMap 提供了 get 方法来查询数据。get 方法会根据 key 来检索 Concurrent-

HashMap 中的数据，如代码清单 8-14 所示。

代码清单 8-14　查询数据

```
public V get(Object key) {
    Node<K,V>[] tab; Node<K,V> e, p; int n, eh; K ek;
    int h = spread(key.hashCode());
    if ((tab = table) != null && (n = tab.length) > 0 &&
        (e = tabAt(tab, (n - 1) & h)) != null) {
        // 如果 Hash 值相同，则比较 key
        if ((eh = e.hash) == h) {
            if ((ek = e.key) == key || (ek != null && key.equals(ek)))
                return e.val;
        }
       // 如果是红黑树，则调用 find 方法前序遍历查找
        else if (eh < 0)
            return (p = e.find(h, key)) != null ? p.val : null;
        // 如果是链表就通过 next 指针进行遍历
        while ((e = e.next) != null) {
            if (e.hash == h &&
                ((ek = e.key) == key || (ek != null && key.equals(ek))))
                return e.val;
        }
    }
    return null;
}
```

get 方法流程如下。

1）调用 spread 方法重新计算 key 的 Hash 值。

2）通过取模算法获取到 key 在 table 数组中对应的元素位置。在获取到 key 对应的位置后，调用 tabAt 方法获取 key 对应的 Node。

3）根据 Node 的 Hash 值来判断是链表还是红黑树：如果 Hash 值小于 0 是红黑树；如果 Hash 值大于 0 是链表。如果是红黑树，就调用 find 方法遍历查找；如果是链表，直接通过 next 指针依次向后遍历查找。

7. 数量统计

数量统计包含两部分：基础计数 baseCount、计数单元数组 counterCells。线程可以通过 CAS 方式来修改 baseCount 的值。如果 baseCount 修改失败了，就会启动 counterCells 数组进行计数。CounterCell 内部定义了 3 个属性：baseCount、cellsBusy、counterCells，如代码清单 8-15 所示。cellsBusy 是 counterCells 的操作状态：0 表示空闲，1 表示有线程正在操作数组。

代码清单 8-15　计数单元定义

```
// 基础计数
private transient volatile long baseCount;
// 计数数组的操作状态
```

```
private transient volatile int cellsBusy;
// 计数数组
private transient volatile CounterCell[] counterCells;
@sun.misc.Contended static final class CounterCell {
    volatile long value;
    CounterCell(long x) { value = x; }
}
```

数量修改是通过 addCount 方法来完成的。addCount 方法有 2 个功能：一个是修改 Hash 表中的数据数量，另一个是触发 Hash 表进行扩容。addCount 方法首先会调用 Unsafe 的 compareAndSwapLong 方法尝试对 baseCount 进行修改。如果修改失败了，那么 addCount 方法再调用 fullAddCount 方法来对 counterCells 数组中的值进行修改。整个实现的过程和 LongAdder 方法的过程基本一样。数量修改的实现如代码清单 8-16 所示。

代码清单 8-16　数量修改

```
private final void addCount(long x, int check) {
    CounterCell[] as; long b, s;
    // 首先尝试通过 CAS 来修改 baseCount 值，如果失败就进行计数单元数组计算
    if ((as = counterCells) != null ||
        !U.compareAndSwapLong(this, BASECOUNT, b = baseCount, s = b + x)) {
        CounterCell a; long v; int m;
        boolean uncontended = true;
        // 再次尝试通过 CAS 来修改 baseCount 值
        if (as == null || (m = as.length - 1) < 0 ||
            (a = as[ThreadLocalRandom.getProbe() & m]) == null ||
            !(uncontended = U.compareAndSwapLong(a,
CELLVALUE, v = a.value, v + x))) {
            // 去修改计数单元数组 counterCells 中对应的值
            fullAddCount(x, uncontended);
            return;
        }
        if (check <= 1)
            return;
        s = sumCount();
    }
    // 此处省略关于扩容的部分代码
    }
}
```

数量统计是通过 sumCount 方法来完成的。它会先统计 baseCount 的值，然后遍历 counter-Cells 数组中的值并进行累加求和。数量统计的实现如代码清单 8-17 所示。

代码清单 8-17　数量统计

```
final long sumCount() {
    CounterCell[] as = counterCells; CounterCell a;
    long sum = baseCount;
    if (as != null) {
        for (int i = 0; i < as.length; ++i) {
```

```
                if ((a = as[i]) != null)
                    sum += a.value;
            }
        }
        return sum;
    }
```

8. 扩容机制

当数据量达到总容量的3/4时，ConcurrentHashMap就会启动扩容机制。ConcurrentHashMap的扩容需要多线程协同工作，每个线程最少负责16个节点的扩容。

ConcurrentHashMap的扩容是通过transfer方法来完成的。transfer方法有2个参数：tab指针与nextTab指针，tab指针指向当前的table数组，nextTab指针指向扩容的数组。每次扩容时，ConcurrentHashMap会构建一个新的nextTab数组，并将table数组中所有的数据迁移到新数组中。扩容机制的实现如代码清单8-18所示。

代码清单8-18　扩容机制

```
private final void transfer(Node<K,V>[] tab, Node<K,V>[] nextTab) {
    int n = tab.length, stride;
     //获取每个线程负责扩容的Node
    if ((stride = (NCPU > 1) ? (n >>> 3) / NCPU : n) < MIN_TRANSFER_STRIDE)
        stride = MIN_TRANSFER_STRIDE;
    if (nextTab == null) {          //如果扩容数组为空，则初始化扩容数组
        try {
            //构建信息的数组
            Node<K,V>[] nt = (Node<K,V>[])new Node<?,?>[n << 1];
            nextTab = nt;
        } catch (Throwable ex) {
            sizeCtl = Integer.MAX_VALUE;
            return;
        }
        nextTable = nextTab;        //把nextTable指向新构建的扩容数组
        transferIndex = n;          //要迁移的table数组的长度
    }
    int nextn = nextTab.length;
    //构建数据隧道节点
    ForwardingNode<K,V> fwd = new ForwardingNode<K,V>(nextTab);
    boolean advance = true;
    boolean finishing = false;
    for (int i = 0, bound = 0;;) {
        Node<K,V> f; int fh;
        while (advance) {
            int nextIndex, nextBound;
            if (--i >= bound || finishing){                //如果已经扩容完了就结束
                advance = false;
            }
            else if ((nextIndex = transferIndex) <= 0) { //扩容结束
                i = -1;
```

```
            advance = false;
        }
        // 计算迁移任务的边界，注意nextIndex是越来越小的
        else if (U.compareAndSwapInt
                (this, TRANSFERINDEX, nextIndex,
                 nextBound = (nextIndex > stride ?
                              nextIndex - stride : 0))) {
            bound = nextBound;         // 设置开始边界
            i = nextIndex - 1;         // 这是结束边界
            advance = false;
        }
    }
    if (i < 0 || i >= n || i + n >= nextn) {
        int sc;
        if (finishing) {               // 扩容结束
            nextTable = null;          // 清空nextTable指针
            table = nextTab;           // 将table设置成扩容后的数组
            // 设置新的容量为2n*0.75=1.5n
            sizeCtl = (n << 1) - (n >>> 1);
            return;
        }
        if (U.compareAndSwapInt(this, SIZECTL, sc = sizeCtl, sc - 1)) {
            if ((sc - 2) != resizeStamp(n) << RESIZE_STAMP_SHIFT)
                return;
            finishing = advance = true;
            i = n;
        }
    }
    // 获取原来数组的i对应的元素
    else if ((f = tabAt(tab, i)) == null)
        advance = casTabAt(tab, i, null, fwd);
    // 如果节点为MOVED，表示已经扩容
    else if ((fh = f.hash) == MOVED)
        advance = true;
    else {
        // 采取同步扩容
        synchronized (f) {
             // 获取数组对应位置上的元素
            if (tabAt(tab, i) == f) {
                Node<K,V> ln, hn;
                if (fh >= 0) {
                    int runBit = fh & n;
                    Node<K,V> lastRun = f;
                    for (Node<K,V> p = f.next; p != null; p = p.next) {
                        int b = p.hash & n;
                        if (b != runBit) {
                            runBit = b;
                            lastRun = p;
                        }
                    }
```

```
                        if (runBit == 0) {
                            ln = lastRun;
                            hn = null;
                        }
                        else {
                            hn = lastRun;
                            ln = null;
                        }
                        for (Node<K,V> p = f; p != lastRun; p = p.next) {
                            int ph = p.hash; K pk = p.key; V pv = p.val;
                            if ((ph & n) == 0)
                                ln = new Node<K,V>(ph, pk, pv, ln);
                            else
                                hn = new Node<K,V>(ph, pk, pv, hn);
                        }
                        // 更新数组元素
                        setTabAt(nextTab, i, ln);
                        // 设置新的位置对应的元素
                        setTabAt(nextTab, i + n, hn);
                        // 将已经迁移的节点设置成数据隧道节点
                        setTabAt(tab, i, fwd);
                        advance = true;
                    }
                    else if (f instanceof TreeBin) {
                        // 红黑树的处理逻辑和链表基本是一样的，有兴趣的读者可以看源码
                    }
                }
            }
        }
    }
}
```

transfer 方法的核心逻辑如下。

1）计算每个线程需要负责扩容的任务节点数。将当前数组的长度除以 8，然后除以 CPU 核数得出任务数 stride。将 stride 与 16 进行比较：如果小于 16，把 stride 设置为 16；如果大于 16，把 stride 设置为计算结果。只有数组的长度大于 168*NCPU 才会按照计算结果来设定线程的任务数。

2）构建新的数组，并将 nextTable 指针指向新构建的数组。新数组长度是 table 数组的两倍。

3）利用新构建的数组来构建数据隧道节点 ForwardingNode，方便节点在迁移中访问。

4）计算当前线程负责迁移节点的任务范围，i 表示开始任务的位置，bound 表示结束任务的位置。数组迁移是从 table 数组尾部往头部推进的。例如 table 数组的长度为 64，每个线程负责迁移 16 个节点。第一个线程负责迁移的任务范围就是 48～63。第二个线程负责迁移的任务范围就是 32～47。以此类推，当 transferIndex 为 0 的时候，表示迁移完成了。

5）迁移线程会将原来 table 数组中的 Node 节点的数据逐个迁移到 nextTable 数组中。

6）每次迁移完成一个 Node 后，会将当前节点设置成 ForwardingNode，并将 sizeCtl 减 1。

7）当所有节点迁移完成后，迁移线程会将 nextTable 指针指向 null，table 指针指向新扩容后的数组，并且将 sizeCtl 设置成原来数组长度的 1.5 倍，也就是 2n*0.75。

8.3 ConcurrentSkipListMap 实现原理

ConcurrentSkipListMap 是线程安全的 TreeMap。ConcurrentSkipListMap 虽然实现了和 TreeMap 相同的功能，但在设计思路上有比较大的差异，TreeMap 是基于红黑树实现的，而 ConcurrentHashMap 是基于跳表实现的。ConcurrentSkipListMap 存取平均时间复杂度是 $O(\log N)$，比较适用于大数据量存取的场景，最常见的是实现数据量比较大的缓存。

8.3.1 设计原理

在讲解 ConcurrentSkipListMap 的并发控制设计原理之前，首先介绍一下跳表的数据结构。跳表是由美国计算机科学家 William Pugh 在 1990 年发表的论文“Skip Lists: A Probabilistic Alternative to Balanced Trees”中提出的。跳表是在链表基础做了进一步扩展实现，增加了索引检索的部分，实现了类似于二叉树的功能，如图 8-11 所示。跳表由若干层链表组成，上面的每一层都是一个有序链表索引，只有最底层的链表包含了所有数据。每层索引依次减少，最顶层只有极少的数据索引结构。由顶向下，每一层都是通过数据指针指向上层相同的数据。跳跃表本质是利用了空间换时间的设计思想来提高查询效率。程序总是从最顶层开始查询访问，通过判断元素值来缩小查询范围，快速检索数据信息。

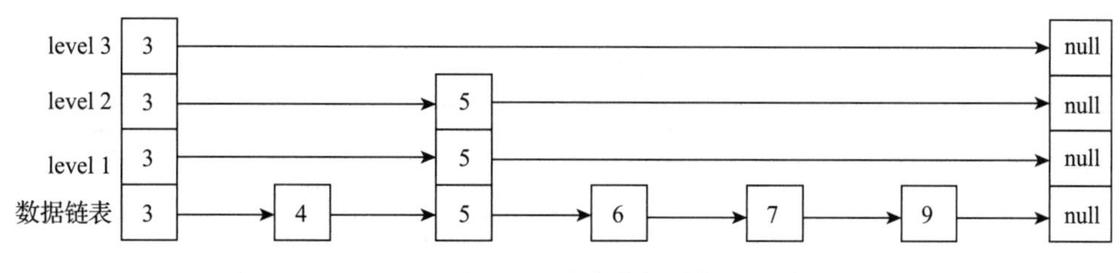

图 8-11　跳表数据结构

下面就来分析一下跳表的查询与修改操作。

1. 跳表查询

跳表会从头节点的索引开始检索，如果查询的 key 大于当前节点的索引 key，则继续向右查询。如果查询的 key 小于当前索引节点的 key，或者索引的右边节点为空，则向下查询。依次从顶层开始，逐渐向右、向下搜索，直到找到底层数据链表为止。

例如在图 8-12 中：

1）检索key为9的索引节点，先从level 3的头节点开始，向右查询发现3的右边索引为null，则向下到level 2查询。

2）判断level 2的右边索引节点的值为5，还是比9小，接着向右查询，而右边的索引节点为空，继续向下，到level 1查询。

3）level 1的右边索引节点为7，仍然比9小，继续尝试向右查询，而7的右边索引节点为null，则继续向下，到了数据链表层。

4）从数据节点7开始向右遍历，查到了key为9的节点。

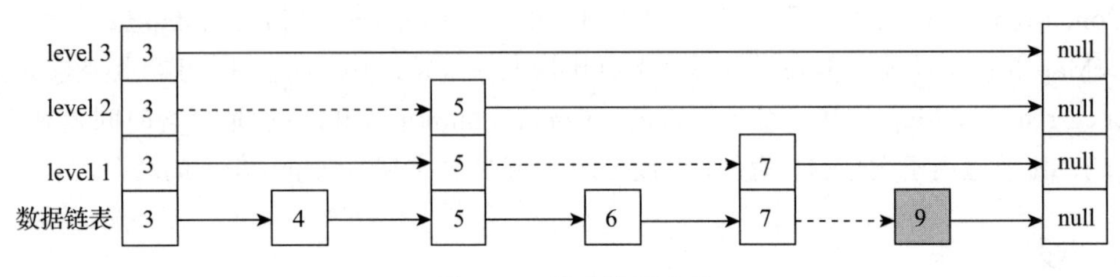

图8-12　跳表数据查询

2. 跳表的插入

跳表的插入首先需要查找到要插入key的前驱节点，然后把新插入的节点放在前驱节点的后面，最后按照随机算法生成索引的层级，最后从下向上依次构建索引信息。如果跳表中已经存在相同的key，则直接替换value的值。

例如在图8-13中，增加一个key值为8的节点，通过索引检索，找到最底层链表中key为7的前驱节点，然后把8加在7的后边，并且把8的next指针指向9。然后根据随机概率算法计算出新增加节点的level值，例如图8-13中为level值为3，再根据level值从底向上依次构建索引节点信息。

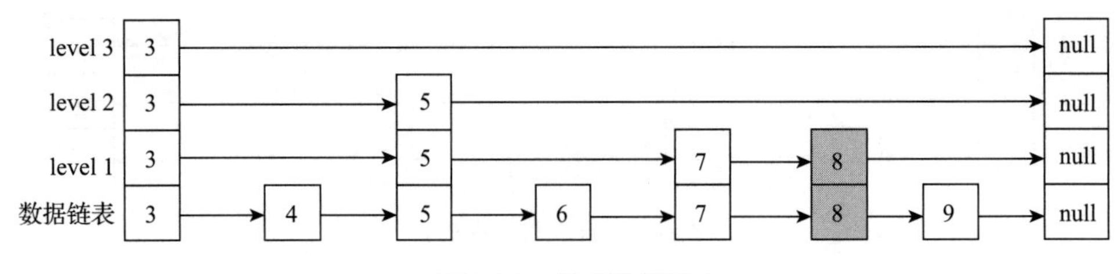

图8-13　跳表数据插入

3. 跳表的删除

跳表的删除包含两部分：数据删除与索引删除。例如在图8-14中，要删除key为7的节点，首先通过跳表检索的方法找到待删除节点，将其value值设置为null。然后把删除节点的前驱节点的next指针直接指向删除节点的后继节点，最后自顶向下删除索引信息。

在图8-14中，6为7的前驱节点，8为7的后继节点，直接把6的next指针指向8就完成了数据链路的删除。同时把索引节点 5 的 right 指针指向 8，就完成了索引链路重建。

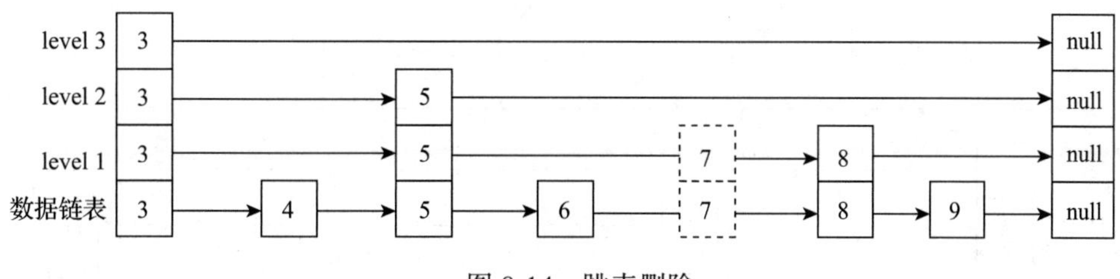

图 8-14 跳表删除

4. 线程安全设计

跳表的修改涉及底层链表和索引的修改。因为索引本身只是用来加快检索效率的，并不会影响数据的准确性，所以 ConcurrentSkipListMap 把数据链表与索引结构分开进行并发控制。数据节点的修改主要是修改节点的值与 next 指针。ConcurrentSkipListMap 会通过 CAS 的方式先修改值，再修改 next 指针。索引节点修改主要是修改节点的 right 指针与 down 指针。ConcurrentSkipListMap 通过 CAS 的方式来确保 right 指针与 down 指针修改的原子性。

多个线程可同时对 ConcurrentSkipListMap 进行操作。线程 1 尝试修改值为 5 的节点，线程 2 查询值为 5 的节点，线程 3 删除值为 7 的节点，线程 4 查询值为 9 的节点，如图 8-5 所示。

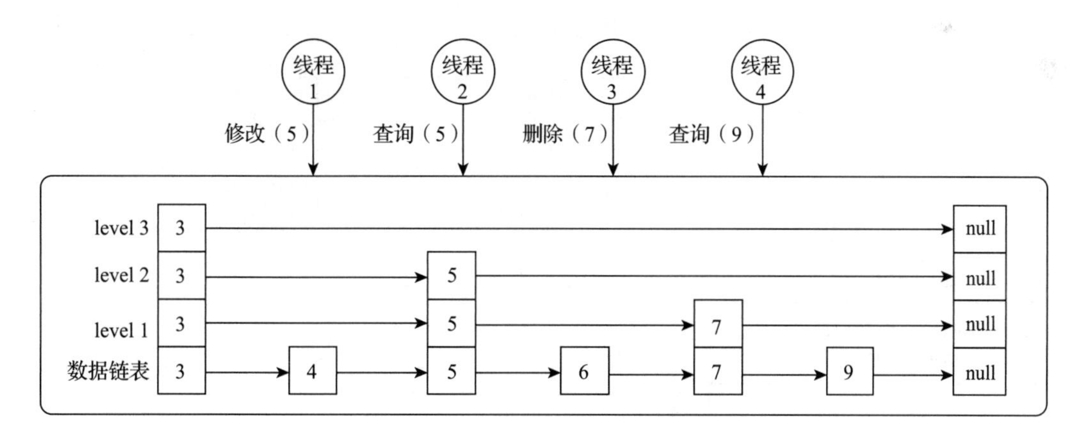

图 8-15 多线程同时修改数据

如图 8-16 所示，线程 1 只对值为 5 的节点进行修改，线程 2 能够实时看到最新的变化结果。线程 3 删除了值为 7 的节点，会出现线程 3 刚修改完值为 7 的节点，并把值设置为 null，线程 4 就进行查询的情况。这个时候仍然通过索引的检索查找值为 7 的节点，只是这个时候值为 null，但仍然能够通过这个节点的 next 指针查找到节点值 9，不会影响对 9 的查询。

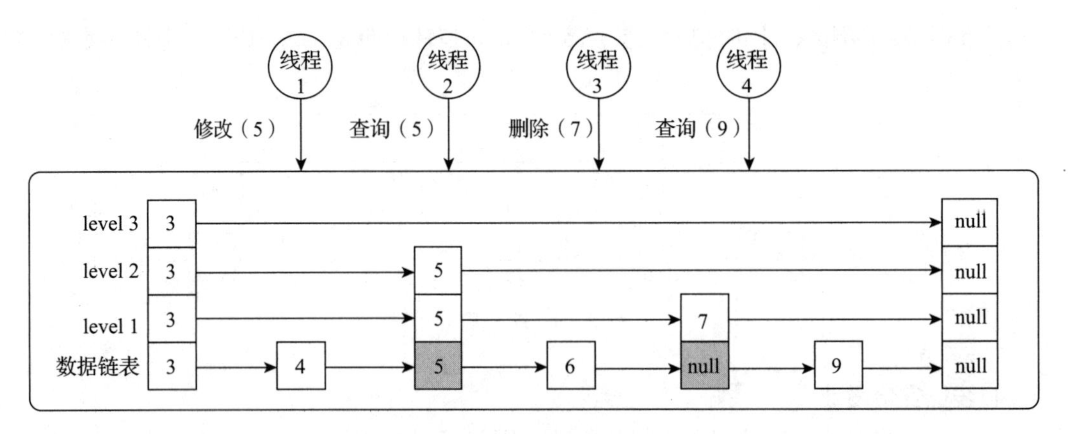

图 8-16 线程安全设计

8.3.2 源码分析

ConcurrentSkipListMap 定义了 2 个内部类：Node 与 Index。Node 用来存储数据信息，是最底层的数据链表的节点，Index 是数据索引节点。ConcurrentSkipListMap 定义了指向索引头节点的 head 指针。在 ConcurrentSkipListMap 初始化时会构造一个 key 为 null 的空节点，将 head 指向空节点。后续节点的添加与查询都是从 head 指针依次向右和向下遍历的。ConcurrentSkipListMap 的 UML 图如图 8-17 所示。

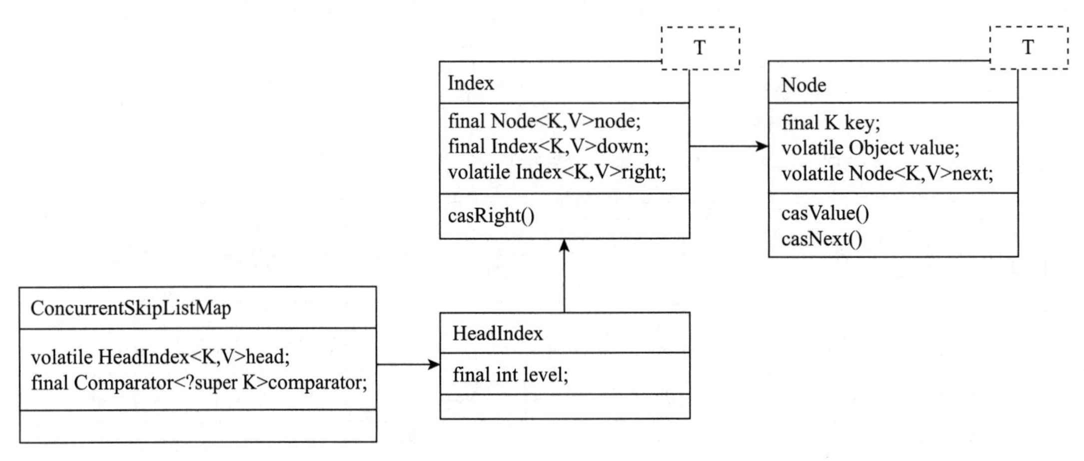

图 8-17 ConcurrentSkipListMap 的 UML 图

下面详细介绍 ConcurrentSkipListMap 的具体实现。

1. Node

Node 是跳表的底层节点，也是真正用来存储数据的节点。Node 内部定义了 3 个属性：key、value、next，如代码清单 8-19 所示。其中，key 是数据节点的名称，value 是数据值，next 指针指向链表的后继节点。

代码清单 8-19　Node 节点定义

```
final K key;
V val;
Node<K,V> next;
```

如代码清单 8-20 所示，节点删除是通过调用 VarHandle 的 compareAndSet 方法来实现的。unlinkNode 方法有 2 个参数：b 是当前节点的前驱节点，n 是当前节点的后继节点。unlinkNode 方法通过 CAS 的方式将前驱节点的 next 指针指向当前节点的后继节点，这样就实现了删除当前节点。

代码清单 8-20　节点删除

```
static <K,V> void unlinkNode(Node<K,V> b, Node<K,V> n) {
    if (b != null && n != null) {
        Node<K,V> f, p;
        for (;;) {
            if ((f = n.next) != null && f.key == null) {
                p = f.next;
                break;
            }
            else if (NEXT.compareAndSet(n, f,
            new Node<K,V>(null, null, f))) {
                p = f;
                break;
            }
        }
        NEXT.compareAndSet(b, n, p);
    }
}
```

2. Index 节点

Index 是索引节点，用来存储数据索引。Index 节点内部定义了 3 个指针：node 指针、down 指针、right 指针。node 指针指向的是最终存储数据的节点。down 指针指向的是下级索引节点。right 指针指向的是右边索引节点。Index 数据结构如代码清单 8-21 所示。

代码清单 8-21　Index 数据结构

```
final Node<K,V> node;
final Index<K,V> down;
Index<K,V> right;
```

Index 节点定义了 VarHandle 的常量 RIGHT。通过 RIGHT 实现 right 指针的原子性修改，RIGHT 定义如代码清单 8-22 所示。

代码清单 8-22　RIGHT 定义

```
private static final VarHandle RIGHT;
static {
    try {
        MethodHandles.Lookup l = MethodHandles.lookup();
        RIGHT = l.findVarHandle(Index.class, "right", Index.class);
```

```
        } catch (ReflectiveOperationException e) {
            throw new ExceptionInInitializerError(e);
        }
    }
```

3. 构造函数

ConcurrentSkipListMap的构造函数比较简单，它并未进行跳表的初始化。跳表的初始化是在第一次插入数据的时候完成的，如代码清单8-23所示。

代码清单8-23　ConcurrentSkipListMap初始化

```
public ConcurrentSkipListMap() {
    this.comparator = null;
}
```

4. 前驱节点查找

前驱节点通过索引来快速查找到key值对应的前驱节点。可以通过前驱节点向后遍历锁来精确查找和匹配。在检索数据的同时，findPredecessor方法还扮演了“清道夫”的角色，它会清除无效的索引节点。需要重点关注的是，findPredecessor方法索引检索到的不一定是离key最近的数据节点。

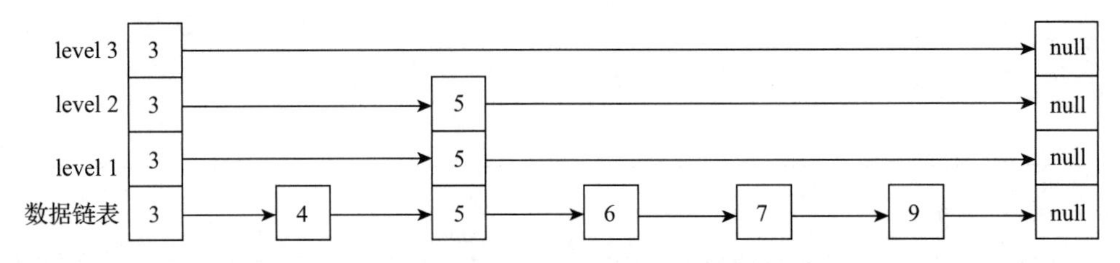

图8-18　ConcurrentSkipListMap数据节点查找

如图8-18所示，图中6、7、8三个数据节点的索引节点都是空的。如果查找的key为6，那么通过索引检索出来的数据节点为5，这时5就是6的前驱节点了；如果查找的key是9，通过索引检索出来的同样是5，数据节点5与数据节点9之间就相隔了数据节点6、7、8。前驱节点查找实现如代码清单8-24所示。

代码清单8-24　前驱节点查找

```
private Node<K,V> findPredecessor(Object key, Comparator<? super K> cmp) {
    Index<K,V> q;
// 触发内存屏障
    VarHandle.acquireFence();
    if ((q = head) == null || key == null)
        return null;
    else {
        for (Index<K,V> r, d;;) {
            // 向右查找
```

```
            while ((r = q.right) != null) {
                Node<K,V> p; K k;
                // 如果数据所在节点的 key 或值不存在，则删除索引节点
                if ((p = r.node) == null || (k = p.key) == null ||
                    p.val == null)
                    RIGHT.compareAndSet(q, r, r.right);
                else if (cpr(cmp, key, k) > 0)
                    q = r;
                else
                    break;
            }
             // 向下查找
            if ((d = q.down) != null)
                q = d;
            else
                return q.node;
        }
    }
}
```

findPredecessor 方法会从 head 索引节点开始，依次向右、向下查询。如果右侧的 right 索引节点的 key 值大于查找的 key 值或者右侧节点为空，则通过 down 指针向下检索。如果右侧节点的 key 小于查找的 key，则继续向右查找。注意，在有多个线程执行的情况下，整个 Index 索引结构会实时变化，可能通过一次查找无法得出结果，所以 findPredecessor 方法需要进行多次循环来尝试查找。

5. 数据节点查找

数据节点查找是通过 key 进行的。如果跳表中存在 key 对应的数据节点，则返回对应的节点；如果不存在，则返回 null。同时，findNode 方法可以用来清理数据链表中的无效节点。代码和 findPredecessor 方法基本是一样的，这里不再列出，读者可以自行查看。

6. 数据查找

doGet 方法通过 key 来查找具体的数据值。doGet 方法是通过 findPredecessor 方法来查找小于 key 的前驱节点，然后按照 next 指针向右查找，找到 key 对应的数据值，如果不存在则返回 null。数据查找的实现如代码清单 8-25 所示。

代码清单 8-25　数据查找

```
private V doGet(Object key) {
    Index<K,V> q;
    // 触发 CPU 本地缓存失效，确保读取到最新数据
    VarHandle.acquireFence();
    if (key == null)
        throw new NullPointerException();
    Comparator<? super K> cmp = comparator;
    V result = null;
    // 从头节点开始查找
```

```
        if ((q = head) != null) {
            //定义外层循环
                outer: for (Index<K,V> r, d;;) {
                //向右查找
                while ((r = q.right) != null) {
                    Node<K,V> p; K k; V v; int c;
                    //清理无效索引
                    if ((p = r.node) == null || (k = p.key) == null ||
                        (v = p.val) == null)
                        RIGHT.compareAndSet(q, r, r.right);
                    else if ((c = cpr(cmp, key, k)) > 0)
                        q = r;
                    else if (c == 0) {
                        result = v;
                        //结束查找
                        break outer;
                    }
                    else
                        break;
                }
                //向下查找
                if ((d = q.down) != null)
                    q = d;
                else {
                    Node<K,V> b, n;
                    //从数据节点开始查找
                    if ((b = q.node) != null) {
                        while ((n = b.next) != null) {
                            V v; int c;
                            K k = n.key;
                            if ((v = n.val) == null || k == null ||
                                (c = cpr(cmp, key, k)) > 0)
                                b = n;
                            else {
                                if (c == 0)
                                    result = v;
                                break;
                            }
                        }
                    }
                    break;
                }
            }
        }
        return result;
    }
```

7. 数据插入

在跳表中插入数据是通过doPut方法实现的，该方法的核心处理逻辑包含3个步骤：首先通过向右和向下遍历查找要插入节点的近似前驱节点，然后通过CAS的方式把新的节点插入数据链表中，最后构建新节点的索引。

构建索引是一个非常复杂的过程。首先要构建当前节点的索引节点，然后重构头节点的索引，最后重构中间节点的索引。doPut 方法实现如代码清单 8-26 所示。

代码清单 8-26 数据插入

```
private V doPut(K key, V value, boolean onlyIfAbsent) {
    if (key == null)
        throw new NullPointerException();
    Comparator<? super K> cmp = comparator;
    for (;;) {
        Index<K,V> h; Node<K,V> b;
        VarHandle.acquireFence();
        int levels = 0;
        if ((h = head) == null) {          // 初始化跳表索引
            Node<K,V> base = new Node<K,V>(null, null, null);
            h = new Index<K,V>(base, null, null);
            b = (HEAD.compareAndSet(this, null, h)) ? base : null;
        }
        else {
         // 代码太长，去掉了通过 key 来检索索引节点的过程，有兴趣的读者可以看源代码
        if (b != null) {
            Node<K,V> z = null;            // 构造新节点
            for (;;) {
                Node<K,V> n, p; K k; V v; int c;
                if ((n = b.next) == null) {
                    if (b.key == null)    // 如果这个节点是空的，则可以插入数据
                        cpr(cmp, key, key);
                    c = -1;
                }
                else if ((k = n.key) == null)
                    break;                 // 若链表数据节点发生变化，则不能插入数据
                else if ((v = n.val) == null) {
                    unlinkNode(b, n);     // 删除无效的数据节点
                    c = 1;
                }
                else if ((c = cpr(cmp, key, k)) > 0)
                    b = n;                 // 向后遍历
                else if (c == 0 &&
                         (onlyIfAbsent || VAL.compareAndSet(n, v, value)))
                    return v;
                 // 构建新的节点，插入在 b 的后面
                if (c < 0 &&
                    NEXT.compareAndSet(b, n,
                                       p = new Node<K,V>(key, value, n))) {
                    z = p;
                    break;
                }
            }
            if (z != null) {
                int lr = ThreadLocalRandom.nextSecondarySeed();
                // 有 25% 的概率会构建索引
                if ((lr & 0x3) == 0) {
```

```
                int hr = ThreadLocalRandom.nextSecondarySeed();
                long rnd = ((long)hr << 32) | ((long)lr & 0xffffffffL);
                int skips = levels;
                Index<K,V> x = null;
                //构建新的索引
                for (;;) {              // 最多创建 62 层索引
                    x = new Index<K,V>(z, x, null);
                    if (rnd >= 0L || --skips < 0)
                        break;
                    else
                        rnd <<= 1;
                }
                //将索引添加到索引树中
                if (addIndices(h, skips, x, cmp) && skips < 0 &&
                    head == h) {
                    Index<K,V> hx = new Index<K,V>(z, x, null);
                    Index<K,V> nh = new Index<K,V>(h.node, h, hx);
                    HEAD.compareAndSet(this, h, nh);
                }
                if (z.val == null)   // 清除无效索引
                    findPredecessor(key, cmp);
            }
            addCount(1L);
            return null;
        }
    }
  }
}
```

是否每次插入数据都会重建索引呢？不会的，只有 25% 的概率会去构建索引。doPut 方法会先生成一个随机数：rnd，只有 rnd & 0x3 的值为 0 才会构建索引。0x3 是十六进制的值，二进制的最后两位是 11。rnd&0x3 为 0 表示 rnd 的二进制值的最后两位必须都是 0，所以只有 25% 的概率会构建索引。

索引层级 level 是根据 rnd 计算出来的。计算出来的索引层级可能比跳表当前的层级小，也可能比当前层级大。

如果新计算出来的层级比 head 节点的层级小，只要在待重构的当前节点的索引与前驱节点的索引之间建立连接即可，如图 8-19 所示。

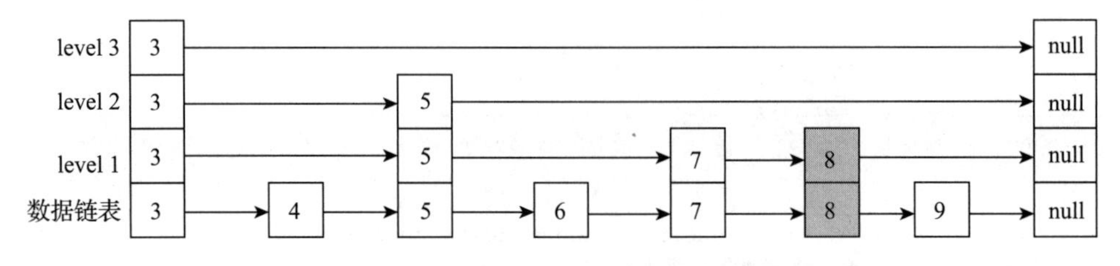

图 8-19 小于最大层级数据索引构建

如果新计算出来的层级比 head 节点索引的层级大，需要重构整个索引节点。doPut 方法先构建插入节点的索引层级，然后升级头节点的索引层级，最后把中间所有的索引节点都升级。例如在图 8-20 中，插入数据节点 8，随机计算出来的 level 为 4，超出了当前头节点最大层级 3，则需要把头节点 3、中间节点 5 和节点 7 的索引都进行升级。

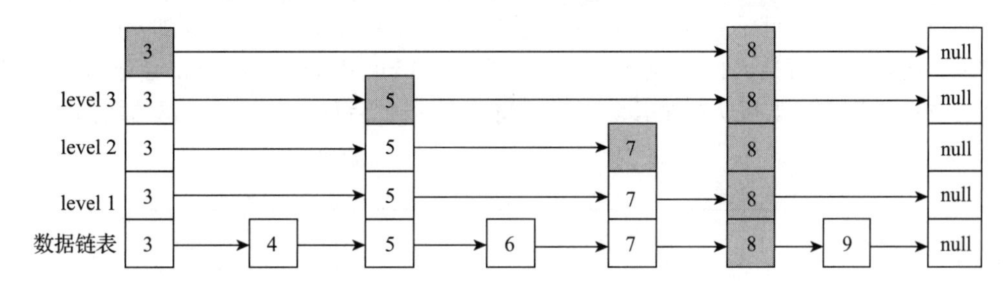

图 8-20　超过最大层级的数据索引构建

8.4　LinkedBlockingQueue 实现原理

LinkedBlockingQueue 是一个基于单向链表的线程安全阻塞队列，队列遵从 FIFO 原则，它会将新元素插入到队列的尾部，并从队列头部位置获取队列元素。链表队列在数据修改上的性能要比数组队列的性能高，是大多应用场景的首选队列容器。同时，Linked-BlockingQueue 是有界队列，可以指定队列的长度，如果不指定，则默认容量大小等于 Int-eger.MAX_VALUE，防止队列过度膨胀导致内存溢出。LinkedBlockingQueue 提供了线程安全的数据读取与修改方法，具体方法如表 8-2 所示。

表 8-2　LinkedBlockingQueue 方法列表

方法名称	方法描述
offer(E e)	将指定元素插入到此队列的尾部，在成功时返回 true，如果此队列已满，则返回 false
offer(E e, long timeout, TimeUnit unit)	将指定元素插入到此队列的尾部。如果队列已满或者有其他线程在操作队列则等待；如果等待时间到了，不论是否成功都直接返回
remove(Object o)	从此队列移除指定元素：如果成功，则返回 true；如果不存在，则返回 false
peek()	获取队列的头部元素，但不移除此元素，如果此队列为空，则返回 null
poll()	获取并移除此队列的头，如果此队列为空，则返回 null
poll(long timeout, TimeUnit unit)	获取并移除此队列的头部元素，在指定的等待时间内等待可用的元素
take()	获取并移除此队列的头部元素，如果队列为空则会一直等待
size()	返回队列中的元素个数
clear()	从队列彻底移除所有元素

8.4.1 设计原理

LinkedBlockingQueue 采用单向链表来存储数据，链表中的每个节点都有一个 next 指针指向后继节点。LinkedBlockingQueue 内部定义了 2 个指针：head 指针与 last 指针。head 指针指向链表的头部节点，last 指针指向链表的尾部节点。在插入数据时，LinkedBlockingQueue 会先通过 last 指针查找到队列尾部节点，然后将尾部节点的 next 指针指向新加入的节点，并同时将 last 指针指向新插入的节点。在获取数据时，LinkedBlockingQueue 会通过 head 指针找到头节点，将头节点从队列中移除，然后将 head 指针后移一位。其数据结构如图 8-21 所示。

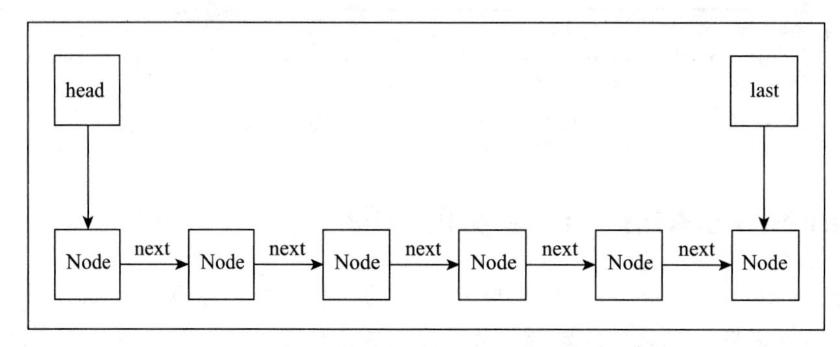

图 8-21 LinkedBlockingQueue 数据结构

下面介绍下 LinkedBlockingQueue 的并发控制与数量统计的原理。

1. 并发控制

LinkedBlockingQueue 是线程安全的阻塞队列，会面临多线程同时向队列中插入数据、读取数据的情况。如图 8-22 所示，线程 1～线程 3 同时往队列中插入数据，线程 4～线程 6 从队列中读取数据。

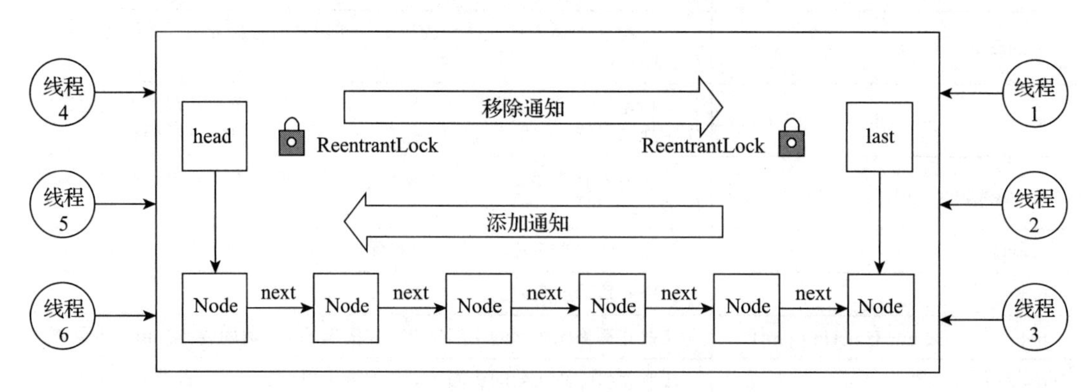

图 8-22 并发控制

在并发控制上，LinkedBlockingQueue 定义了 2 个 ReentrantLock 的独占锁：putLock 用

来控制线程的并发写入；takeLock 用来控制线程的并发读取。在数据插入时，如果队列已经满了，插入数据的线程都会进入阻塞状态。直到有线程从队列中读取数据后，才会唤醒阻塞的写入线程继续插入数据。在读取数据时，如果队列空了，读取的线程都会进入阻塞状态。直到有线程向队列中插入数据，才会唤醒阻塞的读取线程继续读取数据。

2. 数量统计

LinkedBlockingQueue 需要实时感知队列中数量，因此引入了原子计数器 AtomicInteger 来统计数据的数量。每次插入数据时，插入方法会将数量加 1。每次移除数据时，移除方法都会将数量减 1。LinkedBlockingQueue 数量统计的流程如图 8-23 所示。

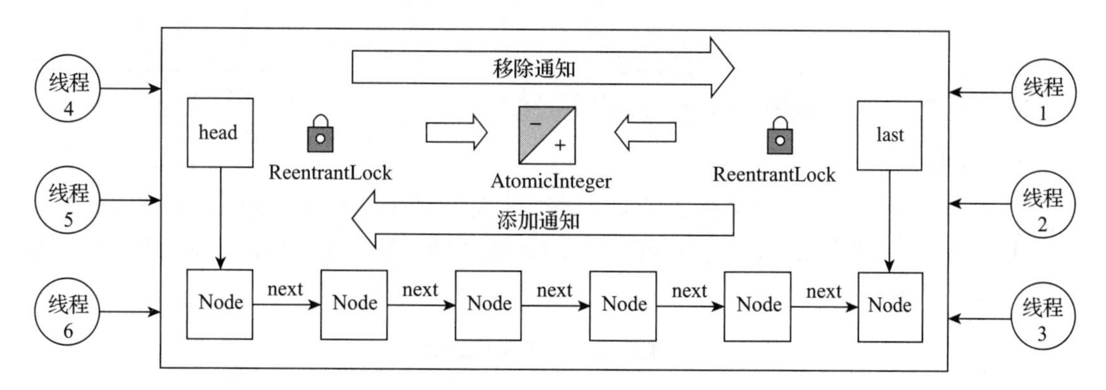

图 8-23 数量统计的流程

8.4.2 源码分析

Node 是链表的数据节点，内部定义了泛型 item 来存储任意类型的数据。Node 数据节点的定义如代码清单 8-27 所示。

代码清单 8-27 Node 数据节点

```
static class Node<E> {
    E item;                         // 存储数据
    Node<E> next;                   // 后继指针
    Node(E x) { item = x; }
}
transient Node<E> head;             // 头指针
private transient Node<E> last;     //尾指针
```

enqueue 方法是将新的节点加入单向链表。dequeue 方法是将链表的头部节点移除。链表的修改实现如代码清单 8-28 所示。

代码清单 8-28 链表数据修改

```
private void enqueue(Node<E> node) {
    last = last.next = node;
}
```

```java
    // 移除头节点
    private E dequeue() {
        // 获取头节点
        Node<E> h = head;
        // 获取头节点的后继节点
        Node<E> first = h.next;
        // 将原来的头节点从队列中移除
        h.next = h; // help GC
        // 将head指针指向新的头节点
        head = first;
        E x = first.item;
        first.item = null;
        return x;
    }
```

下面详细介绍LinkedBlockingQueue的并发控制。

1. 并发控制

LinkedBlockingQueue定义了2把锁来进行并发控制：takeLock与putLock，takeLock用来实现数据移除的并发控制，putLock用来实现数据插入的并发控制。并发控制定义如代码清单8-29所示。

代码清单8-29　并发控制定义

```java
    // 头节点并发控制锁
    private final ReentrantLock takeLock = new ReentrantLock();
    // 队列不为空的等待条件
    private final Condition notEmpty = takeLock.newCondition();
    // 在尾节点插入并发控制锁
    private final ReentrantLock putLock = new ReentrantLock();
    // 队列没满的等待条件
    private final Condition notFull = putLock.newCondition();
    // 同时引入了AtomicInteger的常量count，用来计算当前队列的长度
    private final AtomicInteger count = new AtomicInteger();
```

2. 队列初始化

LinkedBlockingQueue提供2种构造函数：一种函数要指定队列长度，另一种函数不需要指定队列长度，不指定长度的情况下默认是int的最大值65536。初始化的过程比较简单：构建一个空的Node，然后将head指针与last指针都指向这个空的节点。队列初始化实现如代码清单8-30所示。

代码清单8-30　队列初始化

```java
    public LinkedBlockingQueue() {
        this(Integer.MAX_VALUE);
    }
    public LinkedBlockingQueue(int capacity) {
        if (capacity <= 0) throw new IllegalArgumentException();
```

```
        this.capacity = capacity;
        last = head = new Node<E>(null);
    }
```

3. 添加数据

put 方法的功能是往队列中添加数据。put 方法的流程如下。

1）调用 ReentrantLock 的 lockInterruptibly 方法获取数据修改的独占锁。

2）判断队列是否已经满了，数据的数量是否已经到了预定的容量。如果达到了预定容量，就调用 notFull 的 await 方法进行等待。如果队列没满，就调用 enqueue 方法将数据插入链表。

3）调用 AtomicInteger 的 getAndIncrement 方法将队列的数量加 1。

4）再次判断队列是否满了，如果没满，则调用 notFull 的 signal 方法释放队列没满的信号。

添加数据的实现如代码清单 8-31 所示。

代码清单 8-31　添加数据

```
public void put(E e) throws InterruptedException {
    int c = -1;
    Node<E> node = new Node<E>(e);
    final ReentrantLock putLock = this.putLock;
    final AtomicInteger count = this.count;
    putLock.lockInterruptibly();
    try {
        // 队列中的数据已经达到了容量，需要等待
        while (count.get() == capacity) {
            notFull.await();
        }
        // 添加元素进入队列尾部
        enqueue(node);
        // 数量加 1
        c = count.getAndIncrement();
        if (c + 1 < capacity)
            notFull.signal();
    } finally {
        putLock.unlock();
    }
    if (c == 0)
        signalNotEmpty();
}
```

offer 方法和 put 方法一样，都是向队列中插入元素，只有一个细小的差别——当队列满了之后，offer 方法不会等待，会直接返回。

4. 读取数据

take 方法的功能是从队列中读取并移除数据，如代码清单 8-32 所示。

take 方法的流程如下。

1）调用 ReentrantLock 的 lockInterruptibly 方法获取头节点修改的锁。

2）调用 AtomicInteger 的 get 方法来获取队列的长度，如果长度为 0 表示队列为空，进行等待。

3）如果队列不为空，则调用 dequeue 方法将队列的头节点从链表中移除。

4）调用 AtomicInteger 的 getAndDecrement 方法将队列的长度减 1。

5）获取队列的长度，如果长度大于 1 说明队列不为空，则调用 notEmpty 的 signal 方法，释放队列不为空的信号。

代码清单 8-32　读取数据

```
public E take() throws InterruptedException {
    E x;
    int c = -1;
    final AtomicInteger count = this.count;
    final ReentrantLock takeLock = this.takeLock;
    //获取头节点的独占锁
    takeLock.lockInterruptibly();
    try {
        //判断队列是否为空，如果为空则等待
        while (count.get() == 0) {
            notEmpty.await();
        }
        //从链表中移除头节点
        x = dequeue();
        //将数量减 1
        c = count.getAndDecrement();
        //如果队列不为空，则释放队列不为空的信号
        if (c > 1){
           notEmpty.signal();
        }
    } finally {
        takeLock.unlock();
    }
    if (c == capacity)
        signalNotFull();
    return x;
}
```

poll 方法也是从队列中获取头节点的方法，只是与 take 方法有一个差别，即队列为空的时候会不等待，直接返回 null。

5. 删除数据

remove 方法的功能是从队列中删除数据，如代码清单 8-33 所示。

代码清单 8-33　删除数据

```
public boolean remove(Object o) {
    if (o == null) return false;
```

```
        fullyLock();
        try {
            for (Node<E> trail = head, p = trail.next;
                 p != null;
                 trail = p, p = p.next) {
                if (o.equals(p.item)) {
                    unlink(p, trail);
                    return true;
                }
            }
            return false;
        } finally {
            fullyUnlock();
        }
    }
```

remove 方法的流程如下。

1）调用 fullyLock 方法来获取 putLock 与 takeLock 两个独占锁，确保其他线程不能修改队列。

2）从前向后依次遍历查找数据，如果查找到数据，将数据节点的前驱节点与后继节点相连接，从而将数据节点删除。

3）调用 fullyUnlock 方法来释放两个排他锁。

LinkedBlockingQueue 是一个有界阻塞队列，内部由单向链表来存储数据，每次都会从队列的尾部插入数据，每次读取数据时都是从队列头部开始。

8.5　ArrayBlockingQueue 实现原理

ArrayBlockingQueue 是基于数组的线程安全阻塞队列，该队列按 FIFO 原则来排序元素。队列的头部是在队列中存在时间最长的数据，队列的尾部是刚插入的新数据。

ArrayBlockingQueue 也是有界队列，可以指定队列的大小，如果不指定大小，默认容量大小等于 Integer.MAX_VALUE，它能防止队列过度膨胀导致内存溢出。

ArrayBlockingQueue 提供了线程安全的数据读取与修改方法，如表 8-3 所示。

表 8-3　ArrayBlockingQueue 方法列表

方法名称	方法描述
offer(E e)	将指定元素插入到此队列的尾部，在成功时返回 true，如果此队列已满，则返回 false
offer(E e, long timeout, TimeUnit unit)	将指定元素插入到此队列的尾部。如果队列已满或者有其他线程在操作队列则等待；如果等待时间到了，不论是否成功都直接返回
remove(Object o)	从此队列移除指定元素：如果成功，则返回 true；如果不存在，则返回 false

（续）

方法名称	方法描述
peek()	获取队列的头部元素，但不移除此元素，如果此队列为空，则返回 null
poll()	获取并移除此队列的头，如果此队列为空，则返回 null
poll(long timeout, TimeUnit unit)	获取并移除此队列的头部元素，在指定的等待时间内等待可用的元素
take()	获取并移除此队列的头部元素，如果队列为空则会一直等待
size()	返回队列中的元素个数
clear()	从队列彻底移除所有元素

8.5.1 设计原理

ArrayBlockingQueue 是用数组实现的循环队列。ArrayBlockingQueue 内部定义了一个固定长度的数组，用于存储数据，同时定义了两个数组下标：takeIndex 与 putIndex。takeIndex 是数据读取的下标，putIndex 是数据写入的下标。

每次向数组插入元素时，ArrayBlockingQueue 会将 putIndex 加 1。当 putIndex 的值达到数组的最大长度之后，会将 putIndex 重新设置为 0。每次从数组移除元素时，ArrayBlockingQueue 会将 takeIndex 加 1。当 takeIndex 的值达到数组的最大长度之后，它会将 takeIndex 重新设置为 0。数组的长度是固定的，不会触发数组的扩容。ArrayBlockingQueue 数据结构如图 8-24 所示。

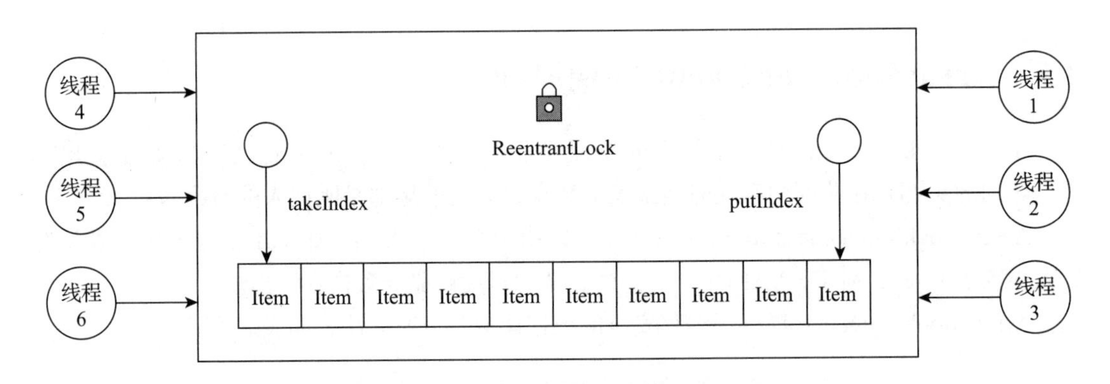

图 8-24 ArrayBlockingQueue 数据结构

通过 putIndex 与 takeIndex 的不停移动，原本一条有头有尾的线性数组，变成一个首尾相连的环形队列。

如图 8-25 所示，队列的大小为 8，当前 takeIndex 为 3，putIndex 为 7。当往队列中插入一个新元素 A 时，ArrayBlockingQueue 会将 putIndex 后移一位，putIndex 会变成 0。当再插入一个元素 B 时，ArrayBlockingQueue 会将 putIndex 加 1，putIndex 会变成 1。

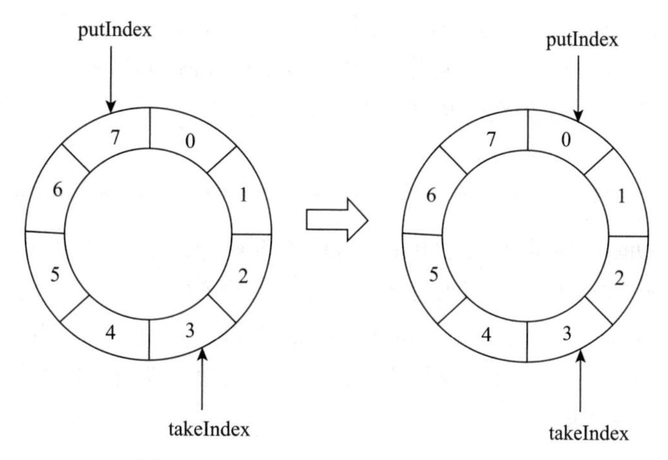

图 8-25 ArrayBlockingQueue 环形队列

1. 并发控制

ArrayBlockingQueue 是线程安全的阻塞队列，会面临多线程同时操作队列的情况。如图 8-26 所示，线程 1～线程 3 同时向队列中插入元素，线程 4～线程 6 从队列中读取元素。

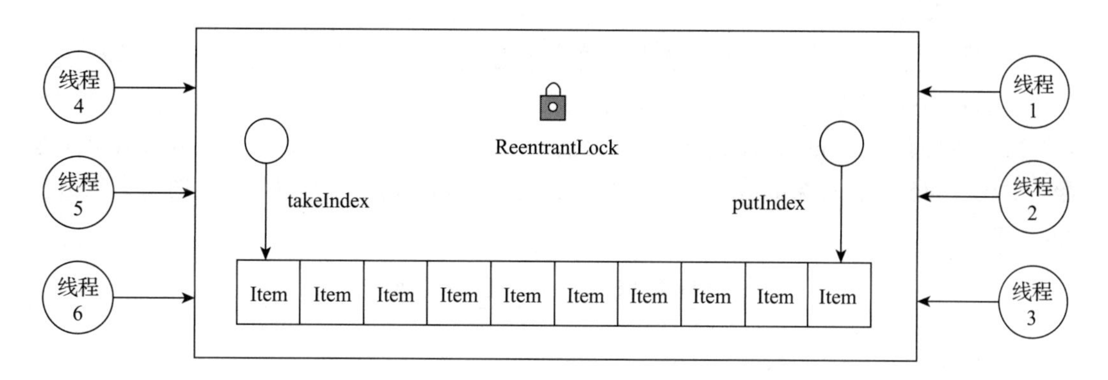

图 8-26 ArrayBlockingQueue 并发控制

在并发控制上，ArrayBlockingQueue 采用了 ReentrantLock 来实现并发控制。对队列进行操作时，线程都需要先获取锁，所以在任一时刻只会有一个线程对队列进行操作，从而实现了线程的安全性。在数据插入时，如果队列已满，ArrayBlockingQueue 会阻塞插入的线程。当有线程从队列中移除数据之后，ArrayBlockingQueue 会唤醒所有阻塞的线程来继续插入数据。在数据读取时，如果队列为空，ArrayBlockingQueue 会阻塞读取的线程。当有线程向队列中插入数据之后，ArrayBlockingQueue 会唤醒所有阻塞的读取线程来继续读取数据。

2. 队列数量

因为对队列的修改都采用同一独占锁进行并发控制，所以在任一时刻只有一个线程能对队列进行修改。ArrayBlockingQueue 定义了一个 int 变量 count。每次添加数据时，ArrayBlockingQueue 会将 count 加 1。每次移除数据时，ArrayBlockingQueue 会将 count 减 1。count 为 0 表示队列是空的，count 为数组长度时表示队列满了。

8.5.2 源码分析

ArrayBlockingQueue 内部定义了 items、takeIndex、putIndex 等变量。items 用来存储具体数据。takeIndex 与 putIndex 用来表示读取与插入的下标。

ArrayBlockingQueue 定义了 lock、notEmpty、notFull 等常量。lock 用来实现队列的并发控制。notEmpty 是队列不为空的等待条件。notFull 是队列没满的等待条件。ArrayBlockingQueue 变量定义如代码清单 8-34 所示。

代码清单 8-34　ArrayBlockingQueue 变量定义

```
final Object[] items;            // 数据数组
int takeIndex;                   // 读取索引
int putIndex;                    // 添加索引
int count;                       // 队列中的元素数量
final ReentrantLock lock;        // 并发控制锁
private final Condition notEmpty;// 队列不为空的等待条件
private final Condition notFull; //队列没满的等待条件
```

enqueue 方法的功能是向数组中插入元素，如代码清单 8-35 所示。enqueue 方法首先会将插入的数据放入 putIndex 指向的数组位置，并将 putIndex 加 1，然后判断 putIndex 是否等于数组的长度：如果 putIndex 等于数组长度，将 putIndex 设置为 0，同时将元素数量 count 加 1。

代码清单 8-35　在数组插入数据

```
private void enqueue(E x) {
    final Object[] items = this.items;
    items[putIndex] = x;
    if (++putIndex == items.length)
        putIndex = 0;
    count++;
    notEmpty.signal();
}
```

下面详细介绍 ArrayBlockingQueue 插入数据与读取数据的实现。

1. 插入数据

向队列中插入数据时，ArrayBlockingQueue 首先会调用 ReentrantLock 的 lockInterruptibly 方法获取独占锁，然后判断队列是否已经满了。如果队列满了，则 ArrayBlockingQueue 就会让插入线程进行等待；如果队列没满，ArrayBlockingQueue 就会调用 enqueue 方法将数据插入队列。插入数据的实现如代码清单 8-36 所示。

代码清单 8-36　插入数据

```
public void put(E e) throws InterruptedException {
    checkNotNull(e);
    final ReentrantLock lock = this.lock;
    lock.lockInterruptibly();
    try {
        while (count == items.length)
            notFull.await();
        enqueue(e);
    } finally {
        lock.unlock();
    }
}
```

2. 读取数据

从队列中读取数据时，ArrayBlockingQueue 首先会调用 ReentrantLock 的 lockInterruptibly 方法获取独占锁，然后判断队列是否为空。如果队列为空，ArrayBlockingQueue 就阻塞读取线程，并让其进行等待；如果队列不空，ArrayBlockingQueue 会调用 dequeue 方法将队列头元素移除并返回。插入数据的实现如代码清单 8-37 所示。

代码清单 8-37　读取数据

```
public E take() throws InterruptedException {
    final ReentrantLock lock = this.lock;
    //获取独占锁
    lock.lockInterruptibly();
    try {
        //如果队列为空，则将当前线程阻塞
        while (count == 0)
            notEmpty.await();
        //读取数据
        return dequeue();
    } finally {
        lock.unlock();
    }
}
```

dequeue 方法是读取数据的具体实现，如代码清单 8-38 所示。dequeue 方法先根据 takeIndex 下标获取到对应的数据，将 takeIndex 位置上的元素清空。然后将 takeIndex 加 1，接着判断 takeIndex 是否为数组的长度，如果等于数组的长度，则将 takeIndex 设置为 0。

代码清单 8-38　读取数据

```
private E dequeue() {
    final Object[] items = this.items;
    E x = (E) items[takeIndex];
    items[takeIndex] = null;
    if (++takeIndex == items.length)
```

```
            takeIndex = 0;
        count--;
        if (itrs != null)
            itrs.elementDequeued();
        notFull.signal();
        return x;
    }
```

ArrayBlockingQueue 是一个有界阻塞队列，内部由数组来存储数据，在内部定义 takeIndex 和 putIndex 的下标，通过下标的循环遍历实现了环形数组的功能。同时 ArrayBlockingQueue 内部定义了一个独占锁 ReentrantLock 来实现队列出入的线程安全，在进行队列操作时都需要获取这个独占锁。

8.6 SynchronousQueue 实现原理

SynchronousQueue 是一种无缓冲的等待队列，添加数据的时候必须等待其他线程取走后才能返回。消息队列技术中间件中大量使用了 SynchronousQueue，接下来从底层实现角度来探讨一下 SynchronousQueue 的技术实现细节。SynchronousQueue 提供了线程安全读取与修改的方法，如表 8-4 所示。

表 8-4 SynchronousQueue 方法列表

方法名称	方法描述
offer(E e)	向里放插入一个元素后立即返回，如果碰巧这个元素被另一个线程取走了，offer 方法返回 true，认为 offer 执行成功；否则返回 false
offer(E e, long timeout, TimeUnit unit)	向队列里插入一个元素，但是等待指定的时间后才返回，返回的逻辑和 offer() 方法一样
remove(Object o)	因为空方法没进行逻辑实现，所以永远返回 false
poll()	从队列中读取一个元素，刚好另外一个线程正在向队列里插入元素话，该方法才会取到数据，否则立即返回 null
poll(long timeout, TimeUnit unit)	功能和 poll 方法是一样的，只是增加了等待时间
take()	获取并移除此队列中的元素，如果队列为空则会一直等待
size()	永远返回 0
clear()	空方法没有任何实现

8.6.1 设计原理

LinkedBlockingQueue 与 ArrayBlockingQueue 虽然能够很好地在线程间传递数据，但无法准确地控制线程的执行顺序。SynchronousQueue 实现了数据传递与线程执行顺序的统一，能够在线程间传递数据的同时精确地控制执行顺序。SynchronousQueue 内部维护着一个单向链表，链表中的每个节点用来存储数据与线程信息，如图 8-27 所示。节点定义了 3 个属性：item、waiter、next。item 用来存储当前的数据，waiter 表示要对数据操作的线程，

next 表示指向下一个节点的指针。

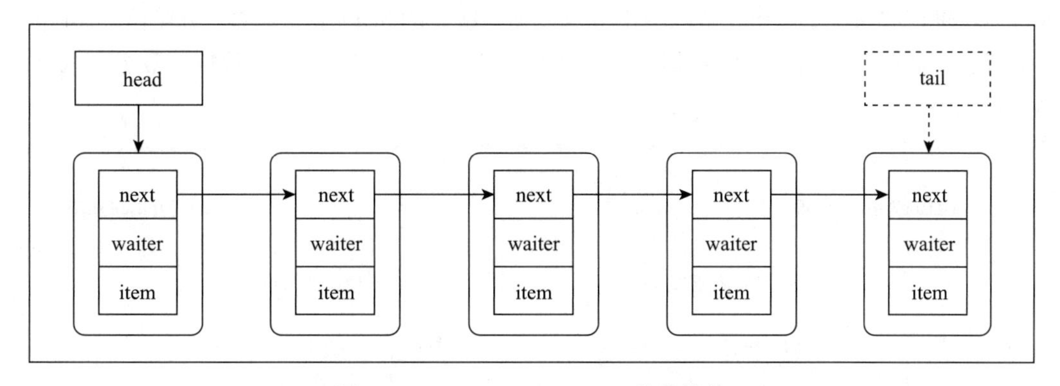

图 8-27 SynchronousQueue 数据结构

每一个节点都可以代表两种情形：插入数据和读取数据。当数据插入的时候，item 指向队列中的插入数据。当数据读取的时候，item 为 null。每次插入数据的时候，都尝试唤醒处于阻塞状态的线程来读取数据。每次读取完数据之后都会通知阻塞的写线程：数据已经被读取走。

在队列调度的策略上，SynchronousQueue 支持两种策略：公平调度策略与非公平调度策略，公平策略保证了线程执行的及时性，非公平策略保证了队列的吞吐量，默认采用的是非公平策略。公平的调度策略是通过 FIFO 队列来实现的，非公平的调度策略是通过后进先出的栈来实现的。

1. 公平调度策略

如图 8-28 所示，公平策略的 QNode 在基础节点上进行了扩充，增加了一个 isData 属性来表示操作类型：当 isData 为 false，表示读操作；当 isData 为 true，表示写操作。这里有一个细节需要读者重点关注：队列中的所有节点的 isData 值要么都为 true，要么都为 false。

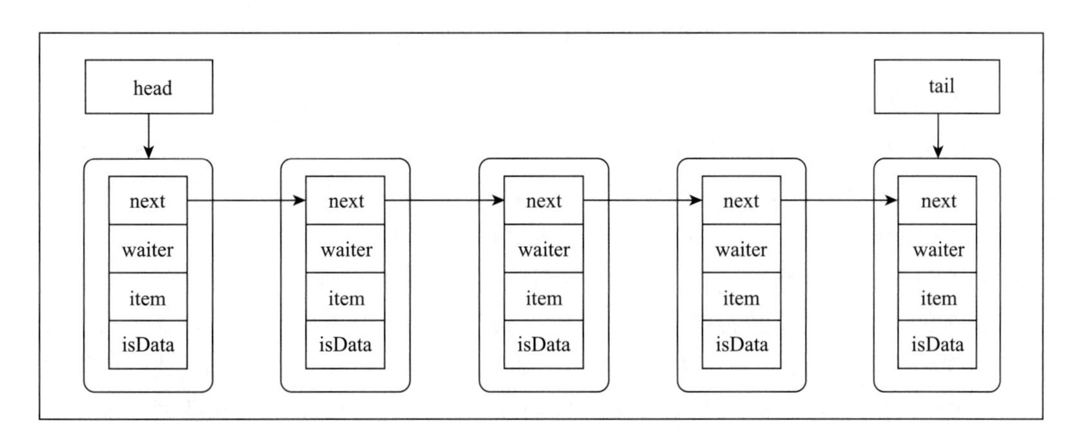

图 8-28 公平策略数据结构

数据插入时，会先判断tail节点的操作类型。如果tail节点是写节点，则将当前节点加入链表中进行等待。如果tail节点为读节点，则将链表的head节点移除，并唤醒head节点读取线程，同时将当前节点的数据直接传递给读线程。图8-29是公平策略的数据写入请求的处理流程。

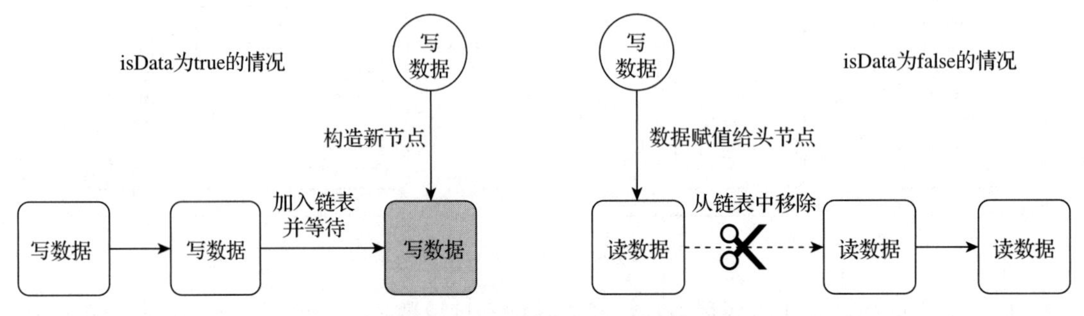

图8-29　公平策略：数据写入

读取数据时，会先判断tail节点的操作类型。如果tail节点是读节点，则直接将当前线程加入链表中进行等待；如果tail节点是写节点，则移除链表的head节点、唤醒写入线程，将head节点的数据传递给当前线程。图8-30是利用公平策略处理数据读取请求的流程。

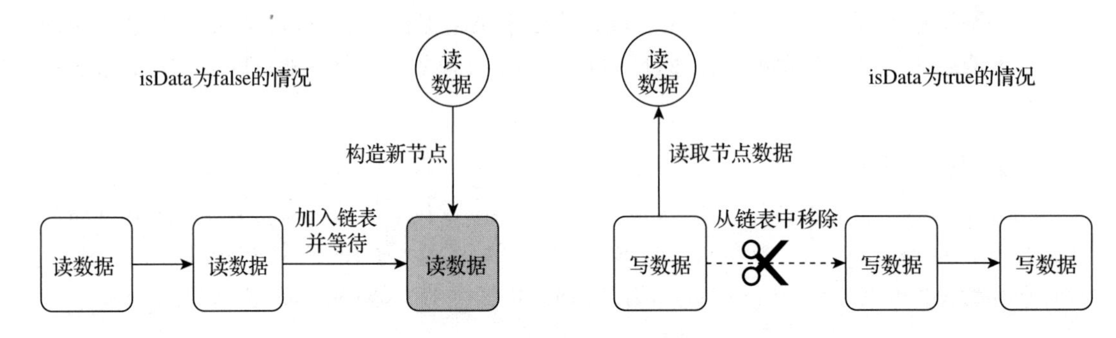

图8-30　公平策略：数据读取

2. 非公平调度策略

QNode定义了mode属性来表示节点的状态。mode字段有3种状态：REQUEST表示读的请求，DATA表示写的请求，FULFILLING表示正从队列中移除瞬时状态。注意，栈中所有节点的mode值要么都是REQUEST，要么都是DATA，只有head节点在移除的一瞬间会存在FULFILLING状态。非公平策略数据结构如图8-31所示。

如图8-32所示，每次数据插入都要判断head节点的操作类型。如果head节点是写节点，则直接将当前线程加入链表中进行等待；如果head节点是读节点，则先将当前线程加入栈中，然后将当前线程的写数据传递给head节点，最后将head节点从队列中移除。如果head节点的mode值为FULFILLING状态，那么表示有线程正在完成读写配对，当前线程需要循环等待。

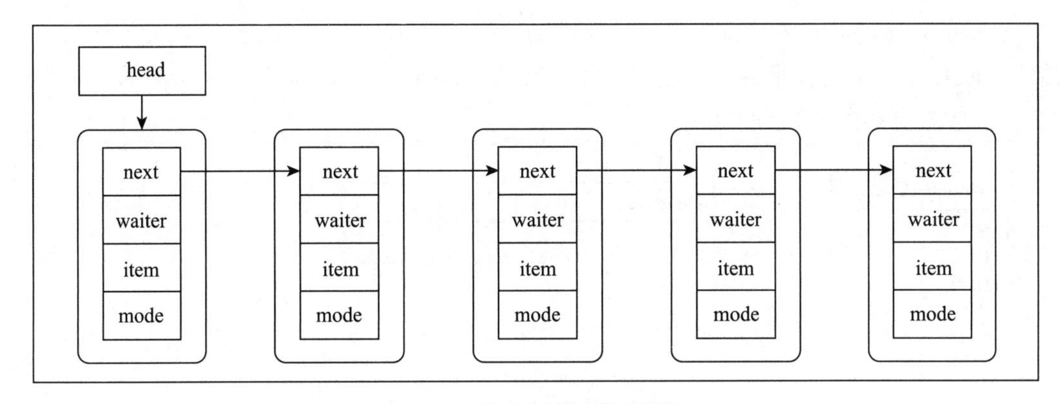

图 8-31　非公平策略数据结构

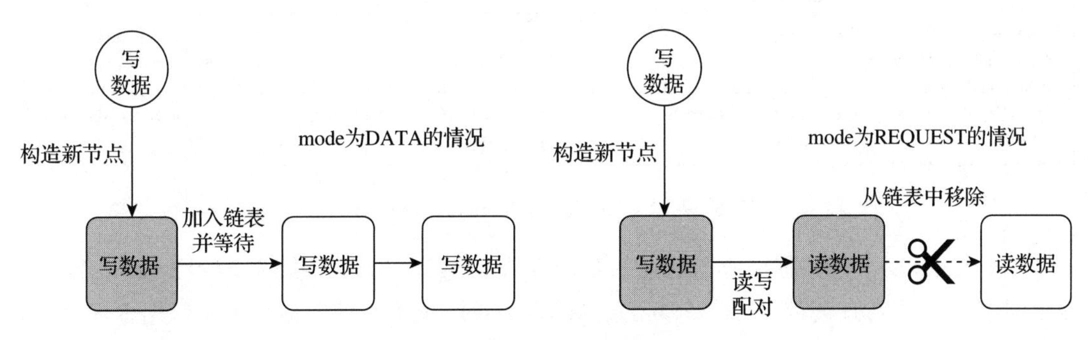

图 8-32　非公平策略：数据写入

如图 8-33 所示，读取数据时会先判断 head 节点的操作类型。如果 head 节点是读节点，则直接将当前线程加入栈中进行等待；如果 head 节点是写节点，则先将当前线程加入栈中，然后将 head 节点的状态设置为 FULFILLING，最后并将 head 节点的值赋给当前线程。如果 head 节点的 mode 值为 FULFILLING 状态，说明有线程正常完成读写配对，当前线程循环等待。

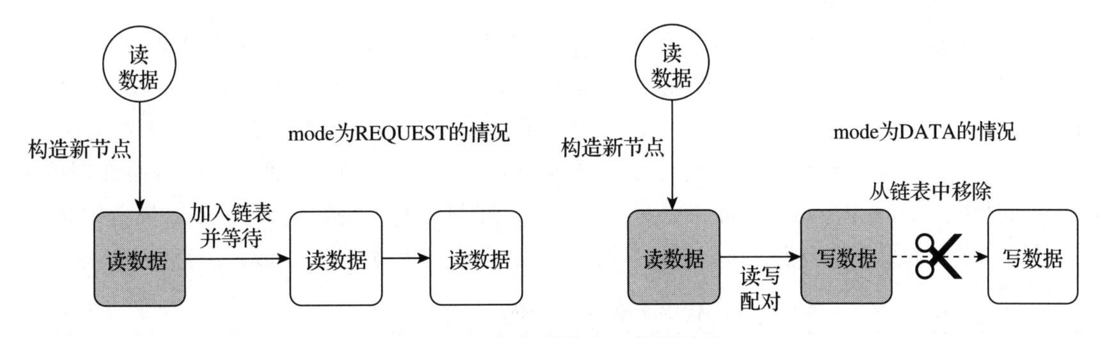

图 8-33　非公平策略：数据读取

8.6.2 源码分析

SynchronousQueue 在内部定义了抽象类 Transferer，作为公平与非公平调度策略的基础类。TransferQueue 是公平调度策略的具体实现类，TransferStack 是非公平策略的具体实现类，其 UML 图如图 8-34 所示。

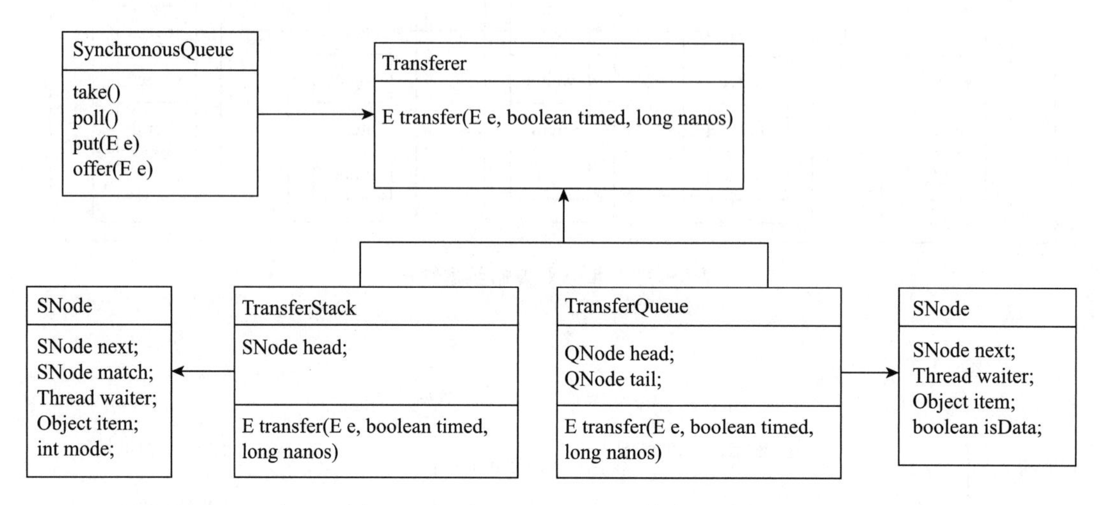

图 8-34　SynchronousQueue 的 UML 图

Transferer 定义了数据修改与查询的基础方法 transfer，如代码清单 8-39 所示。有个点需要注意：插入与查询都是同一个方法：数据插入时，e 为具体的数据值；数据查询时，e 为 null。

代码清单 8-39　Transferer 抽象类

```
abstract static class Transferer<E> {
    //插入与读取都调用同一个方法
    abstract E transfer(E e, boolean timed, long nanos);
}
```

1. 非公平调度策略

TransferStack 是非公平调度策略具体实现类，它是基于单向链表实现的数据栈。SNode 是链表的数据节点，如代码清单 8-40 所示。SNode 定义了 next、match、waiter、item、mode 等属性。next 指针指向当前节点的后继节点。match 指针指向与当前节点配对的节点，相互配对的两个节点：一个是读节点，另一个是写节点。waiter 是当前节点的操作线程。item 是数据值：如果是读节点，item 为 null；如果是写节点，item 是具体写入的数据值。mode 是当前节点的操作模式：如果是读节点，mode 值是 REQUEST；如果是写节点，mode 值是 DATA。

代码清单 8-40　SNode 节点

```
static final class SNode {
```

```
        volatile SNode next;            // 后继节点
        volatile SNode match;           // 和当前节点匹配的节点
        volatile Thread waiter;         // 等待的线程
        Object item;                    // 数据值
        int mode;                       // 节点所处的模式
    }
```

transfer 方法是非公平调度策略的核心方法，如代码清单 8-41 所示。数据写入的时候，e 为数据值；数据读取时，e 为 null，而 timed 和 nanos 指定是否使用超时设置。

代码清单 8-41　transfer 方法

```
E transfer(E e, boolean timed, long nanos) {
    SNode s = null; // 如果数据为空，是读请求；如果数据不为空，是写请求
    int mode = (e == null) ? REQUEST : DATA;
    for (;;) {
        SNode h = head;
        // 如果栈为空或者模式相同
        if (h == null || h.mode == mode) {
            // 如果不能等待，则直接返回
            if (timed && nanos <= 0L) {
                if (h != null && h.isCancelled())
                    casHead(h, h.next);
                else
                    return null;
            } else if (casHead(h, s = snode(s, e, h, mode))) {
                // 设置等待结束时间
                long deadline = timed ? System.nanoTime() + nanos : 0L;
                Thread w = Thread.currentThread();
                //-1：让出 CPU 调度；+1：将当前线程阻塞
                int stat = -1;
                SNode m;
                while ((m = s.match) == null) {
                    if ((timed &&
                        (nanos = deadline - System.nanoTime()) <= 0) ||
                        w.isInterrupted()) {
                        if (s.tryCancel()) {
                            clean(s);        // 取消等待
                            return null;
                        }
                    } else if ((m = s.match) != null) {
                        break;
                    } else if (stat <= 0) {
                        if (stat < 0 && h == null && head == s) {
                            stat = 0;
                            Thread.yield();
                        } else {
                            stat = 1;
                            s.waiter = w;
                        }
                    } else if (!timed) {
```

```
                    LockSupport.setCurrentBlocker(this);
                    try {
                        ForkJoinPool.managedBlock(s);
                    } catch (InterruptedException cannotHappen) { }
                    LockSupport.setCurrentBlocker(null);
                } else if (nanos > SPIN_FOR_TIMEOUT_THRESHOLD)
                    LockSupport.parkNanos(this, nanos);
            }
            if (stat == 1)
                s.forgetWaiter();
            Object result = (mode == REQUEST) ? m.item : s.item;
            if (h != null && h.next == s)
                casHead(h, s.next);
            return (E) result;
        }
    }
    // 如果头节点的模式与当前请求模式不同，并且没有线程配对
    else if (!isFulfilling(h.mode)) {
        // 如果头节点已经取消等待，则将其移除
        if (h.isCancelled())
            casHead(h, h.next);
        // 给头节点加上正在配对的标志
        else if (casHead(h, s=snode(s, e, h, FULFILLING|mode))) {
            for (;;) {
                // 如果头节点没有后继节点，则直接将头节点设置为空
                SNode m = s.next;
                if (m == null) {
                    casHead(s, null);
                    s = null;
                    break;
                }
                SNode mn = m.next;
                // 如果节点配对成功，则将head指针后移
                if (m.tryMatch(s)) {
                    casHead(s, mn);
                    return (E) ((mode == REQUEST) ? m.item : s.item);
                } else
                    s.casNext(m, mn);
            }
        }
    }
    // 如果头节点与当前节点的模式不同，则直接配对，移除栈中的头节点
    else {
        SNode m = h.next;
        if (m == null)
            casHead(h, null);
        else {
            SNode mn = m.next;
            if (m.tryMatch(h))
                casHead(h, mn);
```

```
                    else
                        h.casNext(m, mn);
                }
            }
        }
    }
```

transfer 方法会遇到 3 种情况。

1）如果头节点的模式与当前节点的模式相同，transfer 方法会将当前节点加入栈中，并调用 LockSupport 的 park 方法将当前线程阻塞。

2）如果头节点的模式与当前节点的模式不同，transfer 方法会将头节点与当前节点配对，然后将头节点移出栈。

3）如果头节点已经与其他线程配对，transfer 方法会协助其他线程完成配置。

2. 公平调度策略

TransferQueue 是公平调度策略的具体实现，是一种基于 FIFO 原则的队列结构。QNode 是链表的数据节点，定义了 next、item、waiter、isData 等属性，如代码清单 8-42 所示。next 指针指向当前节点的后继节点。item 是当前节点的数据值：如果是读节点，item 为 null；如果是写节点，item 是写入的数据值。waiter 是操作当前节点的线程。isData 是节点的操作模式：如果是读节点，isData 值是 false；如果是写节点，isData 的值是 true。

代码清单 8-42　QNode 数据节点

```
static final class QNode {
    volatile QNode next;          // 后继节点
    volatile Object item;         // 数据值
    volatile Thread waiter;       // 等待的线程
    // 如果是读节点，isData 值是 false；如果是写节点，isData 的值是 true
    final boolean isData;
}
```

transfer 方法是公平调度策略的核心方法，从队列中读取数据与往队列中写入数据都是同一个方法，如代码清单 8-43 所示。数据写入时，e 为具体数据值，数据读取时，e 为 null，而 timed 和 nanos 指定是否使用超时。

代码清单 8-43　transfer 方法

```
E transfer(E e, boolean timed, long nanos) {
    QNode s = null;
    // 如果 e 为空，是读请求；如果 e 不为空，是写请求
    boolean isData = (e != null);
    for (;;) {
        QNode t = tail, h = head, m, tn;
        if (t == null || h == null)
            ;
        // 如果队列为空或者队列模式与当前操作的模式相同，则将当前线程加入队列
```

```
            else if (h == t || t.isData == isData) {
                if (t != tail)
                    ;
                else if ((tn = t.next) != null)
                    advanceTail(t, tn);
                else if (timed && nanos <= 0L)
                    return null;
                //将当前节点加入队列
                else if (t.casNext(null, (s != null) ? s :
                        (s = new QNode(e, isData)))) {
                    advanceTail(t, s);
                    long deadline = timed ? System.nanoTime() + nanos : 0L;
                    Thread w = Thread.currentThread();
                    int stat = -1;
                    Object item;
                    while ((item = s.item) == e) {
                     //代码太长，去掉了一些无效代码
                     //调用LockSupport的park方法将当前线程阻塞
                    }
                    if (stat == 1)
                        s.forgetWaiter();
                    if (!s.isOffList()) {
                        advanceHead(t, s);
                        if (item != null)
                            s.item = s;
                    }
                    return (item != null) ? (E)item : e;
                }
            }
            //从队列中移除头节点
            else if ((m = h.next) != null && t == tail && h == head) {
                Thread waiter;
                Object x = m.item;
                boolean fulfilled = ((isData == (x == null)) &&
                                     x != m && m.casItem(x, e));
                advanceHead(h, m);
                if (fulfilled) {
                    if ((waiter = m.waiter) != null)
                        LockSupport.unpark(waiter);
                    return (x != null) ? (E)x : e;
                }
            }
        }
    }
```

3. 队列初始化

SynchronousQueue提供了两种构造函数：一种是带指定调度策略的构造函数，另一种是默认的构造函数。指定调度策略的可以根据传入的fair参数构建公平与非公平的调度策略。默认的构造函数则采用非公平的调度策略。

4. 数据插入

数据插入是通过调用 transferer 实例的 transfer 方法来实现的。数据插入实现如代码清单 8-44 所示。

代码清单 8-44 数据插入

```
public void put(E e) throws InterruptedException {
    if (e == null) throw new NullPointerException();
    if (transferer.transfer(e, false, 0) == null) {
        Thread.interrupted();
        throw new InterruptedException();
    }
}
```

5. 数据读取

数据读取也是通过调用 transferer 实例的 transfer 方法来实现的，传入的参数 e 为 null。数据读取实现如代码清单 8-45 所示。

代码清单 8-45 数据读取

```
public E take() throws InterruptedException {
    E e = transferer.transfer(null, false, 0);
    if (e != null)
        return e;
    Thread.interrupted();
    throw new InterruptedException();
}
```

8.7 LinkedBlockingDeque 实现原理

LinkedBlockingDeque 是基于双向链表数据结构实现的双端并发阻塞队列，它同时支持 FIFO 和 FILO 两种操作方式，可以从队列的头和尾同时进行线程安全的数据插入与删除。同时，它还是有界队列，可以指定队列的长度，默认的容量大小是 Integer.MAX_VALUE，这样就能够防止队列过度膨胀导致内存溢出。

LinkedBlockingDeque 提供了线程安全的双端数据读取与修改的方法。

头部节点的操作方法如表 8-5 所示。

表 8-5 LinkedBlockingDeque 头部节点操作方法列表

	抛异常	返回特定值	阻塞等待	超时等待
插入	addFirst(E e)	offerFirst(E e)	putFirst(E e)	offerFirst(E e, long timeout, TimeUnit unit)
移除	removeFirst()	pollFirst()	takeFirst()	pollFirst(long timeout, TimeUnit unit)
检查	getFirst()	peekFirst()	—	—

尾部节点的操作方法如表 8-6 所示。

表 8-6　LinkedBlockingDeque 尾部节点操作方法列表

	抛异常	返回特定值	阻塞等待	超时等待
插入	addLast(E e)	offerLast(E e)	putLast(E e)	offerLast(E e, long timeout, TimeUnit unit)
移除	removeLast()	pollLast()	takeLast()	pollLast(long timeout, TimeUnit unit)
检查	getLast()	peekLast()	—	—

8.7.1　设计原理

LinkedBlockingDeque 在数据结构上采用了双向链表，它定义了 2 个指针：first 指针与 last 指针，first 指针指向队列的头节点，last 指针指向队列的尾节点。

队列中每个节点有 2 个指针：next 指针与 prev 指针，next 指针指向后继节点，prev 指针指向前驱节点。数据结构如图 8-35 所示。

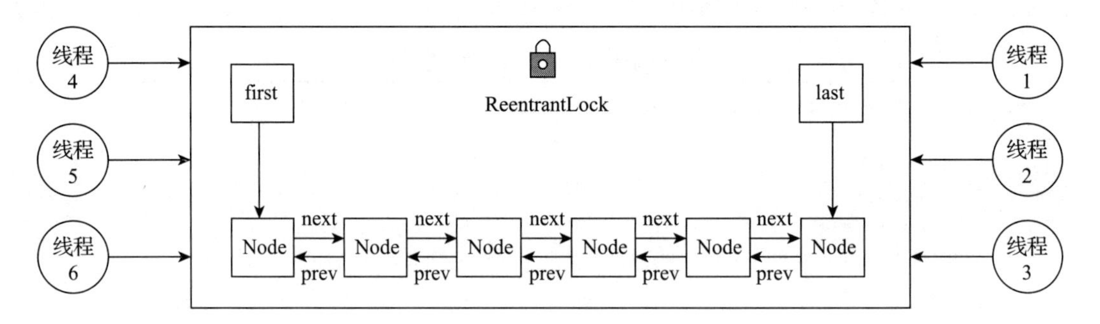

图 8-35　LinkedBlockingDeque 数据结构

向队列头部插入数据时，LinkedBlockingDeque 先获取到 first 指针，然后将构建的新节点插入到原有的 fisrt 指针前面，并将 first 指针迁移指向新插入的节点。

向队列尾部插入数据时，LinkedBlockingDeque 先获取到 last 指针指向的尾节点，然后将尾节点的 next 指针指向新加入的节点，并将 last 指针指向最后插入的节点。数据插入过程如图 8-36 所示。

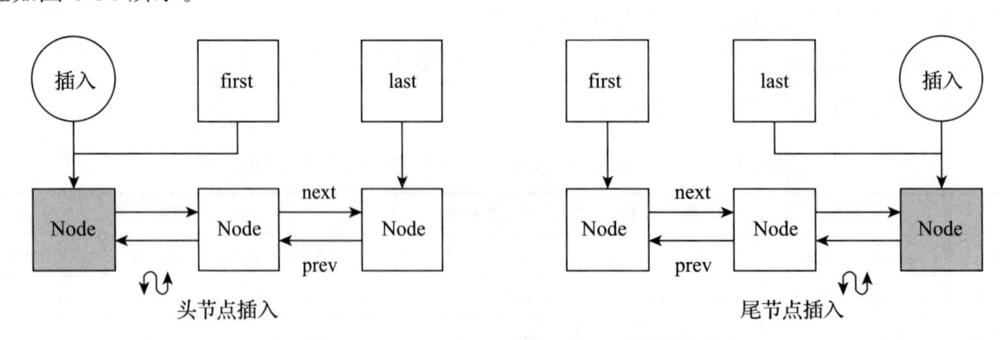

图 8-36　LinkedBlockingDeque 数据插入

从队列头部读取数据时，LinkedBlockingDeque 会先将头节点从队列中移除，然后将 first 指针后移一位指向头节点的后继节点。

从队列尾部读取数据时，LinkedBlockingDeque 先将尾节点从队列中移除，然后将 last 指针前移一位，指向尾节点的前驱节点。数据读取过程如图 8-37 所示。

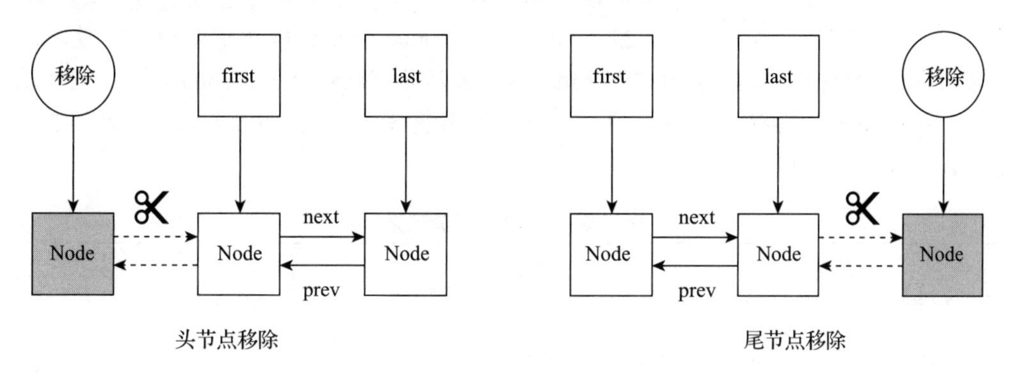

图 8-37　LinkedBlockingDeque 数据读取

LinkedBlockingDeque 是通过 ReentrantLock 锁来实现并发控制的。队列的增、删、查、改等操作都需要先获取锁。在任一时刻只有一个线程能对队列进行操作，从而实现线程安全。

在插入数据时，如果队列已经满了，所有插入线程都会进入等待状态。当有线程从队列中读取数据之后，会唤醒阻塞的线程继续执行数据插入操作。

在读取数据时，如果队列空了，所有读取数据的线程都会进入阻塞，当有线程向队列中插入数据之后，会唤醒阻塞的线程继续执行数据读取操作。

8.7.2　源码分析

Node 是双向链表中的节点，它内部定义了 3 个属性：item、prev、next，item 用来存储数据，next 是后继节点指针，prev 是前驱节点指针，如代码清单 8-46 所示。

代码清单 8-46　Node 定义

```
static final class Node<E> {
    E item;                 // 数据信息
    Node<E> prev;           // 前驱节点指针
    Node<E> next;           // 后继节点指针
    Node(E x) {
        item = x;
    }
}
transient Node<E> first;  // 头节点指针
transient Node<E> last;   //尾节点指针
```

LinkedBlockingDeque 内部定义了 2 个全局指针：first 与 last。first 指向队列的头部，

last 指向队列的尾部。

1. 变量定义

LinkedBlockingDeque 定义了 ReentrantLock 实例 lock 来进行并发控制。LinkedBlockingDeque 定义了 2 个等待条件：notEmpty 与 notFull，notEmpty 表示队列不为空，notFull 表示队列没有满。它还定义了 2 个变量：capacity 与 count。capacity 表示队列的容量，count 表示队列当前的数据个数。count 等于 capacity，表示队列已经满了；count 为 0，表示队列是空的。每次添加元素都会将 count 加 1，每次移除元素都会将 count 减 1。并发控制的变量定义如代码清单 8-47 所示。

代码清单 8-47　变量定义

```
//当前队列数量
private transient int count;
//容量
private final int capacity;
//定义了独占锁
final ReentrantLock lock = new ReentrantLock();
//不为空的等待条件
private final Condition notEmpty = lock.newCondition();
//没有满的等待条件
private final Condition notFull = lock.newCondition();
```

2. 在队尾插入数据

向队尾插入数据时，LinkedBlockingDeque 先会构建一个新的 Node，然后调用 ReentrantLock 的 lock 方法获取独占锁，最后调用 linkLast 方法将 Node 加入队列。如果队列满了，就阻塞当前线程。代码清单 8-48 是在队尾插入数据的具体实现。

代码清单 8-48　在队尾插入数据

```
public void putLast(E e) throws InterruptedException {
    if (e == null) throw new NullPointerException();
    //构建新的节点
    Node<E> node = new Node<E>(e);
    final ReentrantLock lock = this.lock;
    //获取独占锁
    lock.lock();
    try {
        //将新节点插入到队列尾部
        while (!linkLast(node))
            //如果队列满了就进行等待
            notFull.await();
    } finally {
        lock.unlock();
    }
}
```

linkLast 方法是将指定 Node 插入到队列的尾部。linkLast 方法在尾指针 last 后面插入一个新的 Node。如果队列满了，那么直接返回 false；如果插入成功，它会将队列数量 count 加 1，然后尝试唤醒等待的消费线程，并返回 true。代码清单 8-49 是 linkLast 方法的实现。

代码清单 8-49　linkLast 方法

```
private boolean linkLast(Node<E> node) {
    // 如果队列满了，那么直接返回 false
    if (count >= capacity)
        return false;
    // 尾节点
    Node<E> l = last;
    // 将新的节点与前面尾节点进行连接
    node.prev = l;
    // 将 last 指针指向新的节点
    last = node;
    // 如果 first 也为 null，说明队列为空，将 first 指向新构建的节点
    if (first == null)
        first = node;
    else
        l.next = node;
    // 增加数量
    ++count;
    // 触发不为空的等待
    notEmpty.signal();
    return true;
}
```

3. 从队尾读取数据

从队尾读取数据时，LinkedBlockingDeque 先会调用 ReentrantLock 的 lock 方法获取独占锁。如果成功地获取到锁，它会调用 unlinkLast 方法移除队列的尾节点。代码清单 8-50 是从尾部读取数据的实现。

代码清单 8-50　从队尾读取数据

```
public E takeLast() throws InterruptedException {
    final ReentrantLock lock = this.lock;
    lock.lock();    // 获取独占锁
    try {
        E x;
        // 调用 unlinkLast 方法移除队尾元素，如果返回 null 说明队列为空
        while ( (x = unlinkLast()) == null)
            // 如果队列为空，则进行等待
            notEmpty.await();
        return x;
    } finally {
        lock.unlock();
    }
}
```

unlinkLast方法用于删除队列尾部的元素。该方法会先判断队列是否为空：如果队列为空，直接返回null；如果队列不为空，则获取last指针的前驱节点，并将last指针指向它的前驱节点，最后移除队尾节点。如果移除成功，它会将队列数量count减1，然后尝试唤醒等待的消费线程，并返回最后一个节点的值。unlinkLast方法实现如代码清单8-51所示。

代码清单 8-51 unlinkLast 方法

```
private E unlinkLast() {
    // 获取队尾节点
    Node<E> l = last;
    // 如果为null，表示队列是空的
    if (l == null)
        return null;
    // 获取队尾的前驱节点，即倒数第二个节点
    Node<E> p = l.prev;
    // 获取队尾节点的值
    E item = l.item;
    // 删除节点中的值
    l.item = null;
    l.prev = l;
    // 将last指针指向倒数第二个节点
    last = p;
    // 如果p为null，说明队列已经空了
    if (p == null)
        first = null;
    else
        p.next = null;
    // 将队列数量减1
    --count;
    // 触发队列没有满的信号
    notFull.signal();
    return item;
}
```

4. 在队头插入数据

在向队头插入数据时，LinkedBlockingDeque先会获取独占锁。成功获取锁之后，它会调用linkFirst方法将新的节点插入队列头部。如果插入成功，直接返回。如果队列已经满了，则进行等待。当其他线程从队列中移除元素后，会调用signal、signalAll方法唤醒当前线程，当前线程被唤醒会继续执行插入操作。代码清单8-52是在队列头部插入数据的实现。

代码清单 8-52 在队头插入数据

```
public void putFirst(E e) throws InterruptedException {
    if (e == null) throw new NullPointerException();
    // 构建新的节点
    Node<E> node = new Node<E>(e);
    final ReentrantLock lock = this.lock;
```

```
    //获取独占锁
    lock.lock();
    try {
       //在队列头部插入
        while (!linkFirst(node))
            //如果队列满了就进行等待
            notFull.await();
    } finally {
        lock.unlock();
    }
}
```

linkFirst 方法功能是将节点插入到队列的头部。它先会判断队列是否已经满了，如果队列满了返回 false。如果队列没满，将新的节点 next 指针指向头节点，并将头节点的 prev 指针指向新添加的节点。最后把 first 指针指向新加的节点。最后将队列数量 count 加 1，然后触发 notEmpty 等待条件的信号，唤醒等待的线程，最后返回 true。在队头插入数据的实现如代码清单 8-53 所示。

代码清单 8-53 在队头插入数据

```
private boolean linkFirst(Node<E> node) {
    if (count >= capacity)
        return false;
    Node<E> f = first;
    node.next = f;
    first = node;
    if (last == null)
        last = node;
    else
        f.prev = node;
    ++count;
    notEmpty.signal();
    return true;
}
```

5. 从队头读取数据

takeFirst 方法的功能是获取并移除此队列的头部数据。它首先会获取独占锁。成功获取独占锁之后，它会调用 unlinkFirst 方法移除队列头部数据。unlinkFirst 方法返回 null 表示队列为空，需要调用 notEmpty 等待条件 await 方法让当前线程进入等待。当其他线程往队列中插入数据之后，会调用 signal、signalAll 方法唤醒当前线程，当前线程被唤醒后会接着执行 unlinkFirst 方法。从队头读取数据的实现如代码清单 8-54 所示。

代码清单 8-54 从队头读取数据

```
public E takeFirst() throws InterruptedException {
    final ReentrantLock lock = this.lock;
    lock.lock();                    //获取独占锁
```

```
        try {
            E x;
            // 调用 unlinkFirst 方法移除队头元素。如果移除成功则返回队头元素的数据，
            // 如果队列为空则返回 null
            while ( (x = unlinkFirst()) == null)
                notEmpty.await();      // 如果队列为空则进入等待状态
            return x;
        } finally {
            lock.unlock();
        }
    }
```

unlinkFirst 方法用于移除队列的头节点，如代码清单 8-55 所示。

代码清单 8-55　移除队列的头节点

```
    private E unlinkFirst() {
        Node<E> f = first;      // 获取队列的头节点，记作 f
        if (f == null)          // 如果头节点为 null，说明队列为空
            return null;
        Node<E> n = f.next;     // 获取头节点的后继节点
        E item = f.item;        // 获取头节点的值
        f.item = null;
        f.next = f;             // 清除头节点 next 指针
        first = n;              // 将 first 指针指向后继节点
        if (n == null)
            last = null;
        else
           n.prev = null;
        --count;                // 将数量减 1
        notFull.signal();       // 触发没满的等待条件信号
        return item;
    }
```

LinkedBlockingDeque 可以看作 LinkedList 集合的线程安全的实现类，支持队头和队尾的数据插入和删除操作，是一个双端操作的队列。它在内部定义了一个 ReentrantLock 的独占锁，所有对队列的插入、删除、查询等操作都需要获取这个独占锁，因为要通过独占锁来确保线程安全。

8.8　小结

本章详细介绍了 Java 里面各种线程安全的集合，希望通过本章的讲解，读者能熟练运用这些集合进行多线程的数据交互。

第9章 Chapter 9

Java 线程池实现原理

线程池是使用场景最多的并发框架，利用它可以提高程序的执行效率。本章将深入分析 Java 常用的 3 种线程池：ThreadPoolExecutor、ScheduledThreadPoolExecutor 与 ForkJoinPool。通过设计原理的讲解与源代码的分析，让读者对 Java 线程池有一个全新的认知。

9.1 对象池设计模式

当需要频繁使用对象，但对象创建和销毁特别昂贵（很耗费系统资源），并且每个对象使用时间非常短，那么这种高频但效率低的对象使用会严重影响程序的执行效率。为了提高对象使用效率，工程师发明了对象池模式，如图 9-1 所示。

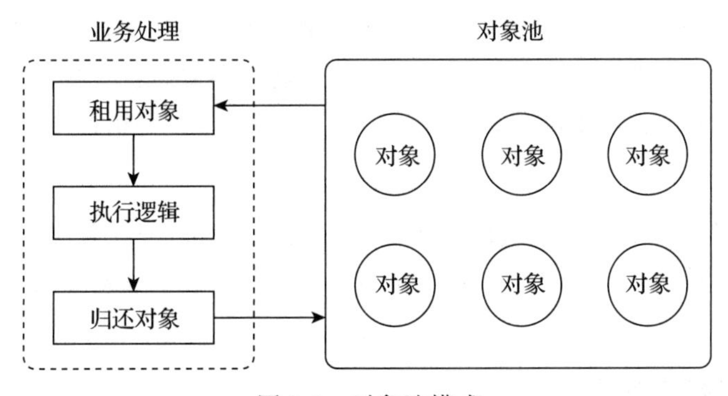

图 9-1 对象池模式

对象池模式创建了一组可以重复使用的对象。当需要一个对象时，它会从对象池中租用一个空闲的对象。如果先前准备好的对象可用，则立即返回，避免实例化成本。如果池中不存在任何空闲对象，则创建一个新的对象并返回。当对象已经执行完成并且不再使用时，会将它归还到对象池中，归还对象池中的对象可以再次被其他线程使用。

> 注意 如果一个对象在使用过程中出现了异常，不满足再次被使用的情况，是不能放到对象池中的。在某些对象池中，资源是有限的，因此指定了最大对象数。如果达到最大对象数量，在请求新的对象时，可能会引发异常或者线程被阻塞，直到有对象释放回池中。

对象池从逻辑架构上可以分为4个模块：对象创建工厂、已使用队列、空闲队列、对象池大小动态调节器。对象池逻辑架构如图9-2所示。

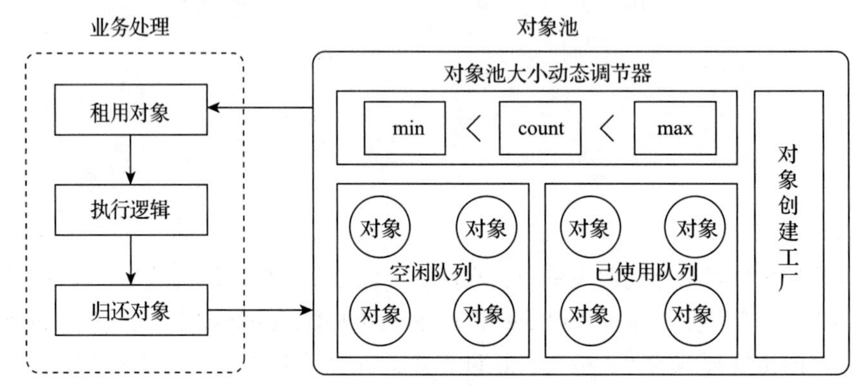

图9-2　对象池的逻辑架构

1. 对象创建工厂

对象创建工厂负责对象的创建与销毁工作。在对象创建时，工厂需要完成对象的创建、初始化、基础属性的赋值等工作。在对象销毁时，工厂需要完成对象资源的释放、对象引导的释放，并加快垃圾回收工作。

2. 已使用队列

已使用队列是用来存储从对象池中租借出去的对象。当一个程序从对象池中租借对象时，对象池先从空闲队列中获取空闲的对象，然后将对象加入已使用队列，最后返回空闲的对象。当关闭应用时，需要将对象池中所有已使用的对象进行销毁，防止资源泄露。

3. 空闲队列

空闲队列存储着未被线程使用的空闲对象。当应用执行完任务时，程序会归还对象，对象池将归还的对象放入空闲队列。在整个应用关闭时，需要将对象池中所有空闲对象进行销毁，防止资源泄露。

4. 对象池大小动态调节器

每个业务系统都会有高峰与低谷。在业务高峰时，对象使用的频率非常高，在业务低峰时，对象的使用频率比较低，所以对象池必须具备动态调节对象数量的能力。对象池用3个参数来调节大小：min、count、max。min表示最小的对象个数，count表示当前对象的个数，

max 表示最大的对象个数。在对象池初始化时，对象池会根据 min 来初始化一批对象供应用程序调用，能够满足业务低峰期使用需求。在业务高峰期到来时，应用程序从对象池中租借对象，对象池发现空闲队列中没有对象了，就会触发扩容，对象池会创建新的对象返回给应用程序。当到达最大值 max 之后就不会创建新的对象了，让应用程序进入等待。在业务低峰期时，空闲队列中的对象非常多，对象池会再次触发缩容，移除并释放一部分空闲的对象，防止过多空闲对象占用内存。

9.2　生产者 - 消费者模式

在多线程开发过程中，往往会有一批线程负责数据的生产，另一批线程负责数据的处理，系统很难保证两部分线程的执行效率是一致的。如果生产数据的速度很快，而处理数据的速度很慢，很容易造成数据没地方存储。如果数据处理的速度大于数据产生的速度，那么数据处理的线程就会经常处于等待状态。为了解决这个问题，图灵奖获得者 Edsger W. Dijkstra 教授于 1965 年提出了生产者 - 消费者模式。

生产者 - 消费者模式采用了一个缓存区来解决数据的生产与处理之间的速度平衡问题。产生数据的线程称作生产者，处理数据的线程称作消费者，缓存区称作消息队列，如图 9-3 所示。生产者和消费者不直接通信，而是通过消息队列来进行通信。生产者生产完数据之后直接传递到消息队列，当消息队列满了之后会进行阻塞，这样就能够控制消息的产生速度。消费者直接从消息队列获取数据，如果消息队列空了，就将消费者线程阻塞。这样整个消息队列就相当于一个缓冲区，平衡了生产者和消费者的处理能力。

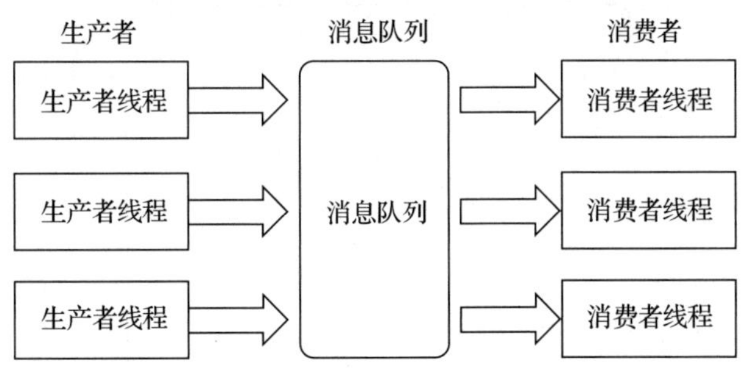

图 9-3　生产者 - 消费者模式

9.2.1　设计原理

整个生产者 - 消费者模式的核心模块是消息队列，其必须具有：高效的修改能力、并发控制的能力、快速定位队列长度的能力、阻塞生产线程与消费线程的能力。

1. 数据结构

消息队列面临着非常高频的数据插入与数据移除场景，所以在底层的存储结构设计上要支持高性能修改的能力。消息队列一般会采用链表与环形数组作为底层存储形式，其数据结构如图 9-4 所示。

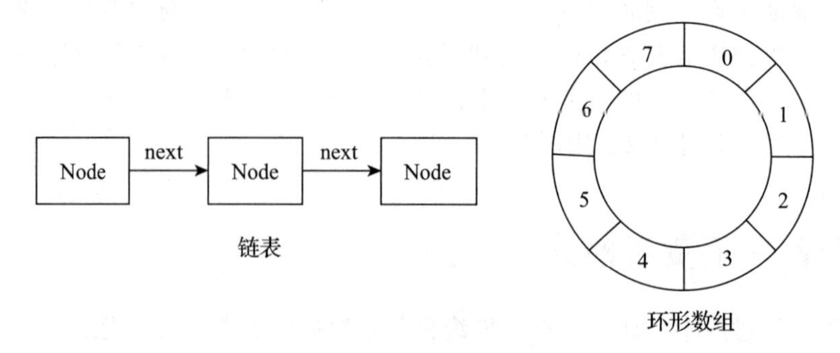

图 9-4 消息队列数据结构

链表每次的插入与删除都只用改变链表的指针就可以了，天生对修改友好。而环形数组是一段连续线性空间，每次插入时会移动插入的索引，每次移除时会修改读取的索引，不会改变队列的结构，所以修改性能非常好。

2. 并发控制

因为消息队列时刻面临着多个线程在同时修改，所以需要确保多线程修改的安全性。一般会在普通的队列上应用锁机制，例如采用 synchronized 关键字、ReentrantLock 独占锁等同步机制来完成队列的并发控制。消息队列并发控制如图 9-5 所示。

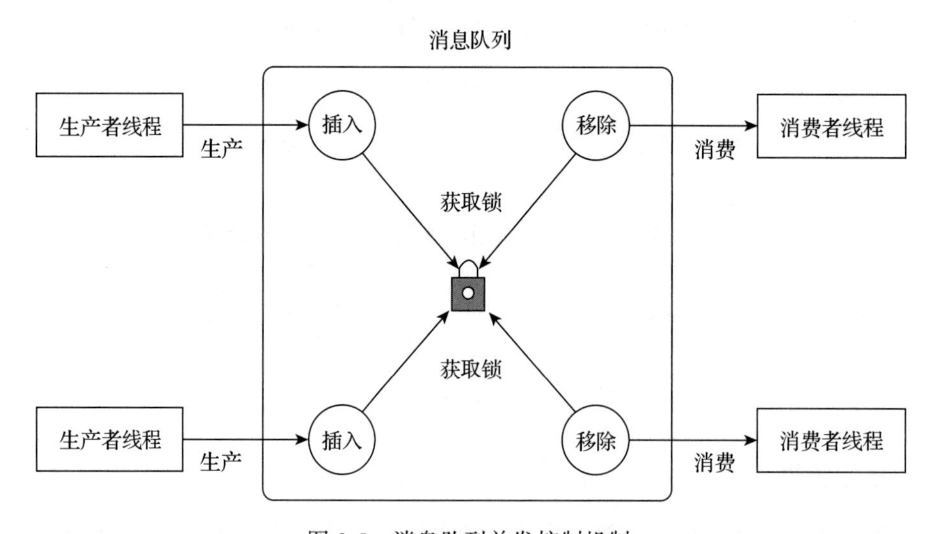

图 9-5 消息队列并发控制机制

3. 队列长度

在向队列中插入数据时，生产者需要知道队列是否满了，当队列满了就进行等待。从队列中获取数据的时候，消费者需要知道队列是否空了，当队列空了就进行等待。所以队列要有快速感知队列中元素个数的能力。一般队列内部会设置一个 int 或者 AtomicInteger 类型的 count 变量来表明队列的元素个数，每次添加元素的时候会对 count 加 1，每次移除元素的时候会对 count 减 1。消息队列长度控制如图 9-6 所示。

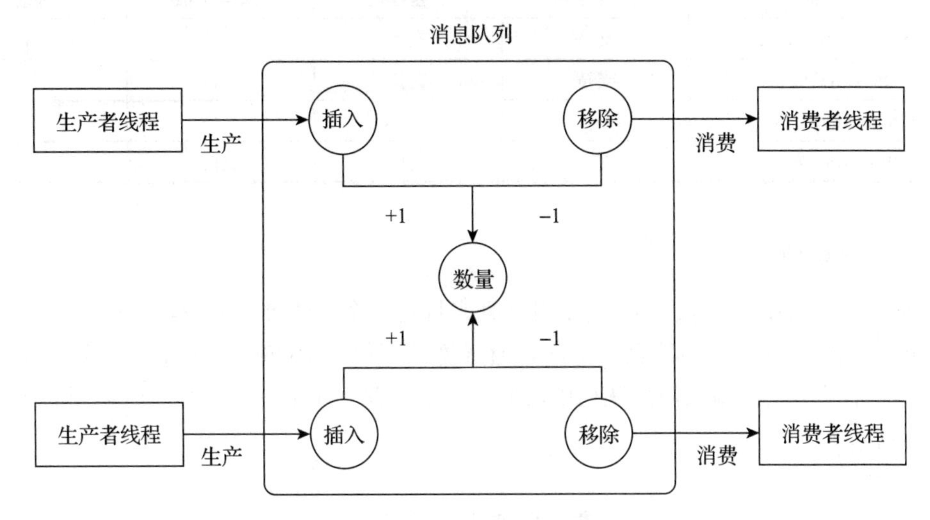

图 9-6　消息队列长度控制

4. 线程阻塞、唤醒

队列需要具备主动阻塞、唤醒线程的能力。生产者向队列插入数据时，如果队列满了，队列能够主动阻塞生产者线程。当队列有容量时，队列能够主动唤醒生产者线程，让它继续插入数据。当消费者从队列中移除数据时，如果队列空了，队列要能主动将消费者线程阻塞。当队列有数据时，队列要能主动唤醒消费者线程，让它继续读取数据。消息队列阻塞如图 9-7 所示。

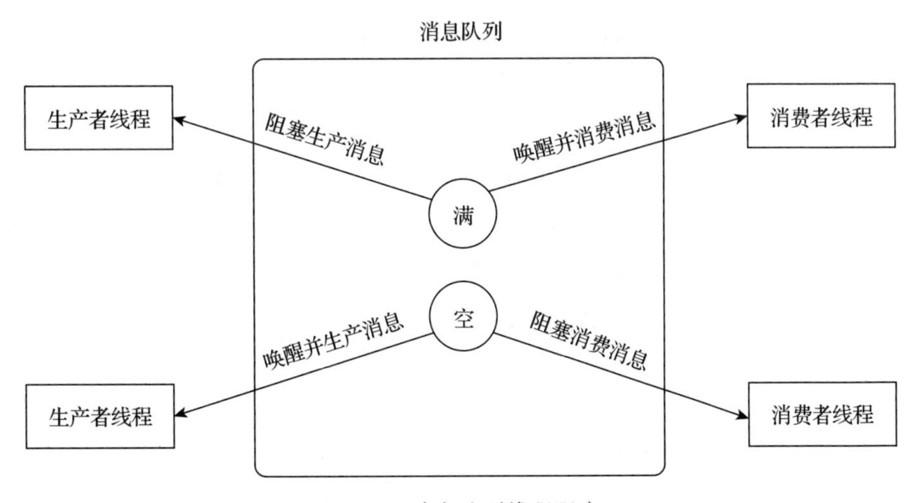

图 9-7　消息队列线程阻塞

表 9-1 总结了 Java 提供的各种线程安全的消息队列特性。

表 9-1　线程安全的消息队列特性

队列名称	并发控制	数量控制	阻塞与唤醒	性能
LinkedBlockingQueue	支持	支持	支持	高
ArrayBlockingQueue	支持	支持	支持	中
SynchronousQueue	支持	不支持	支持	中
LinkedBlockingDeque	支持	支持	支持	中

9.2.2 实现案例

下面以 LinkedBlockingQueue 为消息队列来构建一个生产者与消费者的模式，消息队列中存储的是 String 的字符串消息。生产者通过循环不停产生随机的字符串，并将其插入消息队列中。消费者不停地从消息队列中获取字符串，并打印字符串信息。此案例的 UML 图如图 9-8 所示。

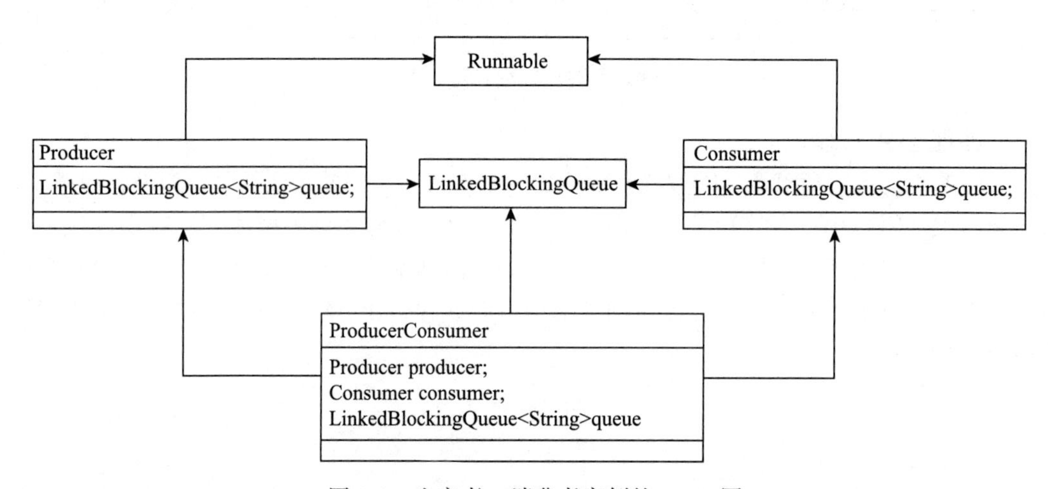

图 9-8　生产者 - 消费者案例的 UML 图

Producer 实现了 Runnable 接口，并在内部定义了 LinkedBlockingQueue 的实例 queue，可以在构造函数里对消息队列进行赋值。run 方法实现了不停地产生消息，并通过消息队列的 put 方法向消息队列中插入数据。Producer 实现如代码清单 9-1 所示。

代码清单 9-1　Producer 实现

```
public class Producer implements Runnable {
    // 消息队列
    private LinkedBlockingQueue<String> queue;
    public Producer(LinkedBlockingQueue<String> queue) {
        this.queue = queue;
    }
```

```
    public void run() {
        int i = 0;
        while (true) {
            i++;
            try {
                String msg = "message_" + i;
                queue.put(msg);           // 向队列中插入消息
            } catch (InterruptedException e) {
                e.printStackTrace();
            }
        }
    }
}
```

Consumer 也实现了 Runnable 接口，获得了线程的能力，在内部定义了 LinkedBlockingQueue 的实例 queue，可以在构造函数里对消息队列进行赋值。run 方法不停调用消息队列的 take 方法来获取数据，并打印出消息队列的信息。Consumer 实现如代码清单 9-2 所示。

代码清单 9-2　Consumer 实现

```
public class Consumer implements Runnable {
    // 消息队列
    private LinkedBlockingQueue<String> queue;
    public Consumer(LinkedBlockingQueue<String> queue) {
        this.queue = queue;
    }
    public void run() {
        String threadName = Thread.currentThread().getName();
        while (true) {
            try {
                // 从队列中获取数据，如果队列为空则进行阻塞
                String data = queue.take();
                System.out.println(threadName + " process data=" + data);
            } catch (InterruptedException e) {
                System.out.println("Consumer queue.size() => " + queue.size());
                e.printStackTrace();
            }
        }
    }
}
```

ProducerConsumer 是整个生产者 - 消费者模式的构建类，在内部定义了 LinkedBlockingQueue 变量来存储字符串，并利用消息队列构建了生产者线程与消费者线程，其实现如代码清单 9-3 所示。

代码清单 9-3　ProducerConsumer 实现

```
public class ProducerConsumer {
    public static void main(String[] args) {
        // 定义队列容量
```

```
            int MAX_QUEUE_SIZE = 1000;
            //定义阻塞消息队列
            LinkedBlockingQueue<String> queue =
            new LinkedBlockingQueue<>(MAX_QUEUE_SIZE);
            Producer producer = new Producer(queue); //创建生产者线程
            Thread producerThread = new Thread(producer);
            producerThread.start();
            int THREAD_SIZE = 3;                    //定义消费者线程大小
            //创建消费者线程
            Thread[] consumers = new Thread[THREAD_SIZE];
            for (int i = 0; i < THREAD_SIZE; i++) {
                Consumer consumer = new Consumer(queue);
                Thread thread = new Thread(consumer, "Consumer-" + i);
                consumers[i] = thread;
                thread.start();
            }
        }
    }
```

9.3 普通线程池的实现原理

Java 的线程对象的生命周期大致包括三个阶段：创建阶段 T_1、使用阶段 T_2、销毁阶段 T_3。Java 线程对象的生命周期如图 9-9 所示。

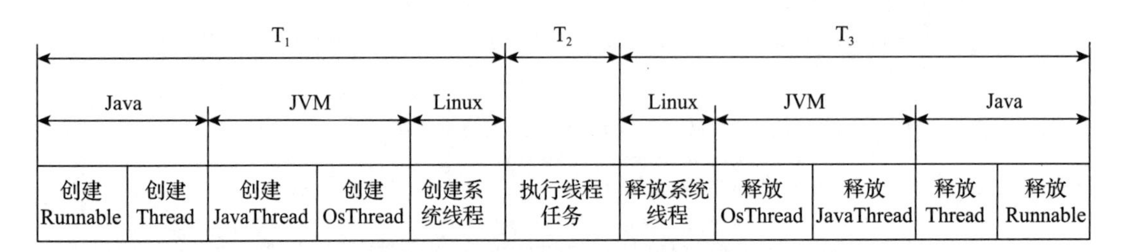

图 9-9 Java 线程对象的生命周期

每个 Java 线程至少需要构建 5 个关联对象，非常消耗系统资源。线程的销毁需要将前面创建的对象销毁掉，需要进行大量内存清理与回收。在线程对象的生命周期中，只有使用阶段才是真正对业务系统是有意义的，创建阶段与销毁阶段会带来大量系统资源损耗。为了提高线程使用效率，JDK1.5 提供了线程池 ThreadPoolExecutor。ThreadPoolExecutor 采用了对象池设计模式，将线程作为一种对象缓存在对象池，让线程能够重复使用，极大地提高了程序运行的性能与效率。

9.3.1 设计原理

ThreadPoolExecutor 采用了生产者－消费者模式与对象池模式相结合的设计模式，保留了生产者模式中的生产者与消息队列，消费者是对象池中的工作线程。因为对象池里的对象不需要被外部租用了，所以将空闲队列与已使用队列合并成了一个工作线程队列。在此基础上，线程池增加了任务调度模块与状态管理模块。任务调度模块负责协调线程任务的提交与执行。状态管理模块负责控制线程池的启动与停止。ThreadPoolExecutor 逻辑架构如图 9-10 所示。

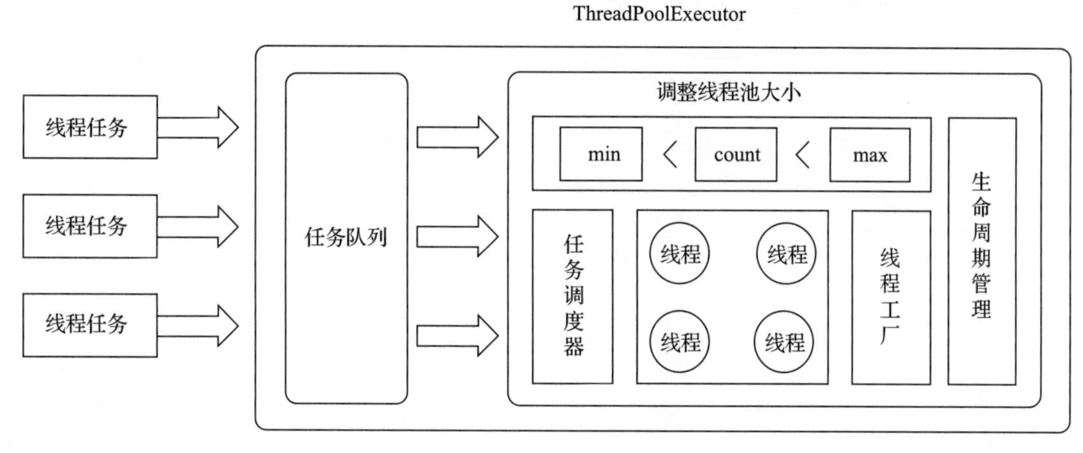

图 9-10　线程池逻辑结构图

1. 任务调度器

任务调度器是整个线程池的核心控制模块，当线程池收到业务线程提交的任务后，由任务调度器进行统一调度处理。任务调度器主要负责创建线程执行任务、将任务放入任务队列、拒绝执行任务。任务调度流程如图 9-11 所示。

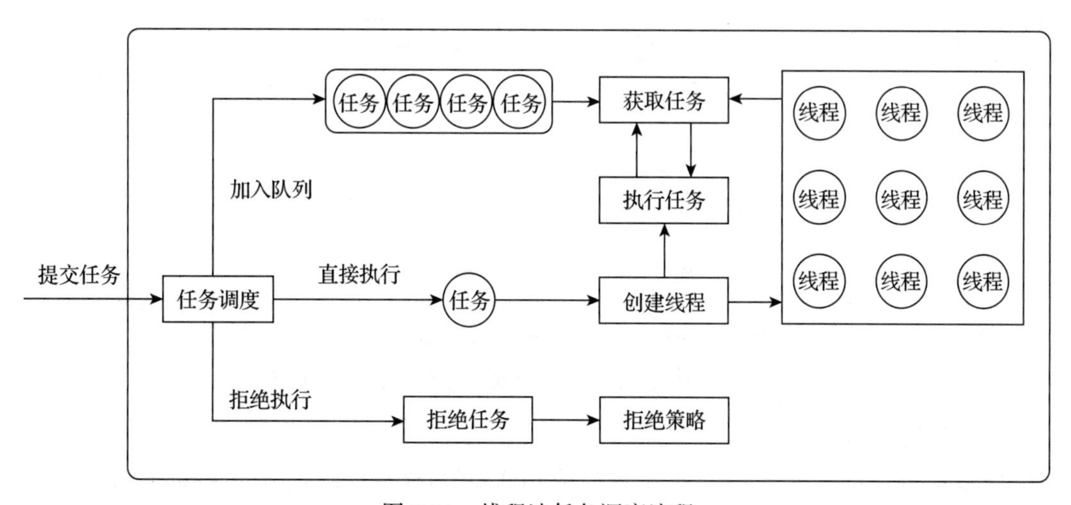

图 9-11　线程池任务调度流程

任务调度器按照尽可能少地建线程的原则来进行调度。线程池首先会判断当前线程数量是否小于核心线程数。如果当前线程数小于核心线程数，线程池就创建线程来执行任务。如果当前线程数大于核心线程数，线程池会将任务加入任务队列。如果任务队列也满了，接着判断线程数是否小于最大线程数：如果当前线程数小于最大线程数，线程池会创建非核心线程来执行任务。如果队列满了，且当前线程数也达到了允许的最大线程数，线程池就会启动拒绝策略来拒绝任务。线程池任务执行流程如图 9-12 所示。

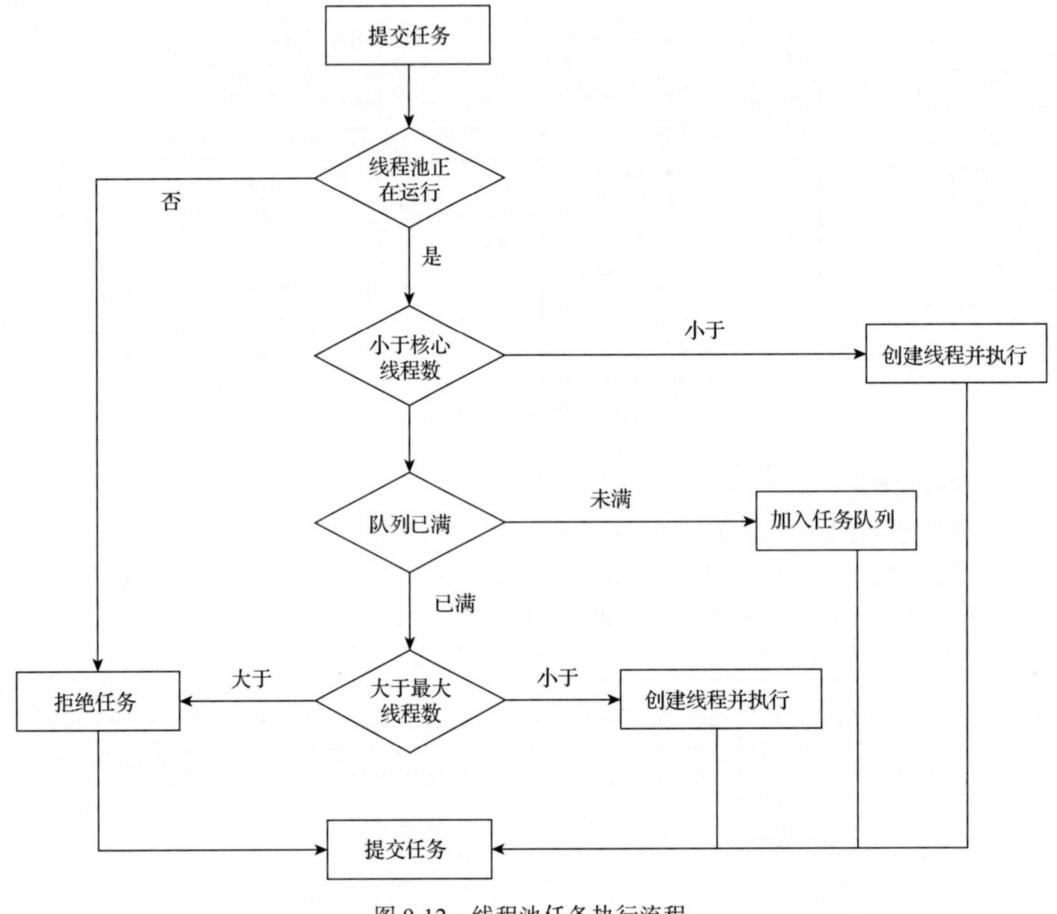

图 9-12　线程池任务执行流程

虽然慢启动的调度策略能够减少系统资源损耗，但是在高并发的场景里，会延迟任务执行时间。系统高峰时，大量的任务会被挤压任务队列里得不到处理。

2. 任务队列

ThreadPoolExecutor 采用的任务队列是 LinkedBlockingQueue。BlockingQueue 是一个接口，具体的功能由子类实现。ThreadPoolExecutor 可选任务队列如表 9-2 所示。

表 9-2　ThreadPoolExecutor 可选任务队列

队列名称	并发控制	数量	阻塞	性能
LinkedBlockingQueue	支持	支持	支持	高
ArrayBlockingQueue	支持	支持	支持	中
SynchronousQueue	支持	不支持	支持	低
LinkedBlockingDeque	支持	支持	支持	中

在表 9-3 中，LinkedBlockingQueue 具有更高的并发性能，所以是线程池默认的任务队列。

3. 工作线程

当创建一个工作线程时，线程池可以指定一个任务。工作线程会优先执行线程池指定的任务。在完成指定任务后，工作线程会从任务队列中获取任务来执行。工作线程执行流程如图 9-13 所示。

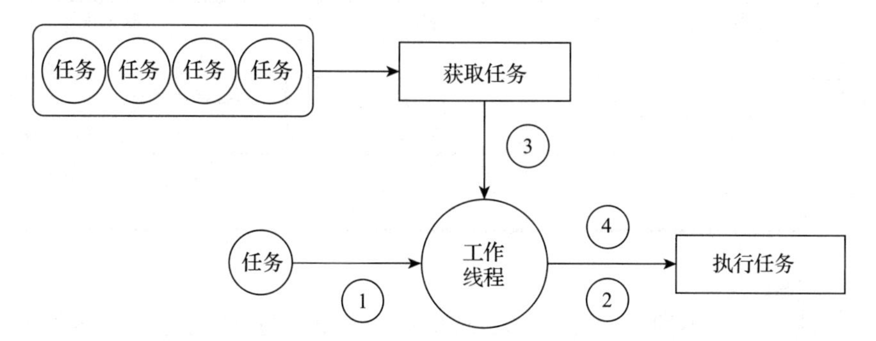

图 9-13　工作线程执行流程

工作线程会不断地从队列中获取并执行任务。当任务队列为空时，工作线程会被任务队列阻塞。工作线程的执行过程是基于 AOP（面向切面编程）思想来设计的，如图 9-14 所示。ThreadPoolExecutor 在线程任务执行前后提供了 2 个扩展方法：beforeExecute 方法与 afterExecute 方法。beforeExecute 方法可以用来执行准备工作（前置处理工作），afterExecute 方法可以用来进行善后工作（后置处理工作）。

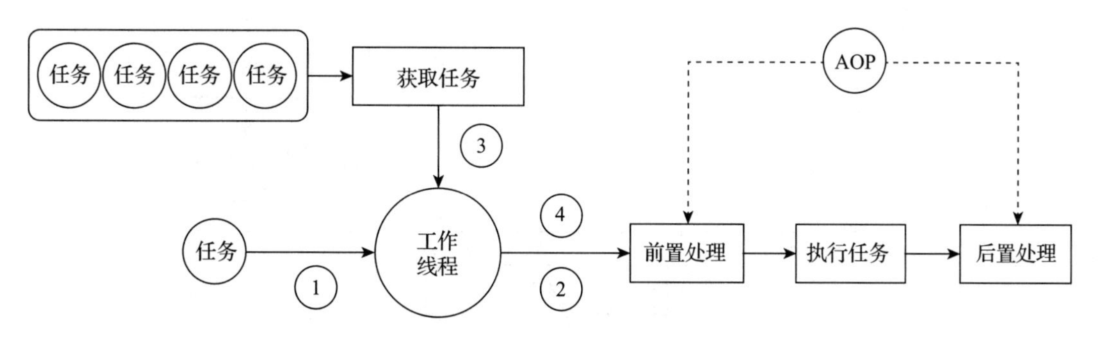

图 9-14　工作线程 AOP 设计

4. 生命周期管理

为了能够安全停止，线程池定义了5种生命周期状态：RUNNING、SHUTDOWN、STOP、TIDYING、TERMINATED。线程池的生命周期如图9-15所示。

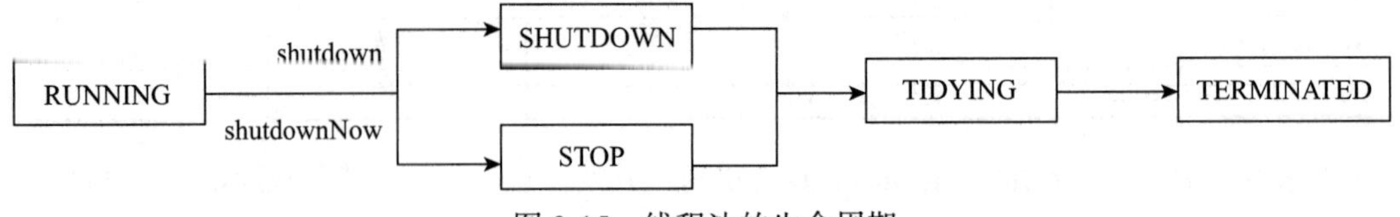

图9-15　线程池的生命周期

线程池定义了一个Integer类型的原子变量clt。clt的高3位用来记录线程池状态，后面的29位用来记录线程个数。线程池状态说明如表9-3所示。

表9-3　线程池状态说明

状态名称	clt高3位	接受新任务	是否处理队列中的任务	状态说明
RUNNING	111	Y	Y	正常运行
SHUTDOWN	000	N	Y	不接受新任务，但会处理已有任务
STOP	001	N	N	不接受新任务，抛弃已有任务
TIDYING	010	—	—	任务执行完毕，活动线程数为0
TERMINATED	011	—	—	终结状态

5. 调整线程池大小

为了灵活控制线程池的运行效率，ThreadPoolExecutor提供了动态调整线程池中核心线程数大小的能力。核心线程数的动态调整如图9-16所示。

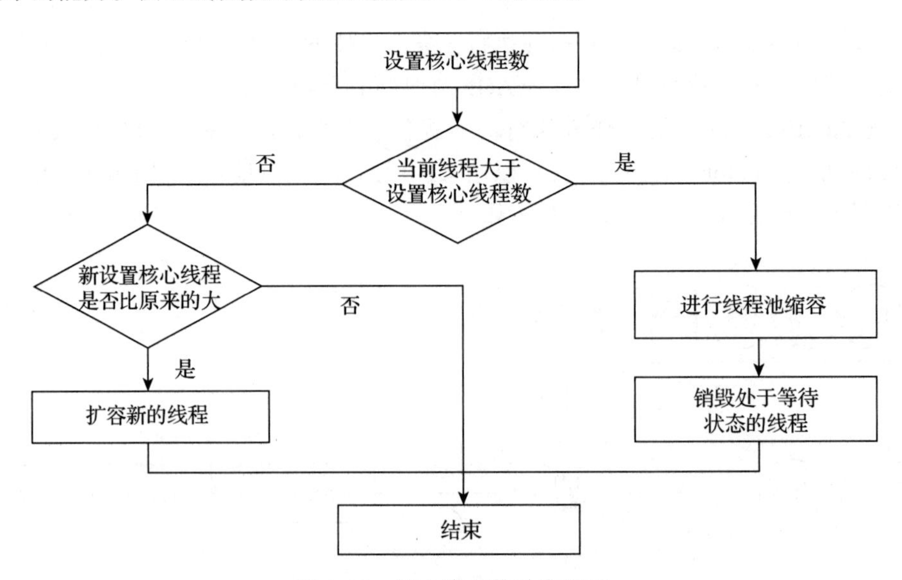

图9-16　核心线程数动态调整

线程池会判断新设置的核心线程数是否比当前线程数小。如果新设置的核心线程数比当前线程数小，则线程池会将所有阻塞在消息队列中的线程销毁。如果新设置的核心线程数比当前线程数大，则线程池会创建新的工作线程。

6. 拒绝策略

当线程池达到了最大线程数且任务队列已满时，就会启用拒绝策略来拒绝任务。线程池提供了 4 种拒绝策略，详细信息如表 9-4 所示。

表 9-4 线程池拒绝策略

策略名称	策略描述
AbortPolicy	直接抛出 RejectedExecutionException 异常，这是线程池的默认策略
DiscardPolicy	直接放弃当前任务，不执行也不报错
DiscardOldestPolicy	会将队列中最早添加的元素移除，并尝试将任务加入队列，如果失败则按该策略不断重试
CallerRunsPolicy	由调用线程自己处理该任务，相当于没有线程池的情况

9.3.2 源码分析

Worker 实现了 Runnable 接口获得独立运行的能力，继承了 AbstractQueuedSynchronizer，获得了锁的能力。ThreadPoolExecutor 定义了 workers、workQueue、mainLock 等变量。workers 用来存储所有工作线程。workQueue 是线程池的任务队列。mainLock 是独占锁，用来实现线程池的并发控制。ThreadPoolExecutor 的 UML 图如图 9-17 所示。

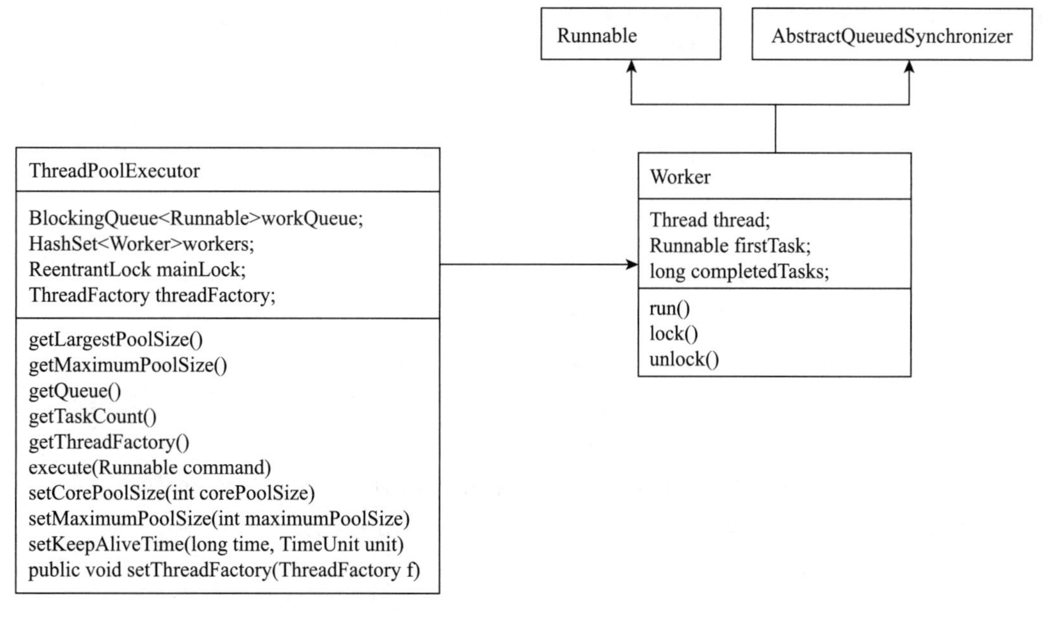

图 9-17 ThreadPoolExecutor 的 UML 图

1. 工作线程定义

Worker 是工作线程的实现，负责执行线程任务，定义了 thread、firstTask、completedTasks 变量。thread 是当前执行任务的线程。firstTask 是工作线程创建时指定的任务，如果 firstTask 不为空，Worker 会优先执行 firstTask 的任务，执行完 firstTask 任务后，Worker 再从任务队列中取任务。如果 firstTask 为空，则工作线程会直接从队列中获取任务。completedTasks 表示完成的任务数，每完成一个任务，将 completedTasks 加 1。代码清单 9-4 是 Worker 的具体代码实现。

代码清单 9-4　Worker 实现

```
private final class Worker extends AbstractQueuedSynchronizer
    implements Runnable
{
    final Thread thread;                    // 具体线程
    Runnable firstTask;                     // 创建的时候指定的任务
    volatile long completedTasks;           // 完成的任务数
    Worker(Runnable firstTask) {
        setState(-1);
        this.firstTask = firstTask;
        this.thread = getThreadFactory().newThread(this);
    }
    public void run() {                     // 线程入口方法
        runWorker(this);
    }
   // 获取独占锁信号
    protected boolean tryAcquire(int unused) {
        if (compareAndSetState(0, 1)) {
            setExclusiveOwnerThread(Thread.currentThread());
            return true;
        }
        return false;
    }
    // 获取锁
    public void lock()        { acquire(1); }
    public boolean tryLock()  { return tryAcquire(1); }
    public void unlock()      { release(1); }
    public boolean isLocked() { return isHeldExclusively(); }
}
```

Worker 的构造函数会调用线程工厂 ThreadFactory 的 newThread 方法来创建具体的线程，并将 thread 指针指向当前创建的线程。

Worker 实现了 AQS 的 tryAcquire 方法（获取独占锁信号）和 tryAcquire 方法（释放锁信号）。同时，Worker 内部也定义了独占锁获取与释放的相关方法。

2. 执行线程任务

runWorker 方法用于执行具体线程任务。runWorker 方法执行流程如下。

1）判断 firstTask 是否为空：如果 firstTask 不为空，先执行 firstTask；如果 firstTask 为空，从任务队列中获取任务。

2）获取独占锁，只有成功获取到锁了才能执行任务，防止执行任务过程中线程被线程池中断。

3）确保工作线程与线程池的状态是一致的。如果线程池是 STOP 状态，要确保当前线程是中断状态。如果线程池不是 STOP 状态，要确保当前线程没有被中断。

4）调用 beforeExecute 方法，执行前置处理工作。

5）调用任务的 run 方法执行任务。

6）调用 afterExecute 方法，执行后置处理工作。

7）释放独占锁。

线程任务执行过程如代码清单 9-5 所示。

代码清单 9-5 线程任务执行过程

```
final void runWorker(Worker w) {
    Thread wt = Thread.currentThread();
    Runnable task = w.firstTask;                    // 第一次需要运行的任务
    w.firstTask = null;
    w.unlock(); // 允许线程被中断
    boolean completedAbruptly = true;
    try {
        // 如果task为空就从队列中取任务
        while (task != null || (task = getTask()) != null) {
            w.lock();
            // 如果线程池处于STOP状态，则要确保线程被中断；如果线程池不是STOP状态，则要确保
            // 线程不被中断
            if ((runStateAtLeast(ctl.get(), STOP) ||
                 (Thread.interrupted() &&
                  runStateAtLeast(ctl.get(), STOP))) &&
                !wt.isInterrupted())
                wt.interrupt();
            try {
                beforeExecute(wt, task);          // 调用前置处理方法
                Throwable thrown = null;
                try {
                    task.run();
                }  catch (Throwable x) {          // 中间去掉了一些通用异常处理
                    thrown = x; throw new Error(x);
                } finally {
                    afterExecute(task, thrown); // 调用后置处理方法
                }
            } finally {
                task = null;
                w.completedTasks++;
                w.unlock();
            }
        }
```

```
            completedAbruptly = false;
        } finally {
            processWorkerExit(w, completedAbruptly);
        }
    }
```

在执行任务时，工作线程需要获取独占锁，确保线程执行过程中不被打扰，整个流程如图 9-18 所示。

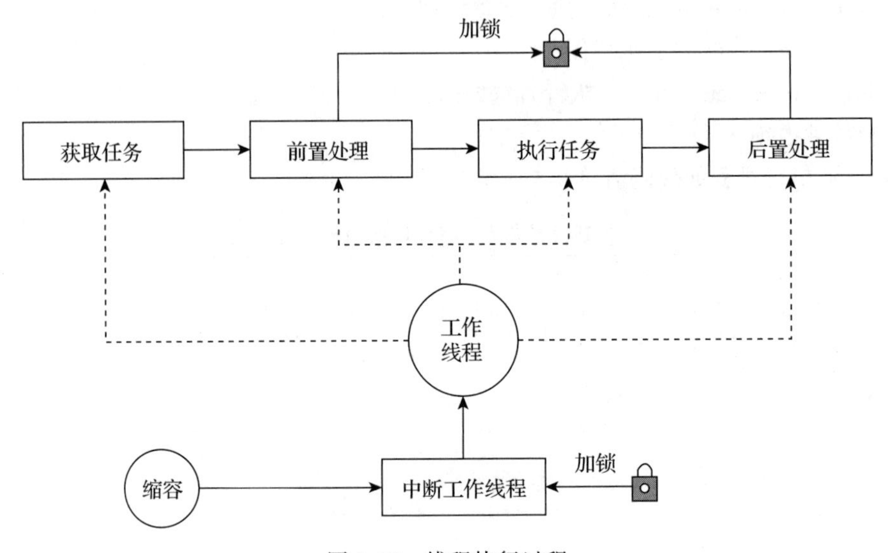

图 9-18　线程执行过程

3. 获取线程任务

getTask 方法用于从任务队列中获取任务，如代码清单 9-6 所示。它首先调用 workQueue 的 poll 与 take 方法从任务队列中获取任务。如果发生以下情况，getTask 方法会停止获取任务。

1）如果线程池处于 SHUTDOWN 状态，且任务队列为空，getTask 方法会停止获取任务。

2）如果线程池处于 STOP 状态，getTask 方法会停止获取任务。

3）如果线程池处于正常状态，但当前的线程数大于核心线程数，getTask 方法会停止获取任务。

4）如果设置了任务获取超时时间，在规定的时间内没能获取到任务，getTask 方法会停止获取任务。

代码清单 9-6　获取线程任务

```
private Runnable getTask() {
    boolean timedOut = false;
    for (;;) {
        int c = ctl.get();
```

```
            // 如果线程池处于SHUTDOWN状态且队列为空，则直接返回
            // 如果线程池处于STOP状态，则直接返回
            if (runStateAtLeast(c, SHUTDOWN)
                && (runStateAtLeast(c, STOP) || workQueue.isEmpty())) {
                decrementWorkerCount();
                return null;
            }
            //获取当前线程数
            int wc = workerCountOf(c);
            //如果当前线程数大于核心线程数或者设置了超时时间，会将timed设置成true
            boolean timed = allowCoreThreadTimeOut || wc > corePoolSize;
            if ((wc > maximumPoolSize || (timed && timedOut))
                && (wc > 1 || workQueue.isEmpty())) {
                if (compareAndDecrementWorkerCount(c))
                    return null;
                continue;
            }
            try {
                //如果timed为true，则调用非阻塞方法读取任务；否则，调用阻塞方法读取任务
                Runnable r = timed ?
                    workQueue.poll(keepAliveTime, TimeUnit.NANOSECONDS) :
                    workQueue.take();
                if (r != null)
                    return r;
                timedOut = true;
            } catch (InterruptedException retry) {
                timedOut = false;
            }
        }
    }
```

4. 线程池变量

线程池内部定义了AtomicInteger类型的变量ctl，ctl的高3位用来表示状态，低29位表示线程数量。runStateOf方法的功能是将clt的值转换成线程的状态，workerCountOf方法的功能是将clt的值转换成线程的数量。线程池的常量定义如代码清单9-7所示。

代码清单9-7　线程池的常量定义

```
private final AtomicInteger ctl = new AtomicInteger(ctlOf(RUNNING, 0));
private static final int COUNT_BITS = Integer.SIZE - 3;
private static final int CAPACITY   = (1 << COUNT_BITS) - 1;
private static final int RUNNING    = -1 << COUNT_BITS;
private static final int SHUTDOWN   =  0 << COUNT_BITS;
private static final int STOP       =  1 << COUNT_BITS;
private static final int TIDYING    =  2 << COUNT_BITS;
private static final int TERMINATED =  3 << COUNT_BITS;
private static int runStateOf(int c)     { return c & ~CAPACITY; }
private static int workerCountOf(int c)  { return c & CAPACITY; }
private static int ctlOf(int rs, int wc) { return rs | wc; }
```

5. 线程池任务调度

execute方法是线程池提交任务的入口方法，执行流程如下。

1）execute方法首先会判断当前线程数量是否小于核心线程数，如果当前线程数小于核心线程数就调用addWorker方法创建核心线程来执行任务。

2）如果当前线程数大于核心线程数，execute方法就将任务插入任务队列。

3）如果任务队列也满了，接着判断当前线程数是否小于线程池的最大线程数。如果当前线程数小于最大线程数，execute方法就调用addWorker方法创建非核心线程来执行任务。

4）如果当前线程数大于最大线程数，execute方法就调用reject方法拒绝任务。

代码清单9-8是线程池任务调度的实现。

代码清单9-8　线程池任务调度

```
public void execute(Runnable command) {
    if (command == null)
        throw new NullPointerException();
    int c = ctl.get();
    if (workerCountOf(c) < corePoolSize) {       // 获取当前线程数
        if (addWorker(command, true))            // 创建核心线程来执行任务
            return;
        c = ctl.get();
    }
    // 线程池处于运行状态，将任务插入队列
    if (isRunning(c) && workQueue.offer(command)) {
        int recheck = ctl.get();
        // 线程池不是运行状态，移除任务
        if (! isRunning(recheck) && remove(command))
            reject(command);
        // 当工作线程为 0，则创建线程
        else if (workerCountOf(recheck) == 0)
            addWorker(null, false);
    }
    // 队列满了，则创建新的非核心线程执行任务
    else if (!addWorker(command, false)){
        reject(command);   // 拒绝任务
}
}
```

addWorker方法有3个核心功能：创建工作线程、将工作线程加入线程池、执行工作线程。addWorker方法有2个参数：firstTask与core。firstTask是初始线程任务，core表示是否为核心线程，这两个参数会构成4个业务场景，如表9-5所示。

表9-5　addWorker参数场景

firstTask	core	业务场景
NOT NULL	TRUE	在任务调度的时候调用，会触发创建核心工作线程
NOT NULL	FALSE	在任务调度的时候调用，会触发创建非核心工作线程

（续）

firstTask	core	业务场景
NULL	TRUE	在动态扩容核心线程的时候调用，会构建一个核心线程，构建完成后会直接从任务队列中获取任务
NULL	FALSE	在动态扩容最大线程的时候调用，会构建一个非核心线程，构建完成后会直接从任务队列中获取任务

addWorker 方法会先判断线程池的状态，如果线程池被关闭则无法创建线程。如果参数 core 为 true，且当前线程数大于核心线程数，则直接返回。如果参数 core 为 false，且当前线程数大于最大线程数，则直接返回。接着调用 Worker 的构造函数来创建工作线程，创建成功后会将其加入工作线程队列 workers 中，然后调用 start 方法来启动工作线程。工作线程创建过程如代码清单 9-9 所示。

代码清单 9-9　工作线程创建过程

```
    private boolean addWorker(Runnable firstTask, boolean core) {
        retry:
        for (;;) {
            int c = ctl.get();
            int rs = runStateOf(c);
            // 如果线程池处于被关闭以后的状态且指定任务为空，则不创建线程
    if (runStateAtLeast(c, SHUTDOWN)
        && (runStateAtLeast(c, STOP)
            || firstTask != null
            || workQueue.isEmpty()))
        return false;
            // 校验线程数量，并对线程数量加 1
            for (;;) {
                int wc = workerCountOf(c);
                if (wc >= CAPACITY ||
                    wc >= (core ? corePoolSize : maximumPoolSize))
                    return false;
                if (compareAndIncrementWorkerCount(c))
                    break retry;
                c = ctl.get();  // Re-read ctl
                if (runStateOf(c) != rs)
                    continue retry;
            }
        }
        boolean workerStarted = false;
        boolean workerAdded = false;
        Worker w = null;
        try {
           // 构建工作线程
            w = new Worker(firstTask);
            final Thread t = w.thread;
            if (t != null) {
                final ReentrantLock mainLock = this.mainLock;
```

```
                mainLock.lock();
                try {
                    int c = ctl.get();
                    // 当线程池处于运行状态时才能将线程加入线程队列
                    if (isRunning(c) ||
                    (runStateLessThan(c, STOP) && firstTask == null)) {
                    if (t.getState() != Thread.State.NEW)
                       throw new IllegalThreadStateException();
                  // 将线程加入线程队列
                    workers.add(w);
                    workerAdded = true;
                    int s = workers.size();
                    if (s > largestPoolSize)
                        largestPoolSize = s;
                    }
                } finally {
                    mainLock.unlock();
                }
                // 启动线程
                if (workerAdded) {
                    t.start();
                    workerStarted = true;
                }
            }
        } finally {
            if (! workerStarted)
                addWorkerFailed(w);
        }
        return workerStarted;
    }
```

6. 调整线程池大小

ThreadPoolExecutor 提供了 2 个方法来动态调整线程池大小，setCorePoolSize 方法用来调整核心线程数的大小，setMaximumPoolSize 方法用来调整最大线程数的大小。

setCorePoolSize 方法会将新设置的核心线程数与原来的数的差值记作 delta。如果当前线程数大于核心线程数，线程池就调用 interruptIdleWorkers 方法回收空闲的线程。如果 delta 值大于 0 说明需要扩容，则调用 addWorker 方法来创建新的核心线程，如代码清单 9-10 所示。

代码清单 9-10　动态设置核心线程数

```
public void setCorePoolSize(int corePoolSize) {
    int delta = corePoolSize - this.corePoolSize;
    this.corePoolSize = corePoolSize;
    // 如果当前线程数大于核心线程数则触发缩容
    if (workerCountOf(ctl.get()) > corePoolSize)
        interruptIdleWorkers();
    else if (delta > 0) {
         // 获取要扩容线程数与队列任务数的最小值
```

```
        int k = Math.min(delta, workQueue.size());
        while (k-- > 0 && addWorker(null, true)) {
            if (workQueue.isEmpty())
                break;
        }
    }
}
```

如代码清单 9-11 所示，setMaximumPoolSize 方法会判断当前线程数是否大于新设置的最大线程数，如果大于就调用 interruptIdleWorkers 方法来实现缩容。

代码清单 9-11　动态设置最大线程数

```
public void setMaximumPoolSize(int maximumPoolSize) {
    this.maximumPoolSize = maximumPoolSize;
    if (workerCountOf(ctl.get()) > maximumPoolSize)
        interruptIdleWorkers();
}
```

interruptIdleWorkers 方法的功能是通过中断来结束工作线程。如代码清单 9-12 所示，它首先获取到线程池锁，确保只有一个线程能操作线程池，然后对 workers 中的线程进行遍历，如果线程处于空闲状态，则调用 interrupt 方法中断线程。

代码清单 9-12　结束工作线程

```
private void interruptIdleWorkers(boolean onlyOne) {
    final ReentrantLock mainLock = this.mainLock;
    // 获取线程池的独占锁
    mainLock.lock();
    try {
        for (Worker w : workers) {
            Thread t = w.thread;
            // 如果线程没有被中断，则尝试获取独占锁
            if (!t.isInterrupted() && w.tryLock()) {
                try {
                    // 触发线程中断
                    t.interrupt();
                } catch (SecurityException ignore) {
                } finally {
                   // 释放线程独占锁
                    w.unlock();
                }
            }
            if (onlyOne)
                break;
        }
    } finally {
        // 释放线程池的独占锁
        mainLock.unlock();
    }
}
```

7. 关闭线程池

ThreadPoolExecutor 提供了 2 个方法来实现线程池关闭。shutdown 方法是缓慢关闭线程池，shutdownNow 方法是暴力停止线程池。

shutdown 方法会将线程池的状态设置成 SHUTDOWN，然后调用 interruptIdleWorkers 方法中断工作线程，然后调用 onShutdown 方法进行后续的处理。线程池正常关闭的实现如代码清单 9-13 所示。

代码清单 9-13　线程池正常关闭

```
public void shutdown() {
    final ReentrantLock mainLock = this.mainLock;
    mainLock.lock();
    try {
        // 检查是否有中断线程的权限
        checkShutdownAccess();
        // 修改线程的状态为 SHUTDOWN
        advanceRunState(SHUTDOWN);
        // 中断所有工作线程
        interruptIdleWorkers();
        onShutdown();
    } finally {
        mainLock.unlock();
    }
    tryTerminate();
}
```

shutdownNow 方法会先将线程池的状态设置成 STOP，接着调用 interruptIdleWorkers 方法中断工作中的线程，最后调用 drainQueue 方法清空并备份任务队列中的所有任务。线程池强制关闭的实现如代码清单 9-14 所示。

代码清单 9-14　线程池强制关闭

```
public List<Runnable> shutdownNow() {
    List<Runnable> tasks;
    final ReentrantLock mainLock = this.mainLock;
    mainLock.lock();
    try {
         checkShutdownAccess();   // 检查是否有中断线程的权限
        advanceRunState(STOP);    // 修改线程的状态为 STOP
        interruptWorkers();       // 中断所有工作线程
        tasks = drainQueue();     // 清空并备份任务队列中的所有任务
    } finally {
        mainLock.unlock();
    }
    tryTerminate();
    return tasks;
}
```

9.4　FutureTask 实现原理

在一些业务场景中，业务线程需要获取任务执行的结果，Java 提供了执行异步任务的 FutureTask，从而实现异步获取结果。

9.4.1　设计原理

本节讲解另一种设计模式：Future 模式。Future 模式是多线程设计中衍生出来的一种设计模式，它的核心思想是异步调用。当业务线程需要执行耗时的任务时，可以先将任务提交到线程池去执行，业务线程可以继续处理其他逻辑，处理完其他逻辑之后，业务线程再获取前面任务执行的结果。

将任务提交到线程池后，线程池先返回一个 Future 契约。业务线程可以凭借这个契约去获取线程的执行结果。异步任务执行的过程如图 9-19 所示。

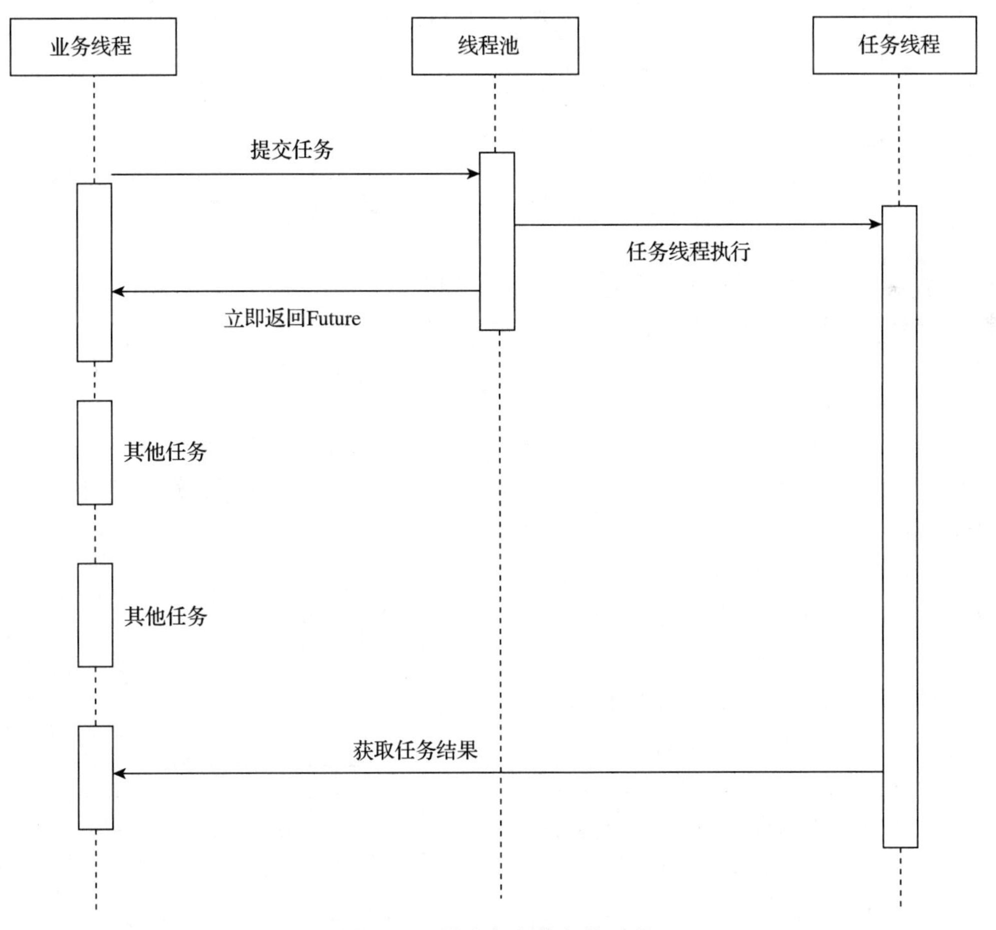

图 9-19　异步任务执行的过程

FutureTask 由 3 个核心部件组成：状态值、结果数据、等待队列，状态值用来表示当前任务的状态，结果数据用来存储任务执行的结果，等待队列是用来存储获取结果的等待线程。

FutureTask 首先会将任务设置成开始执行的状态，接着去执行任务。在任务执行完成之后，FutureTask 首先保存任务的结果数据，接着修改任务的状态，最后唤醒等待队列中所有的业务线程。

当业务线程来获取结果时，FutureTask 首先会检查任务的状态。如果任务在执行中，FutureTask 会将业务线程加入等待队列中进行等待；如果任务执行完成，FutureTask 直接返回执行结果。

FutureTask 的执行流程如图 9-20 所示。

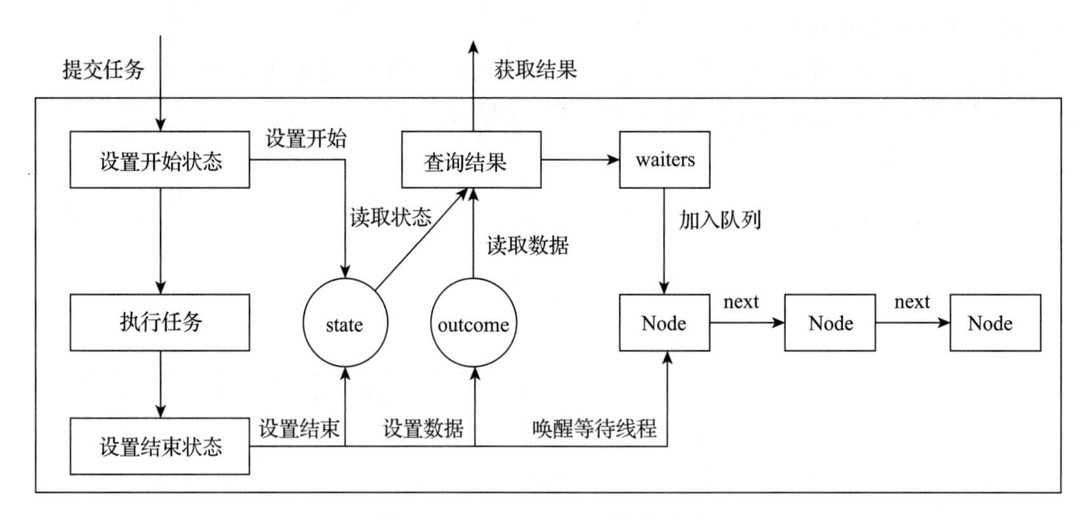

图 9-20 FutureTask 的执行流程

FutureTask 的任务状态有 7 种状态值：NEW、COMPLETING、NORMAL、EXCEPTIONAL、INTERRUPTING、INTERRUPTED、CANCELLED。NEW 表示任务处于创建状态，COMPLETING 表示任务处于执行中的状态，NORMAL 表示任务已正常结束的状态，EXCEPTIONAL 表示任务异常结束的状态，INTERRUPTING 表示任务被中断中的状态，INTERRUPTED 表示任务已经中断的状态，CANCELLED 表示任务被取消的状态。其中 COMPLETING 和 INTERRUPTING 是一种中间状态，持续时间非常短暂。异步任务状态设计如图 9-21 所示。

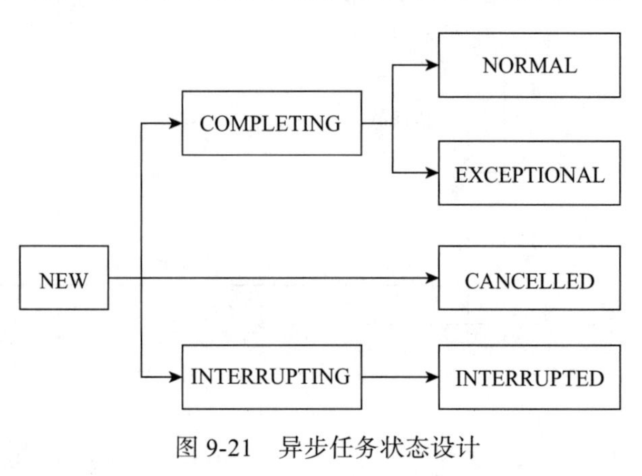

图 9-21 异步任务状态设计

FutureTask 定义了变量 outcome 来存储任务结果。如果任务正常结束，FutureTask 会将任务结果赋值给 outcome；如果任务执行异常，FutureTask 会将异常信息赋值给 outcome。

9.4.2　源码分析

Future 接口是异步任务的顶层接口。RunnableFuture 接口通过继承 Runnable 接口与 Future 接口，获得了线程执行与获取任务结果的能力。FutureTask 是 RunnableFuture 接口的具体实现类，也是异步任务的核心逻辑实现类。ExecutorService 是 Java 线程池的顶层接口，它定义了提交线程任务、获取任务结果的方法。AbstractExecutorService 继承了 ExecutorService 接口，是异步任务的线程池实现类，提供了将 Runnable 与 Callable 线程任务转换成 FutureTask 任务的功能，并提供了将 FutureTask 任务提交到线程池执行的能力。FutureTask 的 UML 图如图 9-22 所示。

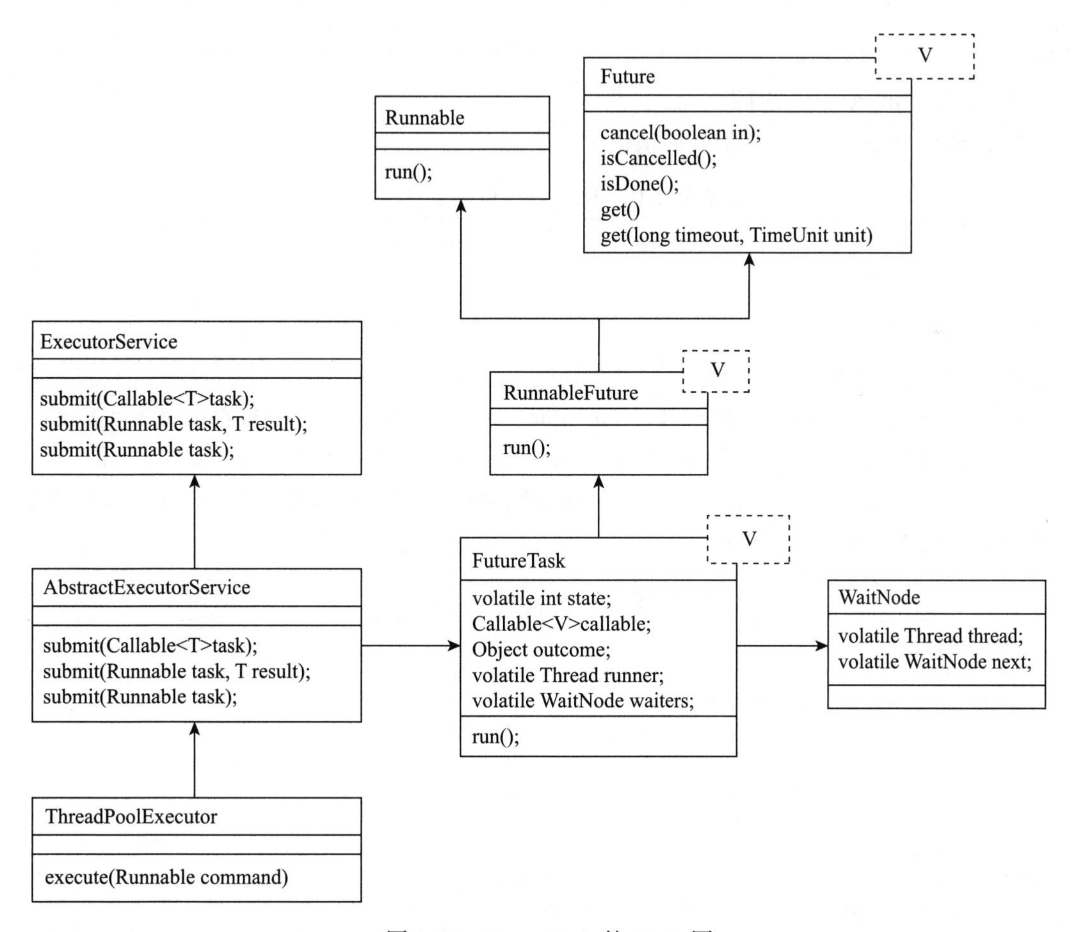

图 9-22　FutureTask 的 UML 图

1. Future 接口

Future 接口是异步任务的顶层接口，用来获取任务结果，如代码清单 9-15 所示。

代码清单 9-15　Future 接口

```
public interface Future<V> {
    //取消任务
    boolean cancel(boolean mayInterruptIfRunning);
    //判断任务是否取消
    boolean isCancelled();
    //判断任务是否结束
    boolean isDone();
    //获取任务执行结果，如果任务正在执行中，则当前线程会进入等待状态
    V get() throws InterruptedException, ExecutionException;
    //获取任务的执行结果，指定等待时间
    V get(long timeout, TimeUnit unit)
        throws InterruptedException, ExecutionException, TimeoutException;
}
```

2. RunnableFuture 接口

RunnableFuture 接口定义如代码清单 9-16 所示。

代码清单 9-16　RunnableFuture 接口定义

```
public interface RunnableFuture<V> extends Runnable, Future<V> {
    void run();
}
```

3. FutureTask 实现类

FutureTask 定义了 state、callable、outcome、runner、waiters 等变量。state 表示任务的当前状态。callable 表示具体的执行任务。outcome 用来存储任务的执行结果。runner 用来表示具体执行任务的线程。waiters 是等待获取结果的线程列表的头节点。FutureTask 的变量定义如代码清单 9-17 所示。

代码清单 9-17　FutureTask 变量定义

```
//任务的执行状态
private volatile int state;
private static final int NEW          = 0;
private static final int COMPLETING   = 1;
private static final int NORMAL       = 2;
private static final int EXCEPTIONAL  = 3;
private static final int CANCELLED    = 4;
private static final int INTERRUPTING = 5;
private static final int INTERRUPTED  = 6;
private Callable<V> callable;     //具体执行的任务
private Object outcome;           //执行结果：正常结束时是执行结果，异常结束时是异常信息
private volatile Thread runner;   //具体执行任务的线程
private volatile WaitNode waiters; //等待获取线程执行结果的列表
```

WaitNode是等待获取结果的业务线程节点，它定义了2个变量：thread与next，thread指向等待获取结果的业务线程，next指向链表的后继节点。WaitNode实现如代码清单9-18所示。

代码清单9-18 WaitNode实现

```
static final class WaitNode {
    volatile Thread thread;     // 等线程
    volatile WaitNode next;     // 后继节点
    WaitNode() { thread = Thread.currentThread(); }
}
```

4. 任务执行

run方法的功能是执行异步任务。首先，它通过CAS的方式将当前线程设置为任务线程。然后，它会调用Callable的call方法来执行任务。如果任务执行成功，它会调用set方法来设置任务的执行结果；如果执行出错，它会调用setException方法来设置异常信息。任务执行过程如代码清单9-19所示。

代码清单9-19 任务执行过程

```
public void run() {
    // 将当前线程设置为任务线程
    if (state != NEW ||
        !RUNNER.compareAndSet(this, null, Thread.currentThread()))
        return;
    try {
        Callable<V> c = callable;
        if (c != null && state == NEW) {
            V result;
            boolean ran;
            try {
                result = c.call(); // 执行任务
                ran = true;
            } catch (Throwable ex) {
                result = null;
                ran = false;
                setException(ex); // 设置异常信息
            }
            if (ran)
                set(result);
        }
    } finally {
        // 后置处理工作
    }
}
```

set方法的功能是修改任务状态、保存任务结果。set方法先将任务的状态设置成COMPLETING，然后将任务结果设置给outcome，最后将任务状态设置成NORMAL。在设置完状态之后，set方法会调用finishCompletion方法来唤醒所有等待结果的线程。set方法代码如代码清单9-20所示。

代码清单9-20 set方法

```
protected void set(V v) {
    // 将任务状态设置成 COMPLETING
    if (STATE.compareAndSet(this, NEW, COMPLETING)) {
        outcome = v;
        // 将任务状态设置成 NORMAL
        STATE.setRelease(this, NORMAL);
        // 通知等待结果的线程：任务已经完成
        finishCompletion();
    }
}
```

finishCompletion方法的功能是唤醒等待结果的业务线程。如代码清单9-21所示，它首先通过CAS的方式将waiters节点设置为null，然后调用LockSupport的unpark方法依次唤醒所有等待的线程。

代码清单9-21 通知任务结束

```
private void finishCompletion() {
    for (WaitNode q; (q = waiters) != null;) {
        // 移除等待队列
        if (WAITERS.weakCompareAndSet(this, q, null)) {
            for (;;) {
                Thread t = q.thread;
                if (t != null) {
                    q.thread = null;
                    LockSupport.unpark(t);       // 唤醒等待的线程
                }
                WaitNode next = q.next;
                if (next == null)
                    break;
                q.next = null;                   // 删除等待节点
                q = next;
            }
            break;
        }
    }
    done();
    callable = null;
}
```

5. 重复执行

runAndReset方法提供了重复执行任务的能力。周期性任务就是通过runAndReset方法来执行的，但runAndReset方法无法返回执行结果。重复执行的实现如代码清单9-22所示。

代码清单 9-22 重复执行

```
protected boolean runAndReset() {
    // 将当前线程设置为任务线程
    if (state != NEW ||!RUNNER.compareAndSet(this,
    null, Thread.currentThread()))
        return false;
    boolean ran = false;
    int s = state;
    try {
        Callable<V> c = callable;
        // 任务为NEW状态
        if (c != null && s == NEW) {
            try {
                c.call(); // 执行任务，不保存任务结果
                ran = true;
            } catch (Throwable ex) {
                setException(ex);
            }
        }
    } finally {
       // 后置处理工作，代码略
    }
    return ran && s == NEW; // 将任务恢复成NEW状态
}
```

6. 获取结果

如代码清单 9-23 所示，get 方法是用来获取异步任务的执行结果的。如果任务没有完成，它会调用 awaitDone 方法让当前线程进行等待；如果任务执行完成了，它会调用 report 方法来获取执行的结果。

代码清单 9-23 获取执行结果

```
public V get() throws InterruptedException, ExecutionException {
    int s = state;
    if (s <= COMPLETING)
        s = awaitDone(false, 0L);
    return report(s);
}
```

awaitDone 方法的功能是等待任务执行结束。如果任务已经结束了，它就直接返回；如果任务处于 COMPLETING 状态，它会调用 Thread 类的 yield 方法放弃当前 CPU 的调度。如果任务处于 NEW 状态，它会将当前线程加入等待队列进行等待。等待任务执行完成实现如代码清单 9-24 所示。

代码清单 9-24 等待任务执行完成

```
private int awaitDone(boolean timed, long nanos)
    throws InterruptedException {
```

```
    long startTime = 0L;
    WaitNode q = null;
    boolean queued = false;
    for (;;) {
        int s = state;
        if (s > COMPLETING) {              // 任务已经结束，直接返回
            if (q != null)
                q.thread = null;
            return s;
        }
        else if (s == COMPLETING)          // 任务已经在汇总结果阶段，放弃 CPU 调度，等待结果
            Thread.yield();
        else if (Thread.interrupted()) { // 如果线程已经中断，则抛出异常
            removeWaiter(q);
            throw new InterruptedException();
        }
        else if (q == null) {
            if (timed && nanos <= 0L)
                return s;
            q = new WaitNode();
        }
        // 将当前线程加入等待队列
        else if (!queued)
            queued = WAITERS.weakCompareAndSet(this, q.next = waiters, q);
        else if (timed) {
            final long parkNanos;
            // 计算等待时间，代码比较简单，此处略
            if (state < COMPLETING)
                LockSupport.parkNanos(this, parkNanos);
        }
        else
            LockSupport.park(this);
    }
}
```

report 方法的功能是汇总任务执行结果，如代码清单 9-25 所示。

代码清单 9-25　汇总任务执行结果

```
private V report(int s) throws ExecutionException {
    Object x = outcome;
    if (s == NORMAL)
        return (V)x;
    if (s >= CANCELLED)
        throw new CancellationException();
    throw new ExecutionException((Throwable)x);
}
```

7. 取消任务

cancel 方法的功能是取消任务，它会根据 mayInterruptIfRunning 参数来修改任务的状

态：如果为 true，则将任务设置成 INTERRUPTING 状态，并触发线程中断；如果为 false，则将任务设置成 CANCELLED 状态。取消任务实现如代码清单 9-26 所示。

代码清单 9-26　取消任务

```
public boolean cancel(boolean mayInterruptIfRunning) {
    //将当前任务设置成中断或者取消状态
    if (!(state == NEW && STATE.compareAndSet
          (this, NEW, mayInterruptIfRunning ? INTERRUPTING : CANCELLED)))
        return false;
    try {
        if (mayInterruptIfRunning) {
            try {
                Thread t = runner;
                if (t != null)
                    t.interrupt(); //将任务线程中断
            } finally {
                STATE.setRelease(this, INTERRUPTED);
            }
        }
    } finally {
        finishCompletion();
    }
    return true;
}
```

FutureTask 是 Java 提供的异步线程任务，采用了多线程场景中的 Future 设计模式。业务线程可以将耗时的任务提交给线程池去异步地处理，自己则可以去处理其他任务，在其他执行完成后再来获取耗时的任务结果，这样就极大减少了整个线程的执行时长。

9.5　ScheduledThreadPoolExecutor 实现原理

ScheduledThreadPoolExecutor 是执行延迟任务与周期性任务的线程池。在它之前，延迟任务与周期性任务是通过 Timer 和 TimerTask 来实现的。但是 Timer 是单线程执行的，一旦任务报错会终止整个定时器，其他任务也会受到牵连。ScheduledThreadPoolExecutor 是利用线程池来执行定时任务的，每个工作线处理一个定时任务，规避了定时器 Timer 的缺陷，确保了定时任务能够安全地执行。

ScheduledThreadPoolExecutor 通过继承 ThreadPoolExecutor 获得了线程池的能力。为了更好地适用延迟任务与周期性任务场景，ScheduledThreadPoolExecutor 对线程任务、任务队列、调度机制等做了重新定义。

ScheduledThreadPoolExecutor 的具体方法如表 9-6 所示。

表 9-6　ScheduledThreadPoolExecutor 方法列表

方法名称	方法描述
schedule(Runnable command, long delay, TimeUnit unit)	创建一个延迟任务，并在延迟时间到了之后执行任务，但任务只执行一次
schedule(Callable<V> callable,long delay, TimeUnit unit)	创建一个延迟任务，并在延迟时间到了之后执行任务，任务执行完成返回结果
scheduleAtFixedRate(Runnable command,long initialDelay, long period,TimeUnit unit)	创建并执行一个周期性动作，该动作在给定的初始延迟后启用，随后在给定的周期内重复执行。也就是说，执行将在 initialDelay 方法之后开始启动任务
scheduleWithFixedDelay(Runnable command, long initialDelay, long delay, TimeUnit unit)	创建并执行一个周期性操作，该操作会在给定的初始延迟之后启用，随后在上一个执行终止和下一个执行开始之间执行给定的延迟
execute(Runnable command)	提交任务并且立即执行
submit(Callable<T> task)	提交一个返回值的任务并执行
submit(Runnable task)	提交 Runnable 任务并执行
submit(Runnable task, T result)	提交 Runnable 任务并执行

9.5.1　设计原理

为了更好地满足延迟任务与周期性任务的场景，ScheduledThreadPoolExecutor 对普通线程池的任务队列、调度机制、线程任务等组件进行了改造。它将原来基于 FIFO 原则的阻塞队列改造成带有时间权重值的延迟队列。它重新定义了线程任务：ScheduledFutureTask。逻辑结构如图 9-23 所示。

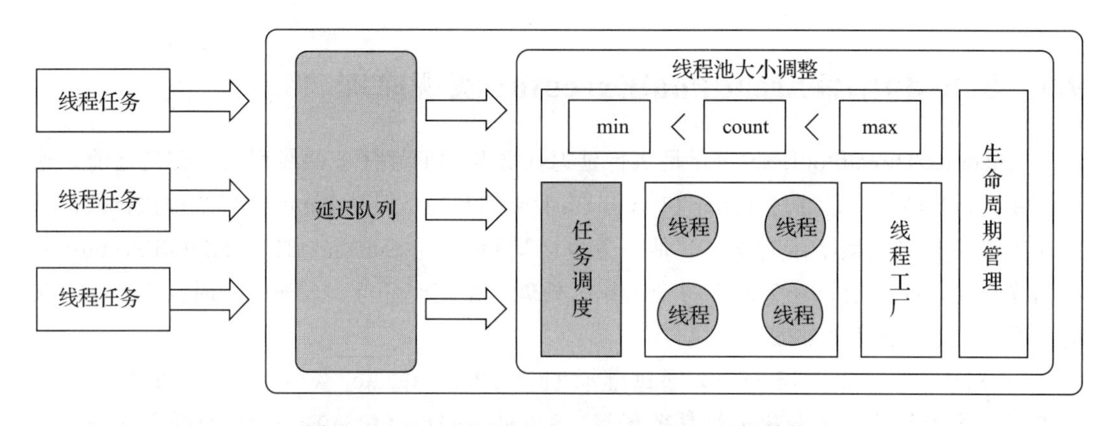

图 9-23　ScheduledThreadPoolExecutor 逻辑结构

1. 延迟队列

ScheduledThreadPoolExecutor 重新定义了任务队列，采用 DelayedWorkQueue 作为任

务队列。队列头部是最先到期的任务。线程任务会阻塞在队列头部等待任务到期。只有在延迟时间到了后，工作线程才能从队列中取出任务执行。

堆的结构可以分为大顶堆和小顶堆。DelayedWorkQueue 底层的数据结构是小顶堆。小顶堆的每个节点的值都小于其左孩子和右孩子节点的值，堆顶的值最小。数组的小顶堆结构如图 9-24 所示。

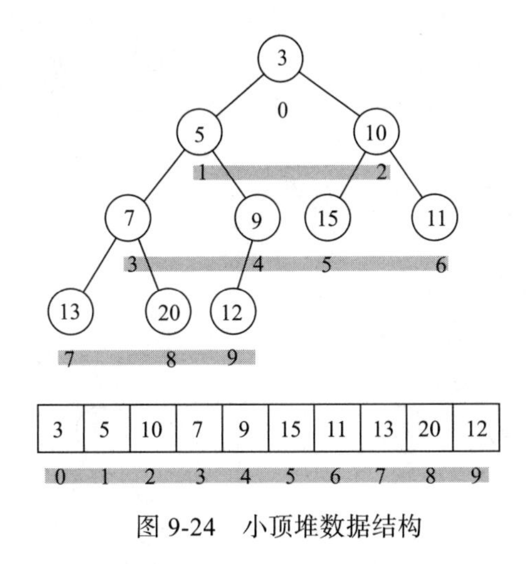

图 9-24 小顶堆数据结构

基于数组实现的堆能够按照二叉树进行数据的遍历访问，父节点和子节点关系计算公式如代码清单 9-27 所示。

代码清单 9-27 小顶堆数组索引计算公式

```
LeftIndex = ParentIndex * 2 + 1;
RightIndex= ParentIndex * 2 + 2;
ParentIndex = (index - 1) / 2;
```

ParentIndex 是父节点的索引，LeftIndex 是左子节点的数组索引，RightIndex 是右子节点的数组索引，index 是当前节点的数组索引。

将当前数组索引 index 减 1 再除以 2 就可以获取父节点的索引 ParentIndex。例如在图 9-24 中，数值 9 对应的索引值是 4，9 的父节点的数组索引 (4−1)/2 是 1，对应的索引值是 5。又如，数值 10 的数组索引是 2，它的左子节点的数组索引 LeftIndex 是 2×2+1，也就是 5，对应的值是 15，它的右子节点的数组索引 RightIndex 是 2×2+2，也就是 6，对应的值是 11。

在数据插入时，小顶堆会先将数据插入在数组的最后一个位置，也就是插入在叶子节点上。然后将当前插入节点值和其父节点的值进行比较。如果当前节点大于父节点的值，符合小顶堆的规则，则不进行调整；如果当前节点的值小于父节点的值，则需要进行数据交换。节点会依次向上调整，直到根节点或者其中某个节点的值大于其父节点的值。

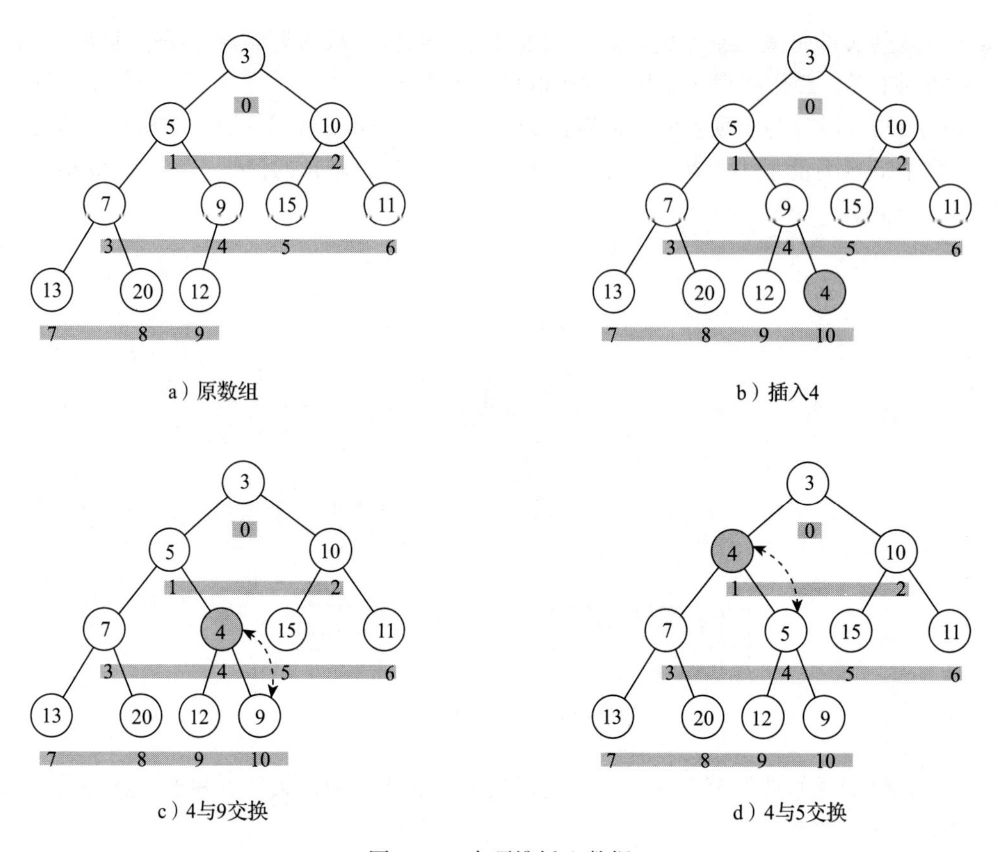

图 9-25　小顶堆插入数据

1）原数组如图 9-25a 所示，在数组最后的位置，也就是在索引 10 的位置插入 4，如图 9-25b 所示。

2）根据（10−1）/2 也就是 4 查找到数组索引为 4，对应的索引值是 9，然后将 4 与 9 进行比较，发现 4 比 9 小，让 4 与 9 进行交换，如图 9-25c 所示。

3）接着以索引 4 为基点，通过（4−1）/2 找到索引为 1 的父节点 5，并将 5 与 4 进行比较，发现 4 比 5 小，接着让 4 与 5 进行交换，如图 9-25d 所示。

4）基于当前节点索引 1，通过（1−1）/2 找到父节点的索引为 0，然将数组索引为 0 上的 3 与数组索引为 1 的 4 比较，发现 3 小于 4，终止调整。

小顶堆的堆顶元素最小，所以每次删除都是移除堆顶的元素。在删除堆顶元素时，小顶堆首先移除 0 号索引位置的数据，将数组最后一个位置的数据迁移到 0 号索引位置上来。然后从 0 号位置开始逐层向下遍历，比较当前节点与左右子节点的值，找到左右子节点中较小的值，并进行交换，直到小于或者等于左、右孩子中的任何一个为止。

1）移除数组 0 号下标对应的元素 3（见图 9-26a），并将数组中最后一个元素 9 移动到 0 号下标对应的元素中，如图 9-26b 所示。

2）从堆顶开始向下遍历查找左右子节点，0 号位置的左子节点是 4，右子节点是 10，发现 9 比 4 小，所以 9 要与 4 进行交换，如图 9-26c 所示。

3）查找 9 的左右子节点，左子节点是 7、右子节点是 5，最小的子节点是 5，所以 9 与 5 进行交换，如图 9-26d 所示。

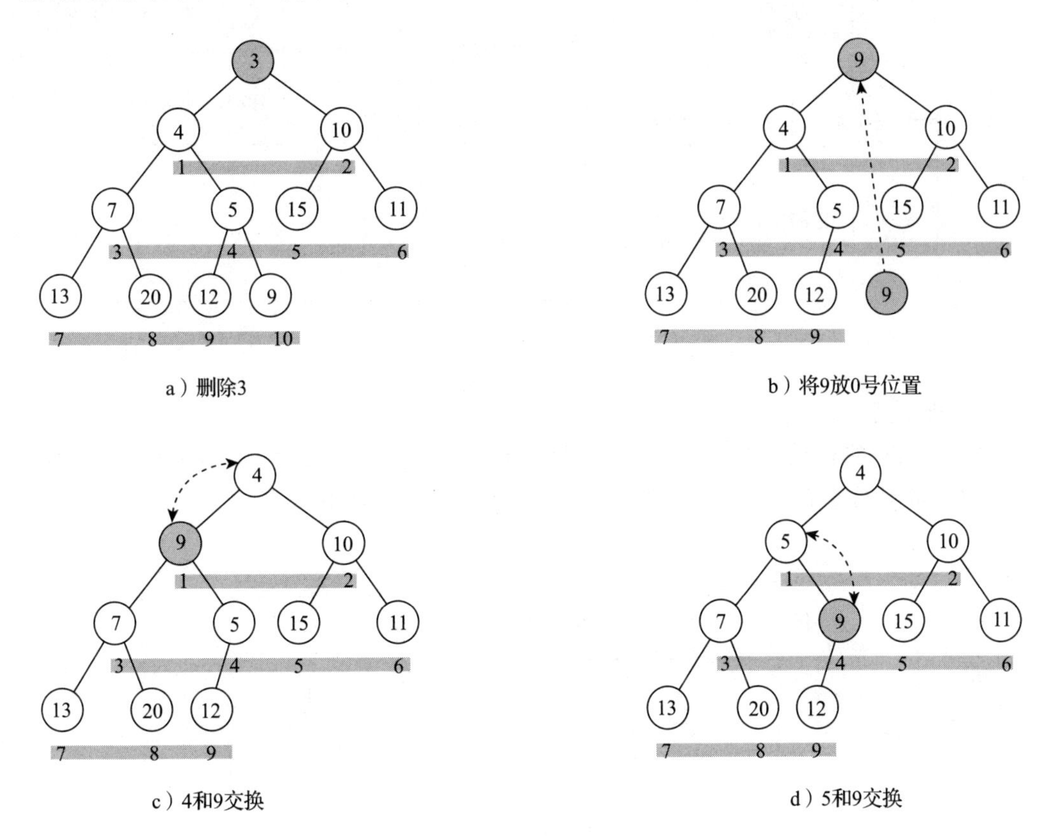

a）删除3　　b）将9放0号位置

c）4和9交换　　d）5和9交换

图 9-26　小顶堆删除数据

2. 任务调度

ScheduledThreadPoolExecutor 的任务调度与 ThreadPoolExecutor 任务调度有很大的差别。每次业务线程提交任务到线程池中时，ScheduledThreadPoolExecutor 首先会将任务加入延迟任务队列，延迟任务队列会根据任务执行的时间进行重排序，让最早执行的任务移动到队列的头部。

将任务加入队列后，ScheduledThreadPoolExecutor 会判断当前线程数是否小于核心线程数。如果当前线程数小于核心线程数，ScheduledThreadPoolExecutor 会创建新的工作线程，创建好的工作线程会直接加入线程池。线程池中的工作线程会尝试从延迟任务队列中获取任务。任务调度过程如图 9-27 所示。

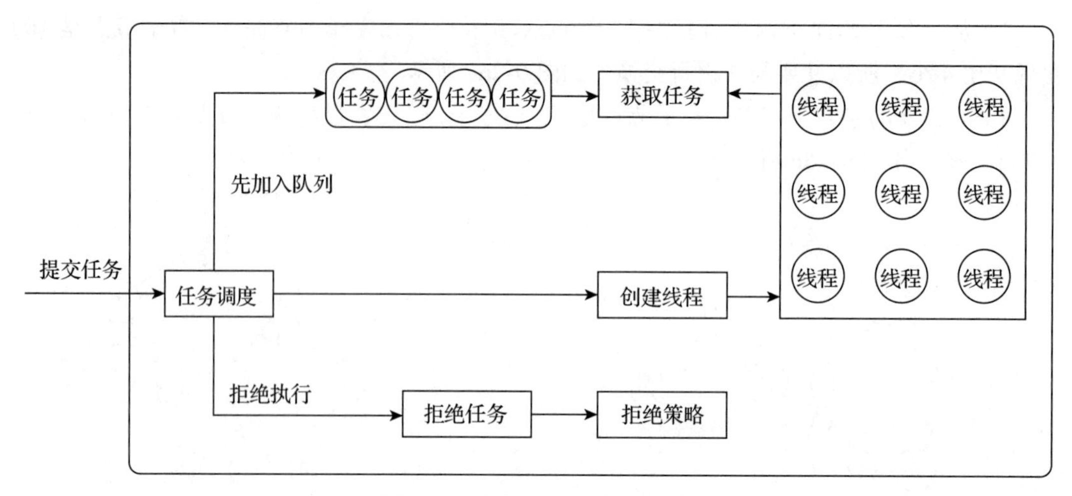

图 9-27　定时线程池任务调度

3. 线程任务

周期性任务执行结束之后，ScheduledThreadPoolExecutor 会重新计算它的下一个周期时间，然后将任务重新加入任务队列。线程任务执行流程如图 9-28 所示。

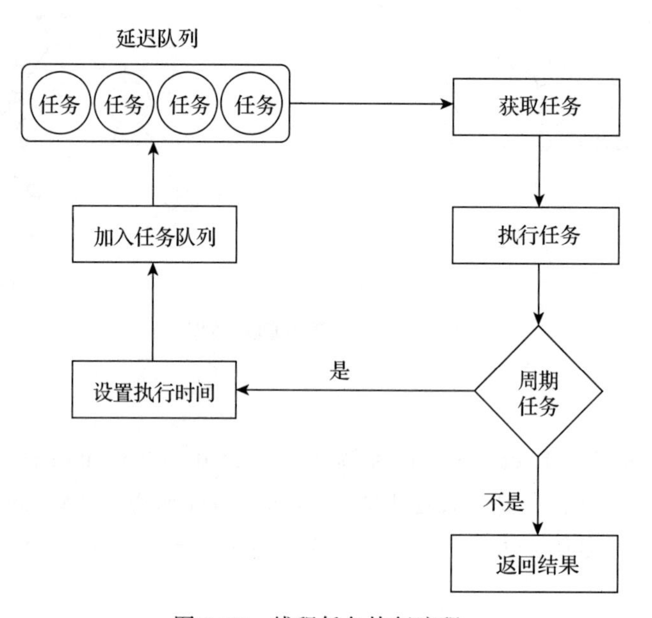

图 9-28　线程任务执行流程

9.5.2　源码分析

ScheduledThreadPoolExecutor 的 UML 图如图 9-29 所示。

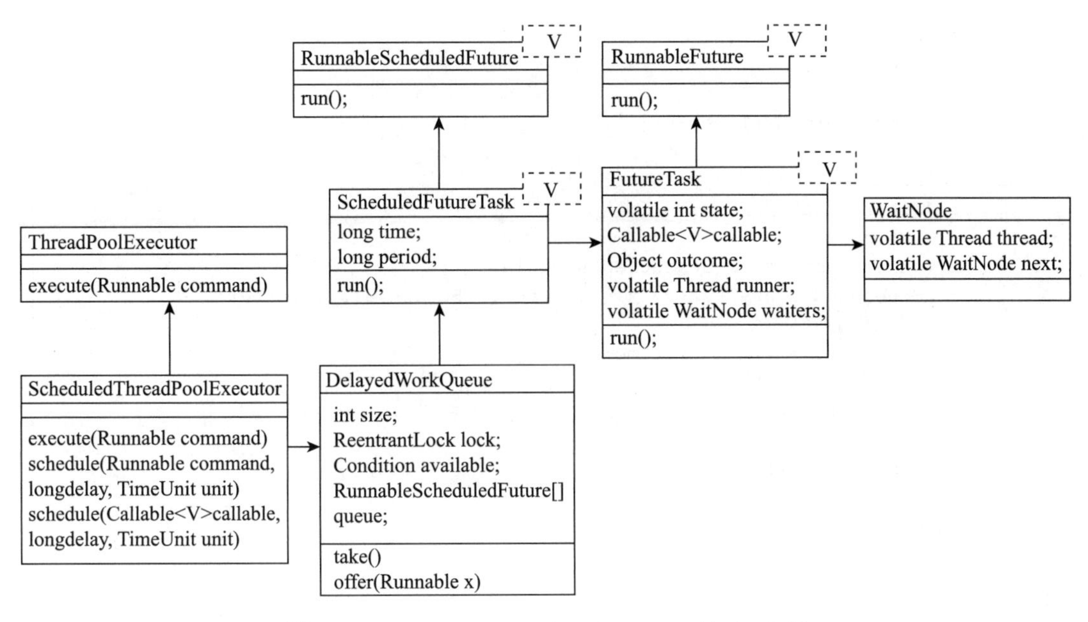

图 9-29　ScheduledThreadPoolExecutor 的 UML 图

1. ScheduledFutureTask

ScheduledFutureTask 内部定义了 3 个变量：time、period、outerTask。time 表示任务的具体执行时间，period 是任务的间隔周期，计算将 time+period 可以得到任务下次执行的时间，outerTask 是下一周期的任务。ScheduledFutureTask 变量定义如代码清单 9-28 所示。

代码清单 9-28　ScheduledFutureTask 变量定义

```
private long time;                                    // 当前任务执行时间
private final long period;                            // 任务周期间隔
RunnableScheduledFuture<V> outerTask = this;          //下一周期的任务
```

同时，ScheduledFutureTask 定义了 3 个工具方法：isPeriodic 方法、setNextRunTime 方法与 compareTo 方法。isPeriodic 方法是通过 period 字段值来判断是不是周期性任务：0 表示定时任务，大于 0 表示周期性任务。setNextRunTime 方法的功能是设置任务的下一个周期的执行时间（time+period）。compareTo 方法是比较两个任务的执行时间，确定最先需要执行的任务。DelayedWorkQueue 通过 compareTo 方法来实现任务优先级比较。compareTo 方法实现如代码清单 9-29 所示。

代码清单 9-29　compareTo 方法

```
public boolean isPeriodic() {
    return period != 0;
}
private void setNextRunTime() {
    long p = period;
```

```
        if (p > 0)
            time += p;
        else
            time = triggerTime(-p);
    }
    public int compareTo(Delayed other) {
        if (other == this)
            return 0;
        if (other instanceof ScheduledFutureTask) {
            ScheduledFutureTask<?> x = (ScheduledFutureTask<?>)other;
            //执行时间的差值
            long diff = time - x.time;
            //若小于0，则返回-1
            if (diff < 0)
                return -1;
            else if (diff > 0)
                return 1;
            else if (sequenceNumber < x.sequenceNumber)
                return -1;
            else
                return 1;
        }
        long diff = getDelay(NANOSECONDS) - other.getDelay(NANOSECONDS);
        return (diff < 0) ? -1 : (diff > 0) ? 1 : 0;
    }
```

run 方法的执行逻辑如下。

1）run 方法首先会调用 isPeriodic 方法来判断当前任务是否为周期性任务。

2）如果当前任务不是周期性任务，run 方法就调用 FutureTask 的 run 方法来执行任务。

3）如果是周期性任务，run 方法就调用 FutureTask 的 runAndReset 方法来执行任务。

4）在执行完周期性任务后，run 方法调用 setNextRunTime 方法设置好下次执行的时间，然后调用 reExecutePeriodic 方法将当前任务重新加入任务队列。

run 方法是任务执行的核心逻辑实现，如代码清单 9-30 所示。

代码清单 9-30　ScheduledFutureTask 任务执行方法

```
    public void run() {
        boolean periodic = isPeriodic();      //判断是否为周期性任务
        //判断任务是否可以执行，不能实现就取消
        if (!canRunInCurrentRunState(periodic))
            cancel(false);
        else if (!periodic)                   //不是周期性任务，异步执行
            ScheduledFutureTask.super.run();
        //是周期性任务，重复执行
        else if (ScheduledFutureTask.super.runAndReset()) {
            setNextRunTime();                 //设置下次执行时间
            reExecutePeriodic(outerTask);     //将任务重新加入延迟队列
        }
    }
```

2. DelayedWorkQueue

DelayedWorkQueue 是基于小顶堆构建的优先级队列。它在内部定义了用于存储周期性任务的 queue 数组（默认的容量是 16），定义了用来表示数组中有多少个元素的 size 变量，以及定义了用于并发控制的 ReentrantLock 变量 lock。DelayedWorkQueue 变量定义如代码清单 9-31 所示。

代码清单 9-31　DelayedWorkQueue 变量定义

```
private static final int INITIAL_CAPACITY = 16;
private RunnableScheduledFuture<?>[] queue =
    new RunnableScheduledFuture<?>[INITIAL_CAPACITY];
private final ReentrantLock lock = new ReentrantLock();
private int size = 0;
private final Condition available = lock.newCondition();
```

offer 方法用于在 DelayedWorkQueue 队列中插入定时任务。offer 方法首先会获取独占锁，确保同一个时刻只有一个线程可在队列中插入任务。接着 offer 方法根据数组元素大小判断是否需要扩容，如果需要扩容则调用 grow 方法实现数组扩容。然后会判断数组是否为空，如果为空则将任务直接赋值到数组的头部，如果数据不为空，则调用 siftUp 方法将任务插入到数组的尾部。代码清单 9-32 是 offer 方法的具体代码实现。

代码清单 9-32　offer 方法

```
public boolean offer(Runnable x) {
    RunnableScheduledFuture<?> e = (RunnableScheduledFuture<?>)x;
    final ReentrantLock lock = this.lock;
    //获取独占锁
    lock.lock();
    try {
        int i = size;
        //判断数组是否需要扩容，如果需要，则调用 grow 方法进行扩容
        if (i >= queue.length)
            grow();
        //增加元素个数
        size = i + 1;
        //若队列为空，则将任务插入到队头
        if (i == 0) {
            queue[0] = e;
            setIndex(e, 0);
        } else {
            //若队列不为空，则将任务插入到队列尾部
            siftUp(i, e);
        }
        if (queue[0] == e) {
            leader = null;
            available.signal();
        }
    } finally {
```

```
        lock.unlock();
    }
    return true;
}
```

siftUp方法首先会将数据插入到队列的尾部，然后按照小顶堆的规则对整个数组进行数据调整。siftUp方法通过（k-1）/2的公式计算出父节点，然后比较当前节点与父节点的时间值。如果父节点的时间大于当前节点的时间，则将父节点和当前节点互换。按照上述方式依次遍历各自的父节点，直到父节点时间值比当前时间值小或者父节点是头节点为止。代码清单9-33是siftUp方法的具体实现。

代码清单9-33　siftUp方法

```
private void siftUp(int k, RunnableScheduledFuture<?> key) {
    while (k > 0) {
        //获取k对应的父节点位置
        int parent = (k - 1) >>> 1;
        //获取节点的值
        RunnableScheduledFuture<?> e = queue[parent];
        //如果key的值比父节点大，则结束循环
        if (key.compareTo(e) >= 0)
            break;
        //如果key的值比父节点小，则将父节点的值下移到k的位置
        queue[k] = e;
        //设置节点内部对应的索引值
        setIndex(e, k);
        k = parent;
    }
    //最后将k位置的值设置为key，此时k可能是经历多次递归遍历后的父节点的值
    queue[k] = key;
    setIndex(key, k);
}
```

take方法的功能是从延迟队列中获取需要立即执行的任务。在通过take方法获取任务时，工作线程首先需要获取独占锁，确保线程池中只有一个线程可以从任务队列上获取任务。然后判断队列是否为空，如果队列为空就进行等待。如果队列不为空，判断队列中头节的任务是否到执行时间了。如果任务到了执行时间，就调用finishPoll方法将头节点的任务从队列中移除；如果任务还没到执行时间，会继续等待。代码清单9-34是take方法实现。

代码清单9-34　take方法

```
public RunnableScheduledFuture<?> take() throws InterruptedException {
    final ReentrantLock lock = this.lock;
    lock.lockInterruptibly();
    try {
        for (;;) {
            RunnableScheduledFuture<?> first = queue[0];
            /如果队列为空，则进入等待状态
            if (first == null)
```

```
                available.await();
            else {
                // 计算头节点离当前时间的差值
                long delay = first.getDelay(NANOSECONDS);
                // 如果时间小于0，也就是需要立马执行，则将任务从队列中移除
                if (delay <= 0)
                    // 移除头节点
                    return finishPoll(first);
                first = null;
                // 如果时间没有到，就进行等待
                if (leader != null)
                    available.await();
                else {
                    Thread thisThread = Thread.currentThread();
                    leader = thisThread;
                    try {
                        available.awaitNanos(delay);
                    } finally {
                        if (leader == thisThread)
                            leader = null;
                    }
                }
            }
        }
    } finally {
        if (leader == null && queue[0] != null)
            available.signal();
        // 释放锁
        lock.unlock();
    }
}
```

finishPoll方法比较简单，就是获取队尾元素，并将队尾最后一个元素设置到队头，然后调用siftDown方法按照小顶堆的规则对整个队列进行数据整理，如代码清单9-35所示。

代码清单9-35 移除元素

```
private RunnableScheduledFuture<?> finishPoll(RunnableScheduledFuture<?> f) {
    int s = --size;
    // 获取队尾元素
    RunnableScheduledFuture<?> x = queue[s];
    // 将队尾清空
    queue[s] = null;
    if (s != 0){
       // 调用siftDown将x设置到队列头部，并进行数据整理
       siftDown(0, x);
    }
    // 返回队头元素
    setIndex(f, -1);
    return f;
}
```

siftDown方法是从堆顶向下来整理数据的，也就是从数组的头部向后遍历来整理数组中的数据。若k是队列头节点索引下标，key是队列的最后一个元素。通过$2k+1$得出左子节点的下标child，$2k+2$得出右子节点的下标right。找出左子节点与右子节点的最小值c，然后将c与key进行比较。如果key大于c，则将c的值移动到k的位置上。通过遍历查找，让数组中的数据符合小顶堆的规则。移除元素后重新排序的实现如代码清单9-36所示。

代码清单9-36　移除元素后重新排序

```
private void siftDown(int k, RunnableScheduledFuture<?> key) {
    int half = size >>> 1;                              // 数组元素一半的位置
    while (k < half) {
        // 获取左子节点下标
        int child = (k << 1) + 1;
        RunnableScheduledFuture<?> c = queue[child];    // 左子节点值
        int right = child + 1;                          // 右子节点下标
        // 如果左子节点大于右子节点的值
        if (right < size && c.compareTo(queue[right]) > 0){
          // 向右子节点遍历
          c = queue[child = right];
        }
        // 将key与左右子节点中最小的值进行比较，如果小于就终止
        if (key.compareTo(c) <= 0)
            break;
        queue[k] = c;
        setIndex(c, k);
        k = child;
    }
    queue[k] = key;
    setIndex(key, k);
}
```

3. ScheduledThreadPoolExecutor

ScheduledThreadPoolExecutor提供了submit方法，以将Callable、Runnable等线程任务转换成周期性任务，然后调用schedule方法将任务提交到线程池中。schedule方法先将Callable任务转换成ScheduledFutureTask任务，然后调用delayedExecute方法将任务提交到线程池执行，如代码清单9-37所示。

代码清单9-37　任务提交

```
public <V> ScheduledFuture<V> schedule(Callable<V> callable,
                                       long delay,
                                       TimeUnit unit) {
    RunnableScheduledFuture<V> t = decorateTask(callable,
        new ScheduledFutureTask<V>(callable, triggerTime(delay, unit)));
    // 将任务提交到线程池
    delayedExecute(t);
    return t;
}
```

delayedExecute 方法用于完成周期性线程任务的调度，它先会将任务直接插入任务队列，然后调用 ensurePrestart 方法来创建工作线程。代码清单 9-38 是任务调度的具体实现。

代码清单 9-38　任务调度

```
private void delayedExecute(RunnableScheduledFuture<?> task) {
    if (isShutdown()){                          // 如果线程池关闭了就拒绝任务
        reject(task);
    }
    else {
        super.getQueue().add(task);       // 将任务插入队列
        // 如果线程池关闭或线程任务不能执行，将任务从队列中移除
        if (isShutdown() &&
            !canRunInCurrentRunState(task.isPeriodic()) &&
            remove(task)){
               task.cancel(false);        // 如果移除失败就取消任务
            }
        else
            // 创建线程
            ensurePrestart();
    }
}
```

9.6 Executors 实现原理

为了让开发者方便地使用线程池，JDK 提供了线程池的工厂 Executors 来创建各种线程池。

Executors 是个静态工厂类，提供了丰富的方法来创建各种线程池，方便开发者使用。其 UML 图如图 9-30 所示。

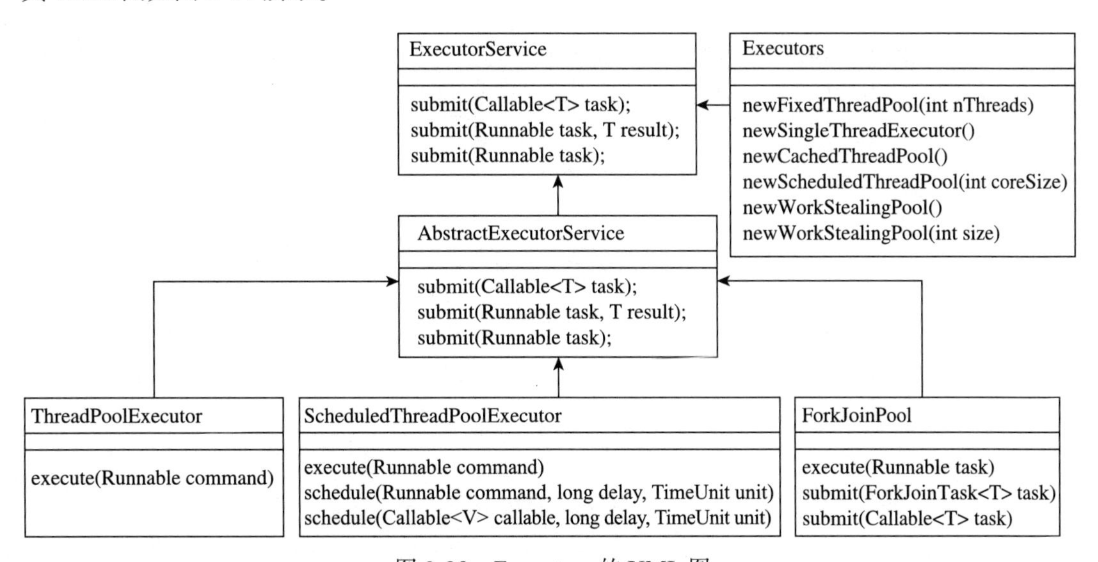

图 9-30　Executors 的 UML 图

ExecutorService 定义了线程任务提交、线程任务执行、获取任务结果、关闭线程池等接口方法。AbstractExecutorService 是一个抽象类，它实现了 ExecutorService 接口，对 ExecutorService 接口的任务提交、任务执行的相关方法进行了默认实现。它能将 Runnable 线程任务转换成 FutureTask 任务并提交到线程池执行。

ThreadPoolExecutor 是 Java 默认线程池的实现类，它实现了线程池的任务调度、线程任务执行、线程池大小动态调整、线程池安全停止等相关的功能。

ScheduledThreadPoolExecutor 继承自 ThreadPoolExecutor，它提供了执行定时任务与周期性任务的能力。

ForkJoinPool 是 Fork-Join 任务的线程池，采用工作窃取的方式进行任务调度，适用于线程执行过程中产生子任务的业务场景。

Executors 的代码非常简单，前面章节也有相应的介绍，有兴趣的读者可以直接去看 Executors 的源码。

Executors 降低了线程池使用门槛，使得初级开发者也能快速上手。但是 Executors 也屏蔽了线程池的构造细节，容易造成系统故障。例如固定线程数的线程池与单线程池的任务队列的最大长度为 Integer 的最大值，很容易造成线程任务在任务队列中积压，甚至导致 OOM。对于缓存线程的线程池，允许的最大线程数为 Integer 的最大值（2147483647），可能会造成系统创建大量的线程，从而导致 OOM。所以阿里巴巴的“Java 开发规范”禁止使用 Executors 来创建线程池。该规范规定开发人员必须通过 ThreadPoolExecutor 的构造函数来创建线程池。

9.7 小结

本章详细讲解了 Java 各种线程池的设计原理与具体实现，希望通过本章的讲解能让读者熟练地使用线程池进行业务开发。

应用篇

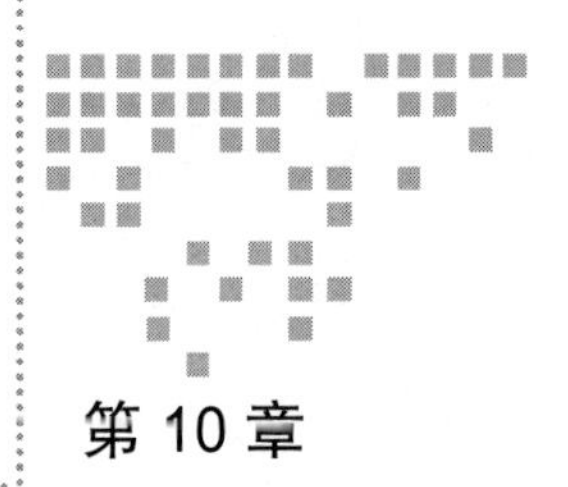

Chapter 10 第10章

Java 线程池使用

在实际的开发过程中，线程池有4种使用模式：① 单线程提交 - 多线程处理；② 单线程提交 - 单线程处理；③ 多线程提交 - 单线程处理；④ 多线程提交 - 多线程处理。本章将会详细讲解每种模式的使用场景和代码实现。

10.1 线程池的使用模型

目前通过线程池来提高业务处理的并发性是一个非常基础的操作，本节探讨线程池的使用模型。

在实际的业务场景中，我们可以按照生产任务线程数、处理任务线程数两个维度来总结线程池的使用方式。

10.1.1 单线程提交 - 多线程处理

通常一个业务处理涉及多个步骤，如果各步骤之间没有直接的关系，那么可以把这些步骤拆分成独立子任务提交到线程池中执行。例如在电商系统设计中，用户要查询商品的详细信息，后端需要将商品的价格、优惠、库存、图片等信息聚合起来一起返回给前端，给用户展现整个商品的详情。串行执行的流程如图10-1所示。

如图10-1所示，获取价格、获取库存、获取描述之间是完全相互独立的。获取商品详情的时长为 $T = T1 + T2 + T3$。如果每个步骤都比较耗时的话，获取商品详情会非常慢，会严重影响客户的体验。但如果按照单线程提交多线程处理的模式，可以把获取价格、获取库存、获取描述变成三个独立的子任务提交到线程池中去执行，如图10-2所示。

如图10-2所示，整个运行的时长就会变成三者的最大时长——$T = \mathrm{MAX}(T1, T2, T3)$，这样会极大地缩短获取商品详情的时间，提高接口的响应性能。

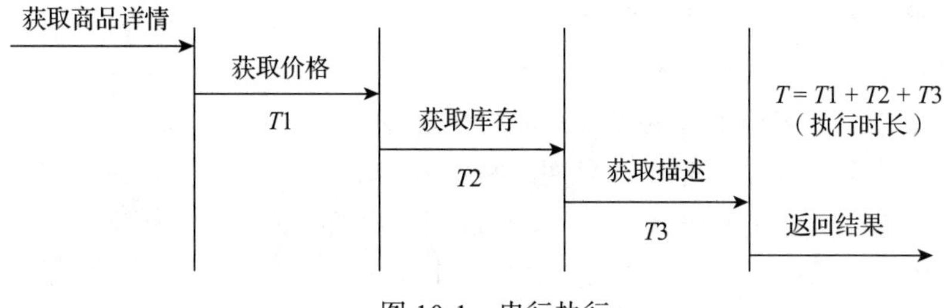

图 10-1　串行执行

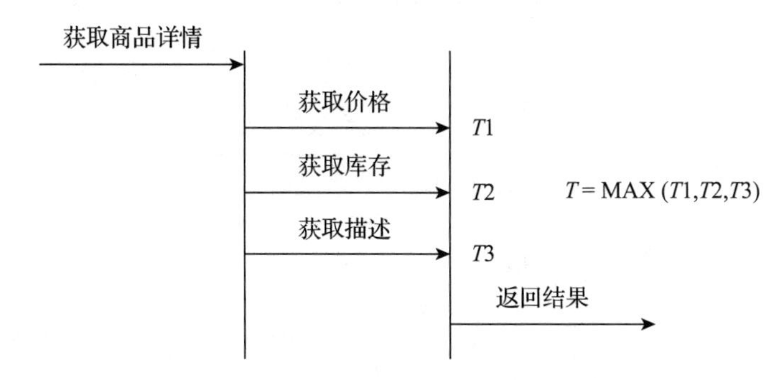

图 10-2　线程池并行执行

在业务系统中，通常会有一些批处理任务。这类任务通常是没有人工参与的，每次要处理的数据量特别大，执行的时间比较长，需要的系统资源比较多，最终会以报告或报表的形式体现任务的执行结果。例如在电商平台中，每天晚上都需要根据门店的订单、支付、营销等情况计算出门店的营业报表。如果平台上有几百万家门店，平台每天晚上都需要执行几百万个任务。按照一家门店一家门店地处理，任务执行的时间会非常长，估计第二天营业了头一天的报表还没有出来。在这种场景中，我们首先可以通过单线程从数据库中获取门店信息，然后按照门店的维度来封装任务，最后将任务提交到线程池中去执行，处理流程如图 10-3 所示。

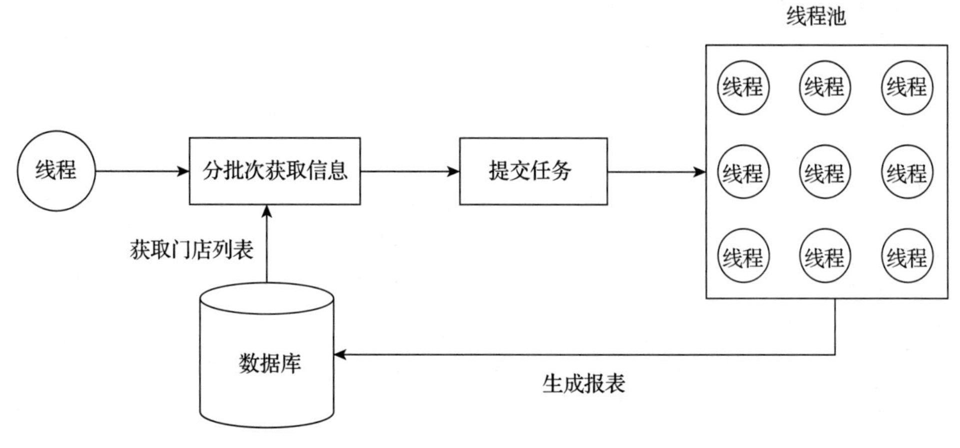

图 10-3　批次任务处理

通过线程池来处理批次任务，每个线程执行一个门店的营业报表的任务，能够极大地提高报表生成效率，提高整个系统的吞吐量。

网络编程中也可以采用单线程提交-多线程处理的模式来提升效率。例如，服务端给手机App推送一个新的未读信息。在早期的网络编程模型中，系统会在一个线程中完成网络连接监听、数据解析、业务逻辑处理、结果返回等业务逻辑。整个模型采用的是单线程，系统处理完一个客户端的请求之后才能处理另一个客户端的请求，系统的执行效率非常低，如图10-4所示。

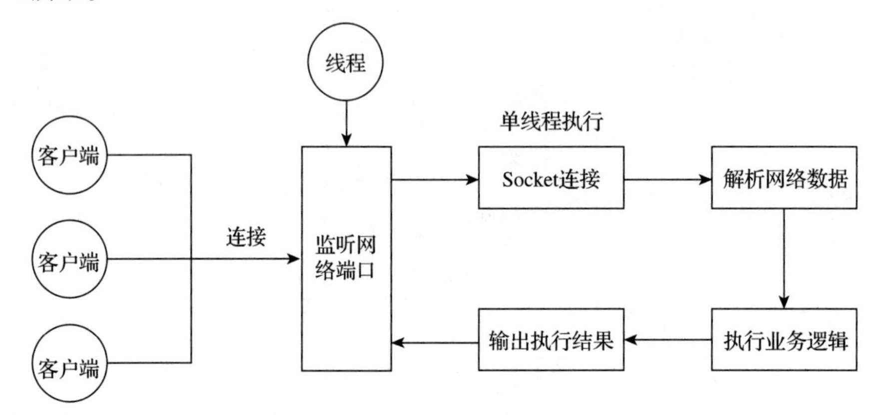

图10-4 单线程处理模型

我们可以通过线程池提高网络请求的处理效率。如图10-5所示，系统首先启动一个线程来监听服务器的网络端口。当客户端连接时，监听线程就会收到Socket请求。收到网络的请求后，监听线程将Socket请求封装成任务提交到线程池执行。线程池中的工作线程会读取Socket中的数据，然后进行业务处理，并将业务处理结果返回给客户端。每个工作线程负责处理一个客户端Socket请求。线程池可以并行地处理多个客户端的网络请求，极大地提升了服务端的处理效率。

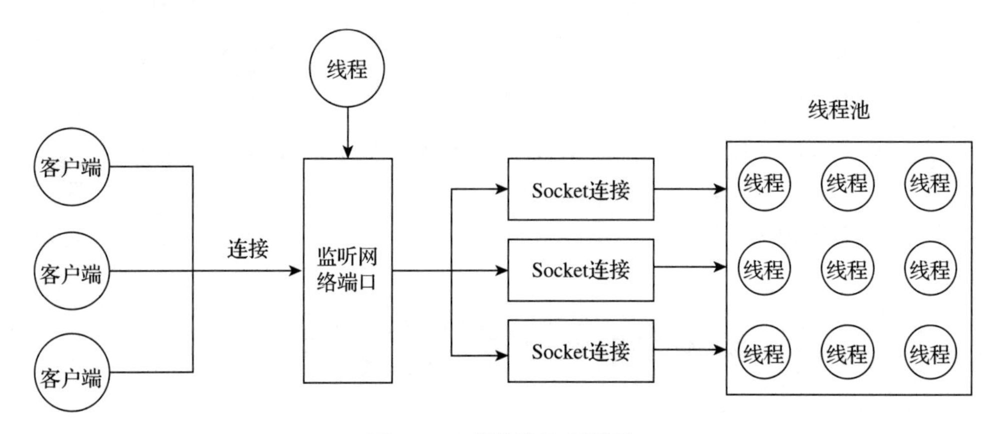

图10-5 多线程处理模型

10.1.2　单线程提交 - 单线程处理

单线程提交 - 单线程处理一般用于计划任务的场景。在业务系统中经常会有一些程序或者脚本需要在指定的时间执行，这种调用方式一般就是计划任务。计划任务分为两种：一种是一次性任务，它在指定时间执行；另一种是周期性任务。可以将一次性任务与周期性任务放到线程池中执行，如图 10-6 所示。

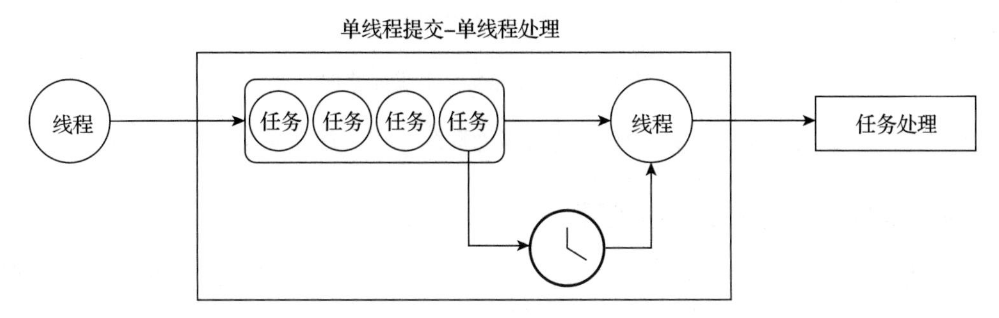

图 10-6　单线程任务处理

10.1.3　多线程提交 - 单线程处理

有些业务场景非常复杂，执行的时间非常长，并且多个任务的执行需要依赖同一个资源。如果多个线程同时进行业务处理会造成资源的冲突，导致所有任务都无法执行。早期的业务系统会调用存储过程，存储过程会涉及多张表的锁，如果多线程同时执行存储过程会造成资源冲突，导致数据库死锁，如图 10-7 所示。

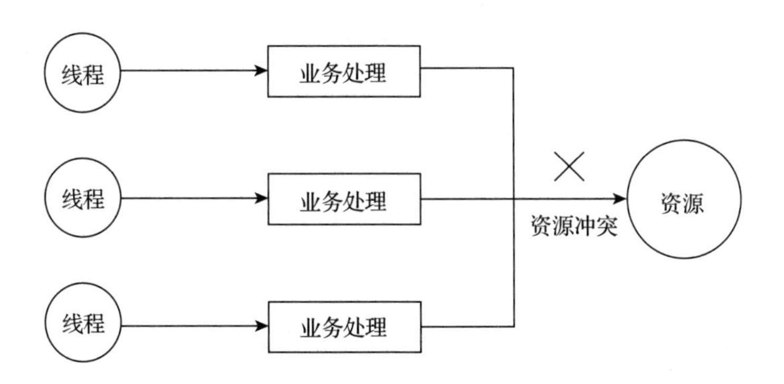

图 10-7　多线程任务资源冲突

在这种场景中，业务线程可以先将要处理的任务放入任务队列，通过任务队列来缓冲要执行的任务。任务队列的模式可以采用 FIFO，以保证任务执行的先后顺序。线程池会启动一个线程从任务队列中获取任务，然后执行任务，这样就可以通过单线程池来避免依赖同一个资源而造成的冲突，如图 10-8 所示。

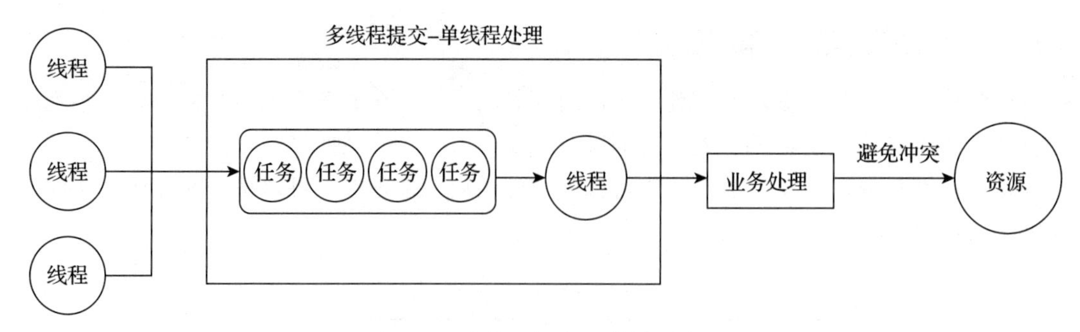

图 10-8　多线程提交－单线程处理

通过多线程提交－单线程处理的模式来避免资源冲突，从而确保业务的正确性。

10.1.4　多线程提交－多线程处理

多个业务线程同时向线程池提交任务，线程池中多个线程同时执行任务，通过线程池来提高 CPU 的使用效率与系统的吞吐量。多线程提交－多线程处理是线程池通用的使用模型，如图 10-9 所示。

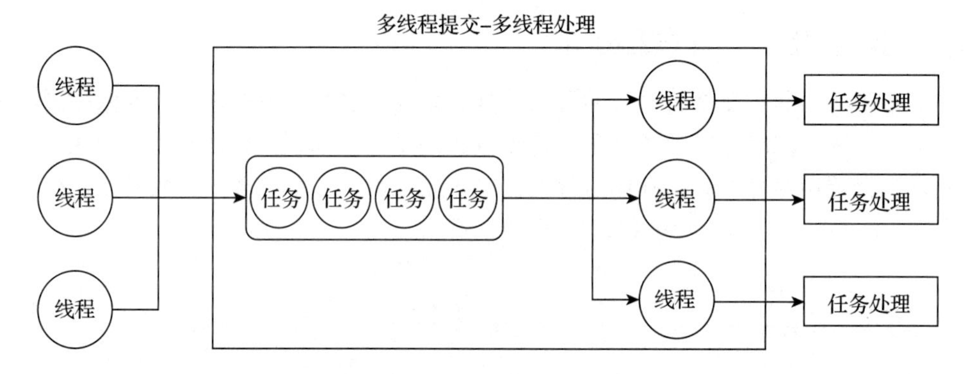

图 10-9　多线程提交－多线程处理

Tomcat 就是采用多线程来监听用户发起的 HTTP 请求，然后将请求提交到线程池中，线程池会启动多个线程来响应用户的请求。

10.2　本地缓存实现

在日常开发中有很多这样的场景：有一些业务系统的配置信息，数据量不大，修改的频率不高，但是访问非常频繁。如果每次程序都从数据库或集中式缓存中获取，受限于硬盘 I/O 的性能、远程网络访问等，程序执行的效率不高。在这样的业务场景中，我们可以通过本地缓存来提升数据访问的效率。本节基于 ConcurrentHashMap 与 ScheduledThreadPoolExecutor 来实现一个线程安全的本地缓存：LocalCache。LocalCache 支持永久缓存与临时缓存，永久缓存的数据一直有效，临时缓存的数据在指定时间到期之后会自动从缓存中移除。LocalCache 提供了数据安全的增、删、查、改功能，具体方法如表 10-1 所示。

表 10-1　LocalCache 方法列表

方法名称	方法描述
put(String key, V value)	向缓存中插入数据，数据永久有效
put(String key, V value, int seconds)	向缓存中插入数据，数据根据设定的时间生效，时间到期会从缓存中移除
isContainKey(String key)	判断缓存中是否包含对应的 key
get(String key)	根据 key 从缓存中获取数据
remove(String key)	移除缓存中对应 key 的数据
shutdownNow()	关闭缓存池

10.2.1　设计原理

LocalCache 主要由 3 个部分组成：数据缓存、数据超时时间、数据清除任务。数据缓存和数据超时时间都采用 ConcurrentHashMap 来存储数据，key 为数据存储的值，value 是数据的时间戳。数据清除任务采用 ScheduledThreadPoolExecutor 进行任务调度，默认的任务线程数为 1，这样可以避免多线程带来的并发修改问题，同时线程都是内存操作，这样单线程同样具备高性能。本地缓存设计如图 10-10 所示。

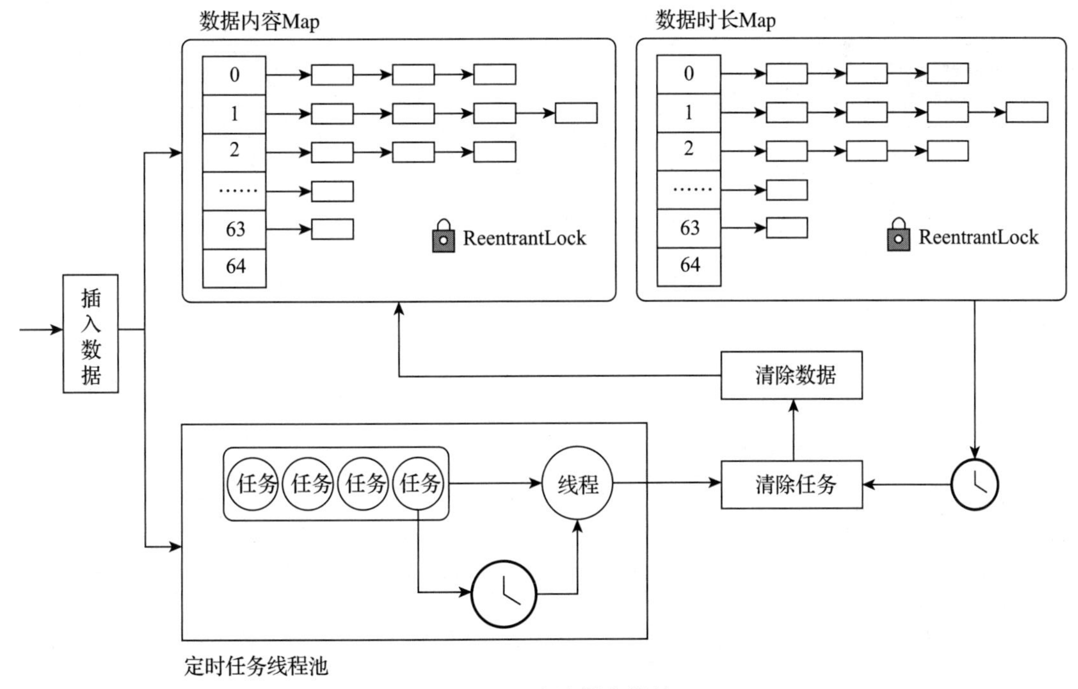

图 10-10　本地缓存设计

每次向缓存中插入数据时，LocalCache首先会将数据插入到ConcurrentHashMap中。然后判断有没有设置超时时间，如有超时时间，LocalCache会将失效时间插入到ConcurrentHashMap中，并创建数据清除任务，之后将任务提交到ScheduledThreadPoolExecutor线程池中。

每次从缓存中查询数据，LocalCache会直接从ConcurrentHashMap中读取数据。

定时任务线程池会按照超时时间来触发数据清除任务，数据清除任务会从数据时长的缓存池中获取key对应的时间，判断当前key对应的数据是否已经到期了。如果数据已经到期了，LocalCache会调用remove方法将数据从缓存池中移除。

10.2.2 实现方案

LocalCache作为本地缓存的接口，定义了数据插入、数据删除、数据查询的相关接口方法。DefaultLocalCache是本地缓存的实现类，它实现了LocalCache接口的所有方法。DefaultLocalCache定义了两个ConcurrentHashMap的变量：map与timeOutMap。map用来缓存数据信息，timeOutMap用来存储数据失效的时间戳。同时，DefaultLocalCache还定义了数据清除任务ClearTask，ClearTask负责将过期的数据从map中移除。本地缓存的UML图如图10-11所示。

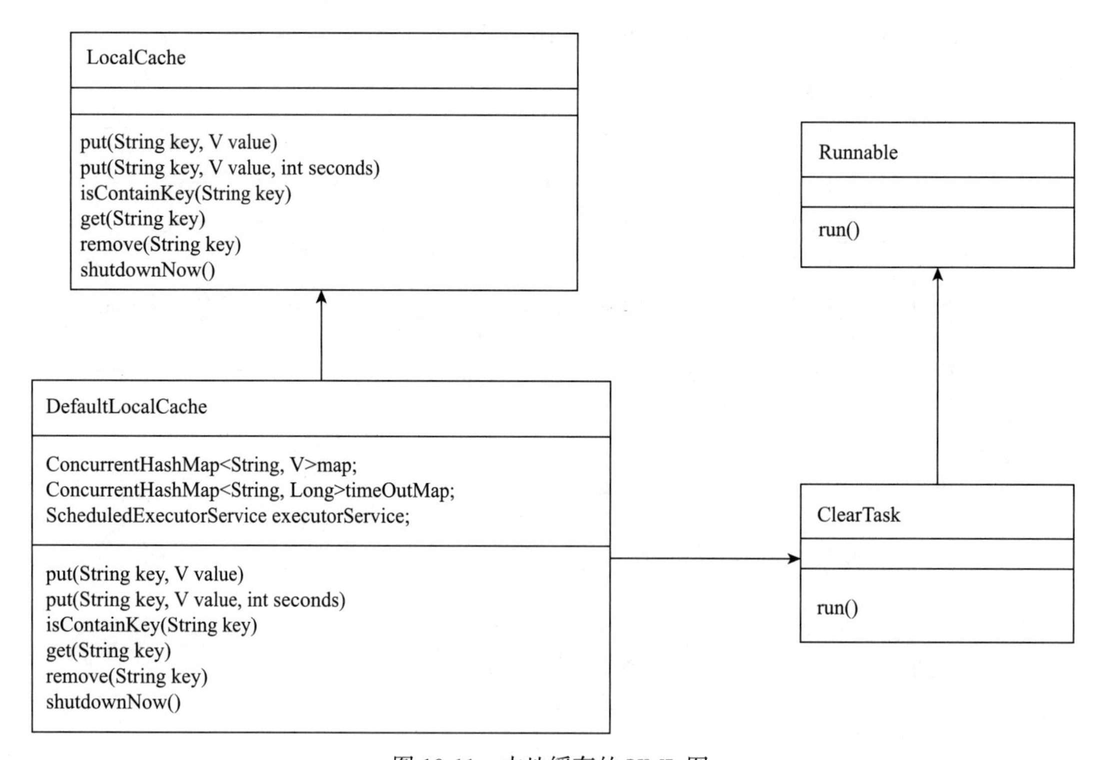

图10-11 本地缓存的UML图

LocalCache 定义了两个数据插入的 put 接口：一个没有到期时间，另一个有到期时间。没有到期时间表示数据永久有效，有到期时间的数据会在到期后从缓存中移除。代码清单 10-1 是 LocalCache 接口的代码，该接口提供了两个查询方法：一个是 isContainKey，用于判断 key 在缓存中是否存在；另一个是 get，用于直接获取缓存数据。LocalCache 提供了 remove 方法来删除缓存中的数据。

代码清单 10-1 LocalCache 接口

```
public interface LocalCache<V> {
    //在缓存中插入数据，数据永久有效
    public boolean put(String key, V value);
    //在缓存中插入数据，数据在指定时间生效
    public boolean put(String key, V value, int seconds);
    //判断缓存中是否存在对应的 key
    public boolean isContainKey(String key);
    //从缓存中获取数据
    public V get(String key);
    //移除缓存中的 key 对应的数据
    public void remove(String key);
    //关闭线程池
    public void shutdownNow();
}
```

DefaultLocalCache 内部定义了 3 个常量：缓存的默认大小 DEFAULT_THREAD_SIZE、最大容量 MAX_CAPACITY、定时线程池的大小 DEFAULT_THREAD_SIZE。DefaultLocalCache 实现如代码清单 10-2 所示。

代码清单 10-2 DefaultLocalCache 实现

```
public class DefaultLocalCache<V> implements LocalCache<V> {
    private static final int DEFAULT_CAPACITY = 1024;    //默认容量
    private static final int MAX_CAPACITY = 100000;      //最大容量
    private static final int DEFAULT_THREAD_SIZE = 1;    //默认线程数
    private int maxSize;                                 //最大值
    private volatile ConcurrentHashMap<String, V> map;  //数据存储
    private ConcurrentHashMap<String, Long> timeOutMap;
    private ScheduledExecutorService executorService;    //定时任务
    public DefaultLocalCache() {
        maxSize = MAX_CAPACITY;
        map = new ConcurrentHashMap<>(DEFAULT_CAPACITY);
        timeOutMap = new ConcurrentHashMap<>(DEFAULT_CAPACITY);
        executorService = new ScheduledThreadPoolExecutor
(DEFAULT_THREAD_SIZE);
    }
    public DefaultLocalCache(int size) {
        maxSize = size;
        map = new ConcurrentHashMap<>(DEFAULT_CAPACITY);
        timeOutMap = new ConcurrentHashMap<>(DEFAULT_CAPACITY);
        executorService = new ScheduledThreadPoolExecutor
```

```
(DEFAULT_THREAD_SIZE);
    }
    public boolean put(String key, V object) {
        if (checkCapacity()) {    // 判断系统容量是否足够，如果足够，则插入数据
            map.put(key, object);
            return true;
        }
        return false;
    }
    public boolean put(String key, V object, int seconds) {
        if (checkCapacity()) {
            map.put(key, object); // 插入数据
            if (seconds >= 0) {   // 判断有效时间是否大于 0
                // 设置超时时长
                timeOutMap.put(key, getTime(seconds));
                // 构建清除任务
                ClearTask task = new ClearTask(key);
                // 将任务加入线程队列
                executorService.schedule(task, seconds, TimeUnit.SECONDS);
            }
        }
        return false;
    }
    private long getTime(int seconds) {
        long time = System.currentTimeMillis() + seconds * 1000;
        return time;
    }
    public boolean isContainKey(String key) {
        return map.contains(key);
    }
    public V get(String key) {
        return map.get(key);
    }
    public void remove(String key) {
        map.remove(key);
    }
    public void shutdownNow() {
        if (executorService != null) {
            executorService.shutdownNow();
        }
    }
    public boolean checkCapacity() {
        return map.size() < maxSize;
    }
    // 缓存的清除任务
    class ClearTask implements Runnable {
       // 缓存
        private String key;
        public ClearTask(String key) {
            this.key = key;
        }
        @Override
```

```
            public void run() {
                // 判断缓存中是否存在 key
                if (timeOutMap.containsKey(key)) {
                    // 获取 key 对应的失效时间
                    long expire = timeOutMap.get(key);
                    // 如果失效时间大于 0，并且比当前时间小，则删除数据
                    if (expire > 0) {
                        long now = System.currentTimeMillis();
                        if (now >= expire) {
                            remove(key);
                        }
                    }
                }
            }
        }
    }
```

ConcurrentHashMap 与 ScheduledThreadPoolExecutor 的结合使用，使得 LocalCache 支持永久缓存与临时缓存两种能力。

10.3　多线程异步执行

下面以电商业务的会员系统为例讲解如何以线程异步执行的方式来提高接口的响应度。会员系统一般会存储会员的资产信息，常见的资产信息有储值、优惠券、会员权益等。

储值、优惠券、会员权益都是采用独立的数据库表结构来存储的。经常需要在一个接口查询会员的所有资产信息，这时需要查询多张表然后进行资产信息的组装，整个链路比较长。

10.3.1　设计原理

我们可以将储值、优惠券、会员权益的查询拆分成独立的子任务，提交到线程池中进行并行执行，如图 10-12 所示。之后业务线程可异步获取每个任务的执行结果。

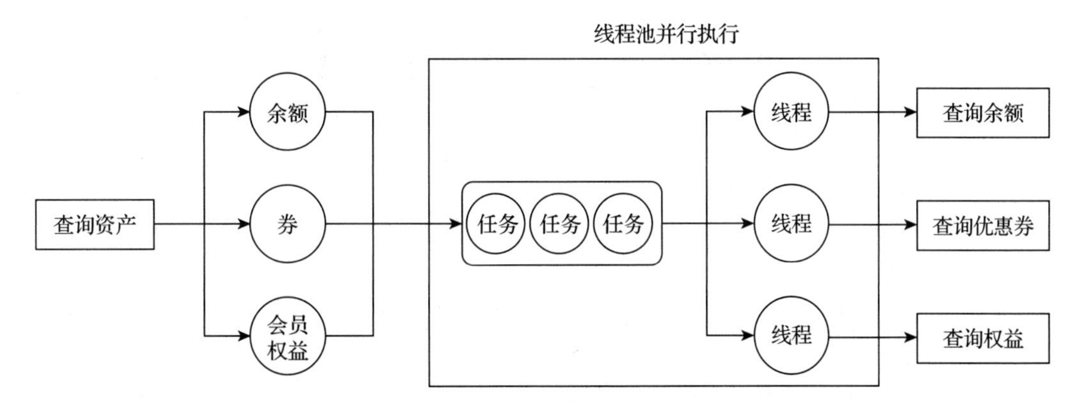

图 10-12　线程池并行执行

10.3.2 实现方案

线程池 ThreadPoolExecutor 提供了多个线程资源来执行线程任务。根据接口支持最小10QPS 和最大 300QPS 来设置线程池的大小与队列长度。

用户资产异步查询的 UML 图，如图 10-13 所示。CustomerBenefitsTask 获取用户权益，CustomerBalanceTask 获取用户余额，CustomerCouponTask 获取用户优惠券。CustomerInfo-Service 是会员资产的接口服务，定义了两个方法来获取会员的资产信息：一个方法是同步的，另一个方法是异步的。CustomerInfoServiceImpl 是会员资产的具体实现类，内部定义了线程池 executor 来执行具体的线程任务，实现了 CustomerInfoServiceImpl 接口的功能。

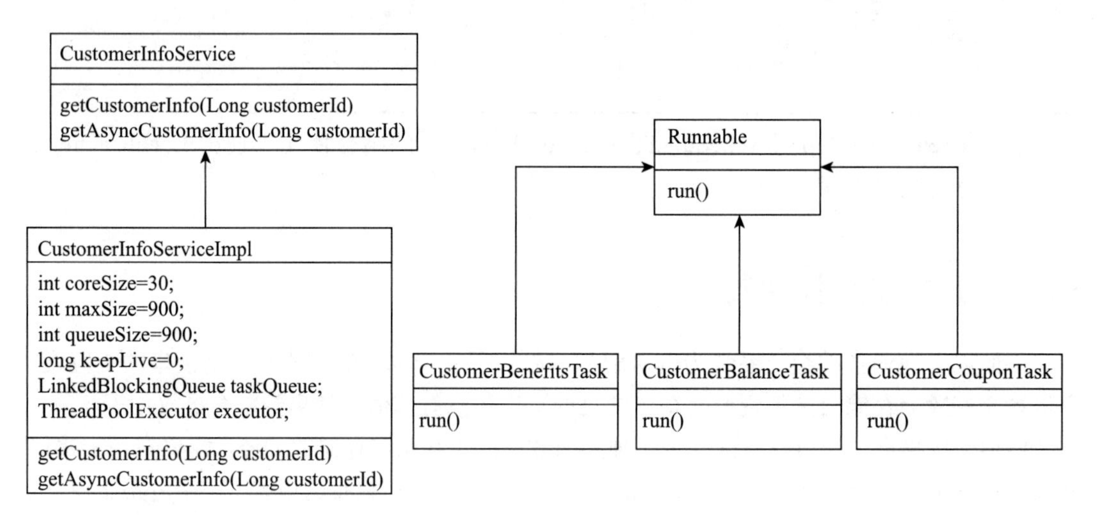

图 10-13　用户资产异步查询的 UML 图

1. CustomerBenefitsTask

CustomerBenefitsTask 的代码比较简单（见代码清单 10-3），内部模拟了查询会员权益的方法。

代码清单 10-3　CustomerBenefitsTask 实现

```
public class CustomerBenefitsTask implements Runnable {
    private CustomerInfo customerInfo;
    public CustomerBenefitsTask(CustomerInfo customerInfo) {
        this.customerInfo = customerInfo;
    }
    public void run() {
        try {
            Thread.sleep(2000L);
            List<String> list = new ArrayList<>();
            list.add("111");
            customerInfo.setBenefitsList(list);
        } catch (Throwable throwable) {
```

```
        }
    }
}
```

2. CustomerBalanceTask

CustomerBalanceTask 实现了 Runnable 接口，内部模拟了查询账户余额的功能，如代码清单 10-4 所示。

代码清单 10-4　CustomerBalanceTask 实现

```
public class CustomerBalanceTask implements Runnable {
    private CustomerInfo customerInfo;
    public CustomerBalanceTask(CustomerInfo customerInfo) {
        this.customerInfo = customerInfo;
    }
    public void run() {
        try {
            Thread.sleep(2000L);
            customerInfo.setAccount(100);
        } catch (Throwable throwable) {
        }
    }
}
```

3. CustomerCouponTask

CustomerCouponTask 实现了 Runnable 接口，内部模拟了查询优惠券的功能，如代码清单 10-5 所示。

代码清单 10-5　CustomerCouponTask 实现

```
public class CustomerCouponTask implements Runnable {
    private CustomerInfo customerInfo;
    public CustomerCouponTask(CustomerInfo customerInfo) {
        this.customerInfo = customerInfo;
    }
    public void run() {
        try {
            Thread.sleep(3000L);
            List<String> list = new ArrayList<>();
            list.add("231231232132");
            customerInfo.setCouponList(list);
        } catch (Throwable throwable) {
        }
    }
}
```

4. CustomerInfo

CustomerInfo 是会员信息对象，内部定义了会员 ID、优惠券列表 couponList、储值余额 account、会员权益 benefitsList 等信息。CustomerInfo 实现如代码清单 10-6 所示。

代码清单 10-6 CustomerInfo 实现

```
public class CustomerInfo {
    private Long id;
    private List<String> couponList;
    private Integer account;
    private List<String> benefitsList;
}
```

5. CustomerInfoService

CustomerInfoService 是会员资产查询信息的接口，内部定义了同步查询与异步查询会员资产的方法。代码清单 10-7 是 CustomerInfoService 接口的实现。

代码清单 10-7 CustomerInfoService 接口的实现

```
public interface CustomerInfoService {
    //同步查询会员资产
    public CustomerInfo getCustomerInfo(Long customerId);
    //异步并发查询会员资产
    public CustomerInfo getAsyncCustomerInfo(Long customerId);
}
```

CustomerInfoServiceImpl 内部定义了核心线程数 coreSize、最大线程数 maxSize、队列长度 queueSize、任务队列 taskQueue、线程池 executor 等变量，如代码清单 10-8 所示。

代码清单 10-8 CustomerInfoServiceImpl 实现

```
public class CustomerInfoServiceImpl implements CustomerInfoService {
    private int coreSize = 30;    //默认线程大小
    private int maxSize = 900;    //最大线程数
    private int queueSize = 900;  //任务队列长度
    private long keepLive = 0;    //空闲时长
    //任务队列
    private LinkedBlockingQueue taskQueue = new LinkedBlockingQueue
<Runnable>(queueSize);
    //执行任务的线程池
    private ThreadPoolExecutor executor = new ThreadPoolExecutor(coreSize,
maxSize, keepLive, TimeUnit.MILLISECONDS, taskQueue);
    public CustomerInfo getCustomerInfo(Long customerId) {
        //构造会员结果对象
        CustomerInfo customer = new CustomerInfo();
        customer.setId(customerId);
        //构造会员资产的查询任务(同步执行)
        CustomerCouponTask couponTask = new CustomerCouponTask(customer);
        CustomerBenefitsTask benefitsTask = new CustomerBenefitsTask(customer);
        CustomerBalanceTask balanceTask = new CustomerBalanceTask(customer);
        //直接调用 run 方法同步执行
        couponTask.run();
```

```
        benefitsTask.run();
        balanceTask.run();
        return customer;
    }
    public CustomerInfo getAsyncCustomerInfo(Long customerId) {
        //构造会员资产查询结果对象
        CustomerInfo customer = new CustomerInfo();
        customer.setId(customerId);
        //构造会员资产的查询任务（异步执行）
        CustomerCouponTask couponTask = new CustomerCouponTask(customer);
        CustomerBalanceTask balanceTask = new CustomerBalanceTask(customer);
        CustomerBenefitsTask benefitsTask = new CustomerBenefitsTask(customer);
        try {
            //将任务提交到线程池
            Future<?> couponFuture = executor.submit(couponTask);
            Future<?> benefitsFuture = executor.submit(benefitsTask);
            Future<?> balanceFuture = executor.submit(balanceTask);
            //异步获取结果
            couponFuture.get();
            benefitsFuture.get();
            balanceFuture.get();
        } catch (Throwable throwable) {
            System.out.println(throwable.getMessage());
        }
        return customer;
    }

    public static void main(String[] args) {
        CustomerInfoService customerInfoService = new
    CustomerInfoServiceImpl();
        long customerId = 100001L;
        long start = System.currentTimeMillis();
        customerInfoService.getCustomerInfo(customerId);
        long end = System.currentTimeMillis();
        System.out.println("同步执行耗时 ms=" + (end - start));
        start = System.currentTimeMillis();
        customerInfoService.getAsyncCustomerInfo(customerId);
        end = System.currentTimeMillis();
        System.out.println("异步执行耗时 ms=" + (end - start));
    }
}
```

getCustomerInfo 方法是同步调用来获取会员资产的方法，它首先构建了 3 个会员资产的查询任务——couponTask、benefitsTask、balanceTask，然后逐个同步调用各个任务对应的 run 方法来查询资产。

getAsyncCustomerInfo 方法是异步获取会员资产的方法，它同样定义了 3 个会员资产的查询任务——couponTask、benefitsTask、balanceTask，然后将任务提交到线程池中去执行，通过 Future 来异步获取线程的执行结果。通过线程池的并发执行可以明显缩短接口的执行时间。运行结果如图 10-14 所示。

图 10-14　会员资产查询结果对比

整个设计方案采用了 FutureTask 的异步执行能力与 ThreadPoolExecutor 线程池的多线程执行能力，实现了会员资产异步查询。但在代码编写上需要多构建 CustomerBenefits-Task、CustomerBalanceTask、CustomerCouponTask 等任务类，代码实现比较臃肿，在实际项目开发中成本比较高。

10.3.3　改进方案

Spring Boot 框架提供了 @Async 注解来实现异步调用。在方法上加入 @Async 注解，在实际执行时 Spring Boot 会自动将该方法提交到 Spring TaskExecutor 中，由指定的线程池中的线程执行。会员资产查询－改进方案的 UML 图，如图 10-15 所示。

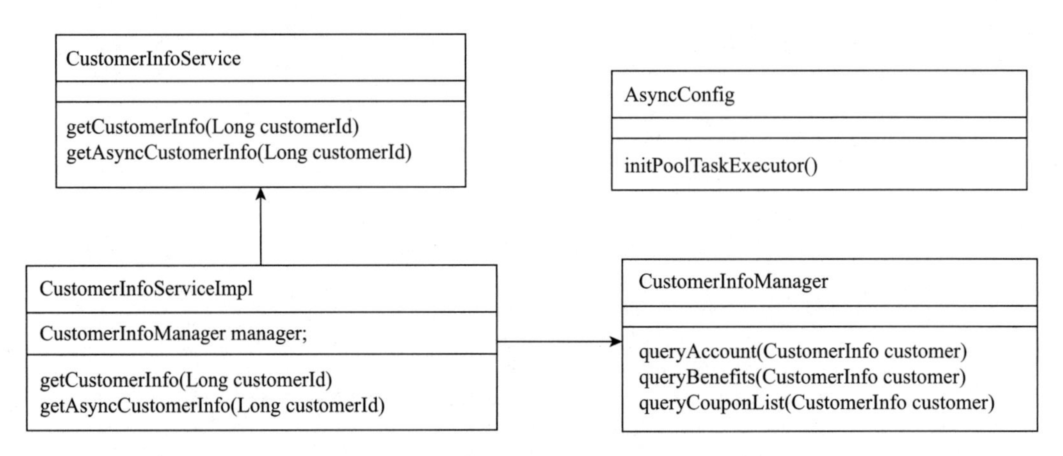

图 10-15　会员资产查询－改进方案的 UML 图

下面是通过 @Async 注解来完成异步调用的具体实现。

1. AsyncConfig

AsyncConfig 用于初始化异步任务的线程池，需要在类上加入 @Configuration 注解，确保其在 Spring Boot 项目启动的时候会被初始化。在 initPoolTaskExecutor 方法内部构建一个异步任务执行的线程池 ThreadPoolTaskExecutor。AsyncConfig 初始化代码如代码清单 10-9 所示。

代码清单 10-9 AsyncConfig 初始化

```
@Configuration
public class AsyncConfig {
    @Bean("asyncThreadPool")
    public ThreadPoolTaskExecutor initPoolTaskExecutor() {
        ThreadPoolTaskExecutor executor = new ThreadPoolTaskExecutor();
        int coreSize = 30;
        int maxSize = 600;
        int taskCapacity = 900;
        int awaitSeconds = 0;
        String threadNamePrefix = "asy-thread-";
        RejectedExecutionHandler handler=new
    ThreadPoolExecutor.CallerRunsPolicy();
        executor.setCorePoolSize(coreSize);
        executor.setMaxPoolSize(maxSize);
        executor.setQueueCapacity(taskCapacity);
        executor.setRejectedExecutionHandler(handler);
        executor.setThreadNamePrefix(threadNamePrefix);
        executor.setWaitForTasksToCompleteOnShutdown(true);
        executor.setAwaitTerminationSeconds(awaitSeconds);
        executor.initialize();
        return executor;
    }
}
```

2. CustomerInfoManager

CustomerInfoManager 实现了获取会员资产的 3 个方法：queryAccount 方法用来查询会员的储值；queryBenefits 方法用来查询会员的权益；queryCouponList 方法用来查询会员的优惠券信息。如代码清单 10-10 所示。

代码清单 10-10 CustomerInfoManager 实现

```
@Component
public class CustomerInfoManager {
    @Async("asyncThreadPool")
    public Future<Boolean> queryAccount(CustomerInfo customer) {
        try {
            Thread.sleep(2000L);
            customer.setAccount(100);
        } catch (Throwable throwable) {
        }
        return new AsyncResult<Boolean>(true);
    }
    @Async("asyncThreadPool")
    public Future<Boolean> queryBenefits(CustomerInfo customer) {
        try {
            Thread.sleep(2000L);
            List<String> list = new ArrayList<String>();
```

```
            list.add("111");
            customer.setBenefitsList(list);
        } catch (Throwable throwable) {
        }
        return new AsyncResult<Boolean>(true);
    }
    @Async("asyncThreadPool")
    public Future<Boolean> queryCouponList(CustomerInfo customer) {
        try {
            Thread.sleep(3000L);
            List<String> list = new ArrayList<String>();
            list.add("231231232132");
            customer.setCouponList(list);
        } catch (Throwable throwable) {
        }
        return new AsyncResult<Boolean>(true);
    }
}
```

3. CustomerInfoServiceImpl

CustomerInfoServiceImpl是会员资产的具体实现类，实现了CustomerInfoService接口的功能，如代码清单10-11所示。getAsyncCustomerInfo方法通过调用CustomerInfoManager的方法来查询会员的资产信息。

代码清单10-11 CustomerInfoServiceImpl实现

```
@Component
public class CustomerInfoServiceImpl  implements CustomerInfoService{
    @Resource
    private CustomerInfoManager manager;
    @Override
    public CustomerInfo getAsyncCustomerInfo(Long customerId) {
        //构造会员资产查询结果对象
        CustomerInfo customer = new CustomerInfo();
        customer.setId(customerId);
        Future<Boolean> accountFuture = manager.queryAccount(customer);
        Future<Boolean> benefitsFuture = manager.queryBenefits(customer);
        Future<Boolean> couponFuture = manager.queryCouponList(customer);
        try {
            accountFuture.get();
            benefitsFuture.get();
            couponFuture.get();
        } catch (Throwable e) {
            e.printStackTrace();
        }
        return customer;
    }
}
```

10.4　批量处理任务的执行

在业务系统中经常会有一些定时或周期性的批处理任务来进行数据的处理与统计，这类任务称为批量处理任务。批量处理任务通常不需要人工参与，每次要处理的数据量特别大，任务执行的时间比较长，对系统的资源消耗比较多。在这种场景中，我们可以通过定时任务＋业务线程池来提升任务处理的效率。批量处理任务模型如图 10-16 所示。

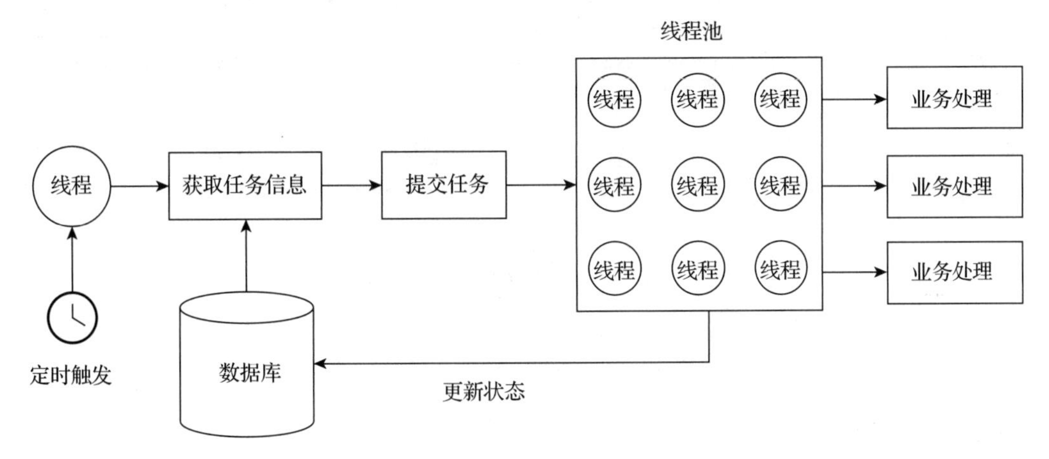

图 10-16　批量处理任务模型

在图 10-16 中，定时任务负责从数据库中获取要处理的数据，然后将业务数据封装成线程任务，提交到线程池中执行。线程任务在完成业务处理后需要更新数据库中的数据状态，确保已经处理过的数据不会被重复处理。

下面以短信营销场景为例分析如何通过线程池来实现批量处理。短信营销是电商系统中最常见的营销模式，通过短信的方式来触达用户。例如，在用户生日的当天，营销系统会发送一条生日祝福的信息；会员卡或者优惠券到期时，营销系统会给用户发送一条提醒信息；活动快开始时，营销系统会发送一条活动开始的提醒信息等。

10.4.1　设计原理

整个发送信息过程可以分为两个步骤：从数据库中获取要发送信息的手机号、信息内容等，调用短信通道的 API 来发送信息。单线程发送信息模型如图 10-17 所示。

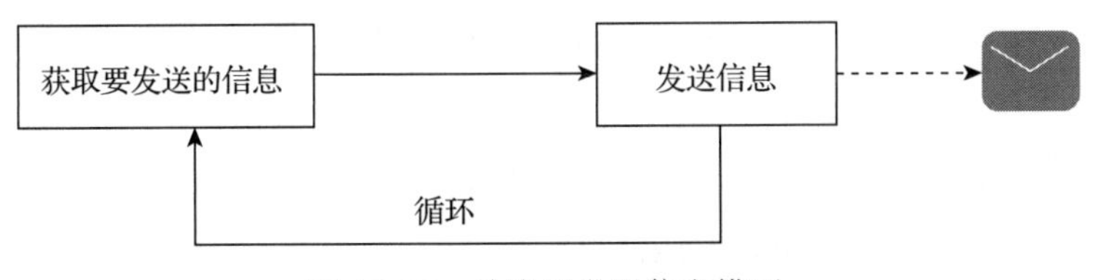

图 10-17　单线程发送信息模型

获取发送信息的步骤也可以采用定时任务来处理。定时任务由 ScheduledExecutorService 线程池进行调度。发送信息的过程由普通的线程任务来处理，并采用 ThreadPoolExecutor 线程池进行调度。多线程发送信息模型如图 10-18 所示。

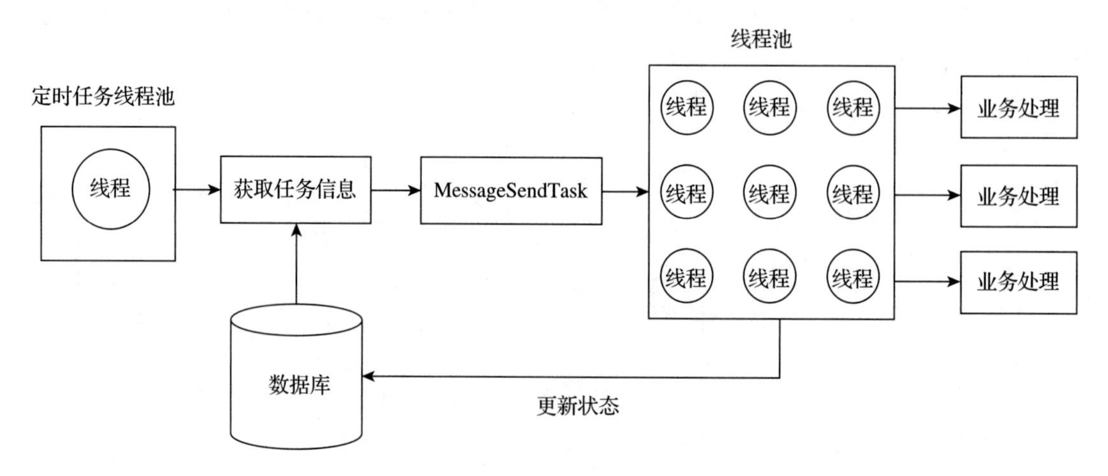

图 10-18　多线程发送信息模型

10.4.2　实现方案

多线程信息发送的 UML 图如图 10-19 所示。

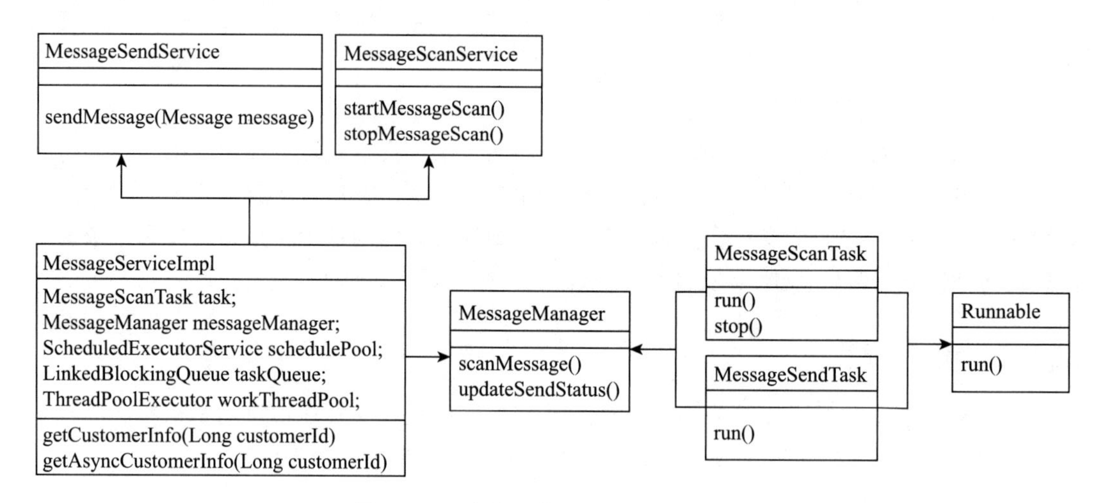

图 10-19　多线程信息发送的 UML 图

其中：

- MessageScanTask 任务负责从数据中获取要发送的信息。
- MessageSendTask 任务负责发送信息。
- MessageManager 是数据访问的模拟实现类，模拟与数据库进行交互。

- MessageScanService 是数据扫描服务的接口，内部定义了扫描任务的接口方法。
- MessageSendService 是信息发送的接口，定义了信息发送的 sendMessage 方法。
- MessageServiceImpl 是信息发送服务的具体实现类，实现了 MessageScanService、MessageSendService 接口。

下面对信息发送的实现进行介绍。

1. MessageManager

MessageManager 是模拟与数据库交互的实现类，如代码清单 10-12 所示。其中，update-SendStatus 方法用来模拟更新数据中已经处理的数据状态，scanMessage 方法模拟从数据库中读取需要发送信息的数据。

代码清单 10-12　MessageManager

```
public class MessageManager {
    public boolean updateSendStatus(Message message) {
        return true;
    }
    public List<Message> scanMessage() {
        List<Message> list = mockList();
        return list;
    }
    private List<Message> mockList() {
        long start = 13800000000L;
        List<Message> list = new ArrayList<>();
        for (int i = 0; i < 20; i++) {
            Message message = new Message();
            message.setId(System.currentTimeMillis());
            start = start + i;
            message.setPhone(start + "");
            message.setText(" 生日快乐 ");
            list.add(message);
        }
        return list;
    }
}
```

2. MessageScanTask

MessageScanTask 负责从数据库中获取要发送的信息并将信息转成任务提交到线程池中去执行。首先调用 messageManager 的 scanMessage 方法来获取要发送的信息的任务数据，然后调用 MessageSendService 的 sendMessage 方法发送信息。代码清单 10-13 是 Message-ScanTask 的具体实现。

代码清单 10-13　MessageScanTask 实现

```
public class MessageScanTask implements Runnable {
    private MessageManager messageManager;
```

```
    private MessageSendService messageSendService;
    private volatile boolean scan = true;
    public MessageScanTask(MessageManager messageManager,
MessageSendService service) {
        this.messageManager = messageManager;
        this.messageSendService = service;
    }
    public void run() {
        while (scan) {
            List<Message> list = this.messageManager.scanMessage();
            if (list != null && !list.isEmpty()) {
                for (Message message : list) {
                    messageSendService.sendMessage(message);
                }
            } else {
                break;
            }
        }
    }
    public void stop(){
        this.scan = false;
    }
}
```

3.MessageSendTask

MessageSendTask 是负责发送信息的，内部的 run 方法进行了模拟信息发送的实现，发送完成后会调用 MessageManager 的 updateSendStatus 方法来更新信息发送的状态，防止多次发送。代码清单 10-14 是 MessageSendTask 的实现。

代码清单 10-14　MessageSendTask 实现

```
public class MessageSendTask implements Runnable {
    private Message message;
    private MessageManager messageManager;
    public MessageSendTask(Message message, MessageManager messageManager) {
        this.message = message;
        this.messageManager = messageManager;
    }
    public void run() {
        System.out.println("发送信息 : " + message.toString());
        this.messageManager.updateSendStatus(message);
    }
}
```

4. MessageScanService

MessageSendService 是扫描要发送信息的服务接口，它定义了启动与停止扫描任务的方法。代码清单 10-15 是 MessageSendService 的实现。

代码清单 10-15 MessageSendService 实现

```
public interface MessageScanService {
    //启动扫描任务
    public void startMessageScan();
    //停止扫描任务
    public void stopMessageScan();
}
```

5. MessageSendService

MessageSendService 是信息发送服务接口，内部定义了信息发送的 sendMessage 方法。代码清单 10-16 是 MessageSendService 的实现。

代码清单 10-16 MessageSendService 实现

```
public interface MessageSendService {
    public void sendMessage(Message message);
}
```

MessageServiceImpl 是信息服务的具体实现类，它实现了信息扫描与信息处理的功能。如代码清单 10-17 所示，MessageServiceImpl 内部定义了两个线程池：定时任务线程池 scheduleThreadPool，以及工作线程池 workThreadPool。scheduleThreadPool 的核心线程数是 1，大多数时候只有一个任务在线程池中执行。workThreadPool 设定了最小线程数 100 和最大线程数 1000。在构造函数内部，MessageServiceImpl 完成了定时任务线程池与业务处理线程池的初始化。

代码清单 10-17 MessageServiceImpl 实现

```
public class MessageServiceImpl implements MessageSendService,
MessageScanService {
    private int coreSize = 100;                    //核心线程数
    private int maxSize = 1000;                    //最大线程数
    private long keepLive = 0;                     //空闲时长
    private int scheduleSize = 1;
    private volatile MessageScanTask task;         //扫描任务
    //扫描任务线程池
    private ScheduledExecutorService scheduleThreadPool;
    private LinkedBlockingQueue taskQueue;         //任务队列
    private ThreadPoolExecutor workThreadPool;     //执行任务的线程池
    private MessageManager messageManager;
    public MessageServiceImpl() {
        messageManager = new MessageManager();
        taskQueue = new LinkedBlockingQueue<Runnable>();
        scheduleThreadPool = new ScheduledThreadPoolExecutor(scheduleSize);
        workThreadPool = new ThreadPoolExecutor(coreSize, maxSize, keepLive,
 TimeUnit.MILLISECONDS, taskQueue);
    }
    public void sendMessage(Message message) {
        MessageSendTask task = new MessageSendTask(message, messageManager);
        workThreadPool.execute(task);
    }
```

```
    public synchronized void startMessageScan() {
        if (task == null) {
            task = new MessageScanTask(messageManager, this);
            scheduleThreadPool.schedule(task, 3, TimeUnit.SECONDS);
        }
    }
    public void stopMessageScan() {
        if (task != null) {
            task.stop();
        }
        if (scheduleThreadPool != null) {
            scheduleThreadPool.shutdownNow();
        }
    }
    public static void main(String[] args) {
        MessageScanService scanService = new MessageServiceImpl();
        scanService.startMessageScan();
    }
}
```

sendMessage方法会根据发送的信息数据构造一个信息发送任务MessageSendTask，然后将信息发送任务提交到ThreadPoolExecutor中执行。startMessageScan方法首先会判断扫描任务MessageScanTask是否存在，如果不存在就构建一个扫描任务，然后将扫描任务提交到定时任务线程池中。stopMessageScan方法是用来停止扫描线程工作的，首先会将扫描任务设置到不工作的状态，然后关闭整个线程池。

10.5 并发排队队列

在电商业务中，为了吸引顾客、聚集人气，运营人员经常会策划一些秒杀活动。通常活动中的商品价格远低于市场价格，例如1元秒杀。秒杀活动一般会严格限制活动时间以及商品的库存数量。因为活动的商家以低廉的价格吸引了大量用户参与，所以在活动开始的瞬间会有几万到几十万的消费者蜂拥而来，在短短几秒时间内将商品抢购一空。如图10-20所示，每次用户尝试下单的时候都会触发扣库存请求，在一瞬间会有几万到几十万的扣库存请求，从而造成数据库的热点数据，导致数据库崩溃。

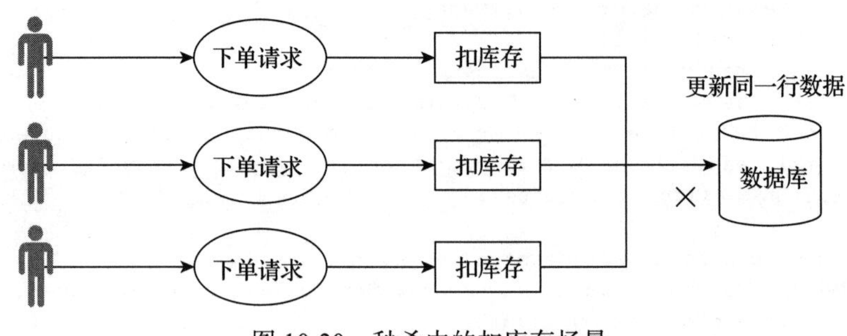

图10-20 秒杀中的扣库存场景

比较常见的方案是将扣库存的动作放到集中式缓存（如 Redis）中进行处理，但也会带来缓存热点数据、缓存与数据库数据的一致性问题。有一种比较好的方案是在应用层进行并发排队，按照商品维度设置排队队列，每个队列设置一个线程，按顺序执行扣库存的操作。这样能确保一台机器在同一个时刻只有一个线程对数据库的同一行记录进行修改操作。

10.5.1 设计原理

并发排队队列在设计上参照了 Hash 表的设计思想：在内部定义一个线程池数组 table 来管理所有线程池；采用 LinkedBlockingQueue 作为存储任务的链表；采用 ThreadPool-Executor 线程池来调度线程任务。并发排队队列的设计如图 10-21 所示。

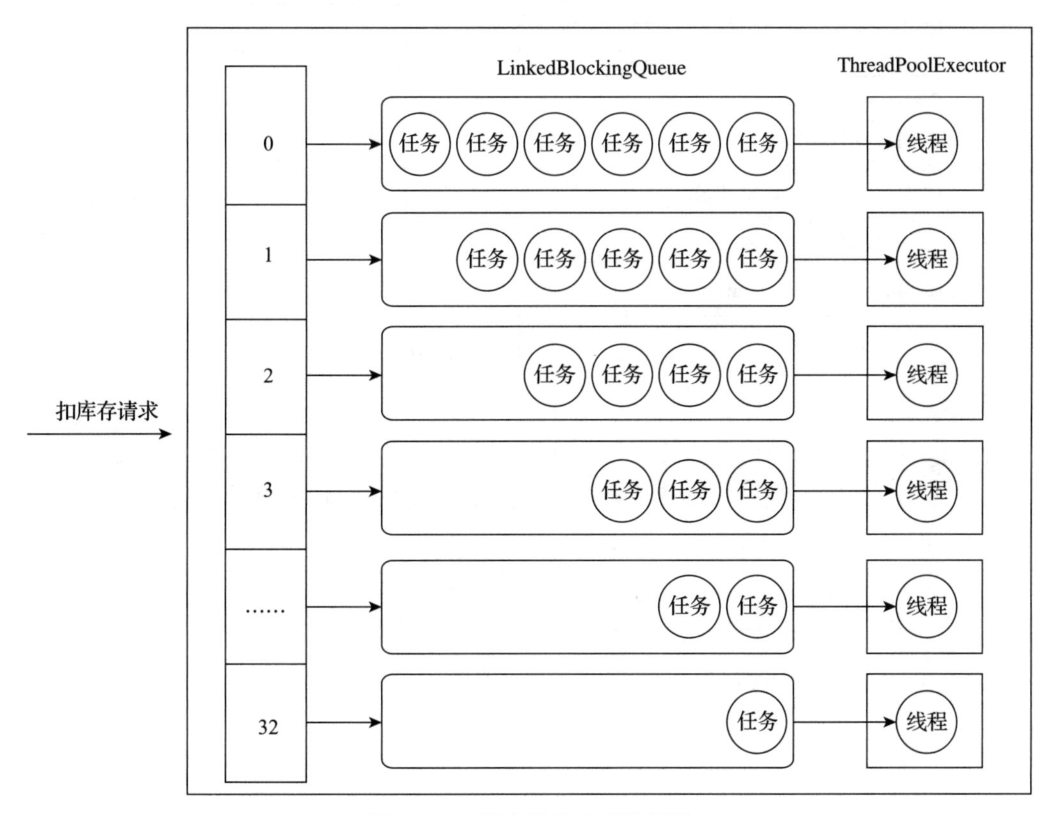

图 10-21　并发排队队列的设计

每次向等待队列中插入一个扣库存请求的时候，会根据商品 ID 进行散列运算，然后对线程池数组 table 的长度进行取模，这样确保同一个商品的库存请求进入同一个任务队列。table 数组的长度必须是 2 的 *N* 次方，这样可以将取模运算变成“&”运算。Thread-PoolExecutor 线程池的核心线程数和最大线程数都为 1，因此始终只有一个线程来更新数据库的库存。

10.5.2 实现方案

ItemTask 是扣库存的线程任务，实现了 Callable 接口，获得了异步执行并返回执行结果的能力。DispatchQueue 是并发排队的接口，定义了线程排队等待的 submit 方法。DispatchQueueImpl 是排队等待的具体实现类，定义了队列数 dispatchQueueSize、线程池数组 table 等变量。并发队列的 UML 图如图 10-22 所示。

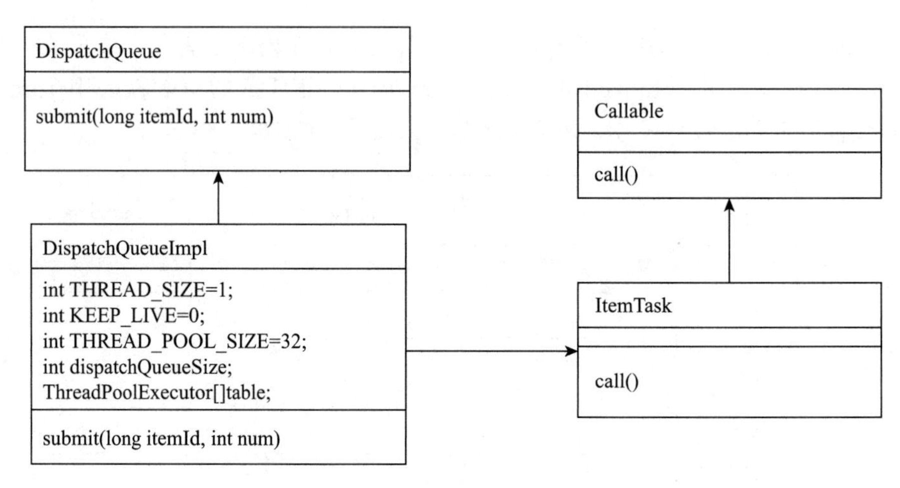

图 10-22　并发队列的 UML 图

1. ItemTask

ItemTask 模拟扣库存的任务，实现了 Callable 接口，获得了返回线程任务执行结果的能力。如果任务执行成功则返回 true，如果失败则返回 false。ItemTask 实现如代码清单 10-18 所示。

代码清单 10-18　ItemTask 实现

```
public class ItemTask implements Callable<Boolean> {
    private long itemId;      // 商品 ID
    private int num;          // 数量
    public ItemTask(long itemId, int num) {
        this.itemId = itemId;
        this.num = num;
    }
    public Boolean call() throws Exception {
        String threadName = Thread.currentThread().getName();
        System.out.println("线程 - " + threadName + "   商品 ID: " +
         itemId + " 扣减库存: " + num + " 成功");
        return Boolean.TRUE;
    }
}
```

2. DispatchQueue

DispatchQueue 是并发排队服务的接口，它定义了任务排队的接口方法 submit，如代码清单 10-19 所示。

代码清单 10-19 DispatchQueue 实现

```
public interface DispatchQueue {
    //提交排队任务
    public Future<Boolean> submit(long itemId, int num);
}
```

3. DispatchQueueImpl

DispatchQueueImpl 是并发排队服务的具体实现类，它将同一个商品的所有扣库存的请求都分配到同一个线程池中。线程池只有一个线程来处理扣库存的任务，从而实现了扣库存请求在线程池的任务队列中等待的功能。DispatchQueueImpl 内部定义了线程池的线程数 THREAD_SIZE、线程存活时间 KEEP_LIVE、默认等待队列大小 THREAD_POOL_SIZE 等常量。DispatchQueueImpl 定义了等待队列大小 dispatchQueueSize、线程池数组 table 等变量。代码清单 10-20 是 DispatchQueueImpl 的具体实现。

代码清单 10-20 DispatchQueueImpl 实现

```
public class DispatchQueueImpl implements DispatchQueue {
    private static final int THREAD_SIZE = 1;           //线程数
    private static final int KEEP_LIVE = 0;             //线程存活时间
    private static final int THREAD_POOL_SIZE = 32;     //默认的队列数量
    private int dispatchQueueSize;                      //队列数量
    private ThreadPoolExecutor[] table;                 //线程池数组
    public DispatchQueueImpl() {
        this.dispatchQueueSize = THREAD_POOL_SIZE;
        initTable();
    }
    public DispatchQueueImpl(int dispatchQueueSize) {
        this.dispatchQueueSize = dispatchQueueSize;
        initTable();
    }
    //初始化线程池数组
    private void initTable() {
        table = new ThreadPoolExecutor[dispatchQueueSize];
        for (int i = 0; i < dispatchQueueSize; i++) {
            ThreadPoolExecutor executor = genThreadPool();
            table[i] = executor;
        }
    }
   //生成线程
    private ThreadPoolExecutor genThreadPool() {
        LinkedBlockingQueue taskQueue = new LinkedBlockingQueue<Runnable>();
        ThreadPoolExecutor executor = new ThreadPoolExecutor(THREAD_SIZE,
        THREAD_SIZE, KEEP_LIVE, TimeUnit.MILLISECONDS, taskQueue);
        return executor;
    }
```

```
    //计算任务对应的线程池
    private int hash(long taskId) {
        String temp = taskId + "";
        int hash = temp.hashCode() & (table.length - 1);
        return hash;
    }
    public Future<Boolean> submit(long itemId, int num) {
        int index = hash(itemId);
        ItemTask itemTask = new ItemTask(itemId, num);
        return table[index].submit(itemTask);
    }
    public static void main(String[] args) {
        DispatchQueueImpl dispatchQueue = new DispatchQueueImpl();
        for (int i = 0; i < 100; i++) {
            Future<Boolean> future = dispatchQueue.submit(100L, 1);
        }
    }
}
```

DispatchQueueImpl默认的等待队列数是32，也就是会创建32个线程池，每个线程池中只有一个线程。在构造函数内部，DispatchQueueImpl会调用initTable方法来完成所有线程池的初始化。

submit方法是实现排队等待的核心方法，它首先会根据商品ID计算商品对应的线程池数组的index，然后获取index对应的线程池，最后调用线程池ThreadPoolExecutor的submit方法向线程池中提交异步任务。运行结果如图10-23所示。

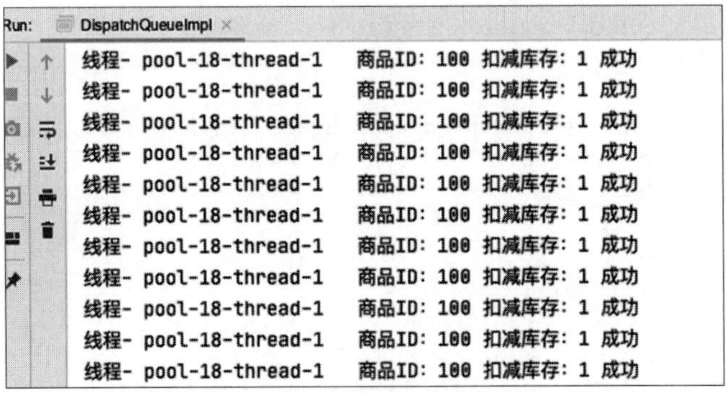

```
Run:  DispatchQueueImpl
线程- pool-18-thread-1   商品ID: 100 扣减库存: 1 成功
线程- pool-18-thread-1   商品ID: 100 扣减库存: 1 成功
线程- pool-18-thread-1   商品ID: 100 扣减库存: 1 成功
线程- pool-18-thread-1   商品ID: 100 扣减库存: 1 成功
线程- pool-18-thread-1   商品ID: 100 扣减库存: 1 成功
线程- pool-18-thread-1   商品ID: 100 扣减库存: 1 成功
线程- pool-18-thread-1   商品ID: 100 扣减库存: 1 成功
线程- pool-18-thread-1   商品ID: 100 扣减库存: 1 成功
线程- pool-18-thread-1   商品ID: 100 扣减库存: 1 成功
线程- pool-18-thread-1   商品ID: 100 扣减库存: 1 成功
线程- pool-18-thread-1   商品ID: 100 扣减库存: 1 成功
```

图10-23 并发队列执行结果

10.6 小结

本章详细讲解了Java线程池的使用模式与基于具体场景的多线程编程案例，希望通过本章的讲解读者能熟练地使用线程池来提升业务的处理效率。

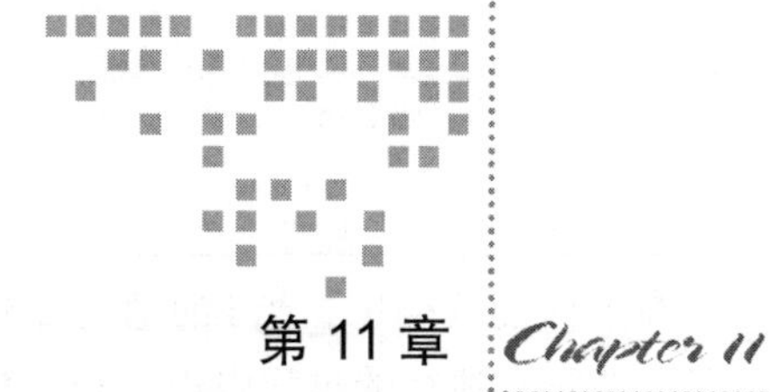

第 11 章 Chapter 11

Java 多线程编程技巧

并行编程在很大程度上提高了程序的运行效率，但它也带来了一些不容忽视的问题。本章会总结并发编程中常见的问题以及应对的技巧。

11.1 线程异常处理

在使用线程处理业务逻辑时，需要注意异常的处理。Java 线程不允许抛出未捕获的异常信息，线程执行的异常必须在线程内部捕获。java.lang.Runnable 接口的 run 方法声明中没有提供抛出异常的能力。

当线程在执行过程中抛出未捕获的异常时，线程执行会被终止，异常信息会打印在控制台上，而其他线程无法感知到当前线程已经抛出异常。在生产环境中，Java 程序都是以后台进程的模式运行的，异常信息无法打印到日志文件中，线程结束后异常信息就丢失了。代码清单 11-1 是一个线程执行异常的示例。

代码清单 11-1 线程异常的示例

```
public class ThreadException implements Runnable {
    public void run() {
        int i = 0;
        while (i < 100000) {
            if (i == 2) {
                int temp = i / 0;
            }
            System.out.println(i);
            i++;
        }
    }
```

```
    public static void main(String[] args) {
        ThreadException task = new ThreadException();
        new Thread(task).start();
    }
}
```

在上面的代码中，当i的值为2时，run方法会抛出java.lang.ArithmeticException错误信息，线程在执行的过程中被终止。在实际编程中，我们需要对run方法采用防御性编程，主动对所有异常进行捕获。如代码清单11-2所示，run方法捕获了java.lang.Throwable异常。

代码清单 11-2　线程异常安全捕获

```
public void run() {
    try {
        int i = 0;
        while (i < 100000) {
            if (i == 2) {
                int temp = i / 0;
            }
            System.out.println(i);
            i++;
        }
    } catch (Throwable throwable) {
        System.out.println(throwable.getMessage());
    }
}
```

Java中所有的异常都继承自java.lang.Throwable异常，所以在编写线程代码时最好直接捕获Throwable异常，以便捕获所有异常。

Thread类的API提供了异常处理器UncaughtExceptionHandler来进行异常捕获，Thread类还提供了setUncaughtExceptionHandler方法来设置线程异常处理函数。当线程抛出未捕获异常时，JVM会调用对应的异常处理器来处理异常信息。代码清单11-3是Uncaught-ExceptionHandler接口描述。

代码清单 11-3　UncaughtExceptionHandler 接口描述

```
public interface UncaughtExceptionHandler {
    void uncaughtException(Thread t, Throwable e);
}
```

在代码清单11-3中，UncaughtExceptionHandler接口定义了uncaughtException方法来处理线程未捕获的异常。

在代码清单11-1的例子中，我们也可以通过定义异常处理器来处理异常信息。代码清单11-4是自定义的异常处理器的具体实现。

代码清单 11-4　自定义异常处理器

```
public class ExceptionHandler implements Thread.UncaughtExceptionHandler{
```

```
    public void uncaughtException(Thread t, Throwable e) {
        System.out.println("异常处理器调用, 打印日志: " + e);
    }
}
```

main 函数会调用 Thread 的 setUncaughtExceptionHandler 方法来设置线程的异常处理器，如代码清单 11-5 所示。

代码清单 11-5 设置线程异常处理器

```
public static void main(String[] args) {
    ThreadException task = new ThreadException();
    ExceptionHandler handler=new ExceptionHandler();
    Thread thread= new Thread(task);
    thread.setUncaughtExceptionHandler(handler);
    thread.start();
}
```

11.2 线程正确关闭

在执行完 run 方法之后，普通的任务线程就正常结束了。但有些任务线程需要在 JVM 中持续运行，例如在程序中使用线程来监听 Socket 端口，在这种情况下，需要通过 while 循环来处理线程任务。当系统发布或者重启的时候，如果持续运行的线程不能正常结束会影响业务的正确性。Java 提供了 3 种线程停止的方式：使用退出标志主动终止、使用 interrupt 方法中断线程、使用 stop 方法强行终止线程。

11.2.1 使用退出标志终止线程

使用退出标志来终止线程需要在线程内部定义一个 boolean 类型的变量，用来表示线程的运行状态：false 表示持续运行，true 表示退出运行。变量必须用 volatile 关键字修饰，以确保多线程的可见性。

在线程循环执行时，每次任务执行之前，线程都会通过运行标志来判断是否需要继续执行。在需要线程终止执行时，程序会将线程运行标志设置为 true。代码清单 11-6 是使用退出标志终止线程的示例。

代码清单 11-6 使用退出标志终止线程示例

```
public class ThreadSafe extends Thread {
    public volatile boolean exit = false;
        public void run() {
        while (!exit){
        }
    }
}
```

11.2.2 使用 interrupt 方法中断线程

4.9 节详细讲解了 Thread 类的 interrupt 中断方法的实现原理。interrupt 方法的核心思想是两阶段终止模式：第一阶段由主线程发起终止命令，第二阶段由子线程来响应终止命令，这样程序就能通过两阶段提交来完成线程的优雅停止。两阶段提交流程可参见图 4-5。

代码清单 11-7 是一个线程中断而退出线程的简单示例。

代码清单 11-7　线程中断而退出线程示例

```
public class ThreadSafe extends Thread {
    public void run() {
        while (!isInterrupted()){          // 在非阻塞状态的执行过程中通过判断中断标志来退出
            try{
                Thread.sleep(5*1000);      // 在阻塞状态的执行过程捕获中断异常来退出
            }catch(InterruptedException e){
                e.printStackTrace();
                break;                     // 在捕获到异常之后，执行 break 跳出循环
            }
        }
    }
}
```

在使用 interrupt 方法来终止线程执行时，需要设置中断标志，并注意线程阻塞的状态。如果线程处于非阻塞状态，interrupt 方法会返回线程的中断标志。如果线程处于阻塞状态，interrupt 方法先唤醒被中断的线程。线程醒来后，interrupt 方法会先清除线程中断标志，然后抛出 InterruptedException 异常。JVM 线程中断处理流程如图 11-1 所示。

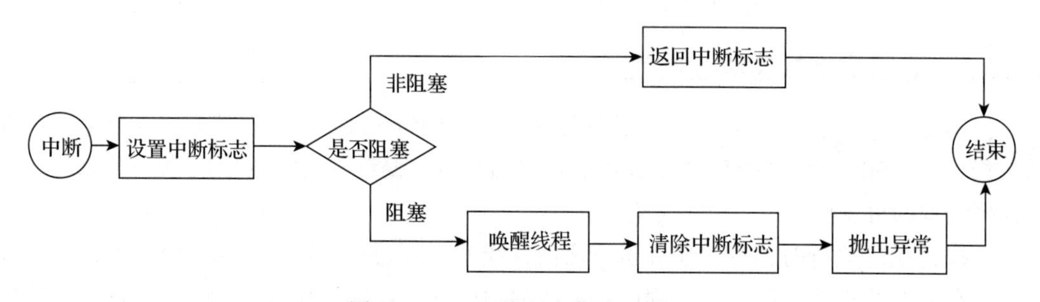

图 11-1　JVM 线程中断处理流程

对于非阻塞状态的线程，程序可以通过 isInterrupted 方法来判断线程是否发生过中断。对于阻塞状态的线程，程序需要通过 InterruptedException 异常来判断线程是否中断。

11.2.3 使用 stop 方法终止线程

在程序中，我们可以直接使用 Thread 类的 stop 方法来强行终止线程。Thread 类的 stop 方法是通过抛出 ThreadDeatherror 错误来终止线程的执行的。stop 方法会释放线程所持有的锁，可能会产生不可预料的结果，所以并不推荐使用 stop 方法来终止线程。

注意，在使用 interrupt 方法来结束线程执行时，我们需要考虑线程阻塞与非阻塞状态的逻辑处理，因为理解成本比较高，所以处理不好很难达到正确的停止目标。stop 方法在新版本的 JDK 中已经被放弃使用。

11.3 线程死锁

在多线程编程中需要关注线程死锁的问题。线程死锁是指由于两个或者多个线程互相持有对方所需要的资源，导致线程都处于等待状态，无法继续执行。例如，线程 A 持有锁 L，需要等待锁 M，而线程 B 持有锁 M，需要获得锁 L，这时线程 A 在等待获取锁 M 才能执行，而线程 B 需要获取到锁 L 才能执行。线程 A、B 互相持有对方所需要的锁，但线程 A、B 都不会主动释放所占有的资源，所以线程会产生死锁。

线程死锁的发生需要具备以下 4 个条件：互斥条件、请求与保持条件、不可剥夺条件、循环等待条件，如表 11-1 所示。

表 11-1 线程死锁的必备条件

条件名称	条件描述
互斥条件	每个资源同一个时刻只能被一个线程所持有，例如 Java 中的 synchronized、ReentrantLock
请求与保持条件	指线程已经保持至少一个资源，但又提出了新的锁资源请求，而且该资源已被其他线程占有，但当前线程保持已经获得的资源不释放
不可剥夺条件	指线程已获得的资源，在未主动释放之前不能被其他线程剥夺，只能在用完时由线程主动释放
循环等待条件	多个线程之间形成一种循环等待资源的关系，例如线程 A 等待线程 B 释放资源，同时线程 B 等待线程 A 释放资源

11.3.1 锁顺序性死锁

多个业务方法以不同顺序来获取锁资源会导致线程死锁。代码清单 11-8 中有两个方法：methodA 与 methodB。methodA 方法先对 lockA 对象加锁，然后对 lockB 对象加锁。而 methodB 方法是先对 lockB 对象加锁，然后对 lockA 对象加锁。在两个方法同时执行时，线程 A 会等待线程 B 释放 lockB 对象的锁，线程 B 会等待线程 A 释放 lockA 对象的锁，从而造成线程锁冲突。

代码清单 11-8 顺序性死锁

```
public class LockConflict {
    private Object lockA = new Object();
    private Object lockB = new Object();
    private long time = 30000 * 1000 * 1000L;
    public void methodA() {
        synchronized (lockA) {
```

```
            LockSupport.parkNanos(time);
            String name = Thread.currentThread().getName();
            System.out.println("线程 [" + name + "] 获取到锁A 等待锁 B");
            synchronized (lockB) {
                LockSupport.parkNanos(time);
            }
        }
    }
    public void methodB() {
        synchronized (lockB) {
            LockSupport.parkNanos(time);
            String name = Thread.currentThread().getName();
            System.out.println("线程 [+" + name + "] 获取到锁B 等待锁 A");
            synchronized (lockA) {
                LockSupport.parkNanos(time);
            }
        }
    }
    public static void main(String[] args) {
        LockConflict lockComplex = new LockConflict();
        Thread threadA = new Thread(() -> {
            lockComplex.methodA();
        });
        Thread threadB = new Thread(() -> {
            lockComplex.methodB();
        });
        threadA.start();
        threadB.start();
    }
}
```

11.3.2 动态执行死锁

在 Java 程序中，业务逻辑的动态冲突也会造成死锁。以银行资金转账的场景为例，转账就是将一个账户的资金转移到另一个账户。为了确保资金转移的安全，程序需要对两个账号进行加锁。代码清单 11-9 是动态执行死锁的示例。

代码清单 11-9 动态执行死锁示例

```
public class TransferMoney {
    private long time = 30000 * 1000 * 1000L;
    public void transferMoney(Integer from, Integer to, int amount) {
        synchronized (from) {
            LockSupport.parkNanos(time);
            synchronized (to) {
                from = from.intValue() - amount;
                to = to.intValue() + amount;
                System.out.println("转账成功，转账共：" + amount);
            }
```

```
        }
    }
    public static void main(String[] args) {
        TransferMoney transferMoney = new TransferMoney();
        Integer X = 1000;
        Integer Y = 1000;
        int amount = 500;
        Thread threadA = new Thread(() -> {
            transferMoney.transferMoney(X, Y, amount);
        });
        Thread threadB = new Thread(() -> {
            transferMoney.transferMoney(Y, X, amount);
        });
        threadA.start();
        threadB.start();
    }
}
```

当启动两个线程，线程 A 从 X 账号往 Y 账号转账，线程 B 从 Y 账号往 X 账号转账。当两个线程同时进行转账的时候，线程 A 在获取到 X 账号锁后需要等待 Y 账号的锁，线程 B 在获取 Y 账号锁后需要等待 X 账号的锁，这样线程 A 与线程 B 会产生死锁等待。

11.3.3 死锁检测

本节将讲解在 JVM 中如何快速检测线程死锁。通过 Arthas 的 thread 命令能够快速检测线程死锁。如图 11-2 所示，在 Arthas 中输入 thread 命令可以得到系统中的详细的线程信息。

[arthas@75000]$ thread
Threads Total: 32, NEW: 0, RUNNABLE: 9, BLOCKED: 2, WAITING: 4, TIMED_WAITING: 2, TERMINATED: 0, Internal threads: 15

ID	NAME	GROUP	PRIORITY	STATE	%CPU	DELTA_TIME	TIME	INTERRUPTED	DAEMON
27	arthas-command-execute	system	5	RUNNABLE	0.18	0.000	0:0.096	false	true
-1	VM Periodic Task Thread	-	-1	-	0.1	0.000	0:0.023	false	true
-1	C1 CompilerThread3	-	-1	-	0.1	0.000	0:0.456	false	true
2	Reference Handler	system	10	WAITING	0.0	0.000	0:0.002	false	true
3	Finalizer	system	8	WAITING	0.0	0.000	0:0.003	false	true
4	Signal Dispatcher	system	9	RUNNABLE	0.0	0.000	0:0.000	false	true
14	Attach Listener	system	9	RUNNABLE	0.0	0.000	0:0.035	false	true
16	arthas-timer	system	9	WAITING	0.0	0.000	0:0.000	false	true
19	arthas-NettyHttpTelnetBootstrap-3-1	system	5	RUNNABLE	0.0	0.000	0:0.028	false	true
20	arthas-NettyWebsocketTtyBootstrap-4-1	system	5	RUNNABLE	0.0	0.000	0:0.001	false	true
21	arthas-NettyWebsocketTtyBootstrap-4-2	system	5	RUNNABLE	0.0	0.000	0:0.000	false	true
22	arthas-shell-server	system	9	TIMED_WAITING	0.0	0.000	0:0.000	false	true
23	arthas-session-manager	system	9	TIMED_WAITING	0.0	0.000	0:0.000	false	true
24	arthas-UserStat	system	9	WAITING	0.0	0.000	0:0.000	false	true
26	arthas-NettyHttpTelnetBootstrap-3-2	system	5	RUNNABLE	0.0	0.000	0:0.122	false	true
5	Monitor Ctrl-Break	main	5	RUNNABLE	0.0	0.000	0:0.015	false	true
11	Thread-0	main	5	BLOCKED	0.0	0.000	0:0.001	false	false
12	Thread-1	main	5	BLOCKED	0.0	0.000	0:0.000	false	false
13	DestroyJavaVM	main	5	RUNNABLE	0.0	0.000	0:0.134	false	false
-1	C2 CompilerThread2	-	-1	-	0.0	0.000	0:0.187	false	true
-1	GC task thread#7 (ParallelGC)	-	-1	-	0.0	0.000	0:0.003	false	true
-1	GC task thread#6 (ParallelGC)	-	-1	-	0.0	0.000	0:0.003	false	true
-1	GC task thread#0 (ParallelGC)	-	-1	-	0.0	0.000	0:0.003	false	true
-1	C2 CompilerThread0	-	-1	-	0.0	0.000	0:0.194	false	true
-1	Service Thread	-	-1	-	0.0	0.000	0:0.000	false	true
-1	C2 CompilerThread1	-	-1	-	0.0	0.000	0:0.198	false	true
-1	GC task thread#1 (ParallelGC)	-	-1	-	0.0	0.000	0:0.003	false	true
-1	VM Thread	-	-1	-	0.0	0.000	0:0.015	false	true
-1	GC task thread#2 (ParallelGC)	-	-1	-	0.0	0.000	0:0.003	false	true
-1	GC task thread#3 (ParallelGC)	-	-1	-	0.0	0.000	0:0.003	false	true
-1	GC task thread#5 (ParallelGC)	-	-1	-	0.0	0.000	0:0.003	false	true
-1	GC task thread#4 (ParallelGC)	-	-1	-	0.0	0.000	0:0.003	false	true

图 11-2 详细的线程信息

BLOCKED 表示目前阻塞的线程数，从图 11-2 中可以看到有 2 个线程处于线程死锁的状态。执行 thread -b 命令可以快速查找出当前被阻塞的线程，结果如图 11-3 所示。

```
[[arthas@75000]$ thread -b
"Thread-0" Id=11 BLOCKED on java.lang.Object@52e5bd9 owned by "Thread-1" Id=12
    at lock.LockConflict.methodA(LockConflict.java:22)
    -  blocked on java.lang.Object@52e5bd9
    -  locked java.lang.Object@56978c05 <---- but blocks 1 other threads!
    at lock.LockConflict.lambda$main$0(LockConflict.java:41)
    at lock.LockConflict$$Lambda$1/1452126962.run(Unknown Source)
    at java.lang.Thread.run(Thread.java:748)
```

图 11-3　死锁详情

注意：上面命令直接输出了造成死锁的线程 ID、具体发生死锁的代码位置，以及当前线程一共阻塞的线程数量：<----but blocks 1 other threads!。

11.3.4　死锁规避

数据库系统在设计过程中会充分考虑死锁的检测以及自动恢复的功能，而 JVM 不具备自动将线程从死锁状态中恢复的能力。一旦发生了线程死锁，线程就不能再正常工作了，只有重启系统才能恢复，所以在代码设计与开发的过程中，我们需要避免线程死锁的发生。

在编写代码的过程中，要尽量避免在同一个方法里使用多个锁，并且只有必要时才持有锁。在多线程环境中，同一个业务方法持有多个锁往往是线程死锁的根源。如果一定要使用多个锁，我们需要设计好锁获取与锁释放的顺序，以确保不会出现锁获取与释放交叉的情况。在使用 ReentrantLock、ReentrantReadWriteLock 等来获取锁的时候，要尽可能地调用 tryLock() 方法来获取。

11.4　并发容器的使用

Java 提供了各种容器，方便开发人员进行程序开发，容器主要分为 4 个大类：List、Map、Set 和 Queue。但并不是所有的容器都是线程安全的，例如常用的 ArrayList、HashMap 就不是线程安全的。在并发场景中使用 HashMap 来存储数据，在扩容的时候会出现死循环，导致 CPU 使用率居高不下，最终导致系统崩溃。

虽然 JDK 1.5 之前提供的同步容器（Vector、Hshtable 等）也能保证线程安全，但是性能很差。而 JDK 1.5 之后的版本提供了多种并发容器，并在性能方面进行了很多优化。本节将详细介绍 Java 的并发容器及其对应的使用场景。

11.4.1　List 的使用

List 的实现子类有 ArrayList、LinkedList、CopyOnWriteArrayList，但是 ArrayList、LinkedList 都不是线程安全的，只有 CopyOnWriteArrayList 是线程安全的。CopyOnWriteArrayList 采用了读写分离的并发策略，能够同时支持多线程的读取与单线程的修改。每次修改，

CopyOnWriteArrayList 都会创建一个新的数组，在新的数组里面完成数据修改，并在修改完成后进行数组指针的替换。CopyOnWriteArrayList 的高频修改会带来大量的数组对象创建与垃圾回收，导致严重影响性能，所以 CopyOnWriteArrayList 适合读多写少的并发场景。

11.4.2　Map 的使用

Map 接口的 5 个实现类是 HashMap、TreeMap、Hashtable、ConcurrentHashMap 和 ConcurrentSkipListMap，其中 Hashtable、ConcurrentHashMap 和 ConcurrentSkipListMap 是线程安全的。Map 容器线程安全特征如表 11-2 所示。

表 11-2　Map 容器线程安全特征

集合类	线程安全	特征
HashMap	否	单线程使用
TreeMap	否	单线程使用
Hashtable	是	采用 synchronized 实现，所有修改操作方法都被 synchronized 同步，具备强一致性
ConcurrentHashMap	是	基于数组 + 链表 + 红黑树实现，采用 CAS+synchronized 实现并发控制
ConcurrentSkipListMap	是	基于跳表来实现数据存储，数据与索引的修改都是采用 CAS+synchronized 实现的并发控制

ConcurrentHashMap 和 ConcurrentSkipListMap 的 key 与 value 都不允许为空。如果 key 或 value 为空，则会抛出 NullPointerException 异常。ConcurrentSkipListMap 的 key 是有序的，如果需要保证 key 的顺序，只能使用 ConcurrentSkipListMap。

ConcurrentSkipListMap 采用跳表的数据结构，跳表的插入、删除、查询操作平均的时间复杂度是 $O(\log n)$，能够存储大容量的数据。在并发控制上，ConcurrentSkipListMap 采用了 CAS 的方式来修改数据信息。在数据一致性上，ConcurrentSkipListMap 采取了数据实时一致性 + 索引最终一致性的方案。所以在大容量高并发场景中，ConcurrentSkipListMap 的性能会更好。

11.4.3　Set 的使用

线程安全的 Set 容器有 CopyOnWriteArraySet 和 ConcurrentSkipListSet。CopyOnWriteArraySet 是基于 CopyOnWriteArrayList 来实现的。每次插入数据时，CopyOnWriteArrayList 会先判断数据是否已经在数组中了。如果数组中不包含该数据，CopyOnWriteArraySet 会新建一个数组，将原来数组中的数据复制到新数组中，并把要插入的数据放在新数组的尾部。ConcurrentSkipListSet 是基于 ConcurrentSkipListMap 实现的，其中 key 为具体的数据，value 始终是 boolean 类型的 true 变量。使用场景可以参考 CopyOnWriteArrayList 和 ConcurrentSkipListMap，它们的原理都是一样的，这里不再赘述。

11.4.4 Queue的使用

Java提供了非常丰富的线程安全的Queue，可以从3个维度进行区分：单端与双端、阻塞与非阻塞、有界与无界。第一个维度是单端与双端，单端指的是只能队尾入队、队首出队，而双端指的是队首和队尾都可以入队、出队。单端队列使用Queue标识，双端队列使用Deque标识。第二个维度是阻塞与非阻塞，阻塞指的是当队列满了的时候，入队操作会被阻塞，当队列为空的时候出队操作会被阻塞。第三个维度是有界与无界，有界是指队列有容量限制，而无界是指队列没有容量上限。详细信息如表11-3所示。

表11-3 Queue容器特征

集合类	单端与双端	阻塞与非阻塞	有界与无界
ArrayBlockingQueue	单端	阻塞	有界
LinkedBlockingQueue	单端	阻塞	有界
SynchronousQueue	单端	阻塞	无界
LinkedTransferQueue	单端	阻塞	无界
PriorityBlockingQueue	单端	阻塞	无界
DelayQueue	单端	阻塞	无界
ConcurrentLinkedQueue	单端	非阻塞	无界
LinkedBlockingDeque	双端	阻塞	无界
ConcurrentLinkedDeque	双端	非阻塞	无界

在队列使用时，需要格外注意队列是否支持有界。无界队列没有容量限制，数据量大了之后很容易导致系统OOM，所以在实际开发中一般不建议使用无界的队列。

11.5 小结

本章详细讲解了Java多线程编程中常见的问题以及应对的技巧，希望通过本章的讲解能让读者更好地进行编程实战。